Die Widersprüche der modernen Physik

Quantensprünge und Sehunschärfen in der Raum-Zeit

Book On Demand

Frankfurt am Main, den 27. Januar 2002,

5. Auflage

Dipl.-Ing.
Ralf Steffler

Dieses Buch widme ich meiner Frau Jutta und meinem kleinen Sohn Marvin, die mich bei der intensiven Arbeit an dem Buch ermutigt und aufgemuntert haben und meiner Mutter, die prinzipiell alles gut findet, was ich tue, und ohne deren Hilfe ich sicher nicht studiert hätte.

Ralf Steffler
Frankfurt am Main, den 27. Januar 2002

"Um Epoche in der Welt zu machen, dazu gehören bekanntlich zwei Dinge: erstens, daß man ein guter Kopf sei, und zweitens, daß man eine große Erbschaft tue: Napoleon erbte die Französische Revolution, Friedrich der Große den Schlesischen Krieg, Luther die Finsternis der Pfaffen, und mir ist der Irrtum der Newtonschen Lehre zuteil geworden. " [1]

---

[1] Johann Wolfgang von Goethe lebte von 1749 – 1832 und gilt nach 200 Jahren immer noch als Deutschlands bester Dichter, größter Naturwissenschaftler und ehrlichster Staatsmann, der je gelebt hat.

Prolog im Himmel

Der Herr

Wenn er mir jetzt auch nur verworren dient,
So werd ich ihn bald in die Klarheit führen.
Weiß doch der Gärtner, wenn das Bäumchen grünt,
daß Blüt und Frucht die künftigen Jahre zieren.

Mephisto

Was wettet Ihr? den sollt Ihr noch verlieren,
wenn Ihr mir die Erlaubnis gebt,
ihn meine Straße sacht zu führen!

Der Herr

Solang er auf der Erde lebt,
solange sei dirs nicht verboten.
Es irrt der Mensch, solang er strebt.

Mephisto

Da dank ich Euch, denn mit den Toten
Hab ich mich niemlas gern befangen.
Am meisten lieb ich mir die vollen, frischen Wangen.
Für einen Leichnam bin ich nicht zu Haus;
Mir geht es wie der Katze mit der Maus.

Einleitung

Johann Wolfgang von Goethe war als Naturwissenschaftler ebenso erfolgreich wie als Dichter. So entdeckte der studierte Jurist die Existenz des Zwischenkieferknochens und entwikkelte, im Gegensatz zu der rein mathematischen Lichtlehre Newtons, der im übrigen nicht nur für seinen hohen Intellekt, sondern auch für seine Heimtücke und Boshaftigkeit bekannt war, eine alternative Farbenlehre, in die er *ein halbes Menschenleben* stecken sollte. Goethes Kampf gegen die *Mathematisierung der Naturwissenschaften* war leidenschaftlich und für Goethe eigentlich eher ungewöhnlich.

Für Goethe, dem Sprachgenie, waren *Farbe und Wellenlänge* nicht gleichbedeutend. Jedem Naturwissenschaftler sollte klar sein, daß *Farbe eine individuelle Empfindung*, während die *Wellenlänge* nur eine mathematische Beschreibung, bar jeder Empfindung ist. Die Grundfarben von *Goethes Farbkreis*, der sich von *Grün über Rot bis Blau* erstreckt, empfindet jeder Menschen anders.

Objektiv, wenn man es schon sein will, gibt es Farbe überhaupt nicht. Goethe betrachtete die Naturwissenschaft als *ganzheitliche Lehre*, die den Menschen als Beobachter mit seinen Sinnen und Emotionen einbezieht. Ein Verständnis, das sich mittlerweile auch immer mehr in der Medizin durchsetzt. Es gilt der Grundsatz des *übergreifenden Denkens*.

---

[2] Wagner als er sich darauf freut, Faust am nächsten Tage die ein oder andre Fage stellen zu dürfen.
[3] Säkulum ist lateinisch für Jahrhundert

Das Ganze ist mehr als die Summe seiner Teile.

Ich führe den Kampf Goethes im modernen Gewande weiter.
Denn, wie *Newton die Farbe zerlegt* hat, so hat uns *Einstein
die Zeit verbogen*. Mein Buch **„Die Widersprüche der modernen Physik"** ist deshalb die *konsequente und logische* Fort-
setzung meines ersten Buches **„Was die Welt zusammenhält"**.

Die Diskussion der Frage „Was die Welt im Innersten zusammenhält" wie es Johann Wolfgang von Goethe vor 200 Jahren
formuliert hat, ist auch heute noch genauso *faszinierend wie
frustrierend*. Faust verkauft in dem gleichnamigen Werk dem
Teufel seine Seele für diese Erkenntnis.

Dabei sind es nicht irgendwelche Detailprobleme, die noch
Schwierigkeiten bereiten, sondern fundamentale, also grundsätzliche Fragen, die ungelöst sind. Gerade dies macht die
Diskussion für die Allgemeinheit so interessant. Es sind im wesentlichen die Fragen um die Schöpfung, also die Frage nach
der Entstehung und dem Schicksal unseres Universums. Wir
hoffen dadurch, unsere eigene Existenz und deren Zukunft im
Universum zu verstehen. *Die moderne Physik* widerspricht jedoch unserem gesunden Menschenverstand. Deshalb wundert
es einen auch nicht, daß die Wissenschaft intensiv nach einer
Weltformel sucht, ihr Glück also in der Mathematik zu finden
glaubt. Bei meinen Recherchen traf ich auf erstaunlich viele
Physiker, die nicht mehr an den *„Un-Sinn"* der modernen Physik glauben und zur *Rückkehr in die Rationalität* aufrufen.
Denn, wenn in der Physik die Gesetze der Logik nicht mehr
greifen, wo sonst?

Dieses Buch erklärt das Dilemma[4], in dem die *moderne Physik*
steckt, weil sich Relativitäts- und Quantentheorie in wichtigen

---

[4] Wahl zwischen 2 gleich unangenehmen Möglichkeiten.

Grundaussagen widersprechen und trotzdem irgendwie miteinander verheiratet werden sollen.

Die Quantentheorie kann den *Welle-Teilchen-Dualismus* nur
als *geisterhaftes Phänomen* erklären. Die Relativitätstheorie
verstößt gegen den gesunden Menschenverstand, weil sie behauptet, daß verschiedene *Raum-Zeit-Systeme* physikalisch
gleichwertig sind. Über **die Zauberformeln der Relativitätstheorie** sollen sogar Reisen in die Vergangenheit möglich sein.

Die Gretchenfrage nach dem Universums-Äther, den Einstein
mit der Speziellen Relativitätstheorie abgeschafft und mit der
Allgemeinen Relativitätstheorie wieder eingeführt hat, ist zen-
trales Element dieses Buches. Viele wichtige **Faust-Formeln**
werden untersucht und ihre physikalische Bedeutung anschaulich erklärt. Durch die Übertragung der Relativitätstheorie auf
die Nachrichtentechnik möchte ich die Relativitätstheorie *„bildlich"* machen, *und beweisen, daß unterschiedliche Raum-Zeit-
Systeme nicht physikalisch gleichwertig sind!* Dies wird die
Relativitätstheorie nicht stürzen, aber, so hoffe ich, etwas ge-
raderücken. Neue, von mir entwickelte Formeln, habe ich mit
gestricheltem Rahmen versehen, weil für sie der experimentelle Nachweis fehlt.

Ursprünglich war dieses Buch als Doktorarbeit geplant. Ich
konnte jedoch keine der vielen Universitäten in Deutschland
von meiner der *allgemeinen Lehrmeinung widersprechenden*
Theorie begeistern. Auch das *Bundesministerium für Bildung
und Forschung* reagierte Weihnachten 2000, im Jahr der Physik, in dem Monat, in dem Max Planck 100 Jahre zuvor seine
Quantentheorie vorgestellt hatte, scheinbar desinteressiert.
Das lag natürlich auch daran, daß ich etwas in der Wissenschaft *Undenkbares* versucht hatte. Ich war als *Ingenieur* in
den *„Heiligen Tempel der theoretischen Physik"* eingetreten.

Unerhört!

Am 08. November 2001 macht das Patentamt München *zum Unglauben* vieler mein Patent *„Hochgeschwin-digkeitsmesser auf Basis des relativen Widerstandes"* publik.

Einstein war zweifelsohne der Meister aller Querdenker und Zweifler. Er hatte der Quantentheorie zum Durchbruch verholfen, aber nie an sie geglaubt. So fangen *die Widersprüche der modernen Physik* mit ihren Begründern an. Max Planck wurde von einem Physik-Studium abgeraten, weil es angeblich nichts mehr zu entdecken gäbe.

Spielt Gott Würfel?

Sind die **Zauberformeln der Relativitätstheorie**, nach der angeblich Reisen in die Vergangenheit oder eine Durch-tunnelung der sogenannten **Raum-Zeit** durch hochverdichtete Massenobjekte möglich sein sollen, der Weisheit letzter Schluß?

Ist der *Schwarze Gurt* der Physik Realität oder einfach nur sehr schwierig zu widerlegen?

Dem interessierten Leser wird ein Weltbild vermittelt, das auf der einen Seite den aktuellen Stand der Wissenschaft widerspiegelt, auf der anderen Seite aber auch auf die vielen Widersprüche hinweist.

Das vorliegende Buch verbindet Religion und Philosophie mit Physik und Biologie, um grundsätzliche Begriffe wie **Energie und Leben, Raum und Zeit** zu klären, auch wenn hierfür *nicht immer mathematische Formeln* geliefert werden können. Der Autor hat dabei darauf geachtet, daß das Lesen des Buches eine *angenehme Kurzweil* vermittelt, weil er meint, daß die **Reise das wichtigste Ziel allen Wissens** ist.

Fazit
Ein Bild sagt mehr als tausend Worte!

Das mathematische Paradies

Am 1. Tag
Am Anfang schuf Gott Adam und Eva. Und Adam war wüst und leer, und es wollte nicht Licht werden im Kasten seines Gehirns, wo Finsternis und Chaos herrschten. Und Gott sprach: "Es werde eine Feste in der Wirre der Gedanken und Begriffe und ihr *Name sei Mathematik*." Und es geschah also.

So ward aus plus und minus der erste Tag.

Am 2. Tag
Und Gott schuf gerade und krumme Linien, ebene und gewölbte Flächen und Körper der verschiedensten geometrischen Formen mit Winkeln und Längen und gab sie Adam, auf daß er sie berechne und sich an ihnen erfreue. Und Gott sah, daß es gut war.

So ward aus Sinus und Cosinus der zweite Tag.

Am 3. Tag
Und Gott schuf Potenzen und Wurzeln, rein- und gemischtquadratische Gleichungen, reelle und imaginäre Zahlen und sprach zu Adam: "Rechne mit ihnen nach den Gesetzen der Algebra, und du wirst den binomischen Lehrsatz finden."

So ward aus Quadrat und Kubik der dritte Tag.

Am 4. Tag
Und Gott sprach: "Es werde das Koordinatensystem mit seinem Ursprung, mit Ordinate und Abszisse. In dieses sollen sich einfügen Kreise, Ellipsen, Hyperbeln mit Pol, Polaren, konjugierten Durchmessern und Tangenten, Kurven höherer und noch höherer Ordnung, Asymptoten,

Hoch- und Tiefpunkten, mit und ohne Wendepunkten." Und
Gott sah, daß es gut war.

So ward aus Maximum und Minimum der vierte Tag.

Am 5. Tag

Und Gott formte die Erde mit Groß- und Kleinkreisen, mit
Längen- und Breitenkreisen, mit Meridianen und Vertikalen
und gab ihr einen Platz im Mittelpunkt der Himmelskugel mit
Horizont, Zenit und Nadir, mit Äquator, Nord- und Südpol,
und er setzte auf diese Kugel Gestirne, deren Lage, durch
Höhe, Deklination und Stundenwinkel bestimmt war. Und
Gott betrachtete sein Werk mit Wohlgefallen.

So ward aus Längenzeit und Zeitgleichung der fünfte Tag.

Am 6. Tag

Und Gott sprach: "Die Erde bringe hervor kleine und kleinste Teilchen in einer Menge, daß ihre Zahl gegen unendlich
strebe." Und es geschah also. Der Herr nannte diese Teilchen lim x für x gegen unendlich. So schuf der Herr Log-
arithmen, und er baute Reihen, endliche und unendliche.

So ward aus konvergent und divergent der sechste Tag.

Am 7. Tag

Am siebten Tage aber ruhte Gott. Und er gab Adam die
Logarithmentafel und sprach: "Siehe ich gebe in Deine
Hände das ganze mathematische Paradies. Nun darfst du
addieren und multiplizieren und potenzieren. Nur durch die
Zahl 0 darfst du nicht dividieren; denn diese ***Zahl ist ein
Geschöpf des Fürsten der Finsternis***."

Die listige Schlange aber sprach zu Eva[5]: "*Wer durch 0 dividiert, wird lernen, was richtig und falsch ist.*" Und das törichte Weib sprach zu Adam: "Dividiere und die Gleichung wird viel einfacher werden." Und Adam faßte sich ein Herz und dividierte durch 0. Da wurden ihre Augen aufgetan, und sie erkannten, daß sie nackt waren. So machten sie sich Schürzen aus abgewickelten Oberflächenintegralen.

Da trieb Gott Adam und Eva aus dem mathematischen Paradies und sprach zu ihnen: "Weil Du durch 0 dividiert hast, sei deine Arbeit verflucht. Im Schweiße deines Angesichts sollst du dein Leben lang differenzieren, integrieren und logarithmieren. Nie sollst du eine Zahl unendlich erreichen und für pi und e genaue Werte finden. Du wirst für den Sinus von zwei verschiedenen Zahlen den gleichen Wert erhalten und nie einen exakten mathematischen Text hervorbringen."

Da erhob sich Adam zum Widerspruch.

Das erzürnte Gott, und der Herr sprach: „Weil Du mir widersprochen hast, seist Du mit der Relativität der Inertiasysteme gegeißelt. Nie sollst du eine Geschwindigkeit als absolut finden und $c + v$ größer als c werden. Licht sei nicht mehr in jeder Menge da, sondern nur noch portionsweise.“

So ward es wieder dunkler im Kasten des Gehirns von Adam.

Fazit
Die Division durch Null und unendliche Werte sind ein mathematisches Dilemma!

---

[5] Der Autor betont, daß er nicht glaubt, die Frau sei an dem *Schlamassel in der modernen Physik* schuld, sondern daß die Schuld wohl eher einer *übergeordneten Macht* zuzuordnen ist.

Im Namen des Vaters ...

„Mein
Sohn, ich
bin deine Augen, deine
Ohren und dein Mund.
Wann immer du krank wirst,
komm' ich und mach' dich wieder gesund.
Ohne dich, verlöre mein Leben seinen Sinn.
Denn du bist meine Zukunft und alles, was ich bin. "[6]

Gemäß christlichem Glauben exisiert ein Schöpfer, nämlich
Gott, der die Welt und die Sterne geschaffen hat. Das Bild vom
Schöpfer entspricht allerdings eher das eines strengen Vaters,
als das eines unfehlbaren Gottes. Aus Sicht seiner Kinder verfügt dieser gesprächige Vater, der auch ein guter Zuhörer ist,
über enorme Macht und unendliche Weisheit. Machmal, jedoch, kann der Herr auch ziemlich emotional werden. Allzu
leicht gerät Er in erbarmungslose Wut, wenn nicht alles *nach
seinem Plan* läuft, was im schlimmsten Fall dazu führt, daß Er
alles auf der Erde platt macht. Die Wutausbrüche führen je
nach Schwere des Vergehens zu:

Donner und Blitz
Erdbeben
Hunger und Durst
Seuchen
sintflutartigen Regenfällen

---

[6] ... auf die Frage meines kleinen Sohnes, wer ich bin, in Form der
Erkenntnispyramide, die im Laufe des Buches noch eine wichtige Rolle
spielen wird.

Dieses Verhalten läßt darauf schließen, daß *Er* nicht in die Zukunft schauen kann, weil *der Herr* sich ja sonst nicht so ärgern würde, wenn seine Kinder sich anders verhalten haben, als Er es erwartet hatte. Gemäß Bibel trifft der Herr am ersten Tag **seine wichtigste Entscheidung**. Alle anderen Entscheidungen sind weniger wichtig. Im Ersten Buch Moses heißt es:

„Im Anfang schuf Gott die Himmel und die Erde. Und die Erde war wüst und leer, und Finsternis war über der Tiefe; und der Geist Gottes schwebte über den Wassern. Und Gott sprach: Es werde Licht! und es ward Licht. Und Gott sah das Licht, daß es gut war; und Gott schied das Licht von der Finsternis. Gott nannte das Licht Tag, und die Finsternis nannte er Nacht. Und es ward Abend und es ward Morgen: **erster Tag**.*“*

Erst viel später, nämlich am vieren Tag, erschafft Gott Sonne und Mond, wobei ich erst einmal darüber hinwegsehen möchte, daß der Mond selbst nicht leuchtet und deshalb kein Licht ist.

„Und Gott sprach: Es werden Lichter an der Ausdehnung des Himmels, um den Tag von der Nacht zu scheiden, und sie seien zu Zeichen und zur Bestimmung von Zeiten und Tagen und Jahren; und sie seien zu Lichtern an der Ausdehnung des Himmels, um auf die Erde zu leuchten! Und es ward also. Und Gott machte die zwei großen Lichter: das große Licht zur Beherrschung des Tages, und das kleine Licht zur Beherrschung der Nacht, und die Sterne. Und Gott setzte sie an die Ausdehnung des Himmels, um auf die Erde zu leuchten, und um zu herrschen am Tage und in der Nacht und das Licht von der Finsternis zu scheiden. Und Gott sah, daß es gut war. Und es ward Abend und es ward Morgen: **vierter Tag**.*“*

Das Hauptproblem an der biblischen Schöpfungsgeschichte ist nämlich der dritte Tag, als er Planzen schuf, obwohl noch keine Sonne da war. Die Frage stellt sich also, wie Er Licht von Finsternis schied, wenn nichts da war, das hätte leuchten können, und wie Pflanzen ohne Sonne Früchte tragen können. Außerdem schuf er offensichtlich erst die Welt und später die Sonne, die sie wärmte. Da sich aber bekanntermaßen alles um die Sonne dreht, ist die Frage, worum sich die Welt drehte[7], als die Sonne noch nicht da war.

*„Und Gott sprach: Es sammeln sich die Wasser unterhalb des Himmels an einen Ort, und es werde sichtbar das Trockene! Und es ward also. Und Gott nannte das Trockene Erde, und die Sammlung der Wasser nannte er Meere. Und Gott sah, daß es gut war.Und Gott sprach: Die Erde lasse Gras hervorsprossen, Kraut, das Samen hervorbringe, Fruchtbäume, die Frucht tragen nach ihrer Art, in welcher ihr Same sei auf der Erde! Und es ward also. Und die Erde brachte Gras hervor, Kraut, das Samen hervorbringt nach seiner Art, und Bäume, die Frucht tragen, in welcher ihr Same ist nach ihrer Art. Und Gott sah, daß es gut war.Und es ward Abend und es ward Morgen: **dritter Tag**.“*

Kurz: Der Schöpfungsgeschichte kann so nicht stimmen, weil sonst Licht ohne Sonne wäre, Pflanzen zum Sprießen keine Sonne brauchten und sich die Welt nicht um die Sonne drehte. Offensichtlich sind Moses in der Schöpfungsgeschichte die Tage 1 bis 4 durcheinander geraten.

Fazit:
In der Schöpfungsgeschichte sind die Tage durcheinander geraten.

---

[7] Den Einwand, daß sich eigentlich alles ums Geld dreht, laß ich nicht gelten, weil zu diesem Zeitpunkt noch kein Geld existierte.

Wissen belastet

„Daran erkenn ich den gelehrten Herrn!

Was ihr nicht tastet, steht euch meilenfern,

Was ihr nicht faßt, das fehlt euch ganz und gar,

Was ihr nicht rechnet, glaubt ihr, sei nicht wahr,

Was ihr nicht wägt, hat für euch kein Gewicht,

Was ihr nicht münzt, das, meint ihr, gelte nicht." [8]

Es ist unsinnig zu glauben, daß nur das existiert, was wir begreifen und mathematisch beschreiben können. Die Realität entsteht nicht durch unser Denken, denn die Realität bestand schon lange, bevor Menschen zu denken begannen. Vielmehr entsteht unser Denken durch die Realität. Irgendwann sind wir vielleicht sogar in der Lage die *volle Realität*, das heißt die *ganze Wahrheit*, zu verstehen.

Können wir uns selbst überhaupt begreifen?

Ein *unendlich großes Universum*, das schon ewig existiert und das *Nichts*, das es umgibt, ist jenseits unserer Vorstellungskraft. Sind diese *Superlativen* vielleicht nur Denkbrücken für unseren *bescheidenen Intellekt*?

Mathematisch ist Unendlichkeit mal Nichts nicht definiert. Die Relativitätstheorie scheitert in der Singularität, der unendlichen Raumkrümmung. Auch ist es nicht möglich eine Zahl durch Null zu teilen. Deshalb kann gemäß Relativitätstheorie kein System je Lichtgeschwindigkeit erreichen.

Die Null und die Erfindung der imaginären Zahlen sind Geniestreiche der Mathematik. Ein italienischer Mathematiker hatte

---

[8] Aus Goethes Faust II

vor 300 Jahren vor negativen Zahlen unter der Quadratwurzel nicht kapituliert, die *Quadratwurzel aus „–1"* gleich *„j"* gesetzt und einfach weitergerechnet.

In der Unendlichkeit brechen alle bekannten Theorien zusammen, weil sie jenseits unserer Vorstellungskraft ist. Für uns ist ja nicht mal unser eigenes Ableben, der Tod, begreiflich, weil ja nach dem Tod die Ewigkeit wartet, weswegen sich die meisten von uns in den Glauben retten. Prinzipiell ist das Denken an die eigene Sterblichkeit ja ziemlich unerfreulich und da ist etwas Aufmunterung, der Ausblick auf ein Weiterleben im Himmel, durchaus zweckmäßig.

„Die Kindheit ist das Königreich, in dem niemand stirbt. Das heißt, niemand der wichtig ist."[9]

In dem Kinofilm „Flatliners" möchten 5 Medizinstudenten das Leben nach dem Tod erforschen. Mittels einer medizinischen Apparatur wird bei einem von ihnen der medizinische Tod herbeigeführt, *die Flatline*. Nun versuchen die anderen 4 den Toten wieder ins Leben zurückzuholen, um zu fragen, was er im Himmel so erlebt hat.

Der Mensch hat die Religion entwickelt, um mit dem Tod seiner Angehörigen und dem eigenen Ableben besser fertig werden zu können. Die Religion ist das Gegengewicht zu unserer Intelligenz, die als unerfreulichen Ballast ein Bewußtsein entwickelt hat. Sie ist die Sicherung, die uns vor dem Wahnsinn schützt. Ein Mathematiker würde sagen, wenn G die Glückseligkeit ist und W die Weisheit, dann verhält sich G linear antiproportional zu W.

... oder einfach gesagt: „Wissen belastet!".

„Was ich nicht weiß, macht mich nicht heiß!"

---

[9] Edna St. Vincent Millay (amerikanische Lyrikerin)

Der Mensch ist so herrlich ignorant, weil er sonst nicht glücklich ist. Allerdings kann Ignoranz leicht das Leben kosten. Wer ohne Sicherheitsgurt durchs Leben saust, lebt nicht lange.

Das Schicksal Stephen Hawkings, einem der berühmtesten Wissenschaftler unserer Zeit ist mehr als tragisch. Seit seinem 20. Lebensjahr leidet er an einem unheilbaren Muskelschwund, der eine langsam fortschreitende Lähmung seines Körpers zur Folge hat. So verlor er bald die Fähigkeit, zu laufen, zu schreiben und zu sprechen. Nach einer Lungenentzündung mußte ihm sogar ein künstlicher Atemweg gelegt werden. Obwohl die Ärzte ihn längst aufgegeben hatten, versucht Hawking unbeirrt den größten Widerspruch in der Physik zu lösen und lebt heute noch. Über einen speziellen Computer kommuniziert er mit seiner Umwelt.

Nicht die Tatsache zählt, sondern nur die Einstellung zu ihr.

Können Sie die Tatsache nicht ändern, müssen Sie halt Ihre Einstellung ändern. Der Mensch ist seither schon immer ein Meister der Anpassung gewesen. Vielleicht wissen wir ja doch nicht so gut Bescheid, wie wir glauben. Die großen Rätsel der Physik und des Lebens sind jedenfalls ungelöst und vielleicht jenseits unserer Vorstellungskraft. Glücklicherweise ist der Mensch ein sehr guter Verdrängungskünstler. Unangenehmes Wissen wird einfach verdrängt oder nicht beachtet. Dieses Prinzip bestimmt unser Weltbild. Dadurch besteht natürlich die Gefahr, daß wir unangenehme Tatsachen einfach ignorieren, weil ihre Konsequenz für uns zu unerfreulich wäre.

Napoleon, der berühmteste Feldherr aller Zeiten, hat durch diese Verhaltensweise die Schlacht von Waterloo verloren. Er wollte die *unerfreuliche Information* eines Spähers, der über feindliche Truppen aus unerwarteter Richtung berichtete, nicht akzeptieren.

**„*Der Überbringer von schlechten Nachrichten wird ge-
köpft*", sagt eine Volksweisheit.**

Nachher gab Napoleon seinen Generälen die Schuld für die
verlorene Schlacht. Das *Unschuldslamm* Napoleon hatte natürlich alles richtig gemacht. *Napoleons Erfolg* hatte im wesentlichen auf seiner Schnelligkeit basiert. *Die Überraschung* war
lange Jahre Napoleons *bester Freund* gewesen.

Der Mensch ist immer bestrebt, an die Wendung zum Guten zu
glauben, *Prinzip Hoffnung*. Ein erfolgreicher Film braucht ein
Happy End. Die meisten Menschen reden lieber über ihre Erfolge als über ihre Mißerfolge, insbesondere wenn es um Akti-
engeschäfte geht. Wenn einer doch über seine Schwächen
plaudert, wird er merkwürdig bestaunt. Kranke Tiere werden in
der Natur gemieden, erfolglose Menschen auch! Berücksichti-
gen Sie das bei Ihrem nächsten Bewerbungsgespräch.

Die Wahrscheinlichkeit mit dem Flugzeug abzustürzen, ist genauso groß, wie beim Lotto 6 richtige zu raten. Menschen, die
daran glauben, im Lotto gewinnen zu können, dürften eigentlich nicht fliegen. Denn was nützt ein Lottogewinn, wenn man
mit dem Flugzeug abgestürzt ist?

Warum denken wir eigentlich so intensiv darüber nach, wie die
Dinge zusammenhängen?

In erster Linie weil wir genetisch so gestrickt sind. 30.000 Jahre
Evolution haben uns konditioniert. Friedrich Nietzsche, einen
der berühmtesten deutschen Philosophen trieb es in den
Wahnsinn. Von ihm stammt der Satz:

„Gott ist tot".

Nach Nietzsche ist der ideale Mensch ein *Übermensch*, also
gottgleich, der *frei von allen Emotionen* rational entscheidet.
Einstein kam dem Bild des gefühlskalten Übermenschen, wie

bereits Newton, aber auch Sigmund Freud, erschreckend nahe. Die Frage des weltberühmten Psychoanalytikers *„Was will das Weib?"* war durchaus ernst gemeint. Freud konnte es sich, wie seine Enkelin Sophie Freud, selbst Psychologin, bestätigt hat, wirklich nicht vorstellen. Sophie litt unter der Gefühlskälte ihres Großvaters, bei dem sie in jungen Jahren jeden Tag vor dem Mittagessen eine 5 minütige Audienz gestattet bekam.

Freud, inspiriert durch Goethe, hatte *das Unterbewußtsein* entdeckt. Hatte man vor Freud gedacht *„Wer nicht kann, der will nicht"*, galt nun *„Wer nicht will, der kann nicht"*. Schuld sei *das Unterbewußtsein,* das es verhindere, um dem *Bewußtsein* eine unangenehme Erinnerung zu ersparen.

Je unangenehmer die Erinnerung, desto größer die Hemmung.

Über die durch ihn erfundene *Psychoanalyse* versuchte Freud nun, die *verdrängte unangenehme Erinnerung* aus dem Unterbewußtsein *des Gehemmten* hervorzuholen, um die Hemmung ein für alle mal zu löschen. Insbesondere die *Traumdeutung* war die Spezialität des Psychoanalytikers. Denn gerade die Träume verraten die *Urängste* oder *Urwünsche* des Menschen.

Wie Freud baute Einstein keinerlei emotionale Verbindung zu seiner Frau oder gar seinen Kindern auf. Die einzige Liebe des Einzelgängers war die Wissenschaft. Das Schicksal seines ersten Kindes *„Lieserl"*, das Einstein wohl nie zu Gesicht bekommen hatte, bleibt ungeklärt. Sein Töchterchen kam so kurz nach nach seinem Studium doch relativ ungelegen zur Welt und hätte Einsteins ohnehin bescheidenen Berufschancen wohl völlig zunichte gemacht[10]. In dem selben Jahr, in dem Einstein weltberühmt werden sollte, trennte er sich schließlich ganz von seiner Frau und seinen Söhnen. Einstein hatte die Trennung im speziellen Fall nun auch im allgemeinen durch-

---

[10] Spiegel 50/1999

geführt. Eduard, sein jüngster Sohn, wurde bald schizophren und erlitt schließlich einen seelischen Zusammenbruch. Glücklicherweise hatte der Physiker nun endlich einen guten Job, und das Preisgeld für seinen Nobelpreis sicherte von nun an den Lebensunterhalt der Einsteins.

In der Weltraum-Saga *Raumschiff Enterprise* ist der Wissenschafts-Offizier Mr. Spock ein Außerirdischer mit Fledermausohren, der völlig unfähig ist, menschliche Gefühle zu empfinden, worüber er oft mit dem Schiffsarzt Dr. McCoy in Streit gerät. Nur ein ihm völlig unbekanntes Phänomen entlockt ihm ein *„faszinierend"* in Verbindung mit einem angedeuteten Lächeln. Auch dem sehr femininen Sprachgenie Lieutenant Uhura erscheint der gefühlskalte Mr. Spock sehr obskur. Mr. Spock kommt vom Planeten Vulkan, der einige zeitlang für die merkwürdige Laufbahn von Merkur verantwortlich gemacht wurde. Heute jedoch ist man sich sicher:

Der 10. Planet *Vulkan* exisiert nicht!

Der Captain der Enterprise ist der sympathische Haudegen James T. Kirk, der auch mal einen Wutausbruch bekommt. Umso größer ist dann seine Freude, die er gern über ein *breites Grinsen* zeigt, wenn alles wieder in Ordnung kommt.

Die Science Ficton-Serie, die 1966 in den USA anlief, vermittelt eine *bildhafte Vorstellung* über die technische Weiterentwicklung der Menschheit. Raumschiff Enterprise ist 5 Jahre unterwegs, um fremde Lebensformen aufzuspüren. Zu den technischen Raffinessen zählt der Phaser, eine Waffe, die starke elektromagnetische Wellen aussendet oder der Beamer, über den Objekte und sogar Menschen als elektromagnetische Welle teleportiert werden. Digitale Anzeigen waren noch nicht vorstellbar, so daß der analoge Geschwindigkeitsmesser, der mich stark an meinen ersten Wecker erinnert, heute unfreiwillig komisch wirkt, wenn Raumschiff Enterprise auf mehrfache Lichtgeschwindigkeit beschleunigt.

Sind Emotionen unlogisch?

> Information * Denkprozeß = Ergebnis => Emotion

Emotionen sind Folge eines logischen Denkprozesses, der auf als *„wahr"* angenommenen Informationen beruht. Gemeinhin lösen Emotionen einen weiteren Denkprozeß aus oder führen zu einer direkten Reaktion, die um so stärker ist, je klarer das positive bzw. negative Ergebnis des vorhergehenden Denkprozesses ausfällt. Emotionen sind also die *natürliche Folge* logischen Denkens und haben uns die letzten Jahrtausende überleben lassen.

Ein Mensch ohne Emotionen ist nicht überlebensfähig!

> Emotion * (Denkprozeß) => Reaktion

Die Auswertung von Information ist also von unserem individuellen Denkprozeß abhängig, der jede Entscheidung subjektiv macht. Die objektive Auswertung von Informationen ist uns unmöglich!

Die Sprache der Physiker jedoch ist die Mathematik. Eine stark reduzierte Sprache, *scheinbar* objektiv, streng rational und bar jeder Emotion. Der Mensch empfindet die einzige Sprache, der die Adjektive fehlen, im allgemeinen als trocken und langweilig. Aus der Physik, der **Lehre der Natur**, ist durch die Mathematik die **Lehre des Unbelebten** geworden. Aber nicht nur die Lehre ist unbelebt, die Hörsäle sind es mittlerweile auch. Während des Abiturs hatte ich zeitweise deswegen sogar *den Luxus des Einzelunterrichts*.

„Durch die Leidenschaften lebt der Mensch, durch die Vernunft existiert er nur.“[11]

Was ist eigentlich rational?

Rational entscheiden heißt für Raubtiere, mit möglichst geringem Energieaufwand und möglichst ohne Verletzungsgefahr, Beute zu machen. Die Grundlage für ihre Handlungen sind *überlebenswichtige Emotionen.* Im krassen Unterschied zum Menschen zeigen Tiere ihre Gefühle offen und ehrlich. Ein Hund wedelt nicht, wenn er jemanden nicht mag und die Katze macht nichts, was ihr *„gegen den Strich“* geht, auch wenn dies langfristig für sie nachteilig ist. *Raubtiere sind Fleischfresser* und die waren seit je her die intelligenteren Lebewesen, weil sie intelligenter als ihre Beute sein müssen, sonst wären sie schon längst ausgestorben. Selbst große Raubtiere wie Haie oder Löwen sind erstaunlich vorsichtige Jäger. Denn schon eine kleine Verletzung kann in der Natur den sicheren Tod bedeuten. Im Zweifelsfall ziehen sie sich lieber zurück.

Der Klügere gibt nach!

In der Natur muß der eine oft auf recht grausame Weise sterben, damit der andere leben kann. Haie, beispielsweise, verwunden ihre Beute bei ihren Überraschungsangriffen nur und warten, bis sich das Opfer, geschwächt durch den großen Blutverlust, nicht mehr wehren kann. Das ist der Grund dafür, warum viele Menschen Haiangriffe überhaupt überleben konnten. Wäre der Hai aggressiver vorgegangen, hätte der Mensch keine Chance gehabt. Nach einem Haiangriff bleiben Ihnen ein paar Minuten, um sich zu retten. Danach ist endgültig Feierabend. Bei uns Menschen erzeugt die Umwandlung von Unbekanntem in Bekanntes, kurz gesagt das Lernen, ein Wohlgefühl, das süchtig macht. Die Amerikaner nennen das *Flow.*

---

[11] Sebastien Chamfort

Deshalb klettern Menschen auf Berge, tauchen auf den Meeresgrund oder fliegen zum Mond.

Nur wegen dem *Flow-Feeling*!

Kann ein Mensch nichts Unbekanntes in Bekanntes umwandeln, ist er gelangweilt und demotiviert. Falls ein Mensch glaubt, eine Aufgabe ist unlösbar, so empfindet er Frust oder gar Angst. Die optimale Motivation erhält ein Mensch, wenn die Aufgabe schwierig, aber für ihn lösbar ist, und er dabei etwas lernt, also Unbekanntes in Bekanntes umwandeln kann. Deshalb reisen Menschen so gerne. Denn beim Reisen wandelt man relativ gefahrlos eine vorher unbekannte Gegend in eine bekannte um. An die *schöne Zeit* erinnert man sich danach gerne zurück.

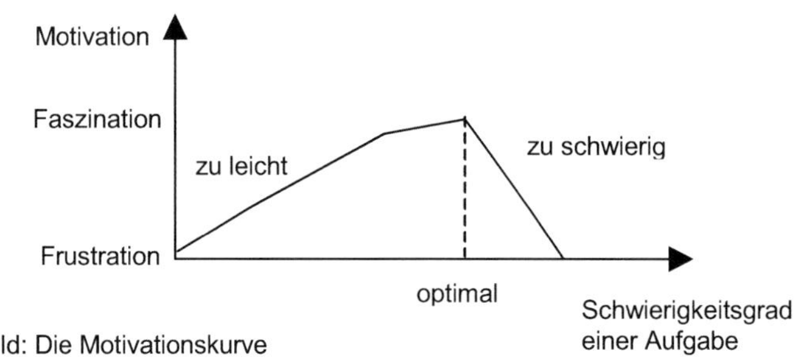

Bild: Die Motivationskurve

Unsere Intelligenz hat uns überleben lassen und trotz, im Gegensatz zu anderen Lebewesen, wirklich *kümmerlichen Körperbaus und armseligen Wahrnehmungssinns* zum Herrscher über alle Lebewesen auf der Erde werden lassen. Menschen waren eigentlich für die Savanne ganz ungeeignet, und es bedurfte einiges an Intelligenz in dieser menschenfeindlichen Umgebung unseres Ursprungslandes zu überleben. Wir benötigen viel zu viel Flüssigkeit und sehen am besten, wenn die Hitze am größten ist. Anstatt unsere Kiefer an unsere Beute anzupassen, haben wir unsere Beute an unsere Kiefer angepaßt. Giftiges wird entfernt und Unverträgliches wird gekocht, bis es genießbar ist.

Da Einzelkämpfer Gruppen immer unterlegen sind, hat uns die Fähigkeit mit anderen Menschen zu kommunizieren, von anderen Menschen zu lernen, Arbeit aufzuteilen, Werkzeuge herzustellen, sich gegenseitig zu helfen und, nicht zu vergessen, unser Daumen, zum Sieger der Evolution gemacht. Das soziale Verhalten unter Säugetieren funktioniert auch artenübergreifend, so daß ein Hund lebenslang zum *besten Freund* werden kann.

Die Begrüßung ist unter fast allen Lebewesen einer der wichtigsten Rituale. Fremde Gesichter fallen einem sofort auf und schüren Mißtrauen. Ein leichtes Lächeln versteht jeder sofort und signalisiert „Ich tu dir nichts!". Werden beim Lächeln allerdings die Zähne gezeigt, dreht sich die Bedeutung um, und es wird zum Zeichen der Überlegenheit. Das Auslachen ist die extremste Form des psychologischen Angriffs und kommt ganz ohne Worte aus. Da Spinnen nicht lächeln können, begrüßen sie sich mit einer feinen Vibration der Vorderbeine. Bei Hunden kommt die Begrüßung nahezu einem Freudentanz gleich und wirkt genauso ansteckend, wie das Gähnen, das zum gemeinsamen Schlafengehen aufruft.

Soziales Verhalten ist überhaupt nicht uneigennützig, sondern eine Art Überlebensversicherung!

Das positive Gefühl nach einer erfolgreichen Jagd stärkte in den letzten zig-tausend Jahren unser soziales Verhalten und das gemeinsame Festessen wurde zum Ritual. Einige Tierarten haben sich auf das Klauen spezialisiert und sichern sich dadurch ihren Lebensunterhalt. Eine Eigenschaft, die auch unter Menschen weit verbreitet ist. Sie nutzen das soziale Verhalten anderer Tiere für sich aus.

Klauen spart Energie bei höherem Risiko und erschließt Beute, die man aus eigener Kraft nie bekommen könnte!

Klauen ist nichts für Dumme, ehe für Faule. Denn man darf sich ja nicht erwischen lassen. Die Hyäne ist ein typisches Beispiel für einen gerissenen Dieb. Dieses asoziale Verhalten findet ihren Höhepunkt, wenn sich schon die Welpen gegenseitig tot beißen, um sich einen Nahrungskonkurrenten vom Hals zu schaffen. Klauen gibt es natürlich auch innerhalb einer Gruppe, aber nur unter Konkurrenten. Denn Klauen zerstört das Vertrauen und damit auch die Freundschaft. Hyänen dieben vorzugsweise bei Löwen. Das finden die Löwen allerdings gar nicht gut. Ich habe einmal gesehen, wie ein Löwe das Alpha-Tier eines Hyänenrudels gejagt und ihr mit einem Hieb das Rückgrat gebrochen hat.

Vampir-Fledermäuse geben einem guten Freund auch schon mal etwas ab, wenn die letzten Nächte nicht einträglich waren. Dafür hat der Spender einen Gefallen gut. Auch für Löwen ist das Teilen der Beute innerhalb des Rudels eine Selbstverständlichkeit.

Fazit
Der Mathematik fehlen die Adjektive!

Der Weg zur Weisheit

„Die Jugend von heute liebt den Luxus, hat schlechte Manieren und verachtet die Autorität. Sie widersprechen ihren Eltern, legen die Beine übereinander und tyrannisieren ihre Lehrer." [12]

Ein Mann in einem Heißluftballon hat sich verirrt, weshalb er die Höhe stark verringert, als er zufällig einen Wanderer entdeckt.

Er fragt ihn: „Können Sie mir sagen, wo ich bin? Ich muß mich in einer Stunde mit einem Freund treffen".

Der Wanderer antwortet: „Natürlich! Sie sind in einem Heißluftballon! Ihre Position ist zwischen 40 und 42 Grad nördlicher Breite und zwischen 80 und 82 Grad westlicher Länge."

Der Ballonfahrer: "Sie sind bestimmt Physiker?"

Der Wanderer: „Bin ich! Woher wissen Sie das?"

Der Ballonfahrer: "Ihre Antwort ist zweifelsfrei wissenschaftlich und korrekt. Aber niemand kann damit etwas anfangen!"

Der Wanderer daraufhin: „Sie sind bestimmt Manager?"

Der Ballonfahrer : „Bin ich! Woher wissen Sie das?"

Der Wanderer: "Sie tun etwas, von dem Sie eigentlich keine Ahnung haben und haben ein Versprechen gegeben, von dem Sie nicht wissen, wie Sie es halten sollen.

... aber irgendwie ist jetzt alles meine Schuld." [13]

Jeder Beruf bildet bestimmte Charaktere heraus. Treffen diese unterschiedlichen Charaktere aufeinander, ist meist schieres Mißverständnis die Folge. Einen Professor etwas zu fragen, ist oft *reine Zeitverschwendung*, weil er es einem doch nicht „verständlich" erklären kann oder will. Dinge auf einfache Weise zu erklären, so daß sie jeder verstehen kann, ist eine große Kunst, die nur wenige beherrschen.

---

[12] Sokrates (Griechischer Philosoph ca. 400 BC)

[13] Im Juni 2002 umflog ein amerikanischer Börsenmakler, nach mehreren erfolglosen Versuchen, zum ersten Mal die Welt in einem Heißluftballon.

„Der Gebildete treibt die Genauigkeit nicht weiter, als es der Natur der Sache entspricht!"[14]

Die wenigsten Dinge im Leben sind durch Grübeln zu lernen.

**Die Praxis ist der beste Lehrmeister.
Versuch macht kluch und Wissen hemmt!**

Mein 2,5 Jahre junger Sohn erstaunte mich, als er in einem Spanienurlaub völlig vorurteilslos einen deutschen Radiostekker ohne Adapter in eine spanische Steckdose steckte. Von dem Zeitpunkt an ließ ich den umständlichen Adapter auch weg. Ich hatte in einem Reiseführer gelesen, daß man einen Adapter benötigt und mich gewundert, warum ich so große Mühe hatte, den Stecker in den Adapter zu bekommen.

Wie kommt man zu Wissen?

Zu Wissen kommt man natürlich nur über Information. Je reiner die Information, desto leichter die Erzeugung von Wissen. Es gibt den *Königsweg zu Wissen* also doch! Er ist nur oft genug, schwierig zu finden. Das Problem ist nämlich, daß Information meist in einer großen Menge von Daten versteckt ist. Das Verstecken von Information in einer großen Menge von Daten ist eine einfache aber effektive Form der Verschlüsselung und wird oft dazu benutzt, um Menschen dumm zu halten und dadurch die eigene Position zu stärken.

Denn

„Wissen ist Macht!"

Je weniger die anderen wissen, umso besser für einen selbst, meint so mancher.

---

[14] Aristoteles, berühmter griechischer Philosoph und Schüler von Plato (ca. 350 Jahre B.C.).

Das Verschleiern von Information in einer gewaltigen Menge von Daten, ist ein beliebtes Mittel der Politik in hochtechnisierten Informationsgesellschaften. Die Menschen glauben, sie würden wahnsinnig gut informiert. In Wirklichkeit steckt in den Daten kaum, vielleicht sogar widersprüchliche Information. Mit widersprüchlicher Information kann man gar nichts anfangen. Die Reduzierung von Daten ist deshalb einer der wichtigsten Mittel, um richtige Entscheidungen zu treffen.

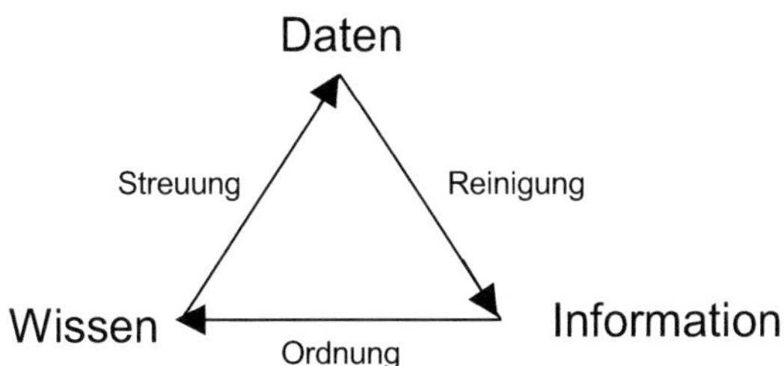

Bild: In Daten steckt Information. Aus Information gewinnt man Wissen.

„Was nicht auf einer einzigen Manuskriptseite zusammengefaßt werden kann, ist weder durchdacht noch entscheidungsreif." [15]

Einer der Hauptschwächen des Internets, neben der Unsicherheit und der geringen Geschwindigkeit, ist sicherlich das schlechte Verhältnis von Daten zur Information. Auf jede Frage bekommt man 1000 Antworten. Terroristen haben gelernt Informationen in Bilddaten zu verstecken, die keinem Verschlüsselungsexperten mehr auffallen, weil das Verhältnis von Daten zur Information einfach zu groß ist.

Weniger ist oft mehr, insbesondere, wenn man nach Informationen verlangt. Wenn Informationen fehlen, ist die Lösung eines Rätsels oft reine Raterei und kann auch nicht durch inten-

---

[15] Dwight David Eisenhower (General der US-Streitkräfte und 34. Präsident der USA)

sives Nachdenken gelöst werden. Das Erraten von Lösungen ist auch in der Mathematik eine durchaus übliche Methode, um sich Lösungen für komplizierte Gleichungen zu beschaffen. Auch in der Kryptanalyse [16] ist das Erraten von Information ein beliebter Ansatz, um verschlüsselte Nachrichten zu entschlüsseln. Das systematische Durchprobieren aller möglichen Schlüssel wird als Brute-Force-Angriff[17] bezeichnet.

Rechner schaffen es oft in sekundenschnelle, solche Schlüssel zu erraten. Kreditkartentransaktionen wurden vor Jahren noch mit einer einstelligen Prüfzahl geschützt übertragen. Mit einer Wahrscheinlichkeit von 1:10 konnte man sie erraten. Eine EC-Karten-PIN (Geheimnummer) kann mit einer Wahrscheinlichkeit von etwa 1:300 erraten werden, weil erstens nicht alle möglichen PINs benutzt werden, und man zweitens 3 Versuche hat.

Irrgärten löst man am einfachsten vom Ziel aus. Im Zweiten Weltkrieg fingierten die Engländer Flugzeugangriffe, um die darauffolgende „bekannte" aber verschlüsselte Nachricht zu entschlüsseln und so an den Verschlüsselungscode zu gelangen. Die Deutschen hatten ihre *Zauberkiste, die Enigma*[18], mit der sie ihre Geheimnachrichten verschlüsselten, für genauso unknackbar gehalten, wie zuvor die Engländer die Titanic. Bei der Enigma handelte es sich um eine Rotormaschine mit 3 bis 4 Scheiben, auf denen willkürlich das Alphabet und Ziffern eingraviert waren. Der Grundschlüssel, der 8 Trillionen Kombinationen zuließ, steckte in der Auswahl der verschiedenen Rotoren und ihrer Anordnung. Beeindruckt durch diese *Zahlenspielereien* galt die Enigma als todsicher!

Doch der theoretisch mögliche Schlüsselraum wurde in der Praxis bei weitem nicht ausgeschöpft. Zudem hatte der Erfin-

---

[16] Die Kunst verschlüsselte Informationen zu entschlüsseln
[17] Entschlüsselung einer Nachricht mittels brutaler Gewalt
[18] Lateinisch für Rätsel

der Korn in die Enigma, bei der erstmalig der elektrische Strom ins Spiel kam, einen folgenschweren Fehler eingebaut. Kein Buchstabe konnte bei der Verschlüsselung in sich selbst übergehen, weil dies einen Kurzschluß hervorgerufen hätte.

Die erste Enigma wurde 1927 beim polnischen Zoll abgefangen. Von nun an beschäftigte sich der geniale Rejewski mit der Geheimwaffe. Schnell erkannte er, daß der Spruchschlüssel zweimal am Anfang stand. Diese Erkenntnisse zusammen mit dusseligen Fehlern bei der praktischen Verwendung der Zauberkiste machten die Enigma knackbar. Prinzipiell konnte man in den Nachrichten ein „HEILHITLER" oder „KEINEBESONDERENVORKOMMNISSE" erwarten. Das machte die Entschlüsselung einfacher. Polen schickte alle Informationen über die Rätselmaschine unverzüglich an England, das sich bald auch mit der Entschlüsslung der Enigma intensiv beschäftigte.

1937 konnte der Tagesschlüssel in 20 Minuten ermittelt werden. Schließlich arbeiteten über 10.000 Menschen in England im *Bletchley Park* an der Entschlüsslung geheimer deutscher Nachrichten. Und selbst als der erfolgsverwöhnte Wüstenfuchs Rommel, Hitlers Lieblingsgeneral, seine erste große Schlacht in Nord-Afrika gegen Montgomery verloren hatte, der den Angriff scheinbar erwartet hatte, glaubte der deutsche Sicherheitsdienst nicht daran, daß die Enigma geknackt worden sei. Mürbe geworden durch die Aussichtlosigkeit seiner Situation kehrte sich Rommel von Hitler, der *„Durchhalten bis zum letzten Mann"* befohlen hatte, schließlich ab. In argloser Naivität hatte der berühmte General fest daran geglaubt, seinen Führer von der Sinnlosigkeit seines Tuns überzeugen zu können. Als dem Wüstenfuchs schließlich Verrat vorgeworfen wurde, suchte er nochmals seine Ehefrau und seinen 15 jährigen Sohn auf, um sich für immer zu verabschieden. Hitler hatte ihm für seinen *„Freitod"* im Gegenzug ein prächtiges Heldenbegräbnis und eine großzügige Versorgung seiner Familie in Aussicht gestellt, um den Schein zu wahren. Das Gift tötetet Rommel schnell und zuverlässig und der bissige Geruch war sogar bei der Bestattung noch wahrnehmbar. Wahrscheinlich wurden über 50.000 Rätselmaschinen im Zweiten Weltkrieg gebaut, damit der ganze militärische Nachrichtenverkehr „sicher" verschlüsselt werden konnte. Heute verwendet man häufig DES. Bei *dem Data Encryption Standard* handelt es sich um ein *symmetrisches Verschlüsselungsverfahren*, was bedeutet, daß Ver- und Entschlüssler über den gleichen Schlüssel verfügen müssen. Symmetrische Verschlüsslungsverfahren sind gemeinhin weniger sicher als asymmetrische, wie beispielsweise RSA[19], die einen *Private und Public Key* verwenden. Der Verschlüsselungsalgorithmus ist wohlbekannt, und man verläßt sich darauf, daß der Schlüsselraum wohl ausreichend groß ist, das heißt, es einfach zu lange dauert, den verwendeten Schlüssel zu ermitteln.

Schon die alten Ägypter waren mit der Verschlüsselung von Informationen vertraut. Sie schützten die Schätze der Pharaonen und die Toten durch sehr kompliziert aufgebaute Labyrinthe. Die Information, die einem Labyrinth fehlt, ist der Bauplan. Mit Bauplan verliert ein Labyrinth schnell seine Mystik und ist einfach zu durchschauen. Ohne Bauplan ist der Weg zur Grabkammer nicht durch intensives Nachdenken zu finden, sondern nur nach der Methode *Try and Error*. Der Error führt im schlimmsten Fall zum Tod.

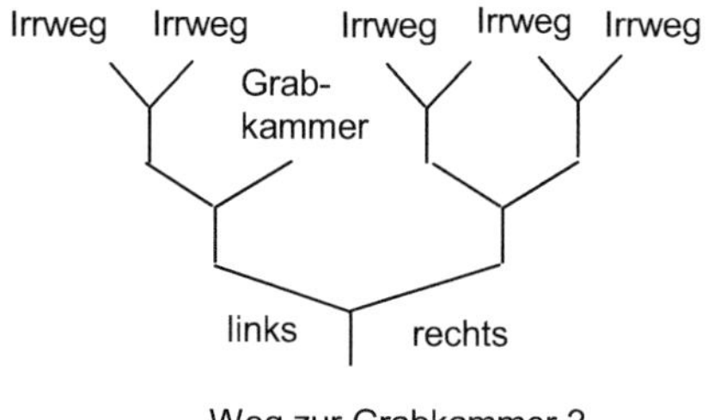

Bild: Vereinfachter Entscheidungsbaum eines Labyrinths

---

[19] RSA steht für die Initialen der Erfinder, die den Algorithmus 1978 erstmals veröffentlichten.

Eines der bekanntesten Labyrinthe ist das von Amenemhet III
in Ägypten, das über 3000 Kammern besitzt. Hat man sich
einmal in solch einem Labyrinth verirrt, kommt man nicht mehr
heraus. Die Wahrscheinlichkeit, daß man durch reine Raterei
bis zur Grabkammer kommt und wieder herausfindet, ist gleich
Null. Wenn man am Eingang einer Pyramide, wie im Beispiel
vereinfacht dargestellt, falsch abgebogen ist, kann man nicht
mehr zur Grabkammer gelangen, auch wenn man dann immer
richtig abbiegen würde. In der Mathematik bezeichnet man so
etwas als Folgefehler. Die erste und damit wichtigste Entscheidung wird in der Informationstechnik das *Most Significant Bit*[20]
genannt. Diese fundamentale Betrachtungsweise stellt die
heutige Physik vor ein unlösbares Problem, wenn sie sich am
unteren Ende des Entscheidungsbaums entscheiden muß, ob
Licht Teilchen oder Welle ist.

Denn auf Entscheidungsbäumen basiert alles logische Denken!

Auch wenn die Relativitätstheorie mathematisch korrekt ist,
bleibt immer noch die Frage, ob Einstein von der richtigen Modellvorstellung bzw. vom richtigen Weltbild ausgegangen ist. In
Einsteins Weltbild ist Lichtgeschwindigkeit die höchste zu erreichende Geschwindigkeit. Inertialsysteme, unabhängig davon, mit welcher Geschwindigkeit sie durch das Universum
sausen, sollen *physikalisch gleichwertig* sein. Das Universum
ist leer, also nicht von Äther erfüllt und wird durch die Sterne
und Planeten verbogen und verzwirbelt. Raumschiffe können
Lichtgeschwindigkeit nicht überschreiten und schrumpfen bei
87% Lichtgeschwindigkeit in Bewegungsrichtung auf die Hälfte
zusammen.

Licht ist keine elektromagnetische Welle, sondern besteht aus
Teilchen, sogenannten Photonen, die eine bestimmbare Masse
besitzen. Einstein selbst sagte, daß ihn der *Welle-Teilchen-*

---

[20] Die bedeutendste Entscheidung

Dualismus noch ins Irrenhaus bringen würde[21], weil dieser widersprüchlich erscheint. Er glaubte seltsamerweise auch nicht an die Quantentheorie, auf der er seine *Spezielle Relativitätstheorie* aufbaute. Dies ist insbesondere deshalb erstaunlich, weil er für die quantentheoretische Erklärung des Lichts sogar den Nobelpreis bekam.

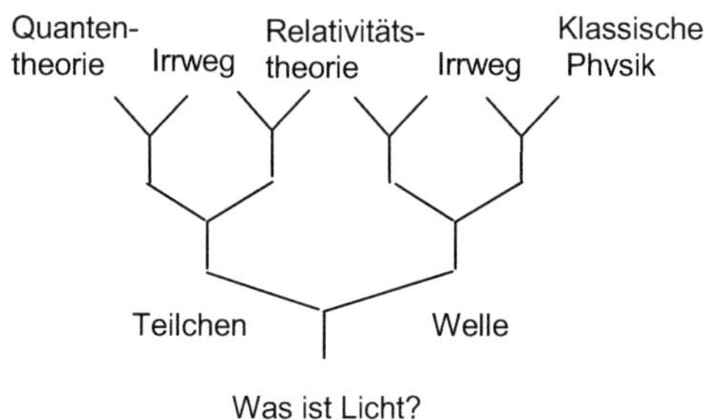

Bild: Der Welle-Teilchen Dualismus ist nicht zu verstehen.

„Die Geister, die ich rief!" hatte sich wohl Einstein gedacht und verbrachte den Rest seines Lebens damit, die Quantentheoretiker mit schwierigen Gedankenexperimenten zu ärgern.

Bei mathematischen Formeln ist es immer wichtig, sich über den *Wertebereich* im klaren zu sein, für den die Formeln gelten. Formeln gelten nie von null bis unendlich, weil sie immer eine Vereinfachung der tatsächlichen Gegebenheiten darstellen und sich ab bestimmten Werten meist „unerwartete" Effekte einstellen. Alle physikalischen Vorgänge müssen in letzter Konsequenz über **nicht-lineare Gleichungen**, die kaum mehr mathematisch lösbar sind, beschrieben werden. Eine Federwaage, beispielsweise, dehnt sich nur bei kleinen Gewichten linear aus. Wird das Gewicht zu groß, ist die Ausdehnung nicht mehr vorausberechenbar, weil nicht mehr linear. Aus diesem Grund handelt es sich bei Berechnungen von physikalischen

---

[21] mich übrigens beinahe auch

Vorgängen prinzipiell um *intelligente Schätzungen*. Genaue
Lösungen gibt es nur in der *Mathematik*, nicht in der *Physik*.

*Der Mathematiker macht sich mit der Experimental-Physik die
Hände schmutzig.*

$$F = D_1\, y + D_2\, y^2 + D_3\, y^3\ \ldots$$

F   Kraft
D   Materialkonstante
y   Auslenkung

Bild: Die Ausdehnung einer Federwaage ist nur für kleine Gewichte linear.

Viele Rätsel sind nur zu lösen, wenn man bestimmte Informationen besitzt. Fehlen diese Informationen, macht es keinen
Sinn, darüber nachzugrübeln. Vielmehr sollte man sich die entsprechenden Informationen besorgen.

Stellen Sie sich vor, Sie müßten eine verschlüsselte Nachricht
entschlüsseln. Die Zahlen der Nachricht verwiesen auf Stellen
von Worten auf Seiten eines Ihnen unbekannten Buches. Die
Information über dieses Verfahren der Verschlüsselung hätten
Sie *per Zufall* bei einem Telefongespräch mitgehört.

Würden Sie versuchen, die Nachricht durch intensives Nachdenken zu entschlüsseln, oder würden Sie vorziehen, das richtige Buch zu finden?

Zusätzlich könnten Sie versuchen, die Menge der möglichen
Bücher einzuschränken. Es wäre wahrscheinlich, daß es sich
um ein Buch handelt, das überall und jederzeit zu kaufen ist,
wahrscheinlich in der Landessprache des Verschlüsslers. Denn
ein ungewöhnliches Buch würde den Spion ja sofort verraten.
Je mehr Informationen sie über die Art der Verschlüsselung
hätten, umso einfacher könnten Sie die Nachricht knacken. Mit

dem richtigen Buch wäre die Entschlüsselung der Nachricht ein Kinderspiel. Jede weitere verschlüsselte Nachricht wäre sofort lösbar. Alle bekannten Verschlüsselungsverfahren basieren auf dem Prinzip, daß einer Nachricht substantielle Information, nämlich *der Schlüssel*, fehlt, den nur der Empfänger kennt. In dem Beispiel war der Schlüssel das Buch. Bei dem bekannten Verschlüsselungsverfahren *Secure Socket Layer (SSL)*, das bei Transaktionen im Internet Verwendung findet, entspricht der Schlüssel üblicherweise einer 128stelligen Bit-Kombination.

In der Physik wird aus Mangel an Information oft der Trick angewandt, ein bestimmtes Modell einfach als richtig anzunehmen, und zu schauen, wo man damit hingelangt. Diese Vorgehensweise entspricht letztendlich dem Durchprobieren von Schlüsseln. Stößt man auf Widersprüche, muß die Annahme falsch sein und das Modell muß wieder etwas geradegerückt werden. Durch diese *Iteration*, der schrittweisen Annäherung an die Wirklichkeit, sind wir zu den heute bekannten Formeln und Gesetzen gekommen.

Annahmen, die der Physiker für seine Theorien braucht, werden Axiome oder Postulate genannt. Die Physik ist voll davon. Axiome oder Postulate sind nicht beweisbare Annahmen, die für weitere Schlußfolgerungen benötigt werden. Oft hört man: Das ist eben so! Und man bekommt den Eindruck, man wäre zu dämlich, es zu verstehen. Dabei gibt es überhaupt nichts zu verstehen, sondern nur zu akzeptieren. Deshalb sollte das Wort *erklären* prinzipiell aus den Physikbüchern gestrichen und durch *beschreiben* ersetzt werden. Denn das ist alles, was wir derzeit können:

Beschreiben!

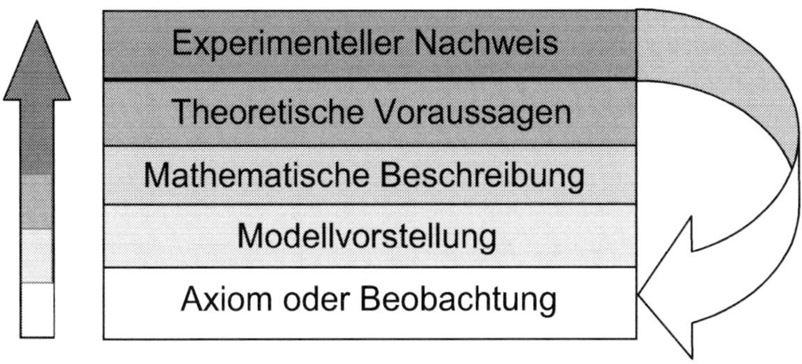

Bild: Entwicklung eines Weltbildes nach wissenschaftlicher Methodik durch schrittweise Annäherung über einen Regelkreis. In der Mathematik nennt man diese Vorgehensweise *Iteration*.

„In den Axiomen liegt alle Wahrheit", wie Einstein äußerst treffend bemerkte.

Ist das Axiom falsch, dann ist es auch die Theorie, die darauf aufbaut. Je weniger Axiome notwendig sind, desto größer die Weisheit. Das Ziel ist also, die gesamte Physik auf möglichst wenig Axiome zu stellen. Deshalb träumen viele Physiker von der *Weltformel bzw. einer einzigen Urkraft,* aus der alles andere entstanden ist. Es sind die Axiome, die maßgeblich unser Weltbild bestimmen.

Sind alle Inertialsysteme tatsächlich physikalisch gleichwertig?

Newton meinte, das Licht bestehe aus Korpuskeln. Dann erkannte man jedoch den Wellencharakter des Lichts, um nach Erscheinen der Relativitätstheorie die Doppelnatur des Lichts zu postulieren. Die Physik erklärt nur scheinbar die Natur, weil am Anfang jeder physikalischen Modellvorstellung ein Axiom steht, das nicht weiter erklärbar ist. Die nachträgliche Änderung eines Axioms oder das Korrigieren einer Beobachtung kann deshalb in der Physik leicht eine wissenschaftliche Revolution auslösen, so wie es mit der klassischen Vorstellung vom Licht passiert ist, als man Licht plötzlich wieder über das Teilchenmodell verstand. Nicht gesichertes Wissen muß durch das Experiment in gesichertes Wissen umgewandelt werden, bis aus der Theorie eine Tatsache geworden ist. Ohne das Experiment ist gesichertes Wissen praktisch nicht möglich.

Die Suche nach *objektiver Wahrheit* ist das Hauptgeschäft der Naturwissenschaft, oder sollte es wenigstens sein. *Objektive Wahrheit* findet man durch eine Konsistenzprüfung aller vorliegenden Informationen bzw. Tatsachen.

Nur, wie objektiv ist eine Information bzw. Tatsache und woher weiß man, daß man im Besitz aller Informationen ist?

Objektive Wahrheit beruht auf einer *subjektiven Beurteilung* der ihr zugrunde liegenden Information! *Logische Widersprüche* weisen auf eine *Lüge* hin.

Auf diesem Prinzip basiert nicht nur die Natur- und Ingenieurwissenschaft, sondern auch unser Rechtssystem mit großem Erfolg. Deshalb ist bei dem, was wir für *objektive Wahrheit* halten, eine *gewisse Vorsicht* angebracht, weil die Erfahrung uns gezeigt hat, daß die Natur und unser Denken für so manche Überraschung gut sind. Die Wahrscheinlichkeit, daß wir schon heute über alle Information verfügen, ist *leichtsinnig bis überheblich*.

Nur durch *logisches, also folgerichtigem Denken* und *der Konsistenzprüfung der Information*, sprich Meßergebnissen, ist das *Fehlen von Information* zu erkennen und kann unser Wissen *gezielt* vergrößert werden, will man die Wissenschaft nicht dem *Zufall* überlassen. Die Aufnahme von Information, konsequentes folgerichtiges Denken und die anschließende Konsistenzprüfung bilden einen Regelkreis, über den unser Wissen gezielt vergrößert und die Lüge erkannt werden kann. Neue Theorien müssen hierbei wie *kleine Babys* unter Schutz gestellt und gepflegt werden, denn sie sind die Zukunft *allen Wissens*.

Wir sind gerade erst aufgebrochen zu unserer *Reise ans Ende allen Wissens.* Ein weiter Weg liegt noch vor uns. Noch scheint vieles in der Physik kompliziert, verworren und unklar.

Konrad Adenauer, einer der berühmtesten Politiker, des 20. Jahrhunderts sagte einmal:

„Was man nicht vereinfachen kann, hat man auch nicht verstanden!"

Fazit
Die Lüge offenbart sich in einem logischen Widerspruch der Argumentationskette!

Die Macht der Gewohnheit

„Achte auf deine Gedanken, denn sie werden Worte.
Achte auf deine Worte, denn sie werden Gewohnheiten.
Achte auf deine Gewohnheiten, denn sie werden dein Charakter.
Achte auf deinen Charakter, denn er wird dein Schicksal. "

Ein alter Professor für Elektrotechnik sagte mir mal:

„Das Wichtigste bei der Arbeit ist die Pause, und zwar die Pause vor der Arbeit. In dieser Pause sollte man sich gründlich überlegen, wie man die Arbeit angeht."

Die Pausen, die sich der Mensch im Laufe der Jahrtausende durch effektive Jagdmethoden herausarbeitete, ließen seine Jagdstrategien und Werkzeuge immer besser werden. Die Industrialisierung stellt den Höhepunkt wirtschaftlicher Effektivität dar und ein Einkauf im Supermarkt beweist tagtäglich die extreme Optimierung der Zusammenarbeit von Menschen bei der Nahrungsbeschaffung.

Die Idee zu diesem Buch hatte ich, als ich über das berühmte *Zwillingsparadoxon* nachdachte. Der Begriff *Paradoxon* bedeutet, daß eine Sache widersinnig erscheint. Gemäß *Zwillingsparadoxon* soll es angeblich möglich sein, daß ein Zwilling in einem Raumschiff mit annähernder Lichtgeschwindigkeit ins Universum reist und nach, sagen wir 50 Jahren, kaum gealtert zurückkehrt, während sein Zwillingsbruder auf der Erde inzwischen uralt geworden ist. Ich fragte mich natürlich, wie die meisten, wo der *Haken* an der Sache ist. Der *Haken* an der Sache ist, daß der Zwilling in dem Raumschiff keine *Zeit gewonnen* hat, so daß man von *Zeitdehnung* eigentlich nicht sprechen kann. Das verhält sich so ähnlich wie mit dem Taschengeld. Selbst wenn die Menge an Taschengeld in beiden Fällen die gleiche ist, geben die einen es noch am selben Tag aus, während die anderen einen ganzen Monat dafür brauchen. Würde sich die *Zeit (das Taschengeld) dehnen*, müßte man ja *mehr Zeit (Taschengeld)* haben. Das ist aber leider nicht der Fall. Es handelt sich beim *Zwillingsparadoxon* um die *klassische Mogelpackung*. Man glaubt anfangs, daß der Inhalt etwa das gleiche Volumen wie die Packung hat und ist dann enttäuscht, wenn das meiste *Luft* ist.

Trotzdem soll dieses Buch in keiner Weise die herausragenden Leistungen des Genies Albert Einsteins schmälern. Schließlich ist Einstein für den *schlampigen Umgang* mit dem Begriff *Zeit* nicht verantwortlich, und wenn wir heute schlauer sind, dann weil Menschen wie Albert Einstein, die mühselige und selten dankbare Pionierarbeit geleistet haben.

Die Amerikaner ermuntern dazu mit dem Ausspruch: „Build on other's work!". Einstein war *seiner Zeit relativ* weit voraus, und mir ist sein Weitblick noch heute unheimlich. Er hat gründlich an den Grundmauern *traditionellen Denkens* gerüttelt, und sein physikalisches Verständnis für Gravitation hat die klassische Physik Monsterschritte weiter und die moderne Physik in arge Schwierigkeiten gebracht.

Ein Genie, wie Albert Einstein kann sich von der alltäglichen Denkweise lösen, geht *neue Wege*, und findet so eine Lösung für ein Problem, an dem sich die klügsten Köpfe der Welt den Kopf zerbrochen haben. Genies haben *originelle Ideen*, die andere nicht hatten bzw. für *prinzipiell unmöglich* oder mindestens für *praktisch undurchführbar* halten. Diese Fähigkeit wird oft als Querdenken bezeichnet. Ein Querdenker[22] kann ein Problem abstrahieren, auf ein anderes Gebiet anwenden und erahnt intuitiv die Lösung. Fehlende Information wird einfach *interpoliert*, also künstlich erzeugt. Eine Fähigkeit, die den Menschen vom Computer unterscheidet.

---

[22] Mensch, der eigenständig denkt und originelle Ideen hat.

Wie soll man einem Computer bloß Querdenken beibringen? Es ist schon erstaunlich, daß Einstein, obwohl bekannt für seine rebellische Art in jungen Jahren und gefürchtet von seinen Lehrern, weil er praktisch nichts so machte, wie man es ihm sagte, nicht an den *freien Willen* glauben wollte.

Wenn heute in Fachzeitschriften über *künstliche Intelligenz* geschrieben wird, dann meinen die Autoren hervorheben zu müssen, wie stark der Computer an die menschliche Denkleistung, wie beispielsweise das Rechnen, bereits herangekommen ist und meistens wird dann die Leistung von IBM angeführt, die es erstmals schafften, einen Computer zu entwickeln, der den berühmten Schachspieler Kaparow geschlagen hat.

Insbesondere bei immer gleichbleibenden Tätigkeiten ist der Computer dem Menschen hochhaus überlegen, aber eben nur dort. Computer machen im Gegensatz zum Menschen nämlich immer genau das, was man ihnen sagt und die einzigen, aber in der Industrie entscheidenden Vorteile, sind ihre Geschwindigkeit und Fehlerfreiheit, mit der sie das tun.

Der entscheidende Unterschied zwischen Mensch und Computer ist der *freie Wille*. Deshalb ist der Begriff *künstliche Intelligenz* so widerspüchlich, wie eine *lebende Leiche*. Wollte man einen Computer intelligent machen, dürfte er seine Programme *nicht mehr fehlerfrei* ausführen. Das will aber kein Programmierer, weil das Ergebnis nicht mehr voraussagbar wäre.

Der wesentliche Unterschied zwischen künstlichem und lebendigem Geist ist die Berechenbarkeit.

Während ein kleiner Rechenfehler in dem Pentium-Chip von Intel, den ein Mathematik-Professor rein zufällig entdeckte, das Unternehmen beinahe ruiniert hätte, sind viele Mathematik-Professoren für ihre durchschnittlichen Leistungen im Kopf-

rechnen bekannt. Einige sind sogar im Kopfrechnen grotten-
schlecht. Beim Kopfrechnen darf man nämlich eins nicht tun:

Nachdenken!

Viele Witze basieren übrigens auf Querdenken. Das erste Kapitel *„Das mathematische Paradies"*, dessen Basis leider nicht
mir zuzuschreiben ist, ist ein typisches Beispiel für Querdenken. Querdenken macht Spaß, denn es bringt *Abwechslung* in
eine bekannte Problematik und läßt uns das Problem aus einem *neuen Blickwinkel* betrachten.

Warum lacht ein Mensch *weltweit* über einen logischen Widerspruch?

***Warum empfindet er Glück in dem Moment,
wenn er die offensichtliche Lüge erkennt?***

Nun, weil es schon seit jeher ein Vorteil für den Jäger war, eine
Finte der Beute oder des Feindes zu durchschauen. Es hat *ihm
das Fell gerettet*. Das Lachen ist eine Art *Siegesgefühl. Schluß
mit lustig* ist es aber, sobald die Lüge zum eigenen Nachteil
wird. Die *Schadenfreude,* für die die Engländer keine Übersetzung finden, funktioniert nur bei anderen, auch wenn es nur ein
virtuell anderer in einem Witz ist. Das Denken des Menschen
folgt gewissen logischen Regeln, die zu voraussehbaren Ergebnissen führen. Im allgemeinen ist das Gehirn des Menschen sehr genügsam. Wenn wir einmal eine Lösung für etwas
haben, denken wir nicht über eine andere nach. Das fällt einem
besonders auf, wenn man eine Fremdsprache lernt, und man
sich plötzlich bei bestimmten Begriffen nur noch an das Fremd-
wort erinnern kann. Das Hirn ersetzt nämlich einfach den alten
Begriff durch den neuen. Einer reicht ja eigentlich auch aus.

Der Fachjargon vieler Spezialisten ist also oft kein böser Wille,
sondern nur die *Macht der Gewohnheit, Power of Habit*. Gewohnheiten zu ändern ist schwierig. Sich das Rauchen abzu-

gewöhnen ist für viele die reinste Quälerei. Einstein trug beispielsweise nie Socken. Auch nicht, wenn er den US-Präsidenten besuchte. Er war der Meinung, daß sein großer Zeh innerhalb kurzer Zeit jede Socke durchbohren würde, so daß das Tragen von Socken völlig sinnlos sei.

Der Mensch ist halt ein Gewohnheitstier, und er tut am liebsten das, was er am besten kann. Biologisch erklärt sich das dadurch, daß Dinge, die wir sehr gut können, vom Großhirn ins Kleinhirn wandern. Dort liegen nämlich alle motorischen Fähigkeiten. Der Volksmund sagt: „Übung macht den Meister!".

Die Wiederholung ist die Mutter allen Wissens!

Während unserer Jugend bilden sich durch ständige Wiederholung von geistiger Tätigkeit durch die Verbindung von Hirnzellen und Nervenbahnen neuronale Verbindungen, die ein Leben lang halten.

Unser Wissen brennt sich förmlich ein.

Wie die Wurzeln eines Baumes bekommt so jedes Hirn seine eigene Struktur und bildet so eine individuelle Persönlichkeit, die sich umso weniger ändern läßt, je älter wie werden. Motorische Fähigkeiten, wie das Spielen auf einem Klavier, können mit einer wahnsinnigen Geschwindigkeit ausgeführt werden, da wir nicht mehr darüber nachdenken müssen.

Gewohnheit spart Energie und Zeit!

Nachteilig ist allerdings, daß wir Dinge, die sich erst einmal im Kleinhirn festgesetzt haben, kaum wieder ins Großhirn zurückbringen können. Vertauschen Sie einem Klavierspieler mal die schwarzen und die weißen Tasten. Eine Änderung der Gewohnheit ist immer unangenehm, auch wenn es eine Änderung zum Besseren bedeutet. Je älter Menschen sind, desto schwerer fällt es ihnen. „Einen alten Baum verpflanzt man nicht!"

Die Fledermaus ist das Vorbild für jedes Gewohnheitstier. Hat sie ihre Umgebung erkundet, speichert sie *optimale Wege* im Gehirn ab. So wurde beobachtet, daß Fledermäuse noch Tage lang einen „Baum" umflogen, der den optimalen Weg versperrt hatte und inzwischen gefällt war.

Jeder kennt das Musical „*My Fair Lady*"[23], in dem ein Linguistik-Professor verzweifelt versucht, einem Blumenmädchen, das Dialekt spricht, eben das abzugewöhnen und das, sobald es sich aufregt, wieder in ihre alte Art zu sprechen, zurückfällt. Hingegen ist es überhaupt kein Problem, einem kleinen Kind perfektes Sprechen beizubringen. Wie schwierig es ist, eine angelernte Verhaltensweise selbst bei akademisch gebildeten Menschen zu ändern, soll folgendes Beispiel aus der Medizin zeigen:

Vielen Menschen mit Magengeschwüren redet man ein, sie hätten einen Streßmagen, weil sich immer noch viele Mediziner nicht vorstellen können, daß Bakterien in der Salzsäure des Magens überleben können. Auch der Selbstversuch des australischen Arztes Robin Warren 1983, der sich mit Helicobakter Pylori-Bakterien infizierte, worauf er unverzüglich ein Magengeschwür bekam, das er wiederum mit Antibiotika erfolgreich kurierte, kann viele Ärzte der alten Garde nicht überzeugen.

Was Hänschen nicht lernt, lernt Hans nimmer mehr!

Wahrscheinlich müssen wir eine vollständige Ärzte-Generation abwarten, bis die Behandlung von Magengeschwüren mit Antibiotika Normalität geworden ist. *Zu Zeiten Goethes* war es oft klüger, sich im Krankheitsfall nicht medizinisch behandeln zu lassen. Die verschriebenen *Roßkuren* waren oft *reine Sterbehilfen*. Nur die Allerstärksten überlebten die Medikamente der

---

[23] Meine Schöne Dame

Quacksalber, die alles noch schlimmer machten. Einer dieser berühmten Quacksalber war übrigens *Faust*[24].

Zu unserem Gehirn gehört auch das Rückenmark, das als Verlängerung unseres Gehirns angesehen werden kann, und über das unsere Reflexe gesteuert werden, die schneller als alles andere, was wir sonst können, funktionieren. Außerdem kontrolliert es lebenswichtige Funktionen, wie die Atmung und den Herzschlag. Aber auch der Brechreiz wird vom Rücken- mark gesteuert. Er ist deshalb nicht zu unterdrücken, wie die meisten wahrscheinlich schon festgestellt haben.

Deshalb müssen Sie sich beim Schlafen auch nicht darum sor- gen, das Atmen zu vergessen. Man fängt im Schlafen sogar zu Husten an, wenn Speichel in die Luftröhre gelangt. Bei Delphi- ne schlafen die beiden Gehirnhälften anscheinend abwech- selnd, weil sie sonst ertrinken würden und vor Feinden unge- schützt wären.

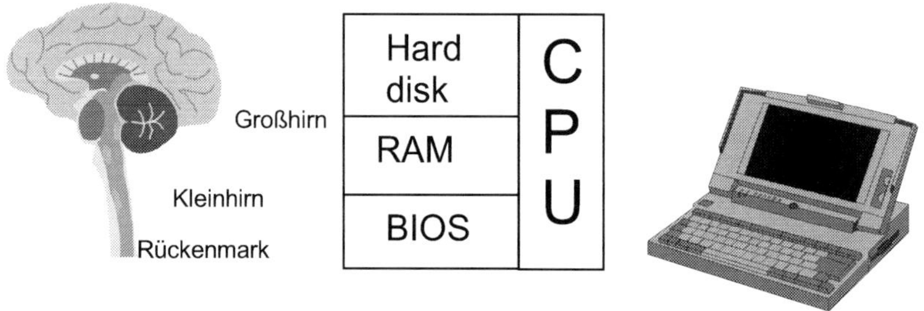

Bild: Das menschliche Gehirn besteht aus 3 Teilen, dem Großhirn, dem Kleinhirn und dem Rückenmark. Ein Computer ist ähnlich aufgebaut und besteht aus BIOS, RAM, Harddisk und einer CPU (Central Processing Unit), die alles koordiniert.

Das Hauptproblem: Der Arbeitsspeicher ist flüchtig und seine Kapazität stark begrenzt. Allzu leicht gibt es einen Buffer-Overflow.

---

[24] Der Titelheld, auf den sich das berühmte Werk von Goethe bezieht, lebte im 15. Jahrhundert und war als skrupelloser Quacksalber bekannt, der sich den Doktortitel selbst verliehen hatte und unter anderem die Kunst der Ma- gie und Totenbeschwörung ausübte.

Einer der Hauptaufgaben des Gehirns ist die *Filterung von unwichtigen Informationen*. Wer keine Prioritäten setzen kann, kann auch nichts erreichen. Ein Computer ist ähnlich aufgebaut. *Gute Betriebssysteme* unterscheiden zwischen wichtigen und unwichtigen Prozessen.

Das BIOS (Basic Input Output System) ist für die grundsätzlichen Funktionen eines Computers, wie das Starten (Booten), vorgesehen. Hierbei handelt es sich um festverdrahtete Logik. Auf seine Festplatte (Harddisk) können beliebige Programme gespeichert und gegebenenfalls in seinen Hauptspeicher (RAM) geladen und ausgeführt werden. Programme, die im Hauptspeicher geladen sind, können mit einer wahnsinnigen Geschwindigkeit ausgeführt werden.

Jedem ist es schon so gegangen, daß man sich an etwas erinnern wollte, von dem man genau wußte, daß man es weiß, wie einen Namen oder eine Telefonnummer. Man sagt dann, es liege einem auf der Zunge. Mir geht es oft so, daß ich mich erst viel später erinnere. Das Unterbewußtsein scheint solange auf der Festplatte zu kramen, bis es die Information gefunden hat. Unter Hypnose ist es möglich, sich an Dinge zu erinnern, von denen man gar nicht annimmt, daß man sie weiß. Meistens sind es unerfreuliche Erinnerungen, die wir aus unserem Hauptspeicher komplett verdrängt haben. Das sprichwörtliche Elefantengedächtnis, das auch unser Altkanzler Helmut Kohl keinen Freund hat vergessen lassen, aber auch keinen Feind, ist in der Natur Gold wert. Beispielsweise in der Trockenzeit, wenn sich der älteste Elefant an ein bekanntes Wasserloch in der Umgebung erinnern muß. In solch einem Notfall ist die Erinnerung weit effektiver als jede gescheite Überlegung oder ein extrem großes Riechorgan.

Die allgemein verbreitete Behauptung, wir nutzten nur 10% unseres Hirns, ist falsch. Alle Zellen sind irgendwie miteinander verbunden und werden auch genutzt.

Bei niederen Tieren, wie den Fischen, ist im Gegensatz zu höheren Lebewesen das Kleinhirn fast größer als das Großhirn. Deshalb kann man mit Haifischen keine gute Freundschaft entwickeln. Ihr Leben wird praktisch nur durch Instinkte und Reflexe gesteuert. Bei Delphinen ist das anders, denn sie sind in Wirklichkeit wieder ins Wasser zurückgekehrte Säugetiere mit sehr großem Großhirn. Die Bezeichnung „*Walfisch*" ist deshalb in sich widersprüchlich und täte den Säugern sicherlich in ihren hochempfindlichen Ohren weh, könnten sie verstehen, was wir sagen.

Bild: Bei Delphinen handelt es sich um ins Wasser zurückgekehrte Säugetiere. Sie haben Lungen wie wir Menschen, sind hochintelligent und kommunizieren über Pieps-Töne im Hochfrequenzbereich. Ihr Sonarsystem basiert auf Schallwellen im Ultraschallbereich (Echopeilung), ähnlich wie bei Fledermäusen. Über das Platschen informieren sie ihre Artgenossen auch über große Entfernungen über ihre eigene Position und ihre Reiserichtung. Der Amazonas-Delphin hat seine Sehfähigkeit fast vollständig einge büßt, weil er in dem trüben Wasser des Amazonas kaum etwas sieht. Umso besser ist sein Echo-Peilsystem geworden.

Der Vergleich zwischen den lustigen Delphinen und dem grimmigen Hai gefällt mir sehr gut, um zu demonstrieren, wie das Leben eines intelligenten zu dem eines nur durch Instinkte gesteuerten Lebewesens ist. Delphine verbringen nur etwa 10% ihrer Zeit mit der lästigen Futtersuche. Ihr Teamwork macht sie zu extrem erfolgreichen Jägern. Den Rest ihrer Zeit verbringen sie mit Spielen. Einige Arten üben sogar im Team die Verteidigung gegen Haiangriffe. Das Gerücht, daß wilde Delphine auch schon Menschen vor dem Ertrinken gerettet haben, stimmt übrigens. Irgendwie empfinden sie wohl eine Seelenverwandtschaft zum Menschen. Der Hai ist dagegen immer auf der Jagd. Nur wenn eine Haifischdame Nachwuchs hat, empfindet sie, glücklicherweise für die kleinen Haie, keinen Appetit. Können Sie sich vorstellen, daß ein Hai aus Gram über den Tod seines Jungen stirbt?

Haie sind seit Millionen Jahren hochentwickelte Jäger, aber richtig intelligent sind sie bestimmt nicht!

Bild: Ein Hai denkt nicht viel über sein Leben nach. Trotzdem ist er seit Millionen von Jahren ein erfolgreicher Jäger.

Es gibt eine Theorie über Wasseraffen. Demnach sollen sich unsere Vorfahren vor Millionen von Jahren teilweise zurück ins Meer gewagt haben, um dort neue Nahrungsquellen zu erschließen. Noch heute können trainierte Menschen erstaunlich gut tauchen und minutenlang die Luft anhalten. Eine Fähigkeit, die ein an Land lebendes Wesen nicht brauchte.

Verkümmerte Schwimmhäute lassen sich auch heute noch zwischen unseren Fingern erahnen. Babys halten instinktiv die Luft an, wenn sie unter Wasser tauchen. Unsere Nasenlöcher sind optimal an ein Eintauchen ins Wasser angepaßt und unser Herzschlag sinkt abrupt, sobald sich der Kopf unter Wasser befindet. Unter Wasser gehen wie sofort in einen Energiesparmodus. Das spart überlebenswichtigen Sauerstoff.

Emotionen und gefühlsmäßige Bindung, wie die eigentlich unerklärliche Liebe, haben sich mit dem Großhirn nur bei höher entwickelten Lebewesen herausgebildet und sich als hervorragendes Merkmal für die Arterhaltung bewährt. Sie sind Motor für unser Tun und unseren Erfolg. Die Lust auf Leistung entsteht durch Emotionen. Emotionen und Intelligenz sind untrennbar und verbinden sich zur *emotionalen Intelligenz.*

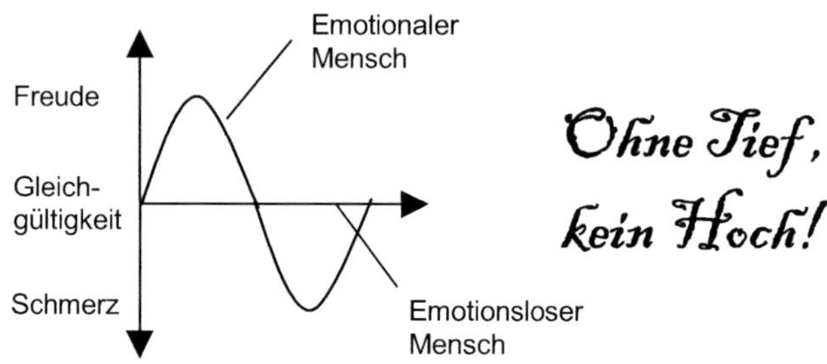

Bild: Emotionen bestimmen im wesentlichen unsere Entscheidungen.

Gefühle sind maßgeblich an unseren Entscheidungen beteiligt, auch bei stark rational denkenden Menschen.

Fazit
Wer in den Fußstapfen anderer geht,
hinterläßt selbst keine!

Die Universums-Uhr

„Unsere Zeit befindet sich in einer kritischen Phase. Die Kinder hören auf ihre Eltern nicht mehr. Das Ende der Welt ist nicht mehr fern." [25]

Nachdem Gott die Erde erschaffen hatte, verfügte Er: „Und es werde Licht!". Im Laufe einer Woche erledigte Er noch viele weitere wichtige Arbeiten und erschuf schließlich auch Adam. Adam fragte Gott: "Was kostet mich eine intelligente, wunderschöne Frau, die mir ergeben ist, sich liebevoll um die Kinder kümmert und außerdem fantastisch kochen kann?"
Gott antwortete: „Es kostet dich deinen rechten Arm."
Adam spontan: „Na gut. Was bekomme ich für eine Rippe?"
... und so ward Eva!

Sogleich erklärte der Herr den beiden Neuen die Spielregeln im *paradisischen Garten Eden.* Die Hauptregel war, nicht von seinem Lieblingsbaum, dem *„Baum der Erkenntnis"* zu essen. Als Eva *zufällig* an dem wunderschönen Baum vorbeikam, wurde sie von einer äußerst verkaufstüchtigen Schlange angesprochen. Die Schlange stellte ihr in Aussicht, zu geistigen Höchstleistungen aufzusteigen, wenn sie sich nur vitaminreich ernähren würde. Als Werbegeschenk bot die talentierte Obstverkäuferin Eva einen wunderschönen appetitanregenden roten Apfel an. Nach Genuß dieses Apfels solle Eva, wie Gott, in der Lage sein, fehlerfrei zwischen Gut und Böse zu unterscheiden. Als Gott erfuhr, daß Eva seinen *Baum der Erkenntnis* geplündert hatte, wurde der Herr sauer und verstieß Adam und Eva aus dem Paradies.

Dies ward die Geburtsstunde des *Ausschließungsprinzips*, das bis heute immer noch nicht richtig verstanden ist.

---

[25] Ägyptischer Priester, etwa 2000 BC

Glaubt man den Biologen, so ist *lebendig*, was Stoffwechsel hat, wächst und sich vermehrt. Um den Menschen von anderen Lebewesen abzuheben, wird dem Menschen zusätzlich noch eine *Seele* zugeschrieben, die Tiere angeblich nicht besitzen. Während christliche Religionen davon ausgehen, daß die *Seele* nach dem Tod den Körper verläßt, um in den Himmel aufzusteigen oder in die Hölle zu stürzen, behaupten indische Religionen, daß die *Seele* in einem anderen Körper wiedergeboren wird. Dieser andere Körper ist aber nur *im günstigsten Fall* ein menschlicher Körper. Viele Menschen sollen beispielsweise im Körper einer Ratte wiedergeboren werden, die deshalb in Indien heilig sind.

In allen Religion findet man folgendes Grundmuster:

1. Der Mensch unterliegt den Gesetzen eines oder mehrerer Götter, von dem bzw. denen er seine *Seele* bekommen hat, und dem bzw. denen er deshalb zur Dankbarkeit verpflichtet ist. Der Mensch ist folglich nicht frei, sondern muß den Gesetzen der jeweiligen Religion unter Androhung von Strafe gehorchen.

2. Die Gesetze der Götter sind *seit Ur-Zeiten* in *Heiligen Büchern*, wie der Bibel und dem Koran, festgeschrieben, so daß man über deren Richtigkeit nicht mehr nachdenken muß bzw. darf. Die Gesetze sind sozusagen *vom Himmel gefallen*. In den *Heiligen Büchern* kann man über zukünftige Ereignisse lesen und weiß so über die Zukunft Bescheid. Gläubige, die die aktuelle Interpretation der *Heiligen Schrift* kritisch diskutieren, wurden früher öffentlich verbrannt. In vielen westlichen Ländern sind heutzutage die Strafen für sogenannte „*Ketzer*" nicht mehr so drastisch.

3. Die *Seele* ist unzerstörbar und existiert ewig.

4. Die Lebensweise entscheidet, was aus der *gottgegebenen Seele* nach dem Tod wird. Eine glückliche Zukunft hat die *menschliche Seele* nur, wenn Sie sich den Gesetzen der Götter unterwirft.

5. Es gibt Menschen, die in direktem Kontakt mit einem Gott oder mehreren Göttern stehen und deshalb über *unendliche Weisheit* verfügen. Diese *„auserwählten"* Priester sind zu verehren, weil sie *„offensichtlich"* über allen anderen Menschen stehen und die Fähigkeit besitzen, in die Zukunft zu sehen. In vielen Religionen wird man Priester, nachdem ein Gott Kontakt zu dem *„Auserwählten"* aufgenommen hat. Fortan verfügt dieser *„geistliche Superman"* über *übernatürliche Fähigkeiten*, die ihn in die Lage versetzen, Menschen, die an ihn glauben, durch *geistige Arbeit*, wie beispielsweise Beten, zu helfen. Einige Priester behaupten, sie könnten Menschen, die von anerkannten Ärzten als *unheilbar* eingestuft waren, heilen.

6. Viele Religionen erwarten von Sündern, also Menschen, die *göttliche Gesetze* gebrochen haben, geistige oder im Extremfall sogar körperliche Sühne. So gibt es Menschen, die sich wie Jesus Christus jährlich an ein Kreuz nageln lassen. Aber auch aus *reiner Verehrung* gegenüber Gott oder den Göttern werden solche Geißeln oft gern von den *„Auserwählten"* gesehen.

7. Als Gegenleistung wird eine *„kleine Gebühr"* von den Gläubigen verlangt, die der *„Auserwählte"* nutzt, um seine *gottgegebene Weisheit* zu verbreiten, und sein Imperium zu vergrößern.

Obwohl ich persönlich keiner bestimmten Religion anhänge, meine ich jedoch, daß die Religion *etwas Wesentliches* erkannt hat, nämlich das *Vorhandensein einer Seele*, die in den Naturwissenschaften derzeit völlig ignoriert wird, weil man sich darauf konzentriert, *Materie* zu untersuchen. Dies rührt hauptsächlich daher, daß die *Seele des Menschen* nicht greifbar ist und beispielsweise *unter einem Mikroskop nicht sichtbar* gemacht werden kann. Die *glückliche Seele* eines Menschen ist jedoch, nach allem was wir wissen, Grundlage für *seine Gesundheit und ein zufriedenes Leben*. Die *materielle Ursachenforschung* geht soweit, daß viele Menschen glauben, ein glückliches und zufriedenes Leben hänge ursächlich mit dem Geld zusammen, das sich auf ihrem Bankkonto befindet.

Aber auch die *moderne Medizin* kennt Medikamente, sogenannte *Placebos*, die basierend auf naturwissenschaftlichen Erkenntnissen eigentlich nichts bewirken dürften, es teilweise aber trotzdem tun. Hochinteressant sind *homöopathische Mittel*[26], die so stark mit Wasser verdünnt werden, bis kaum mehr ein Molekül des Wirkstoffes in der Flüssigkeit zu finden ist. Die offensichtlichen Erfolge der Medikamente, die sich besonders für Babys eignen, basieren vielleicht auf der *Merkfähigkeit des Wassers*, das die Information über die Eigenschaften des Wirkstoffes gespeichert haben könnte. Zumindest verursachen homöopathische Mittel keine Nebenwirkungen, weil man praktisch Heilwasser zu sich nimmt und Wasser trinken, hat bekanntlich noch keinem geschadet.

Zu Beginn des 1900 Jahrhunderts war es inbesondere der französische Mathematiker Pierre-Simon de Laplace, der Newtons Bewegungsgesetze konsequent auf die Planeten anwendete und daran glaubte, das Universum funktioniere wie eine Uhr und ließe sich entsprechend berechnen. Diese Denke impliziert unwillkürlich, daß die Zukunft des Universums bereits feststehe. Die Berechnung aller zukünftigen Ereignisse schien greifbar nah. Laplace, der im selben Jahr wie Goethe geboren

---

[26] Heilverfahren, bei dem Kranke mit hochverdünnten Mitteln behandelt werden, die bei Gesunden in höherer Konzentration ein ähnliches Krankheitsbild hervorrufen würden.

war, galt als überzeugter Verfechter des Determinismuses, der Lehre von der Vorbestimmtheit allen Geschehens.

Der freie Wille, eine Illusion?

Mittlerweile ist den meisten bekannt, daß das *Verglühen der Sonne, unabhängig von unserem jeweiligen Glauben,* in etwa 5 Milliarden Jahren alles Leben auf der Erde beenden wird. Dies scheint ein unausweichliches Schicksal zu sein, wenn kein Wunder geschieht. Da hilft auch, nach allem was wir wissen, beten nicht.

Klassisches Schachmatt!

Das Verglühen der Sonne wird in der Zukunft ein ernstes Problem der Menschen werden, von dessen Lösung die Erhaltung der Art abhängt. Viel früher könnte aber ein Meteorit einschlagen, und alles menschliche Leben auf der Erde zerstören, so wie es vor 65 Millionen von Jahren den Dinosauriern passiert ist. Damals war vermutlich ein großer Meteorit mit riesiger Geschwindigkeit in den Golf von Mexiko eingeschlagen. Wieder könnte sich aus dem Asteroidengürtel zwischen Jupiter und Mars ein kleiner Planet, ein Asteroid lösen und auf die Erde zusteuern. Erst, wenn er beim Eintritt in die Erdatmosphäre zu leuchten beginnt, würde man ihn sehen und als Meteorit[27] bezeichnen. Selbst kleine Meteoriten in der Größe mehrerer Kilometer können verheerende Folgen für die Erde haben und bei Einschlag ins Wasser 20-40 Meter hohe Flutwellen auslösen. Über 100 Krater auf der Erde belegen den ständigen Beschuß aus dem All. Glücklicherweise beschützt uns Jupiter, der durch seine riesige Masse wie ein Himmelsstaubsauger die meisten Gesteinsbrocken einsammelt. Oder, was noch früher passieren wird, ist, daß uns in den nächsten 20.000 Jahren eine neue Kli-makatastrophe vor unlösbare Probleme stellt. Der Golf-Strom im Atlantik trägt nämlich etwa 30% zur Tempe-

---

[27] Meteor bedeutet Feuerkugel

ratur in Europa bei. In der Vergangenheit ist der Strom schon öfters mal abge-rissen, was jedes Mal zu einer Eiszeit geführt hat. Außerdem wechselt das Magnetfeld der Erde, das durch starke Ströme im Erdinnern entsteht, alle zig-tausend Jahre seine Richtung.

Prinzipiell sind das keine schönen Aussichten!

Ob unser Schicksal besiegelt ist, hängt letztendlich von der fundamentalen Frage ab, ob das Universum pulsiert oder unendlich ist. Viele Wissenschaftler glauben, daß das Universum pulsiert, sich in den ersten 30 Milliarden Jahren aufbläht (Big Bang) und in den nächsten 30 Milliarden Jahren wieder zusammenzieht (Big Crunch). Das Universum würde sich so alle 60 Milliarden Jahre ohne Rücksicht auf Verluste neu bilden. Diese Vorstellung impliziert unwillkürlich einen übergeordneten Zeitgeber.

Sozusagen eine Universums-Uhr, die den Takt schlägt.

Damit wäre unser Schicksal besiegelt, nach dem Motto *„der Mensch denkt, und Gott lenkt"*. Die Zeit wäre nicht relativ, sondern absolut. Die Apokalypse, das Ende des Universums, wäre eine **winzig kleine, vollkommen runde Kugel**, die die gesamte Masse des Universums in sich vereinigt. Gott würde beim nächsten Mal sicher alles besser machen.

Hat das Universum einen Anfang und ein Ende?

Bild: Der Entscheidungsbaum für die Betrachtung des Universums

Der *zweite Hauptsatz der Thermodynamik* besagt, daß die Entropie (die Unordnung) ständig zunimmt und sich somit alle höherwertige Energie irreversible in Wärme umwandelt. Durch die Wärmestrahlung, bei der es sich um elektromagnetische Strahlung handelt, erhält die Zeit ihre Richtung. Nur, wie konnte die enorme Menge an höherwertiger Energie überhaupt entstehen, wenn es nur eine Richtung der Energieumwandlung gibt?

Handelt es sich bei unserem Universum um ein gigantisches Perpetuum Mobile [28]?

Der *zweite Hauptsatz der Thermodynamik* scheint bei der Entstehung unseres Universums außer Kraft gesetzt worden zu sein, wenn die Ur-Knall-Theorie richtig sein soll.

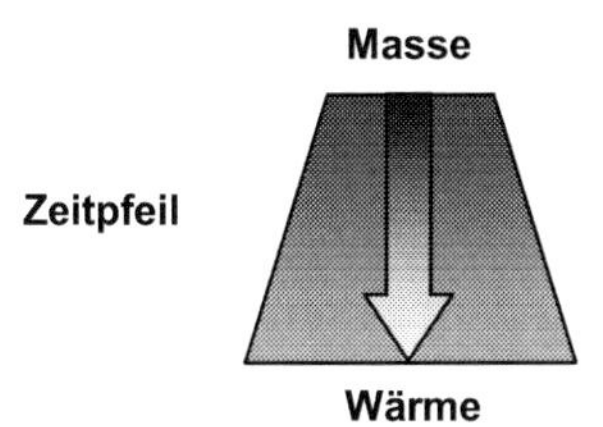

Bild: Die irreversible Umwandlung aller hochwertigen Energie, sprich Masse, in Wärme wird gemeinhin als "Wärmetod der Welt" bezeichnet.

Die *Lehre der Naturwissenschaften* unterscheidet sich zu der *religiösen Lehre* nicht so sehr in den *Weisheiten*, sondern vielmehr in der *Methodik*, durch die man zu diesen Weisheiten gelangt. Diese in den letzten Jahrhunderten so erfolgreiche Methodik der Naturwissenschaften wurde jedoch in den letzten Jahrzehnten immer stärker zugunsten einer *unkritischen und sich selbst erhaltenden Glaubenslehre*, die ihre Glaubensvertreter mit einem *Heiligenschein* umgibt und fördert, aufgeweicht.

---

[28] Hier: Himmelsmechanik, die ohne Energiespeisung dauernd Arbeit leistet.

Die *Ausbildung zum Fachidioten* wird ausdrücklich gewünscht und durch die Verwendung einer *Geheimsprache*, die nur Eingeweihte verstehen, unterstützt. Diejenigen, die diese Geheimsprache erlernen, werden unweigerlich selbst zum Fachidioten und so schließt sich der Kreis, sonst würde das System ja nicht so gut funktionieren. Das Ergebnis ist eine sich *selbst erhaltende Glaubenslehre*, die religiösen Charakter hat und zu keiner Verbesserung mehr fähig ist, weil jede Kritik sofort als „Ketzerei" angeprangert und die „Ketzer" aus der „Wissenschaft" ausgeschlossen werden. So ist aus dem *intelligenten Regelkreis* eine *primitive Steuerung* geworden.

Dr. Zillmer, eigentlich Bau-Ingenieur von Beruf, ist ein „Ketzer". Er stellt die Evolutionstheorie Darwins in Frage. Er glaubt nicht an die *allmähliche und gleichförmige* Entwicklung der Natur, sondern an *plötzliche Ereignisse*, die alles veränderten, sogenannte *Zeit-Impacts*. Seiner Meinung nach sind die Datierung von Dinosaurier-Funden schlicht und einfach falsch und gehen auf die falsche Annahmen zurück, daß die Erde sich *allmählich und gleichmäßig* entwickelt hat. Er geht soweit, zu behaupten, daß die Datierung von versteinerten Dinosaurier-Funden viel weiter in die Gegenwart verschoben werden müssen, und zwar soweit, daß sie mit Menschen koexistierten. Seine Beweise sind beispielsweise Fußabdrücke von Menschen, die zusammen mit Dinosaurier-Versteinerungen gefunden wurden.

Er weist auf eine Höhlenmalerei in Nordamerika hin, die Menschen und Dinosaurier zeigt. Ist die Höhlenmalerei echt, und das gilt als sicher, dann hat der Mensch, der diese Saurier gemalt hat, *lebendige Dinosaurier* gesehen. Die Versteinerungen der Dinosaurier haben sich nicht allmählich und gleichmäßig vollzogen, wie allgemein behauptet wird, sondern plötzlich, nach einer *kosmischen Katastrophe*, die wie ein *Vulkanausbruch* plötzlich und unerwartet über die Welt hereinbrach und alles unter sich begrub.

Als 1938 ein Fischer in Süd-Afrika einen Urfisch, *den Quasten-flosser,* gefangen hatte, der eigentlich seit 80 Millionen Jahren ausgestorben sein müßte, war der Unglauben groß. Der Ur-fisch war gar nicht so groß, so daß ihn der Fischer stolz in bei-den Armen vor sich her tragen konnte.

Unsinn, kommentierten namhafte Biologen den Fang!
Der Fisch ist nicht echt und in jedem Fall tot!

Schließlich ist das *Urviech* gemäß Evolutionstheorie heute gar nicht mehr überlebensfähig. Doch einige Forscher meinten so-gar, sie könnten lebendige Quastenflosser finden.

Wo hielten sich die Quastenflosser nur auf?

Die Fischer der Komoren erzählten, daß ihnen regelmäßig sol-che Ur-Fische in ihre Netze gingen. Sie konnten sogar genaue Angaben über die beste Fangtechnik machen. So fischten sie am liebsten nachts in 200 m Tiefe nach dem uralten Fisch.

Ein Japaner hatte in der Not einen toten Quastenflosser an eine Nylonleine angebunden, gefilmt und so seine Lebendigkeit vorgetäuscht. Doch der Schwindel war bald aufgeflogen. Der Erfolgsdruck auf die Biologen, die sich auf die *„aussichstlose Suche"* begeben hatten, wurde immer größer. Das Geld wurde knapp. Als die Forscher nach jahrelanger erfolgloser Suche einem lebendigen Quastenflosser in einer dunklen Nacht in 200 m Tiefe zum ersten Mal in die Augen blickten, war die Er-leichterung unendlich groß.

Heute sind sich die Biologen sicher. Der Quastenflosser exi-stiert trotz Evolutionstheorie. Beweise sind die Filmaufnahmen beherzter Wissenschaftler, die den Fischern auf den Komoren geglaubt hatten.

Fazit
Das Universum ist ein ungelöstes Rätsel!

Zauberer und Hexen

„Geschwindigkeit ist keine Hexerei" [29]

Zauberer und Hexen sind Wesen, die es schaffen gegen die uns vertrauten physikalischen Gesetze zu verstoßen. Sie schweben beispielsweise ohne jegliche Aufwendung von Energie in der Luft, verschwinden mir nichts, dir nichts an einen anderen Ort oder sagen die Zukunft voraus. Viele Filme und Bücher, wie beispielsweise der Bestseller „Der Herr der Ringe" erzählen von solchen Wesen und implizieren, daß es solche Wesen früher einmal gab. Die theoretische und praktische Physik widerspricht jedoch diesem Glauben an übernatürliche Fähigkeiten und behauptet, daß noch nie ein Lebewesen, einschließlich Jesus Christus und David Copperfield, auf der Welt die physikalischen Gesetze überwunden hat.

Es ist deshalb auszuschließen, daß Jesus Christus nach seinem Tod wieder auferstanden ist, wie der christliche Glaube hartnäckig behauptet. Die Geburt Jesu Christi durch die Jungfrau Maria, biologisch völlig unmöglich, stellt den markantesten Zeitpunkt und den Ursprung im Christlichen Glauben dar. Weltweit wurde die Zeitrechnung auf dieses himmlische Ereignis synchronisiert. Jedoch kann der Geburtstermin nicht stimmen. Glaubt man der Beschreibung in der Bibel, dann ging mit Jesu Geburt ein leuchtendes Naturschauspiel einher, nämlich der Stern von Bethlehem.

Insbesondere die Tatsache, daß die Astronomen von damals dieses Ereignis vorhersagen konnten, impliziert, daß der genaue Geburtstermin von Gottes Sohn prinzipiell berechenbar ist. Das glaubten zumindest Kepler, Netwon und Halley. Letzterer vermutete natürlich, daß ein Komet dieser leuchtende Stern gewesen sein müßte.

---

[29] ... auch wenn die Spezielle Relativitätstheorie Gegenteiliges behauptet.

Doch Kepler berechnete ein anderes spektakuläres Himmelsereignis, nämlich eine außergewöhnliche Planetenkonstellation, so selten, daß die babylonischen Astronomen, die die Planeten für Götter hielten, ihr eine besondere Deutung geben würden. Beweise für deren ausgezeichnete astronomische Fähigkeiten finden sich im britischen Museum in Form von Tontafeln. Bei dem göttlichen Himmelsschauspiel kam es kurz hintereinander zu 3 Konjunktionen, bei denen jeweils Saturn, Jupiter und die Erde mit der Sonne im Rücken eine Linie bildeten, und zwar:

am 15. März,
am 20. Juli und schließlich zu Jesu Geburt
am 12. November

im Jahre 7 vor Christus im Sternbild Fische, wobei Jupiter und Saturn jeweils zu einem Lichtpunkt verschmolzen.

Etwas 300 Jahre später kam nun der Papst auf die christliche Idee die Geburt von Gottes Sohn nachträglich zu feiern. Der Papst legte die Feierlichkeit so, daß sie das Fest der heidnischen Römer am 25. Dezember, die den Sieg der Sonne über den Winter feierten, verdrängen konnte.

Wie keine andere Weltreligion ist der christliche Glaube hierarchisch organisiert. An oberster Stelle steht der Papst. Was er sagt, ist Gesetz und das wichtigste Gesetz ist:

Der Papst irrt nie!

Um Gegner des christlichen Glaubens effizient und organisiert auszuräumen, instituiert Papst Gregory IX im Jahre 1231 die Heilige Inquisition. Die Inquisitoren werden mit der *Lizens zum Töten* ausgestattet. Der Besitz der Ungläubigen geht automatisch in den Besitz der Kirche über.

Im Jahre 1487 veröffentlichen die Dominikaner-Mönche Heinrich Institoris und Jakob Sprenger den Hexenhammer. Dieses Buch erfreut sich größter Beliebtheit und wird in deutscher, lateinischer, französischer und italienischer Sprache verbreitet. *Das Hexeneinmaleins* beschreibt in allen Einzelheiten und vor allem logisch begründet, was Hexen sind, was Hexen tun und wie man Hexen am besten ausrottet. Die 3 Teile des Werkes umfassen:

1. Hexerei
2. Wirkung der Hexerei
3. Hexenprozeßrecht

Der Hexenhammer liefert tausend Gründe, warum man Hexen suchen, aufspüren und ausrotten muß. Insbesondere die Frau kommt im Hexenhammer nicht gut weg. Steckt doch schon im Wort „femina" der Unglaube drin. Die Professoren für Theologie vertreten die Meinung, daß das Wort femina von <fe> und <minus> stammt, wobei.

<fe = fides = Glauben> und <minus = weniger>

sei. Daraus folge der Begriff:

„*feminus*": die, die weniger Glauben habe.

Außerdem seien Frauen von Natur aus *leichtgläubig, böse, geschwätzig und leicht beeinflußbar*, wie bereits in der Geschichte von Adam und Eva berichtet werde. Gemäß Hexenhammer seien Hexen prinzipiell boshaft. Hexen könnten fliegen, das Wetter verzaubern, Menschen in Tiere verwandeln und Krankheiten anhexen. Außerdem sehe man sie gelegentlich mit dem Teufel. Wer abstreite, daß Hexen existieren, werde selbst als Hexe angeklagt. Die angeblichen Hexen sind meist arme, alte von der Zeit gezeichnete Frauen, oft Hebammen. Die Denunzianten sind meist männlich, wohlhabend und praktisch unantastbar.

Um einer Hexe den „*Weg zu Wahrheit*" zu eröffnen, beschreitet das heilige Gericht 5 Folterstufen. Im Angesicht des Todes wird der Hexe ein weniger qualvoller Tod als das Verbrennen bei lebendigem Leib in Aussicht gestellt, wenn sie eine weitere Hexe denunziert. Auf diese Weise sorgen die Hexenjäger für Nachschub. Der Tatbestand der Hexerei muß natürlich zweifelsfrei bewiesen werden. Hierzu diente der Hexentest. Das Feinsinnige am Hexentest ist, daß er immer tödlich endet, denn um den Test zu überleben, muß Frau über übernatürliche Kräfte verfügen und die hatte, wie zu erwarten war, keine.

Ein beliebter Hexentest war beispielsweise die Wasserprobe. Die Hexe wurde an Händen und Beinen zusammengebunden mit Steinen beschwert und ins Wasser geworfen. Tauchte die Frau nicht mehr auf so war sie zwar tot, aber erwiesenermaßen keine Hexe. Im 17. Jahrhundert erreicht die Hexenverfolgung ihren Höhepunkt. Von Frankreich über Italien war der Hexenaberglaube nach Deutschland gelangt. Am Ende der Hexenjagd sind mehrere Millionen Frauen auf grausamste Weise völlig grundlos und grausam dem Glauben zuliebe europaweit zu Tode gefoltert worden.

... und es geschieht in dieser Zeit, in der der Unglaube an Zauberer und Hexen mit dem Tode bestraft wird, daß der sagenumwobene Isaac Newon mit seinem berühmten Werk „Principia Mathematica" die Grundlagen für die moderne Physik legt, auf die wir noch heute bedenkenlos zurückgreifen. Die letzte deutsche Hexe stirbt 1775, als Goethe gerade 26 Jahre alt ist. Später wird der Dichter dem Aberglauben an Hexen in Faust ein ganzes Kapitel widmen. Goethe zeigt, daß der *Glaube an Gott* und der *Glaube an den Teufel* komplementär sind, das heißt, daß beide in einer Person stecken. Je mehr das eine überwiegt, desto weniger ist von dem anderen da.

Fazit:
Die Stunde 0 war in Wirklichkeit ein paar Jahre früher!

Blitze - Der Zorn der Götter

„Der Mensch hat Augen, die nicht alles sehen.
Der Mensch hat Ohren, die nicht alles hören.
Warum sollte er dann ein Gehirn haben, das alles versteht?" [30]

Als Papst Pius XII. noch Nuntius Pacelli in Berlin war, unterhielt er sich oft mit Albert Einstein, dem großen Physiker und Philosophen. An diesem Mann der Kirche habe ihm immer am meisten imponiert, berichtete Einstein später, daß Pacelli den Glauben niemals mit dem Fanatismus des Eiferers, sondern immer mit der Güte des Wissenden vertreten habe.

"Ich achte die Religion, aber ich glaube an die Mathematik", hatte Einstein einmal gesagt, *"und bei Ihnen, Eminenz, wird es umgekehrt sein !"*

"Sie irren", war die Antwort Pacellis, *"Religion und Mathematik sind für mich nur verschiedene Ausdrucksformen derselben göttlichen Exaktheit."*

Einstein war erstaunt. *"Aber wenn die mathematische Forschung nun eines Tages ergäbe, daß gewisse Erkenntnisse der Wissenschaft denen der Religion widersprechen?"*

„Ich schätze die Mathematik so hoch", hatte Pacelli lächelnd geantwortet, *"daß Sie, Herr Professor, in solchem Fall nie aufhören sollten, nach dem Rechenfehler zu suchen !"* [31]

Haben Sie sich schon einmal überlegt, wieso Sie beim Tennis jedem Ball nachrennen müssen, obwohl sich doch Massen anziehen, ein Blitz Sie jedoch aus kilometerweiter Höhe punkt-

---

[30] Adnan Zelkanovic
[31] Genau diese Eselei beging Einstein tatsächlich bei seiner Allgemeinen Relativitätstheorie.

genau treffen kann, obwohl Sie doch nach außen elektrisch mindestens so neutral sind, wie die Schweiz?

Nun, das liegt daran, daß Neutralität abhängig von den einwirkenden Kräften ist und die Gravitation im Gegensatz zur elektromagnetischen Kraft sehr schwach ist.

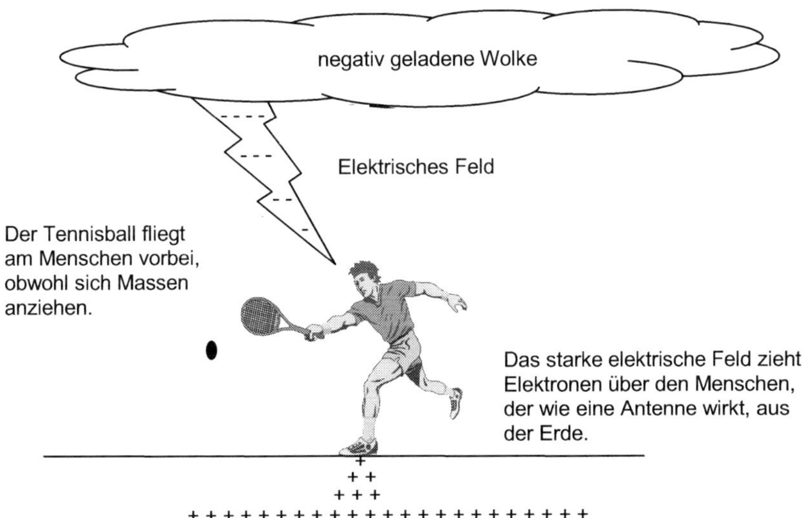

Bild: Schauen Sie beim Tennis lieber auch mal ab und zu nach oben. Starke elektrische Felder trennen die Ladungen in unserem Körper.

Sicher, wir werden von der Schwerkraft auf die Erdoberfläche zurückgezogen, wenn wir in die Höhe springen. Wenn Sie sich aber überlegen, wie riesig die Masse der Erde ist, um diesen doch bescheidenen Effekt zu erzielen, muß man doch zugeben, daß die Wirkung der Schwerkraft erbärmlich klein ist. Nur in astronomischen Dimensionen spielt die Gravitation eine entscheidende Rolle. Wäre die Schwerkraft stärker, würden wir, wie Fliegen im Honig, an der Oberfläche der Erde festkleben. Deshalb können wir froh sein, daß die Erde ein so kleiner Planet ist. Trotzdem reicht das Gravitationsfeld der Erde, im Gegensatz zu unserem Erdtrabanten Mond, glücklicherweise aus, um eine Atmosphäre an sich zu binden.[32].

Die Menschen haben den Blitzen schon immer eine *mystische Bedeutung* zugeschrieben. Sie hielten sie für *Zeichen des Zorns der Götter*. Wurde ein Mensch vom Blitz getötet, war dies der *direkte Weg ins Himmelsreich*. Blitze entstehen durch *meist negativ* aufgeladene Wolken die Spannungen untereinander oder zur Erde von einigen *Millionen Volt* aufbauen können. Bei solchen Feldstärken wird **jedes Material** leitend. Für einen kurzen Augenblick im Millisekundenbereich werden leicht Stromstärken von über 100.000 Ampere frei. Dadurch können Temperaturen von mehreren *10.000 Grad Celsius* erreicht werden. Das ist um ein Vielfaches heißer als die Sonnenoberfläche.

Bild: Ein Blitz, der in Toronto absichtlich ausgelöst wurde.

---

[32] Das bißchen, das jeden Tag entweicht, ist nicht der Rede wert.

Bäume explodieren bei einem Blitzeinschlag durch den plötzlichen Anstieg der Temperatur des in ihnen gespeicherten Wassers wie Bomben. In den USA entstehen jedes Jahr etwa 75.000 Waldbrände durch Blitzeinschlag. Die Folgen bei einem Blitzeinschlag sind für einen Menschen verheerend. In den USA sterben etwa 100 Menschen pro Jahr durch einen Blitzeinschlag. Etwa 30% der vom Blitz getroffenen Menschen überlebt jedoch. Dies liegt an dem glücklichen Umstand, daß der elektrische Widerstand des Menschen recht hoch, ca. 1000 Ohm, ist und der Blitz immer den für ihn leichtesten Weg nimmt. Oft gleitet er am menschlichen Körper nur entlang, um direkt neben ihm ins Erdreich einzuschlagen. Wenigstens sieht dies so aus. Schaut man genau hin, sieht man, daß der Blitz in Wirklichkeit aus beiden Richtungen zusammenwächst, um sich in der Mitte zu treffen.

Der Blitz verursacht starke magnetische Felder, die durch ihre Induktionswirkungen hohe Spannungen in elektrischen Leitungen hervorrufen und angeschlossene elektrische Geräte zerstören können. Am besten schützen Sie sich gegen Blitzeinschlag übrigens, wenn Sie *Ihren Nachbar bitten, einen Blitzableiter* zu montieren. Dann ist die Gefahr, daß der Blitz bei Ihnen einschlägt, ziemlich gering. Es gibt Wissenschaftler, die den Blitz als *Schlüsselelement für der Entstehung von Leben*, ansehen. Denn durch die hohe und plötzliche Freisetzung von Energie wird wahrscheinlich Materie geboren.

Fazit:
Götter sterben mit denen, die an sie glauben!

Alles entsteht aus Licht

„Ich bin der Geist, der stets verneint!

Und das mit Recht; denn alles was entsteht,

Ist wert, daß es zugrunde geht;

Drum besser wär's, daß nichts entstünde,

So ist denn alles was Ihr Sünde,

Zerstörung, kurz, das Böse nennt,

Mein eigentliches Element."[33]

Die Physik, griechisch *„physike episteme"*, ist die Wissenschaft von der Natur. Physiker sind deshalb eigentlich *Naturwissenschaftler*. Der griechische Naturphilosoph Heraklit, 500 Jahre vor unserer Zeit glaubte, daß das Feuer der Urstoff sei, aus dem alle Materie bestehe.

Als Licht bezeichnet man im allgemeinen nur einen kleinen Bereich des Spektrums elektromagnetischer Wellen. Prinzipiell sind die Grenzen jedoch ohnehin fließend, so daß ich der Einfachheit halber diese Unterscheidung für die folgende Betrachtung nicht mache und elektromagnetische Wellen prinzipiell als *Licht* bezeichne.

Energie und Masse sind gleichwertig. Das behauptet die berühmte Formel von Einstein ($E = m\,c^2$). Gemäß dieser Formel entspricht die Masse eines Protons der Bewegungsenergie eines Elektrons, nachdem es 1 Giga Volt durchlaufen hat. Deshalb spricht man davon, daß ein Proton eine Masse von 1 GeV (Giga Elektronen Volt) besitzt. Auf unterster Ebene der Elementarteilchen kann die Umwandlung von Energie in Materie nachgewiesen werden.

---

[33] Szene in Goethes Faust, als sich Mephisto bei Faust zum ersten Mal vorstellt.

Licht ist eine besondere Form der Materie. Sozusagen der 5. Aggregatzustand, nämlich reine Energie.

Bei Gammastrahlung handelt es sich um eine elektromagnetische Welle äußerst kurzer Wellenlänge, die in elektrischen oder magnetischen Feldern nicht abgelenkt werden kann. Dringt ein Photon bis in unmittelbare Kernnähe vor, verwandelt sich Gammastrahlung bei entsprechend großer Energie in ein Elektron-Positron-Paar. Prinzipiell kann man sagen, daß, wenn Materie aus Licht entsteht, sie paarweise als Materie und Antimaterie entsteht.

Umgekehrt zerstrahlt Materie zu Licht, wenn Materie und Antimaterie zusammentreffen. Auf diese Weise soll unser gesamtes Universum entstanden sein. Nachdem sich aus einem Lichtblitz eine gewaltige Menge von Materie und Antimaterie, auch als Ursuppe bezeichnet, gebildet hat, ist ein kleiner Teil, nämlich unser Universum, übriggeblieben, als es zu einer „kleinen" Asymmetrie kam.

Aus einem *winzigen Materiekern*, der kleiner als ein Proton war, soll sich unser Universum auf die derzeit gigantische Größe aufgebläht haben. Die dabei entstandene *positive Energie* soll sich mit der *negativen Energie* der Antimaterie gerade zu Null aufheben. Wissenschaftler sind natürlich auf der Suche nach der entsprechenden Menge Antimaterie des Paralleluniversums, wurden bisher aber noch nicht fündig. Antimaterie an sich wurde bereits nachgewiesen.

Religiöse Menschen können also mit Recht behaupten:

„Gott ist das Licht, und das Licht ist in uns".

Sind wir Lichtwesen des Universums?

Es gibt Menschen, für die das Sonnenlicht den Tod bedeutet.

Möglichkeit 1- Big-Bang -> Big Crunch

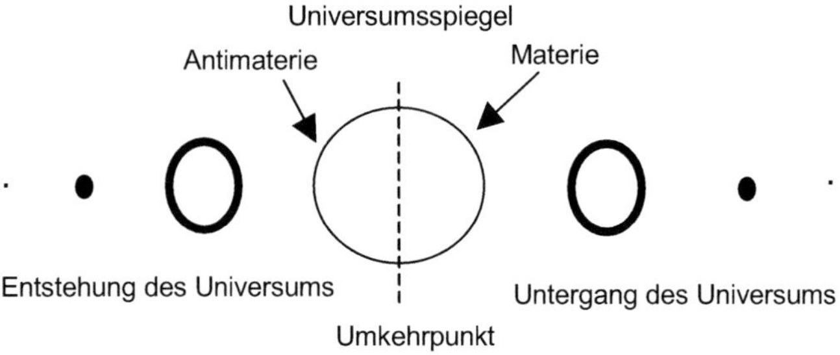

Möglichkeit 2 – Big Bang -> endless inflation

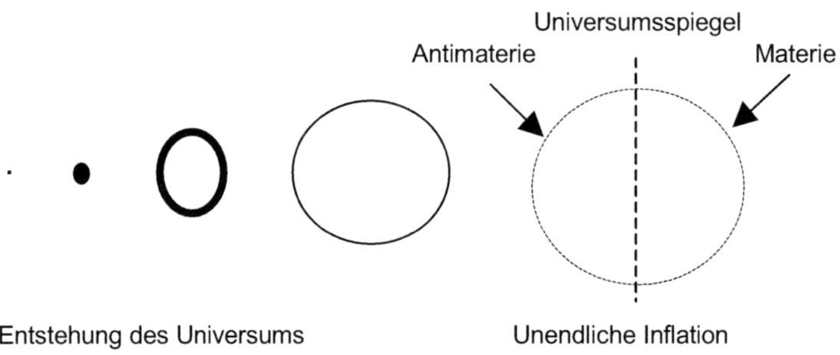

Möglichkeit 3 – Steady State

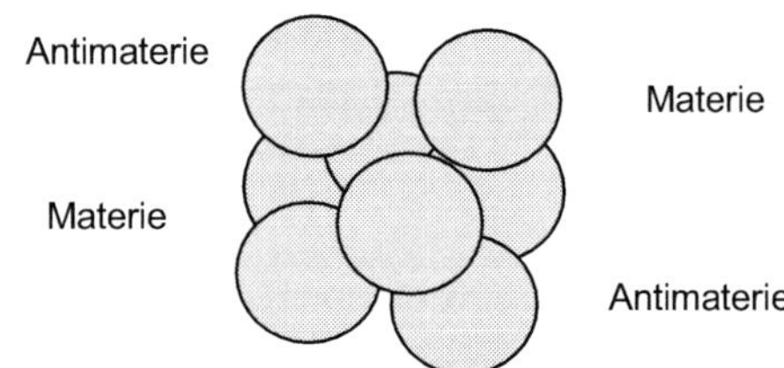

Ständiges Vergehen und Neubildung von Regionen des Universums

Bild: Entstehung und Untergang des Universums

Mediziner kennen verschiedene Formen von Lichtallergien, die meistens ungefährlich sind. Auslöser können UV-Licht oder

chemische Stoffe sein. Zwischen fünf und zehn Prozent der
Deutschen leiden an der sogenannten polymorphen Lichtder-
matose - einer Hautreaktion auf UV-Strahlung, die bei Frauen
viel häufiger als bei Männern vorkommt. *Die Sonnenallergie* ist
eine grausame Krankheit.

Mondscheinkinder dürfen ni e ins Licht!

Trotzdem, ohne das Licht der Sonne hätte sich das Leben auf
der Erde nicht entwickelt, und es wundert einen, daß dieselben Physiker, die erklären, daß die Quantentheorie nicht auf
den Makrokosmos anzuwenden ist, eben diese benutzen, um
die Entstehung des Makrokosmos zu erklären.

Und mal Hand aufs Herz: Können Sie wirklich glauben, daß
unser gewaltiges Universum aus einem winzigen Materiekern,
der kleiner als ein Proton gewesen ist, hervorgegangen sein
und auch in einem solchen wieder enden soll?

Dieser winzige Materiekern wird oft als *kosmisches Ei* bezeichnet. Die Frage ist nun, wenn es ein *kosmisches Ei* gab, ob
auch ein *kosmisches Huhn* existierte, und ob dieses *kosmische
Huhn* vielleicht *zufällig* Gott hieß?

Dann wäre ja alles erklärt und klar, nicht wahr?

Das *kosmische Ei* soll ein Schwarzes Loch in atomarer Größe
gewesen sein.

Nur, warum ist es explodiert?

Welche Kraft war für die Explosion zuständig ?

Tatsache ist, daß wir nur einen Bruchteil des gesamten Universums beobachten können. Warum sind wir dann dessen
Struktur so sicher?

Halton Arp, ein brillanter Astrophysiker und Autor des Buches *„Atlas of Peculiar Galaxies"* glaubt beispielsweise nicht an die genaue Entfernungsmessung von Galaxien über die Rotverschiebung. Arp studierte Quasare[34], die sich merkwürdigerweise trotz großer Rotverschiebung dicht neben Galaxien kleinerer Rotverschiebung befanden. Ja, sie schienen sogar über Lichtbänder miteinander verbunden.

Wenn die Rotverschiebung also *keine zuverlässige Methode* zur Entfernungsbestimmung entfernter Galaxien darstellte, hätten wir es vielleicht gar nicht so weit und unsere Vorstellung vom Universum müßte überdacht werden. Hoyle wie Arp wurden schließlich für ihre *Ketzerei* an der *Big Bang Theorie* aus dem *Paradies der Wissenschaft* vertrieben. Arp, der seine Theorie über Studien in der Mount-Palomar-Sternwarte unterstützen konnte, wurde der weiterer Zugang zum Teleskop verboten.

Fazit
Licht kann in Materie umgewandelt werden und umgekehrt!

---

[34] Quasar bedeutet *„quasi-stellar"*. Es soll sich hierbei um hell-leuchtende Galaxien handeln, die wie Sterne leuchten.

Orientierung an Kraftfeldern

„Man sieht nur mit dem Herzen gut. Das Wesentliche ist für die Augen unsichtbar."[35]

In der Weltraum-Saga *„Star Wars"* gewinnt Luke Skywalker *„die Macht"*, als er die Augen schließt und sich seiner *Urkraft* besinnt. Vielleicht begründen sich telepathische Fähigkeiten auf die uns verlorene Fähigkeit, elektromagnetische Felder wahrzunehmen, wie es Haie heute noch tun. Den Augen kann man oft nicht glauben, wie uns die Magier in Las Vegas zeigen. Sie stellen uns vor den Augen, trotz besseren Wissens, die Physik auf den Kopf.

Bild: Der mittlere Graustreifen ist einfarbig, ob Sie es glauben oder nicht. Beweis gefällig?

Decken Sie einfach die obere und untere angrenzende Fläche vollständig ab. Für unsere Augen ist scheinbar selbst grau relativ.

---

[35] Antoine de Saint-Exupéry aus <Der kleine Prinz>

Wie findet eigentlich eine Wüstenameise in ihrer kargen Umgebung zu ihrem Nest zurück?

Schließlich ist eine Orientierung an markanten Punkten in der Wüste unmöglich. Sie verfügt auch nicht über Duftmarken, die bei der großen Hitze und dem Sand ohnehin nicht viel nützen würden. Des Rätsels Lösung ist:

Kopfrechnen!

Bild: Eine Wüstenameise findet auf geradem Weg zu ihrem Nest zurück, weil sie sich alle Drehbewegungen merkt und ihre Schritte zählt.

Ameisen gehören zu den ersten Mathematikern. Durch das Aufsummieren von diskreten, also gequantelten Drehungen nach rechts und links behalten sie die Orientierung. Die Wüstenameise zählt also einfach ihre Schritte und ihre Drehbewegungen. In einem Versuch dauerte ein Ausflug fast 20 Minuten, wobei die Ameise rund 600 m zurücklegte. Den Rückweg von 140m schaffte sie in 6,5 Minuten. Logisch entspricht eine Drehung nach rechts einer „1" und eine Drehung nach links einer „–1". Die Ameise muß also einfach alle positiven und alle negativen 1en summieren bis das Ergebnis 0 ist. Das heimische Nest erkennt die Ameise wahrscheinlich am speziellen Polarisationsmuster der vertrauten Umgebung und Duftmarken. Vielleicht spielt auch die Erfahrung eine Rolle. Hat sich die Ameise verzählt, hilft systematisches Suchen. Sie zieht einfach spiralförmig immer größere Kreise, bis sie *zufällig* auf ihr Nest stößt.

Bei Wüstenspringmäusen funktioniert die Orientierung ähnlich. Allerdings müssen die Drehbewegungen quantisiert, das heißt ruckartig sein. Läßt man die Maus auf einem langsamen

Drehteller rotieren, bekommt sie von der Drehung nichts mit und findet nicht mehr nach Hause.

Die Leistung unseres Hirns, die gemeinhin als *Intelligenz* bezeichnet wird, läßt sich folglich auf zwei fundamentale binäre Fähigkeiten zurückfüren.

1. Quantisierung und Speicherung von Links-Rechts- Drehungen
2. Aufsummierung von quantisierten Drehungen und Schritten

Die mathematischen Grundlagen für das binäre Zahlensystem schuf Gottfried Wilhelm Freiherr von Leibniz, der sich mit Newton später um die Erfindung der Infinitesimalrechnung stritt, bereits 1669. Er sah im Binärsystem eine *göttliche Offenbarung*. Denn Gott hatte bekanntlich die Welt in sieben Tagen, binär dreimal die eins, erschaffen. Drei *göttliche Einsen* ohne eine teuflische Null! Diese göttliche Erkenntnis veranlaßte Leibniz sogar vorzuschlagen, daß Binärsystem einzusetzen, um *Heiden zum Christentum* zu bekehren.

Inzwischen war Newton, der den Lehrplan der ehrwürdigen Universität von Cambridge schlichtweg ignorierte, um lieber seinen eigenen Interessen nachzugehen, über die Erfindung der Differentialrechnung der Division durch 0 sehr nahe gekommen.

Unendlich nah, sogar.

Diese neue Rechenmethode ist heute Grundlage der modernen Physik.

Doch Newton, seit 1669 Inhaber des Laucasianischen Lehrstuhls, hatte mit der Veröffentlichung seiner Arbeit zulange gewartet. Leibniz war Jahre später zufällig auf die selbe Rechenmethode gestoßen und hatte sie 1675 veröffentlicht. Dämlicherweise bat Leibniz die Royal Society ein Urteil in seinem Streit mit Newton zu fällen, denn deren Präsident war Newton selbst. Newton setzte einen Rat aus *„unpateiischen"* Freunden zusammen, deren Beschluß er im voraus kannte. Newton überließ prinzipiell nichts dem Zufall.

Apropos Zufall, der *Zufall* mischt bei der Evolution mit. Zugvögel wissen beispielsweise genau zu welchem Zeitpunkt in welche Richtung sie losfliegen müssen, um der Kälte des Winters zu entgehen. Einige *„Verrückte"* fliegen jedoch in die falsche Richtung oder gar nicht los. Diese *chaotische Verhaltensweise* hat aber nicht nur Nachteile. Ganz im Gegenteil. Denn Reisen kostet Energie und Zeit. Die Hauptgegner eines langen Lebens. Ist der Winter zufällig mild, können die Daheimgebliebenen die besseren Plätze für sich beanspruchen.

Der frühe Vogel frißt den Wurm![36]

Wer überlebt, entscheidet oft der Zufall. Eine effektive Orientierung ist für alle Lebewesen der Erde überlebenswichtig. Es gibt eine Rangfolge der Sinneswahrnehmung, die dem Raubtier eine sichere Orientierung und damit effektives Aufspüren von Beute ermöglichen. Ein Hai orientiert sich in den dunklen Weiten des Ozeans am Gravitationsfeld. Die rauhe Haut des Hais und seine Tropfenform minimieren *erstaunlicherweise* den Strömungswiderstand auf einen Minimalwert. Dachte man früher eine möglichst glatte Oberfläche habe den geringsten Strömungswiderstand, hat uns der Hai vom Gegenteil überzeugt.

Die Schwerkraft sagt dem Hai, wo oben und unten ist. Über das Magnetfeld der Erde findet er beutereiche Orte wieder, die Tausende von Kilometern auseinanderliegen können. Sein innerer Kalender sagt ihm, zu welcher Jahreszeit er sie aufsu-

---

[36] Chinesisches Sprichwort

chen sollte. Ab und zu füllt ihm auch Gevatter Zufall den Magen. Die Gegend merkt er sich dann.

In mehreren Kilometern Entfernung riecht der Hai das Blut von verletzten Tieren. In noch geringerer Entfernung ortet er das Platschen von Beute. Junge oder verletzte Tiere platschen besonders laut. Auf wenige Meter sieht der Hai die Beute, und zwar auch mit seinem elektromagnetischen Auge. Jeder Herzschlag verrät das Opfer. Nun schnappt der Hai zu. War das Opfer ein altes rostiges Fischerboot, läßt der Hai wieder ab und sucht weiter. Erfolgreiche Jäger kombinieren in der Regel all ihre Sinne, um sich zurechtzufinden.

Hier noch einmal eine Zusammenfassung :

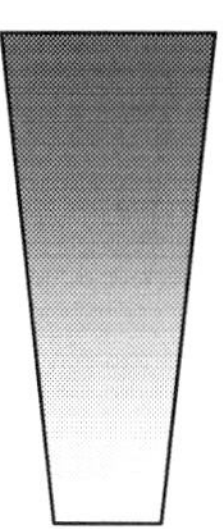

Gravitation (Schwerkraft)
Magnetfeld der Erde
Gerüche
Schall
Elektromagnetische Wellen
Gedächtnis
Zufall

Bild: Ein Hai kombiniert zu seiner Orientierung all seine Sinne.

Haie haben sich die elektromagnetische Kraft für ihre Raubzüge zu Nutze gemacht. Sie reagieren auf 5 Milliardstel Volt. Ein Verstecken vor dem Hai ist praktisch unmöglich, weil selbst der Herzschlag elektromagnetische Wellen abstrahlt. Der Hammerhai hat deshalb sogar eine besonders flache Kopfform, die als Antenne wirkt, entwickelt. Dadurch kann er auch Beute aufspüren, die sich für ihn unsichtbar im Sand des Meeresboden versteckt hält.

Fazit:
Die Wahrnehmung von Gravitations- und Magnetfeldern ist der ursprünglichste aller Sinne!

Quantensprünge und Hörunschärfen

„Der Zufall ist der einzig legitime Herrscher des Universums.“ [37]

Wasserläufer kompensieren ihre Abdrift in Flüssen, in denen sie sich gerne aufhalten, mit diskreten Sprüngen, sozusagen mit *Quantensprüngen*. Die Unschärfe der Sprünge beträgt über Stunden etwa ±10 cm bei einer Abdrift von über 200 Metern. Ausgelöst werden die Sprünge über ihre Facettenaugen, die abhängig von dem Winkel zur Sonne zwischen *<Sprung>* und *<Nicht-Sprung>* entscheiden. Insekte mit nur stecknadelgroßen Gehirnen, wie beispielsweise der Wasserläufer oder Spinnen, können mit den Beinen hören. Beute erzeugt im Spinnennetz oder im Wasser kaum meßbare Oberflächenwellen im Infraschallbereich, die den Wasserläufer oder die Spinne informieren.

Ist es Freund oder Feind oder vielleicht sogar leckere Beute?

Die Schleiereule ortet ihre Beute über die von ihr ausgehenden Geräusche. Um die Geräusche zu orten, muß die Eule blitzschnell, in etwa 0,1 Sekunden, den Kopf drehen. Sie ist fast so schnell wie wir mit unseren Augen, obwohl sie doch viel mehr Masse bewegen muß, und zwar nicht nur horizontal, was noch recht einfach wäre, sondern auch vertikal. Die vertikale Ortung von Geräuschen ist nämlich viel schwieriger, als die horizontale. Nur, wie erhält die Schleiereule *die Information* über die horizontale und vertikale Kopfdrehung?

Kommt das Geräusch von links, meldet das linke Ohr das Signal früher als das rechte Ohr. Die zeitliche Differenz von Ohr zu Ohr für die horizontale Ortung beträgt weniger als 1 Millise-

---

[37] Zitat Napoleon Bonaparte

kunde, da die Schallgeschwindigkeit[38] recht hoch und der Kopf nicht so groß ist.

Die vertikale Ausrichtung des Kopfes steuert die Eule über die Lautstärke. Befindet sich die Schallquelle oberhalb des Kopfes, ist das Geräusch für ein Ohr lauter als für das andere, vorausgesetzt, die Ohren sind asymmetrisch angeordnet, was tatsächlich bei Eulen auch der Fall ist. Für das nähere Ohr ist das Geräusch lauter, wodurch die Ortung der Schallquelle nahezu perfekt ist. Bei günstigen Bedingungen ist die Unschärfe der Ortung nicht schlechter als 2°.

2° Unschärfe gehören also dem Zufall und entscheiden zwischen *Jagd-Glück und Jagd-Pech*. Während die Schleiereule unter Hörunschärfen und der Mensch unter Sehunschärfen zu leiden hat, leidet der Nachrichtentechniker unter Frequenzunschärfen, die Bitfehler, also Informationsfehler, verursachen. Diese Unschärfe wirkt sich natürlich umso größer aus, je größer die Entfernung zwischen Jäger und Beute ist.

Auf der Tatsache das kleine Fehler in den Anfangsbedingungen große Auswirkungen haben können, beruht übrigens die gesamte Chaos-Theorie und macht jede Wettervorhersage für länger als die nächsten 3 Tage völlig unmöglich. Im Bereich Electronic Cash, also dem bargeldlosen Bezahlen mittels ec-Karte, zerstört ein fehlerhaftes Bit eine komplette Transaktion.

Genauso wenig wie ein Flugzeug auf einen Flügel verzichten kann, kann die Schleiereule auf ein Ohr verzichten. Auch der Mensch benötigt seine beiden Augen zum räumlichen Sehen. Auf diesem Prinzip funktionieren 3-D Kinos. Wie in einem Geisterhaus ragen Objekte aus der Kinoleinwand, so daß man nicht umhin kann, nach ihnen zu greifen. Aus diesem Grund ist die praktizierte Messung der Sehkraft durch die Einzelmessung des rechten und linken Auges mit anschließender Addition der

---

[38] Die Schallgeschwindigkeit beträgt 331m/sec.

Ergebnisse eine *grob falsche Vorgehensweise*, die zu einer falschen Bewertung der tatsächlichen Sehkraft führt. Genausowenig wie die Schleiereule mit einem Ohr Geräusche orten könnte, kann ein Mensch mit einem Auge natürlich *sehen*. Das Ganze ist mehr als die Summe seiner Einzelteile, das gilt insbesondere für unser *Sehvermögen*.

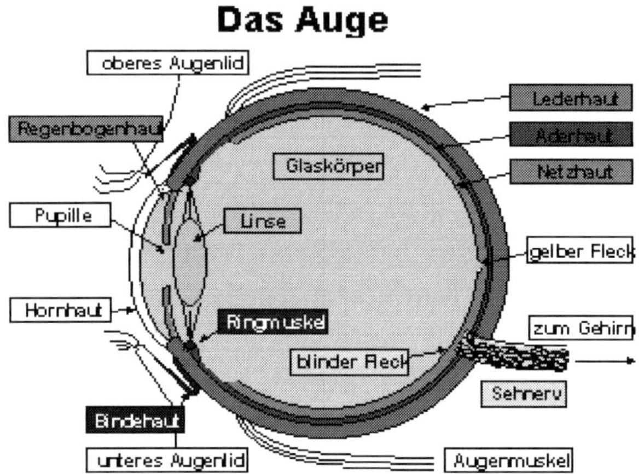

Bild: Das menschliche Auge ist unser wichtigstes Sinnesorgan. Dabei wird oft übersehen, daß das *eigentliche Sehen* erst im Gehirn entsteht, das wiederum das Auge steuert.

Nur das Chamäleon schafft es bekanntermaßen mit nur einem Auge die exakte Entfernung abzumessen. Schneller als jede Kamera stellt es sein Auge scharf und weiß so, wie weit die Beute entfernt ist. Die blitzschnelle und klebrige Zunge verfehlt nie ihr Ziel.

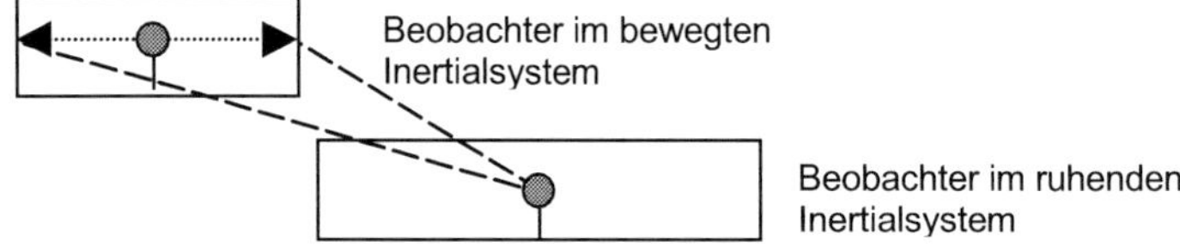

Bild: Verzerrung der Gleichzeitigkeit gemäß *Spezieller Relativitätstheorie*. Während 2 entgegengesetzt laufende Lichtstrahlen im bewegten Inertialsystem gleichzeitig die Wände treffen, erscheint einem außenstehendem Beobachter dieser Vorgang hintereinander. Zusätzlich erscheint dem ruhenden Beobachter das Inertialsystem verkürzt.

Die *Spezielle Relativitätstheorie* kennt übrigens ähnliche Verzerrungen der Gleichzeitigkeit von Ereignissen, die durch die Laufzeit der Lichtgeschwindigkeit auftreten. Ereignisse, die in einem hyperschnellen Inertialsystem gleichzeitig passieren, erscheinen einem außenstehenden Beobachter hintereinander. Im Gegensatz zur *Speziellen Relativitätstheorie* muß sich für die Schleiereule das Objekt jedoch nicht mal bewegen, es muß nur laut sein.

Die Geschwindigkeit und Genauigkeit, mit der die Schleiereule ihre Ohren ausrichtet, ist der Ausrichtung der Augen beim Menschen durchaus vergleichbar. Die Entwicklung des menschlichen Auges hat Millionen von Jahre gedauert und ist das wichtigste Sinnesorgan des Menschen geworden. Das Auge ist aber nur der lichtempfindliche Sensor. Das eigentliche Sehen geschieht im Gehirn. Auch das menschliche Sehen hat sich mit dem Großhirn entwickelt. Das Bild auf der Netzhaut ist überdies verkehrt herum, so daß es einiges an Übung braucht, bis das Gehirn weiß, was oben und unten ist. Menschen, die schlecht sehen, sollten nicht gleich zur Brille greifen. Sehunschärfen von bis zu 3 Dioptrien werden heute als *biologische Variante* angesehen. Das Hirn schafft es, solche Unschärfen auszugleichen.

Über *gutes Sehen* kann man sich streiten. Mit der hundertprozentigen Sehfähigkeit eines Menschen würde ein Adler sicher schnell verhungern. Er muß dreimal besser sehen, um aus großer Höhe die winzigen Mäuse erblicken zu können. Außerdem ist unser Auge sehr träge. Schon 50 Bilder pro Sekunde[39] erscheinen uns als durchgehende Bewegung. Solch ein **träges Auge** wäre für die schnelle Fliege sicherlich tödlich. Prinzipiell unterliegt die Sehschärfe *starken Schwankungen* und ist im wesentlichen abhängig von der Beleuchtung, dem Kontrast, der individuellen Aufmerksamkeit und dem allgemeinen See-

---

[39] Frequenz beim normalen Farbfernsehgerät. 100 Hz Fernseher sind schonender für die Augen, leider aber auch doppelt so teuer.

lenzustand. Die Einstellung des Auges auf ein scharfes Sehen in der Nähe wird gemeinhin als *Akkommodation* bezeichnet und beschreibt die Fähigkeit des Auges, sich der *perfekten Kugelform* anzunähern. Das Sehen auf kurzer Entfernung ist prinzipiell äußerst anstrengend, denn der Ziliarmuskel muß die Linse dauerhaft stark krümmen, um die richtige Bennbreite einzustellen. Eine Ermüdung des Muskels nach einigen Stunden ist deshalb **natürlich**. Arbeiten am PC sollten von stündlichen Pausen unterbrochen werden, damit sich die Augen mal wieder ein bißchen erholen können. Erhalten Sie sich Ihre *Sehkraft* durch **Etappensehen!**

Bis 1916 konnten sich Ärzte die Nachtblindheit vieler Seefahrer nicht erkären. In diesem Jahr entdeckten die Forscher McColum und Davids das *Vitamin A*. Doch erst im Jahr 1967 erhielt Georg Wald den Nobelpreis für die Erklärung der Schlüsselfunktion des Vitamin A für *scharfes Sehen*. Vitamin A wird für die Herstellung des *Sehpurpurs Rhodopsin* benötigt. Die Sehschärfe unserer Augen ist also abhängig vom Vitamin-A-Gehalt in unserem Blut. Morgens sehen wir schärfer als abends und montags besser als freitags. Bildschirmarbeit erhöht den Vitamin-A Verbrauch drastisch. Kaffee und Alkohol gelten als echter Vitamin A-Killer. Da hilft nur den Karottenkonsum steigern.

Die Meßlatte für *gutes Sehen* wurde von einem Herrn Dr. Hermann Snellen definiert. Er fragte einfach seinen Assistenten, von dem er annahm, daß er gut sehe und ließ ihn aus 6 Meter Entfernung Zeichen lesen. Ein 100%iges Sehvermögen bedeutet, daß Sie aus 6 Meter Entfernung alle Testzeichen lesen können, die der Assistent von Herrn Dr. Hermann Snellen auch lesen konnte. Wenn Sie besser sehen als der Assistent vom Herrn Doktor gesehen hat, beträgt Ihre Sehschärfe sogar über 100%. Bedeutet dies etwa, daß *gutes Sehen* relativ, also abhängig von dem „*Inertialsystem Mensch*" ist?

Ist es so schlimm einzugestehen, daß „*gutes Sehen*" mit einer Unschärfe belegt werden muß, weil der *Ruhezusand des Auges* von Mensch zu Mensch verschieden ist?

Sicherlich sollte trotz aller Unschärfen *absolute Blindheit* von extrem *guter Sehfähigkeit* unterscheidbar bleiben, so wie die *absolute Ruhe* von *Lichtgeschwindigkeit* unterscheidbar bleiben sollte. Dazu im Laufe des Buches jedoch mehr.

Tragen Sie eine Brille?

Wenn ja, dann ist sie so dimensioniert, daß Sie ähnlich sehen, wie der Assistent vom Herrn Doktor. Was wäre, wenn der Assistent vielleicht gar nicht so gut gesehen hat, wie der Herr Doktor meinte?

Dann wären ja alle verschriebenen Brillen falsch dimensioniert. Und warum muß man ausgerechnet auf 6 Meter gut sehen?

Der frühe Mensch mußte bestimmt auf größere Entfernungen klar sehen. Wahrscheinlich war *gutes Sehen* auf kurze Entfernungen für den Mensch in der Evolution gar nicht wichtig. Mein Tip: Gönnen Sie Ihren Augen auch mal eine Pause und schauen Sie bei Sonnenlicht 50 oder gar 500 Meter in die Landschaft.

Viel erstaunlicher als das Sehen ist jedoch eigentlich das Wiedererkennen, das wiederum mit einer *emotionalen Disposition* einhergeht. Die *emotinale Bindung* zu einem Menschen basiert letztendlich auf unserer Erinnerung, sprich gespeicherter Information zu diesem Menschen. Vergleichbar mit einem magnetisierten Eisenstab beruht die Wechselwirkung zwischen zwei Menschen auf gespeicherten Informationen aus der Vergangenheit, die Ausgangspunkt für komplexe Assoziationen sind. In der Informatik ist das Wiedererkennen von Sprache oder Gesichtern einer der größten Probleme. Denn beim Wiedererkennen von Sprache oder Gesichtern gibt es Unschärfen, mit denen unser Gehirn leicht zurecht kommt, einen Programmierer aber in den Wahnsinn treibt. Ein Mensch schafft leicht auch eine verkleidete Person wiederzuerkennen. Für den Computer, der nach exakten Übereinstimmungen sucht, eine unlösbare Aufgabe?

Wie schafft es unser Gehirn nur, sich ein Gesicht oder eine Umgebung einzuprägen und aus verschiedenen Perspektiven wiederzuerkennen, und das, ohne daß wir uns dabei anstrengen?

Unser *farbiges Sehen mit integrierter Wiedererkennungslogik* hat trotz seiner Perfektion einen entscheidenden Nachteil: Es funktioniert nur bei ausreichender Helligkeit gut. Ein Nachteil, der in der Natur leicht das Leben kosten kann.

Sind Augen die Grundvoraussetzung für Sehen?

Nein, wie es scheint, denn Fledermäuse stellen beim Sehen die Welt auf den Kopf. Sie schlafen bekanntermaßen mit dem Kopf nach unten und jagen, wenn alle anderen schlafen. Ihre Flügel bestehen nicht aus Federn, sondern aus dünner Haut. Durch ihre ungewöhnliche Lebensweise schützen sie sich erfolgreich vor den klassischen Feinden einer Maus, wie Katzen oder Marder.

Bei den hochintelligenten Flattertieren, von denen es allein in Deutschland 22 verschiedene Arten gibt, handelt es sich um keine Vogelart, sondern um die einzigen *fliegenden Säugetiere*, die mit den Ohren sehen können, etwa so ähnlich, wie wenn wir mit der Taschenlampe durch einen dunklen Wald spazieren. Allerdings kann man den Fledermäusen die Taschenlampe nicht wegnehmen. Eigentlich erstaunt es, daß der Mensch nicht ein äquivalentes Leucht-Organ entwickelt hat. Übertragendes Medium des von den Fledermäusen ausgesendeten und für den Menschen glücklicherweise nicht hörbaren Ultraschalls zwischen 40-80 KHz ist die Luft. Die Schreie sind

so laut, daß uns die Ohren weh tun würden, wenn wir bei 80
KHz genauso gut hören könnten, wie bei 1 kHz. Die Fledermäuse stoßen *impulsartige Laute* im Bereich weniger Millisekunden aus und machen sich so ein Bild von ihrer Umgebung.
Zum Vergleich: Unser Sehbereich erstreckt sich von etwa 40-
80 10^{13} Hz. Es ist unwahrscheinlich, daß Fledermäuse bunt
sehen, obwohl sie auch jeder Frequenz eine Farbe zuordnen
könnten. Das erste Bild von meinem Sohn war übrigens ein
Ultra-Schall-Bild in *schwarz-weiß*.

Die Physik behauptet, daß Objekte, die kleiner als die halbe
Wellenlänge des ausgesandten Schalls sind, nicht erkennbar
sein dürften. Damit hätte die Fledermaus eine Seh- bzw.
Hörunschärfe von etwa 2mm, und das in extremster Dunkelheit. Um so erstaunlicher ist es, daß die Tiere mit den empfind-
lichen Ohren durch Netze fliegen können, deren Fadendicke
weniger als 0,1mm beträgt. Die Maschen waren bei den Versuchen so eng, daß die Mausohrfledermaus sogar die Flügel
anlegen mußte, um durch die Maschen zu kommen.

Fledermäuse brauchen ein sehr empfindliches Gehör, da nur
ein kleiner Teil des ausgesandten Schalls reflektiert wird.

Wie bringt es die Fledermaus fertig, gleichzeitig extrem laute
Signale auszusenden und sehr leise zu empfangen?

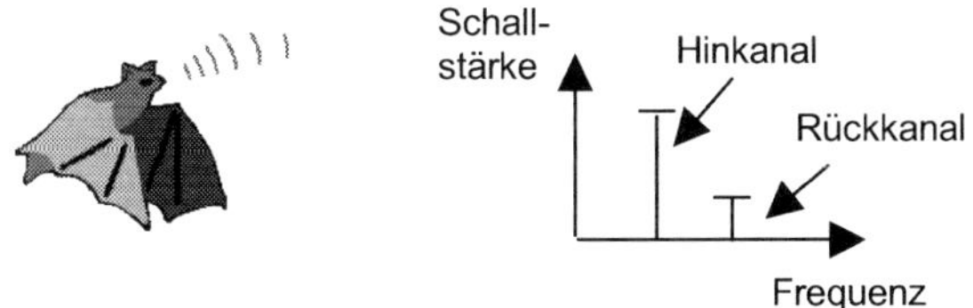

Bild: Die rücklaufende Welle ist für die Fledermaus sehr viel leiser und in der Frequenz
nach oben verschoben. Am besten hört die Fledermaus bei 83kHz.

Der Trick: Die speziellen Sinneszellen der Fledermäuse reagieren nur auf sehr leise Laute. Sie hört ihr eigenes Geschrei gar

nicht, sondern nur das, was davon zurückkommt. Wäre dies nicht so, würde sie von ihrem eigenen Geschrei geblendet. Das zurücklaufende Signal erreicht das Ohr der Fledermaus zeitlich später und ist durch den Doppler-Effekt frequenzmäßig getrennt.

Einige Motten können den Peilschrei einer Fledermaus über Sinneszellen am Hinterleib fühlen und lassen sich daraufhin plötzlich fallen. Der *Quantensprung* rettet ihnen das Leben. Andere schreien auch einfach zurück und schlagen die Fledermaus dadurch mit ihrer eigenen Waffe.

Fazit
Fledermäuse sehen mit den Ohren!

Nachts sind alle Katzen grau

„Weiß hat Newton[40] gemacht aus allen Farben. Gar manches hat er euch weis gemacht, das ihr ein Säkulum[41] glaubt.“

Goethe hatte über die Entdeckung des Zwischenkieferknochens das Bindeglied zwischen Mensch und Säugetier gefunden. Eine Theorie, die 100 Jahre zuvor, leicht auf dem Scheiterhaufen hätte enden können. Der Dichterfürst will mit seiner Theorie sogar doktorieren. Am Tage der Entdeckung, jenem 27. März 1784 schreibt er voller Freude an Frau von Stein:

"Es ist mir ein köstliches Vergnügen gewesen, ich habe eine anatomische Entdeckung gemacht, die wichtig und schön ist, Du sollst auch Dein Teil dran haben. Sage aber niemand ein Wort.“

In einem anderen Brief, freut sich der Dichterfürst:

"Ich habe gefunden weder Gold noch Silber, aber was mir unsägliche Freude macht - das Os intermaxillare am Menschen! Ich verglich Menschen - und Tierschädel, kam auf die Spur und siehe, da ist es... es ist wie der Schlußstein zum Menschen, fehlt nicht, ist auch da...."

Was war passiert?

Das Allround-Genie hatte einen Widerspruch in der Behauptung gesehen, daß Wiederkäuer einen Zwischenkieferknochen besitzen sollen, obwohl sie keine oberen Schneidezähne besitzen, währenddessen der Mensch über obere Schneidezähne

---

[40] Newton hatte um 1670 über ein Prisma Licht in seine Farben zerlegt.
[41] Säkulum ist lateinisch für Jahrhundert

verfügt, sich aber keines Zwischenkieferknochen rühmen kann?

Da konnte doch etwas nicht stimmen!

Wenn man genau hinsah, konnte man die Nahtstellen des Zwischenkieferknochens, der eingewachsen schien, erkennen.

Das war die Lösung!

Doch Goethe stößt auf Unverständnis bei der Wissenschaftselite, weil er seiner Zeit 200 Jahre vorausdenkt. Die ganze Angelegenheit ist ihm höchst unangenhem, und er hält sie geheim. Als Goethe eines Tages zufällig am Strand von Venedig den Schädel eines Schafes findet, folgert er richtig, daß dieser sich aus Wirbeln der Wirbelsäule zusammensetzen müsse. Diese Theorie wird später unter dem Namen Goethe-Onkensche Wirbeltheorie bekannt werden. Später läßt sich Professor Blumenbach doch noch überzeugen und entschuldigt sich bei Goethe.

1790 wendet sich Goethe der Farbenlehre zu. Newton hatte hundert Jahre vor Goethe postuliert, Licht bestehe aus Teilchen, sogenannten *Korpuskeln*, die hinter- bzw. nebeneinander in Strahlen liefen. Er hatte seine Theorie mathematisch korrekt formuliert und experimentell über seine Prisma-Versuche bestätigt. Auseinandersetzungen mit Huygens und Hooke, Verfechter der Wellentheorie des Lichts, war er geschickt ausgewichen. Als die beiden schließlich verstorben waren, verbannte er die Wellentheorie ans Ende seines dritten und letzten Bandes zu den *„unrichtigen Theorien"* über das Licht. Newton hatte sich eindeutig entschieden und das Licht in unendlich viele Farben zerlegt. Da er gerade den Zusammenhalt des Sonnensystems über die Gravitation erklärt hatte, versuchte er nun seine Theorie auf das Licht anzuwenden. Er kam zum Schluß, daß Licht aus Teilchen unterschiedlicher Größe bestehen müsse, die charakteristisch für ihre Farbe seien. Diese Teilchen würden deshalb unterschiedlich stark von Materie angezogen, wodurch sich ihre Geschwindigkeit beispielsweise in Wasser und Glas erhöhe.

Eine grundsätzlich falsche Schlußfolgerung Newtons, die im krassen Gegensatz zur Huygens Wellentheorie stand.

Außerdem bewegten sich *Newtons bunte Korpuskel* unendlich schnell, bis ihn Ole Römer 1676 vom Gegenteil überzeugte.

Was gab es daran auszusetzen?

Nun, Goethes Kritik an Newtons Lichtlehre und Methodik war *grundsätzlicher Art*. Ihm schmeckte es gar nicht, daß Newton mit Axiomen begonnen hatte und darauf seine Schlußfolgerungen aufbaute. Die Beobachtung stand nicht am Anfang, sondern am Ende der Theorie. Während Goethe das Komplizierte aus dem Einfachen erklären wollte, hatte Newton mit dem Komplizierten angefangen, um das Einfache zu erklären. So konnte doch nichts *Vernünftiges* rauskommen!

"Hierdurch regte sich die ganze Schule gegen mich auf, wie jemand ohne höhere Einsicht in die Mathematik wagen könne, Newton zu widersprechen." [42]

Die Leidenschaft des Physikers beschränkte sich keineswegs auf sein Fachgebiet, denn Newton war auch *begeisterter Magier, Alchimist und Theologe*. Der Entdecker des Gravitationsgesetzes, das eine *mysteriöse unendlich schnelle Fernwirkung* impliziert, versuchte die *„Heilige Schrift"* in der *reduzierten Sprache der Mathematik* zu verstehen.

Goethe hingegen hatte sich von der mathematischen Beweisführung Newtons nicht beeindrucken lassen. Stattdessen führte

---

[42] Zitat Johann Wolfgang von Goethe

er eigenständige Versuche durch. Er wollte *völlig unvoreinge-nommen* das Licht und die Farbe untersuchen. Hierbei legte er großen Wert auf Sorgfalt und Reproduzierbarkeit. Er studierte die Schriften und Bilder Leonardo da Vincis und die Farb-Theorien der großen Maler, die bis Erscheinen Newtons Theorie vorgeherrscht hatten.

"Meine Farbenlehre ist auch nicht durchaus neu. Plato, Leonardo da Vinci und viele andere Treffliche haben im einzelnen vor mir dasselbige gefunden und gesagt; aber dass ich es auch fand, dass ich es wieder sagte und daß ich dafür strebe, in einer konfusen Welt dem Wahren wieder Eingang zu verschaffen, das ist mein Verdienst."

Denn die Mathematik ändert nichts an den Voraussetzungen wodurch das Ergebnis automatisch vorbestimmt ist. Goethe hingegen wollte der Natur *unvoreingenommen* gegenüber stehen und ging den *steinigen Weg*. Der Vorwurf, Goethe sei die Mathematik verschlossen geblieben, erscheint mir bei einem Mann seines Formats absurd und lächerlich.

„Ich ehre die Mathematik als die erhabenste und nützlichste Wissenschaft, solange man sie da anwendet, wo sie am Platze ist!"

Goethes Kampf *gegen die Mathematisierung der Naturwissenschaften* war leidenschaftlich und für Goethe eigentlich eher ungewöhnlich. Doch seine *geliebte Farbenlehre* stieß, wie zuvor seine Evolutionstheorie wieder auf große Ablehnung. Trotz starker Kritik von seiten der Wissenschaft blieb Goethe Zeit seines Lebens *„uneinsichtig"*:

"Ich habe mich 40 Jahre lang mit dieser Angelegenheit beschäftigt und zwei Oktavbände mit größter Sorgfalt geschrieben; da ist es dann auch wohl billig, daß man diesen einige Zeit und Aufmerksamkeit schenke."

Goethe hatte erkannt, daß Farbe nicht im Licht enthalten ist, sondern eine Empfindung des Menschen darstellt. Er schrieb der Farbe *polare Eigenschaften* zu. Alle Farben seien aus den Ur-Farben *Blau, Gelb und Rot* zusammengesetzt. Für jede Farbe sollte später ein Farbrezeptor im Auge gefunden werden.

Weiß hielt Goethe für ein Ur-Phänomen. Für die Hell-Dunkelwahrnehmung wurden später lichtempfindliche Stäbchen auf der Netzhaut gefunden. Goethe, der sich selbst als Augenmensch bezeichnete, hatte den Aufbau des Auges nahezu vollständig über das Studium der Farbwahrnehmung verstanden. Für ihn war selbstverständlich, daß man alle Farben aus *dem Einfachen* erklären müsse.

Netwon

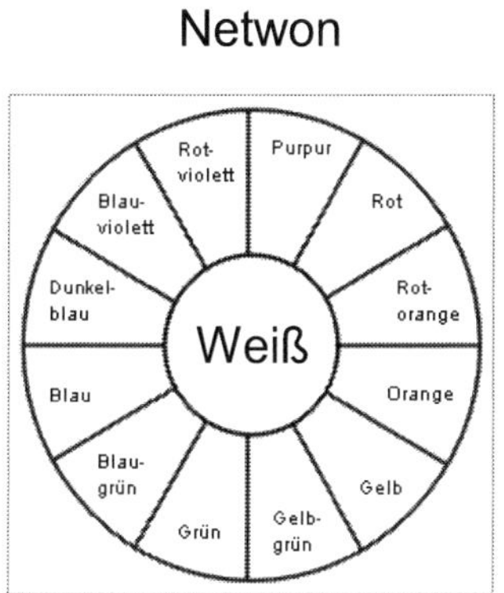

Goethe

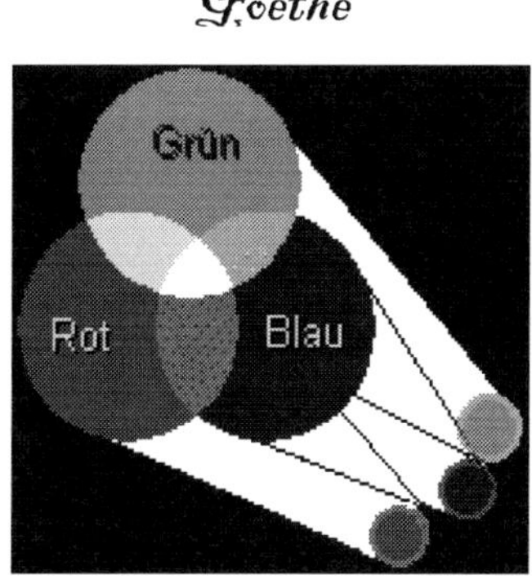

Bild: Gemäß Newton ist die Farbe Weiß die Summe aller Farben. Nach Goethe ist Weiß ein Ur-Phänomen. Newtons Farbtheorie basiert auf 7 Grundfarben in Analogie zur Tonleiter. Goethes Farbtheorie basiert unterdessen auf den 3 Grundfarben Blau, Rot und Grün.

Das *edle Weiß* und das *finstere Schwarz* waren für Goethe die Ur-Farben, aus denen alle anderen Faben entstanden waren. Goethe hatte versucht, *"die mannigfaltigen besonderen Erscheinungen des herrlichen Weltgartens auf ein allgemeines einfaches Prinzip zurückzuführen"*.

Licht hielt Goethe für unteilbar!

Newtons Korpuskel-Theorie erschien dem Dichter, dem man einen Intelligenzquotienten von 185 zuschreibt, absurd.

Die Lehre des Physikers gehe fälschlicherweise von unendlich vielen uranfänglichen Farben aus, die *"für alle Ewigkeit fertig und unveränderlich"* seien, schrieb Goethe in späteren Jahren, und nannte dies den entscheidenden Irrtum Newtons, den er all die Jahre angefochten habe.

Weitere Gegenstände Goethes Naturforschung sind die *Ur-Pflanze* und das *Ur-Tier*, die er sich als *Grundmuster der Natur* vorstellt. In diesem Sinne ist Goethe als Wegbereiter der Evolutionstheorie zu verstehen. Charles Darwin sollte ein Menschenleben später *vergeblich versuchen*, die Entwicklung des menschlichen Auges aus dem Einfachen zu verstehen.

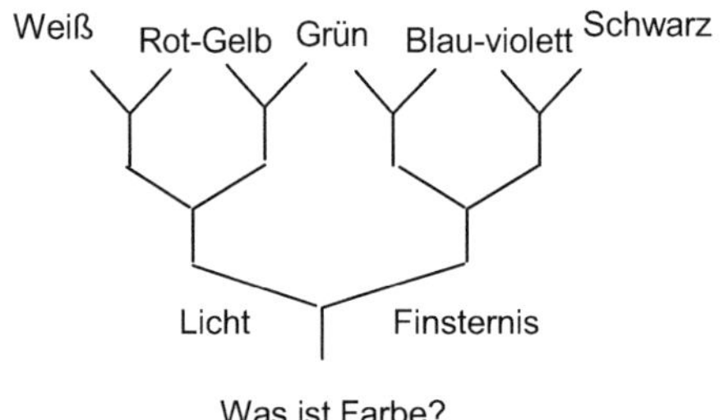

Bild: Die ersten Augen haben nur zwischen hell und dunkel unterschieden.

Heute ist sicher, daß die *ersten Augen* nur zwischen hell und dunkel unterscheiden konnten und ähnlich wie eine Lochkamera funktionierten.

Das Schwarz-Weiß-Sehen ist letztendlich aus dem Schwarz-Weiß-Denken hervorgegangen!

Raubkatzen, die meist nachts unterwegs sind, können bis heute nur schwarz-weiß sehen. Das menschliche Farbsehen hat sich über Millionen von Jahren aus dem Schwarz-Weiß-

Sehen entwickelt, wie es Goehe vermutet hatte. Unsere Augen funktionieren sicher nicht wie ein Prisma. Deshalb hat die Brechung des Lichts nichts, aber auch gar nichts, mit unserem farbigen Sehvermögen zu tun.

200 Jahre später, im Zeitalter der Quantentheorie, erscheint Goethes Farbenlehre plötzlich im anderen Licht. Heisenberg, der eigentlich Mathematik studieren wollte, war von einem Mathematikprofessor, dessen ständig bellender Hund den Begründer der Unschärfetheorie an den Pudel aus Goethes Faust erinnert hatte, abgewiesen worden. Das Aufnahmegespräch mit Arnold Sommerfeld hatte Heisenberg wesentlich besser gefallen und die philosophische Frage:

„Was die Welt im Innersten zusammenhält?"

sollte fortan Heisenbergs Leben bestimmen.

Fazit
Das menschliche Farbsehen hat sich über Millionen von Jahren aus dem Schwarz-Weiß-Sehen, das wiederum aus dem Schwarz-Weiß-Denken hervorgegangen ist, entwickelt.

Informationen mit Lichtgeschwindigkeit

„Wenn ihr's nicht fühlt, ihr werdet's nicht erjagen" [43]

Auf die Frage, ob die Verwendung von elektromagnetischen Wellen als neues Kommunikationsmittel denkbar sei, um Nachrichten leitungslos zu übertragen, antwortete Heinrich Hertz 1888 dem Ingenieur Hubert von der Handelskammer Dresden:

„Wenn Sie konkave Spiegel von der Größe eines Kontinents bekommen können, dann wären Sie durchaus in der Lage, zu den Ergebnissen zu gelangen, die Ihnen vorschweben."

Die *Erfindung des Radios* hielten die Wissenschaftler Ende des 19. Jahrhunderts für ein *Ding der Unmöglichkeit.* Außerdem konnte der führende französische Physiker Poincaré *mathematisch beweisen*, daß eine Übertragung von elektromagnetischen Wellen über eine größere Entfernung als 300 km unmöglich sei. Guglielmo Marconi, der bei seinen Schiffsfahrten Gegenteiliges bemerkt hatte, widerlegte Poincaré 1901, indem er eine Nachricht in St. John's in Neufundland, Kanada aus dem englischen Poldhu in Cornwall empfing. Die Reflektion elektromagnetischer Wellen an der Ionosphäre der Erde hatte Poincarés Vorstellungskraft und die anderer führender Physiker offensichtlich überstiegen.

Aber auch Marconi, eigentlich weniger kompetent als Poincarés, ging von einer falschen Modellvorstellung aus. Er glaubte, die elektromagnetische Welle würde sich in großen Sprüngen der Erdkrümmung folgend, fortbewegen. Und viele Wissenschaftler, stark beeindruckt von Marconis Erfolg, glaubten den *Unsinn* auch noch. Der Erfolg des späteren Nobelpreisträgers basierte folglich nicht auf seinem *Experten-*

---

[43] Zitat aus Goethes Faust

Wissen, sondern vielmehr auf seiner *Respektlosigkeit* gegenüber großen Wissenschaftlern und seinem *Spürsinn*.

Das Problem des Logikers ist nämlich, daß seine Schlußfolgerungen auf Informationen beruhen, von denen er nicht weiß, ob sie wahr sind. Und noch schlimmer. Sind die Informationen falsch, ist die Schlussfolgerung nicht unbedingt auch falsch, sondern eventuell *scheinbar richtig*.

Das klingt bizarr, ist aber wahr!

Aus dem *Falschen* läßt sich nämlich alles ableiten, wie die Logiker schon vor langer Zeit erkannt haben. Deshalb gilt nicht nur für Eheleute, sondern auch für Logiker: *"Drum prüfe, wer sich ewig bindet, ob sich nicht etwas Besseres findet!"*[44]

Insbesondere die *Vertauschung von Ursache und Wirkung* führt in eine *wissenschaftliche Sackgasse* und macht das Verstehen eines Zusammenhangs unmöglich. Gerne erkläre ich beispielsweise meinen lernwilligen Mitmenschen, daß Karatekämpfer beim Durchschlagen eines Brettes deshalb so laut schreien, weil der Schmerz so groß ist. Einige lachen über diese *einleuchtende Erklärung*, andere nicht.

Ein beliebtes Spiel von Erwachsenen ist es, kleinen Kindern falsche Informationen zu geben und zu schauen, welche Schlußfolgerungen sie ziehen. So suggeriert man den Kleinen beispielsweise, daß, wenn Sie *nicht* brav sind, das Weihnachtskind *keine* Geschenke bringt. Waren die Geschenke erwartungsgemäß schön, schließt das Kind, daß es erstens brav war, und zweitens das Weihnachtskind die Geschenke gebracht haben muß. Das Kind denkt also *logisch*, geht aber von einer *falschen Information* aus. Es glaubt an das Weihnachtskind.

---

[44] In diesem Fall: bessere Information

In Analogie hierzu Einsteins Argumentation: Der Äther ist **nicht** nachweisbar, weil die Geschwindigkeit eines Inertialsystems **nicht** bestimmbar ist. Eine doppelte Verneinung in einer Argumentation ist sinnlos. In dieser Argumentation wird jedoch deutlich, daß ihr Erfinder den Äther prinzipiell als Voraussetzung für die Bestimmung einer Geschwindigkeit sieht, die bisher Tagesgeschäft eines Physikers war. Physikalisch entspricht Geschwindigkeit einer Zeitdauer, kurz Zeit.

Die Naturwissenschaft hat das Ziel, wie man aus dem Namen leicht erkennt, das *Wissen um die Natur* zu vergrößern. Die *Logik* hat dabei eine *untergeordnete Rolle* und gehört eigentlich in den Bereich der Mathematik. In den Naturwissenschaften kam es deshalb immer dann zu *großen und skurrilen Irrtümern*, wenn der Wissenschaftler die *Güte seiner Information*, sprich sein *Naturwissen,* zu hoch eingeschätzt hat.

Der Mensch nutzt seinen Verstand, also die Logik, um die Wahrscheinlichkeit für die *Richtigkeit von Informationen* zu beurteilen. *Die beiden Extreme* <wahr> und <falsch> haben die Wahrscheinlichkeit <1> bzw. <-1>. Es gilt die binäre Logik

$$\text{Informationsgüte} * \text{Logik} \leq 1$$

-1 falsch
+1 wahr
 0 unentschieden

Informationsgüte und Logik haben Werte −1 bis 1

Aus der Formel kann man leicht erkennen, daß die *klügste Überlegung* nur dann erfolgreich ist, wenn die *Informationsgüte* hoch ist, also bestenfalls 1. Der seltsame Fall, wenn sowohl Informationsgüte als auch Logik −1 betragen, führt unter Umständen zu einem *wahren Ergebnis. Unser Naturwissen* wurde in *Gesetzen* festgeschrieben und in *Formeln gepreßt.* Dabei kam es zu einer *Überbewertung der Logik* und einer *fast lächerlichen unkritischen Beurteilung der Informationsgüte.* Denn tatsächlich steckt die wesentlich Information nicht in der Formel, sondern in ihrer Anwendung, vergleichbar mit einem Essen, von dem man die Zutaten kennt, aber nicht, wie die Mahlzeit zubereitet wird.

Goethe, dessen geliebte Schwester *Cornelia* mit 26 Jahren im Kindbett gestorben war, hatte diese *Fehl-Entwicklung* früh erkannt. Für Goethe, dem Sprachgenie, waren *Farbe und Wellenlänge nicht gleichbedeutend.* Jedem Naturwissenschaftler sollte klar sein, daß *Farbe eine individuelle Empfindung*, während die *Wellenlänge nur eine mathematische Beschreibung*, bar jeder *Empfindung* ist.

Die Grundfarben von Goethes Farbkreis, der sich von *Grün über Rot bis Blau erstreckt,* empfindet jeder Mensch anders. Objektiv, wenn man es schon sein will, gibt es Farbe überhaupt nicht. Will man trotzdem für Farbe eine bestimmte Wellenlänge angeben, muß man diese mit einer *gewissen Unschärfe* belegen, die jedem Menschen *den notwendigen Freiraum* einräumt.

Denn Farbeindrücke sind relativ!

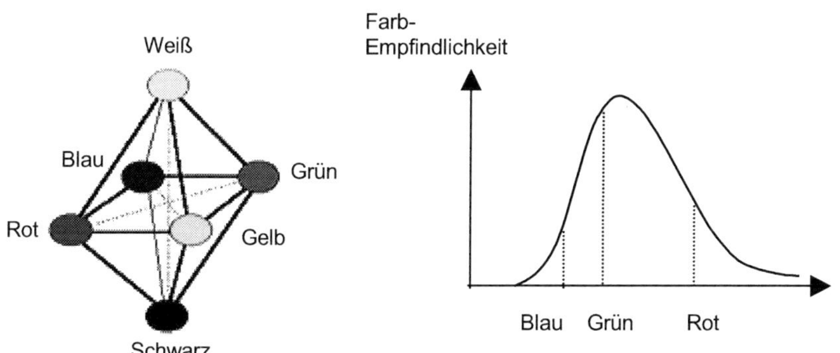

Bild: Farbkegel, wie ihn Leonardo da Vinci verwandt.

Bild: Farb-Empfindlichkeit des menschlichen Sehens

Goethe war Eidetiker[45], das Gegenteil eines rein abstrakt denkenden Menschen wie Newton, mit einer Vorliebe für Gelb-Blau. *Diese Vorliebe* war wohl sein Hauptfehler in seiner

---

[45] Ein Mensch mit einer stark bildlichen Vorstellungskraft

Farbtheorie. Denn Goethe irrte sich in seiner Farbenlehre bezüglich ihrer Ursache, jedoch nicht hinsichtlich ihrer Wirkung. Um *Farbe* vollständig zu verstehen, muß man die Lichttheorie von Newton, die die **Ursache** des Lichteindrucks beschreibt, mit der **Wirkung** beim Menschen vereinen. Genauso wie Relativitäts- und Quantentheorie stehen beide *Farb-Theorien* nebeneinander, als hätten sie nichts miteinander zu tun. Die Konsequenz ist ein vollständiges Mißverständnis der Physiker darüber, was Farbe ist und der Künstler, wie sie entsteht.

Goethe stellte in seiner Farbenlehre, wie auch in seinen Dichtungen, den Menschen mit seinen Sinnen in den Mittelpunkt, dessen Empfindung für verschiedene Farben unterschiedlich ist. Grün nimmt der Mensch sehr viel stärker wahr als Rot oder gar Blau. Goethes damals *unverstandener Weitblick* ist heute *Grundlage der Farbfernseh-Technik*, wo der Farbkreis ausgezeichnete Verwendung findet. Jede Farbe wird durch die 3 Grundfarben Rot, Blau und Grün erzeugt.

Bau der Netzhaut

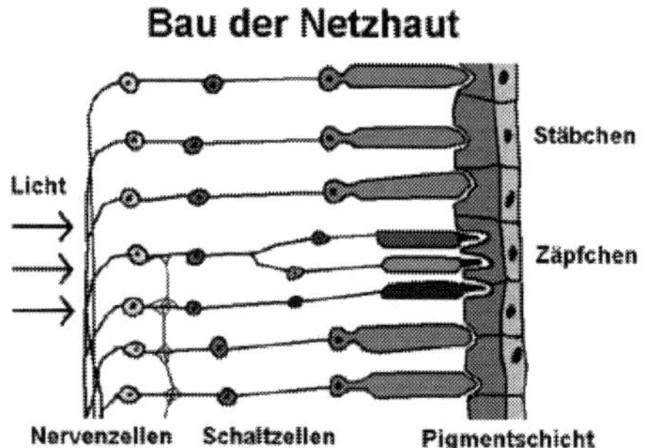

L-Zapfen für rot
M-Zapfen für grün
K-Zapfen für blau

Die Sehschärfe ist direkt abhängig vom Abstand und der Anzahl der Zäpfchen auf der Netzhaut.

Bild: Es existieren zwei verschiedene Sorten von Sinneszellen. Die **Stäbchen** sind für das Hell-Dunkel-Sehen zuständig und deshalb sehr lichtempfindlich. Von den Zäpfchen gibt es drei Sorten, die jeweils auf eine bestimmte Wellenlänge des Lichts ansprechen und so farbiges Sehen ermöglichen. Nachts werden nur die Stäbchen durch das Licht angeregt.

Denn Farbe ist ein Hirngespinst und die rosarote Brille ist in Wirklichkeit grün!

Goethes Farbkreis schließt sich über Purpurrot, obwohl die Farben im Prisma-Versuch weit auseinanderliegen.

Mehr noch!

Unterschiedliche Farben rufen unterschiedliche Emotionen hervor. Eine Binsenweisheit, die den Gegnern Goethes nicht klar wahr. *Grün* erzeugt ein angenehmes Wohlgefühl, Rot *Unruhe* und *Schwarz Grauen*. Unterbewußt assoziieren wir beispielsweise Grün mit einer Wiese, Rot mit Blut und Schwarz mit dunkler Nacht.

Wie soll man das bloß mathematisch ausdrücken?

Ein Mensch, der sagt, daß er *„Rot sieht"*, warnt seine Umgebung unmißverständlich, indem er eine bildliche Vorstellung seines aufgewühlten inneren Empfindens als Farbe beschreibt. Weniger sprachbegabte Lebewesen bekommen einfach einen *hochroten Kopf*. Schon immer haben sich Maler Farben bedient, um über ihre Bilder ein bestimmtes vorhersagbares Gefühl mitzuteilen.

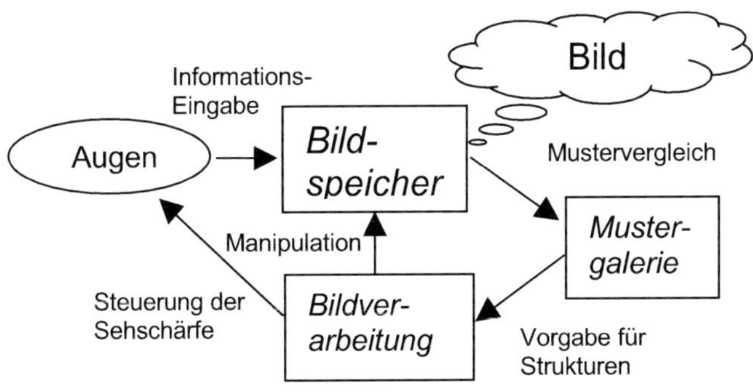

Bild: Bilder werden im Hirn zwischengespeichert, so daß auch die Bilder bei geschlossenen Augen wieder abrufbar sind. Die Behauptung, das Bilder auf der Netzhaut entstehen, ist deshalb falsch.

Schließt man die Augen, müßte folglich alles um uns herum schwarz sein. Das Gegenteil ist jedoch der Fall. Träume erlebt der Mensch in leuchtend bunten Farben.

Farbe braucht auch Gehirn, nicht nur Augen!

Bilder basieren auf im Gehirn gespeicherten Information. Dies kann über zahlreiche Versuche, die beweisen, wie leicht sich der Mensch optisch täuschen läßt, bewiesen werden.

Farbiges Sehen hängt von der *Anzahl der Farbrezeptoren* ab, nicht von der Wellenlänge. Bienen und Vögel verfügen übrigens über einen vierten Farbrezeptor für ultraviolettes Licht. Auch die Dinosaurier, die bekanntlich die Vorfahren der Vögel waren, sollen einen vierten Farbrezeptor besessen haben. Wenn bei Menschen das *Farbsehen* gestört ist, handelt es sich in den allermeisten Fällen um eine gestörte Wahrnehmung im Rot-Grün-Bereich. Nur, warum immer Rot-Grün und nicht auch mal Blau?

Es war Goethe, der die Farbblindheit entdeckt hatte und sich intensiv mit farbblinden Menschen beschäftigte.

„Wenn man die Unterhaltung mit ihnen [den Farbblinden] dem Zufall überläßt und sie bloß über vorliegende Gegenstände befragt, so gerät man in die größte Verwirrung und fürchtet wahnsinnig zu werden.“

Bei Menschen, die an einer Rotblindheit leiden, funktioniert ein Farbrezeptor nicht. Für sie sieht die Welt grüner aus. Ein großer Nachteil, wenn man auf der Suche nach roten Früchten ist. Wahrscheinlich erzeugen die Farbrezeptoren nicht einzelne Farben, sondern *Farbenpaare*. Die Mischung der Farbenpaare erzeugt wiederum unser farbiges Sehen.

Mit *Achromatopsie* bezeichnet man völlige Farbblindheit. Menschen, die an dieser Erbkrankheit leiden, sehen die Welt nur schwarz-weiß. Die Mehrzahl der Bewohner des Pingelap-Atolls leiden daran. Die meisten Tiere besitzen nur *2 lichtempfindliche Farbsensoren* und sehen prinzipiell nur schwarz-weiß. Besonders deutlich werden Bewegungen wahrgenommen. Insbesondere für die *Jäger der Nacht* sind Augen wichtig, die selbst bei größter Dunkelheit noch etwas erkennen[46]. *Farbiges Sehen* ist für sie unwichtig.

Schlangen benötigen gar kein Licht zum Sehen. Sie nehmen die Wärmestrahlung eines Körpers wahr. Vielleicht konnte auch der Mensch in seiner evolutionären Vergangenheit einmal die Wärmestrahlung seiner Mitmenschen irgendwie wahrnehmen. Zumindest unsere Haut reagiert auf Wärme hochempfindlich. Affen, deren Hauptaufmerksamkeit bunten Früchten gilt, sehen genauso farbig wie wir, denn ihre Augen besitzen auch *3 Farbsensoren*. Beim Sehen wird unsere gemeinsame Vergangenheit besonders deutlich. Unser farbiges Sehen hat sich, wie es scheint, durch unsere Vorliebe für bunte Früchte, entwickelt.

Entgegen der allgemeinen Lehrmeinung besitzen diese *Farbsensoren eine Unschärfe*, damit das gesamte Spektrum aller Farben zustande kommen kann. Würden die Farbsensoren jeweils nur auf Blau, Rot und Grün reagieren, würden wir weniger Farben wahrnehmen, weil nicht alle Wellenlängen wahrgenommen werden könnten. Solche Farbrezeptoren wären viel zu unwirtschaftlich in der sparsamen Natur. Einige Menschen können auch ultraviolettes Licht wahrnehmen, denn ultraviolettes Licht wird nur von unserer Linse gefiltert. Dadurch entsteht aber keine neue Farbe, sondern nur eine stärkere Sättigung in den blauvioletten Bereich. Nimmt man unser *Wissen ums Sehen* ernst, wird eins ganz klar:

Die *objektive Beurteilung* von „gutem Sehen" ist unmöglich, weil „gutes Sehen" relativ ist und prinzipiell mit einer Unschärfe belegt werden muß.

Mit der *Korrektur von Sehfehlern* über Brillen, mit denen die Augen geschient werden, machen es sich die Augenärzte zu

---

[46] Bei absoluter Dunkelheit sehen die besten Augen nichts.

einfach und ignorieren dabei die Tatsache, das *gutes Sehen* von der ständigen Bewegung unserer Augen abhängt. Sie reduzieren Sehen auf die Augen, die ohne Zweifel für das Sehen sehr wichtig sind. *Gutes Sehen*, jedoch, ist wesentlich komplexer zu verstehen, spiegelt oft unseren Gefühlszustand wider und sollte nur bei *ausreichendem Tageslicht* gemessen werden. Unser Sehvermögen unterliegt prinzipiell großen Schwankungen, selbst innerhalb eines Tages.

Licht hat etwas Faszinierendes. Dabei ist der Teil des elektromagnetischen Spektrums, den Licht einnimmt, winzig klein. Unsere Augen können die winzigen Zeitunterschiede einer elektromagnetischen Welle auswerten und als unterschiedliche Farben interpretieren. Ähnlich, wie unsere Ohren unterschiedliche Frequenzen als verschiedene Töne wahrnehmen. Die Farbe *Weiß* ist einem Rauschen vergleichbar. Und auch beim Hören ist es so, daß wir nicht alle möglichen Frequenzen wahrnehmen. Ganz im Gegenteil. Krokodile unterhalten sich im Infraschallbereich, also unterhalb von 16 Hz und eine Hundepfeife pfeift jenseits unserer oberen Hörgrenze im Ultraschallbereich. Am besten hören wir zwischen 1 bis 7 KHz.

Kann man sich Licht, ähnlich wie eine Schall-Welle, als **Raum-Zeit-Vibrationen** vorstellen?

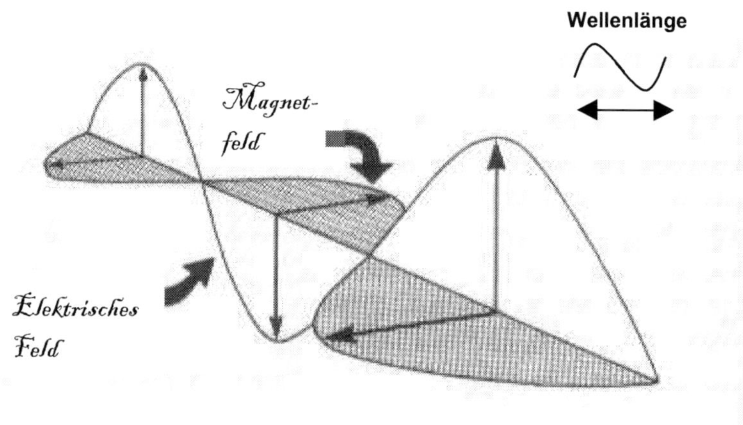

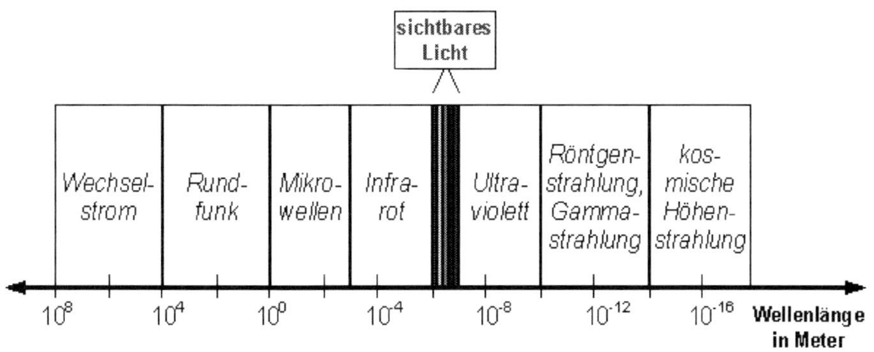

Bild: Die elektromagnetische Welle und ihr Frequenzbereich. Mit Licht bezeichnen wir nur einen winzig kleinen Frequenzbereich.

Das Auge ist unser wichtigstes Sinnesorgan. Die Empfangsmoleküle in unseren Augen, die wie kleine Antennen funktionieren, nehmen wie die Radioantenne, nur Licht auf, das eine bestimmte Polarisationsebene besitzt. Zum Glück ist Licht im Normalfall diffus, das heißt, es besitzt alle möglichen Polarisationswinkel[47].

Ameisen benutzen die Polarisationsebene des Lichts als Orientierungshilfe. Abhängig vom Stand der Sonne ist das Polarisationsmuster des Sonnenlichts nämlich verschieden, so daß die Ameisen auf diese Weise die Himmelsrichtung bestimmen können. Auch die alten Wikinger sollen schon über Kristalle die Polarisation des Lichts als Orientierungshilfe benutzt haben.

In dem Licht der Sterne ist die Geschichte des Universums gespeichert. Ein Blick in den Himmel ist ein Blick in die Vergangenheit des Universums. Das liegt bekanntermaßen an der begrenzten Geschwindigkeit von Licht.

Schon im 17. Jahrhundert gelang es Ole Römer, die Lichtgeschwindigkeit mit 75% Genauigkeit zu bestimmen. Er hatte

---

[47] Der Polarisationswinkel bezeichnet die Ebene, in der die elektrische Feldkomponente des Lichts schwingt.

entdeckt, daß die Zeiten für die Verfinsterung der Jupitermonde, abhängig von der Jahreszeit um 15 Minuten verschoben war. War die Erde am weitesten vom Jupiter entfernt, dann erschienen die Monde später, weil der Abstand zwischen Jupiter und Erde größer geworden war.

Ole Römer berechnetet die Lichtgeschwindigkeit mit 227.000 km/sec, was für die damalige Zeit eine erstaunliche Leistung war. Dies war ein Beweis für die Tatsache, daß Licht eine endliche Geschwindigkeit besitzt.

In dem Licht der Sterne stecken eine Menge Informationen. Die Spektralanalyse verrät uns, aus was Sterne zusammengesetzt, wie heiß und groß und oft auch wie weit sie entfernt sind. Denn jedes Material, wenn es leuchtet, besitzt ein anderes Spektrum, das eindeutig wie ein Fingerabdruck ist. Mit diesen Informationen läßt sich dann das Alter des Sterns bestimmen.

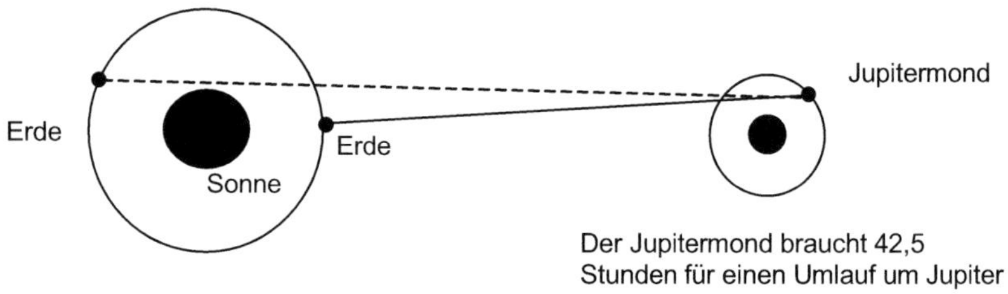

Bild: Messung der Lichtgeschwindigkeit im 17. Jahrhundert

Möglich ist dies durch die Zerlegung des Lichts in seine Farben geworden. Wie die feinen Wassertröpfchen beim Regenbogen bricht ein Prisma Licht in seine unterschiedlichen Wellenlängen auf. Denn verschiedene Lichtfarben, man sagt auch *Wellenlängen*, haben verschiedene Geschwindigkeiten in Glas.

Rotes Licht braucht weniger **Zeit,** um Glas zu durchwandern als blaues Licht. Aber nicht nur die Geschwindigkeit von Licht ist abhängig von der Wellenlänge. Auch die Dämpfung ist abhängig von der Farbe. Je größer die Frequenz, desto höher die Dämpfung. Blaues Licht ist also in Glas nicht nur langsamer, es wird auch stärker gedämpft. Das, was den Dichter zur Inspiration anregt, treibt den Nachrichtentechniker nahezu in den Wahnsinn. Denn der Nachrichtentechniker hätte gerne monochromes, also wirklich einfarbiges Licht einer unendlich scharfen Frequenz. Die gibt es aber leider nicht! Auch Laser liefern nur Lichtstrahlen, deren Frequenz unscharf ist.

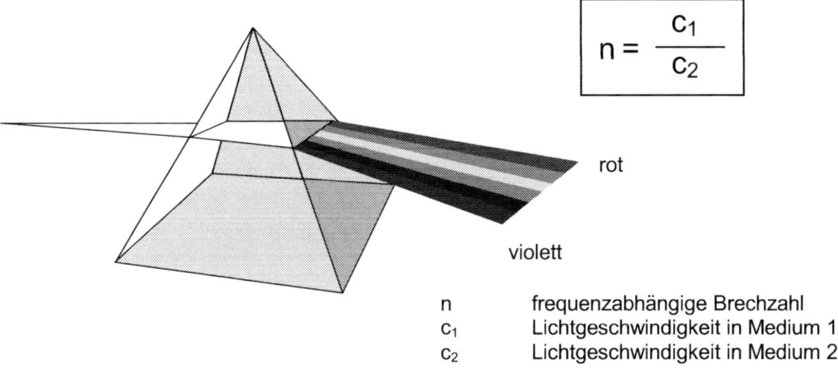

Bild: Licht breitet sich in Glas mit verschiedenen Geschwindigkeiten aus.

Der aus der religiösen Lehre bekannte *Heiligenschein* läßt sich übrigens unter Verwendung naturwissenschaftlicher Kenntnisse leicht selbst erzeugen. Der Versuch ist völlig ungefährlich. Stellt man sich früh morgens, wenn die Sonne tief steht, mit dem Rücken gegen das Licht, so daß der eigene Schatten auf eine taubenetzte Wiese fällt, dann sorgen die Tautropfen auf dem Gras für einen schön sichtbaren *Heiligenschein*. Der Versuch gelingt nur, wenn Sonne, Beobachter und Schatten eine Linie bilden, so daß jeder Beobachter nur seinen eigenen Heiligenschein sieht. Der *biblische Heiligenschein*, der Ausdruck einer besonders starken *Aura*[48] sein soll, ist wahrscheinlich eine starke Übertreibung von natürlichen Lichteffekten.

---

[48] Ausstrahlung eines Menschen

Schon die alten Ägypter verehrten die Sonne als Gott und betätigten sich als begeisterte Sternengucker. Bestimmte Sternenkonstellationen wurden als Sternbilder interpretiert, wodurch man ihnen leicht eine astrologische Bedeutung zuschreiben konnte. Die Pyramidenbauer glaubten fest daran, daß die Sterne maßgeblich an ihrem Schicksal beteiligt seien und bauten in Ehrfurcht zur *überirdischen Macht* Monumente, die den Sternbildern in unglaublicher Genauigkeit entsprachen.

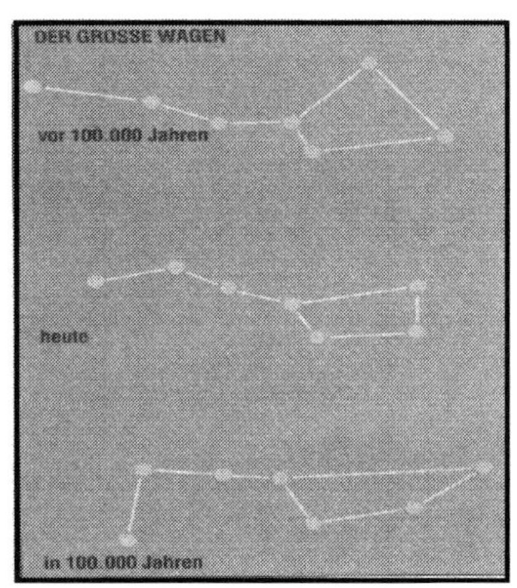

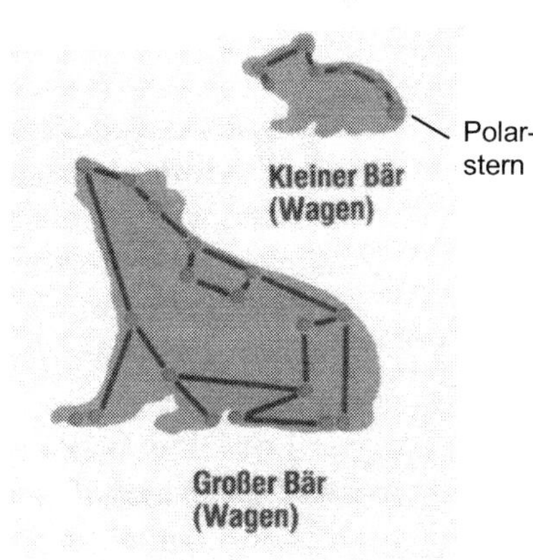

Bild: Der Große Bär legt sich über die Jahrtausende schlafen. Der Polarstern am Deichselende des kleinen Wagens scheint immer an derselben Stelle zu stehen, weil er direkt über der Drehachse der Erde steht.

War die letzte Ernte nicht gut ausgefallen, wurde zur *Versöhnung mit den Göttern* einfach eine Jungfrau geopfert. Dabei gehören die Sterne eines Sternbildes selten zusammen. Das Sternbild ist deshalb **rein zufällig** und ändert sich über die Jahrtausende. Der Abstand der Sterne ist nämlich durchaus nicht konstant. Denn die Sterne sind nicht an der Himmelskugel fixiert, wie die alten Ägypter glaubten, sondern sausen unabhängig voneinander durchs Universum.

200 Jahre vor Christus waren Tierkreiszeichen und Sternbilder noch identisch. Da die Rotationsachse der Erde jedoch einen

Kreis beschreibt[49], haben sich die Sternbilder über die Jahrtausende verschoben.

Unser Wissen um die *zeitliche Entwicklung* der Erde beruht im wesentlichen auf geologischen Funden, wie versteinerte Tiere und Vermessungen von Erd- und Eisschichten und darauf basierende Rückrechnungen. Dabei geht man von einer allmählichen und gleichförmigen Entwicklung der Erde aus.

Nur, wie verläßlich sind solche Altersberechnungen? Was wäre, wenn ein *plötzliches Ereignis*, wie der Einschlag eines Meteoriten alles verändert hätte?

Die genaue Kenntnis des Sonnensystems der Ägypter und ihre erstaunliche Baukunst stehen im krassen Widerspruch zu der offenbar *regressiven Weiterentwicklung* der Menschen. Insbesondere die Ägypter bestimmten schon Tausende Jahre vor Christus mit unglaublicher Genauigkeit kosmologische Ereignisse, obwohl sie angeblich über keine genauen Zeitmesser verfügten. Und wie kamen die Pyramiden nach Südamerika, wo sie mit ähnlicher Perfektion wie in Ägypten errichtet wurden, und wo kosmologische Erscheinungen ebenso genau vorausberechnet werden konnten?

Die Sumerer erzählen von einem uns unbekannten Planeten, den sie Nibiru[50] nannten. Ein Mond dieses Planeten soll nach der Erzählung mit der Erde zusammengestoßen sein und sie auf die heutige Umlaufbahn gebracht haben.

Im Vorderasiatischen Museum auf der Berliner Museumsinsel ist eine Sternenkarte zu bewundern, die schon 4500 Jahre alt sein soll. Auf dieser Sternkarte ist unser gesamtes Sternensystem im richtigen Größenverhältnis aufgezeichnet und zeigt Planeten, die eigentlich erst Jahrtausende später entdeckt

---

[49] Diese Kreisbewegung wird als Präzession bezeichnet.
[50] Übersetzt heißt Nibiru „Jungfrau des Lebens"

worden sind. Diese Sternenkarte zeigt auch einen *zehnten Planeten*, der sich heute, nach Angaben der NASA, am Rande unseres Sonnensystems befinden soll.

Wie konnten die Menschen schon Tausende Jahre vor Christus von den weit entfernten Planeten wissen, obwohl das Fernrohr doch noch gar nicht erfunden war?

Alles Zufall?

Hans-Joachim Zillmer beschreibt in seinem Buch „*Irrtümer der Erdgeschichte*", wie sich die Erde nach einer schrecklichen Katastrophe, die durch den Zusammenprall mit einem Mond eines uns unbekannten Planeten verursacht wurde, die Erde wieder erholte. Diese Katastrophe bedeutete einen *gewaltigen Rückschlag* für die Menschheit, die heute in der *Bibel* über diese Katastrophe in allen Religionen der Welt berichtet und als *Sintflut* bezeichnet. Wahrscheinlich ging durch diesen *Rückschlag*, den die Menschen nur knapp überlebten, das meiste Wissen der Menschen über die Welt verloren und wird seitdem mühselig neu entdeckt.

Fazit
Die Geschichte des Universums steht in den Sternen!

Licht ist reine Energie

Ernest Rutherford[51], dessen Atommodell, das eines *„Planeten-systems en miniature"* impliziert und die Wissenschaft revolutionierte, glaubte bis an sein Lebensende nicht an die Möglichkeit aus Atomen im größeren Maßstab Energie zu gewinnen. Der ungarische Physiker Leo Szilard ließ sich aus Protest gegen die allgemeine Physiker-Meinung solche Atomreaktionen patentieren. 3 Jahre später gelang die erste Spaltung von Urankernen.

Das Rutherford-Atommodell

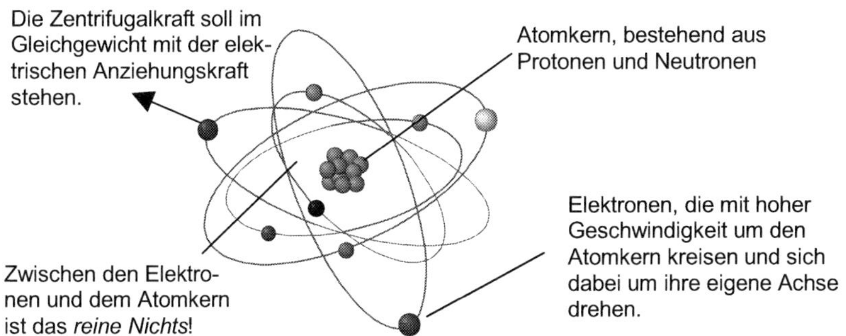

Bild: In der heutigen Vorstellung vom Atom kreisen Elektronen mit sehr hoher Geschwindigkeit auf elliptischen Bahnen um den Atomkern und drehen sich dabei um ihre eigene Achse. Über diesen Spin werden auch magnetische Effekte erklärt. Zwischen Elektronen und dem Atomkern befindet sich das *reine Nichts*.

Energie kann nicht vernichtet, sondern nur von einer Form in eine andere umgewandelt werden. Dieses ist den meisten als Energieerhaltungssatz bekannt. Energie ist gespeicherte Arbeit und kommt in den unterschiedlichsten Formen vor:

---

[51] 1908 erhielt der Mann mit 11 Geschwistern für sein Atommodell den Nobelpreis in Chemie. Seine hervorragenden schulischen Leistungen verschafften ihm die notwendigen Stipendien.

Die *kinetische Energie* (Bewegungsenergie) entspricht der Arbeit, die geleistet wurde, um einen Körper auf eine bestimmte Geschwindigkeit zu beschleunigen. Die *potenzielle Energie* entspricht der Arbeit, die verrichtet wurde, um einen Körper auf eine bestimmte Höhe zu bringen. Die *Wärmeenergie* ist eine spezielle Form der kinetischen Energie und entspricht der Energie, die als Brownsche Molekülbewegung gespeichert ist. Die *chemische Energie* entspricht der Arbeit, die aufgewendet werden muß, um eine chemische Verbindung zu trennen. Die *Strahlungsenergie*, um die es in diesem Kapitel geht, ist die Energie, die durch eine elektromagnetische Welle transportiert wird. Je kürzer die Wellenlänge, desto höher die Frequenz und die Energie, mit der selbst Stahl feiner geschnitten werden kann, als auf irgend eine andere Weise. Laseroperationen am Auge, beispielsweise bei Netzhautlöchern, sind heute aus der Medizin nicht mehr wegzudenken. Durch das präzise Wegschneiden von Hornhautkrümmungen wird aus Blinden wieder Sehende!

Licht entsteht, wenn ein Körper erhitzt wird. Leuchterscheinungen, die nicht durch Temperatur verursacht werden, nennt man Lumineszenz. Um die Entstehung von Licht zu verstehen, benötigt man etwas Atomphysik. Die alten Griechen glaubten alle Materie bestünde aus *unteilbaren* Teilchen, daher der Name „Atom". Heute weiß man, daß ein Atom aus der Elektronenhülle und einem viel kleineren Atomkern besteht. Der Begriff *Atomphysik* ist also in sich widersprüchlich. Denn die *Atomphysik* beschäftigt sich ja gerade mit der Zerlegung des Atoms.

Ist das Atom nur eine Illusion?

Ein Sauerstoffatom verbindet sich mit 2 Wasserstoffatomen zu einem Molekül, das gemeinhin als Wasser bekannt ist.

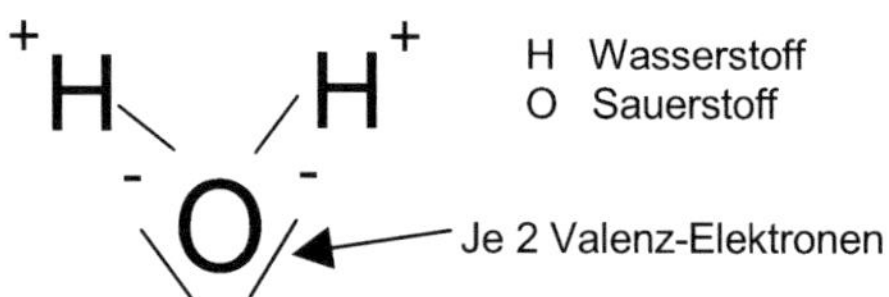

Bild: Ein Wassermolekül (H_2O)

Die Elektronenbahnen der Elektronenhülle werden mit je
8 Elektronen besetzt. Die erste Bahn [52], allerdings, kann nur
2 Elektronen aufnehmen.

Sobald eine Bahn voll besetzt ist, wird die nächste Bahn mit
Elektronen besetzt. Besitzt ein Atom eine voll besetzte Außen-
hülle, so ist es edel, und damit sehr reaktionsarm. Um eine
vollbesetzte Außenschale zu bekommen, schrecken Atome
auch nicht vor Allianzen mit anderen, womöglich fremdartigen
Atomen zurück. Atomare Verbindungen nennt man Moleküle.
H_2O, also ordinäres Wasser, ist eine typische nicht metallische
Atom-Verbindung. 2 Wasserstoffatome, die je gern ein zusätz-
liches Elektron haben möchten, um ihre Außenschale voll zu
bekommen, verbinden sich mit einem Sauerstoffatom, das
noch 2 Außenelektronen zum Glück benötigt. Durch die zu-
sätzlichen Elektronen wird das Sauerstoff-Atom leicht negativ
und die Wasserstoff-Atome werden durch die teilweise Abgabe
der Elektronen leicht positiv geladen. Das Wassermolekül wird
so über elektrische Kräfte, den sogenannten Van-der-Waals-
Kräften, zusammengehalten.

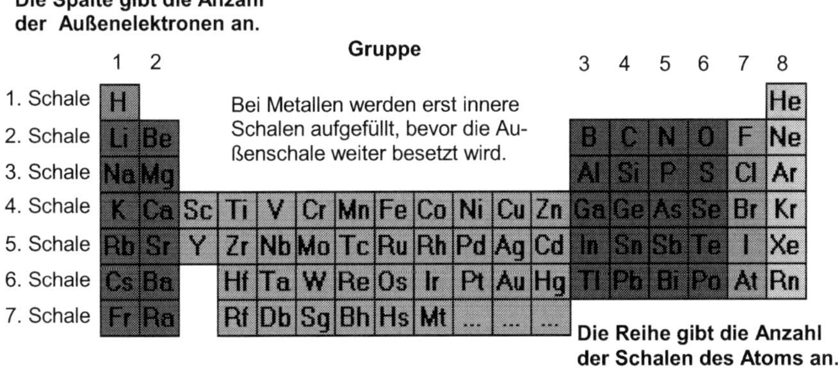

Bild: Periodensystem der Elemente

---

[52] Nur Gott weiß warum, aber der Herr petzt nicht!

Die Elektronen der Außenschale nennt man auch Valenzen. Das chemische Verhalten eines Atoms wird maßgeblich durch seine Außenelektronen bestimmt. Metalle verhalten sich chemisch sehr ähnlich, weil die Anzahl ihrer Außenelektronen nahezu gleich ist. Letztendlich strebt jedes Atom den Edelzustand an. Darauf basiert die ganze Chemie. Alle Atome möchten gerne eine vollbesetzte Außenschale, sei es durch Abgabe oder Aufnahme oder auch durch Teilen von Elektronen!

Licht entsteht, wenn Elektronen von energiereicheren Außenbahnen auf energieärmere Innenbahnen springen. Diesen Hopser, bei dem ein Photon entsteht, bezeichnet der Physiker gemeinhin als Quantensprung.

Wenn ein Elektron umgekehrt Energie in Form von Photonen über Lichteinstrahlung aufnimmt, wechselt es von der energieärmeren Innenbahn auf die energiereichere Außenbahn.

Das Bohrsche Atommodell

Die höchste Frequenz, die ein Elektron des Wasserstoffs abstrahlen kann, beträgt $3{,}3 \cdot 10^{15}$ Hz und entspricht einer Energie von 13,6 eV.

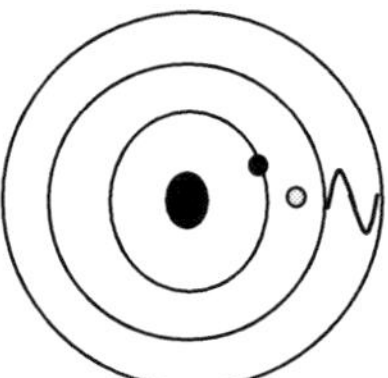

Für die Elektronen sind nur bestimmte Bahnen erlaubt. Um von einer Bahn auf die nächste zu gelangen, müssen sie einen *Quantensprung* durchführen.

Bild: Elektronen strahlen Energie in Form von Licht ab, wenn sie von einer Außenbahn auf eine Innenbahn wechseln. Im umgekehrten Fall nehmen sie Energie auf.

Licht ist eine elektromagnetische Welle, die sich mit einer Geschwindigkeit von fast 300.000 km/sec im Vakuum ausbreitet. Diese Ausbreitungsgeschwindigkeit gilt aber nicht nur für das sichtbare Licht, sondern generell für alle elektromagnetischen Wellen, wie beispielsweise Radiowellen. Elektromagnetische Wellen benötigen **angeblich** kein Ausbreitungsmedium. Ihr Magnetfeld schwingt senkrecht zu ihrem elektrischen Feld auch im stofflich leeren Raum, dem Vakuum. Für die Ausbreitung elektromagnetischer Wellen im Vakuum gilt, daß die Wellenlänge mit der Frequenz über die Lichtgeschwindigkeit verknüpft ist. Das liegt einfach daran, weil Geschwindigkeit nun mal der Quotient aus Weg und Zeit ist. Die Wellenlänge ist hierbei der Weg und die Frequenz der Kehrwert der Zeit.

$$c = f\,\lambda$$

c	Lichtgeschwindigkeit im Vakuum
λ	Wellenlänge
f	Frequenz

Ist die Lichtgeschwindigkeit tatsächlich von der Frequenz unabhängig, wie die Formel vorgibt?

Ich habe da so meine Zweifel. Denn die angebliche *Frequenzunabhängigkeit* der Lichtgeschwindigkeit im Vakuum widerspricht der alltäglichen Erfahrung des Nachrichtentechnikers. In Materie bezeichnet nämlich die sogenannte *Gruppenlaufzeit*[53] den Effekt, der dem Nachrichtentechniker die größten Kopfschmerzen verursacht. Prinzipiell wird die Geschwindigkeit des Lichts nur mit einer Genauigkeit von Metern pro Sekunde angegeben, so daß Schwankungen, die im Bereich der Farbwahrnehmung liegen, einfach unter den Tisch fielen.[54]

Den *aller größten Widerspruch* jedoch, stellt die *klassische Erklärung* des fotoelektrischen und des Compton-Effekts dar.

Das Photon erfährt nach dem Zusammenprall eine Frequenzänderung, weil Energie vom Photon auf das Elektron übertragen wurde.

Das Elektron wird nach dem Zusammenprall aus seiner ursprünglichen Richtung abgelenkt.

Bild: Zusammenprall eines Elektrons mit einem Photon (Compton-Effekt)

---

[53] In der Optik als Dispersion bekannt
[54] Der winzige Wellenlängenbereich von Licht erstreckt sich von 400 – 800 nm

Nachdem der deutsche Physiker Max Planck im Jahre 1900 seine Theorie, nach der Energie nur in bestimmten Mengen, sogenannten Energiequanten, abgestrahlt und aufgenommen werden kann, veröffentlicht hatte, erklärte Einstein den fotoelektrischen Effekt über die eigentlich viel einfachere Modellvorstellung, daß Licht aus Teilchen, sogenannten *Photonen* bestehen müsse. Eine Vorstellung, die bereits Newton vertreten hatte. In *scheinbarer Analogie* zum Licht bezeichnet man die schwingenden Luftteilchen als *Phononen*. Doch im Gegensatz zum Licht sind *Phononen* Teil des schallübertragenden Mediums. *Photonen,* hingegegen, stellen sozusagen ihr eigenes Medium dar und besitzen nur Bewegungsenergie. Sie haben keine Ruhemasse. Denn Teilchen mit einer Ruhemasse können keine Lichtgeschwindigkeit erreichen.

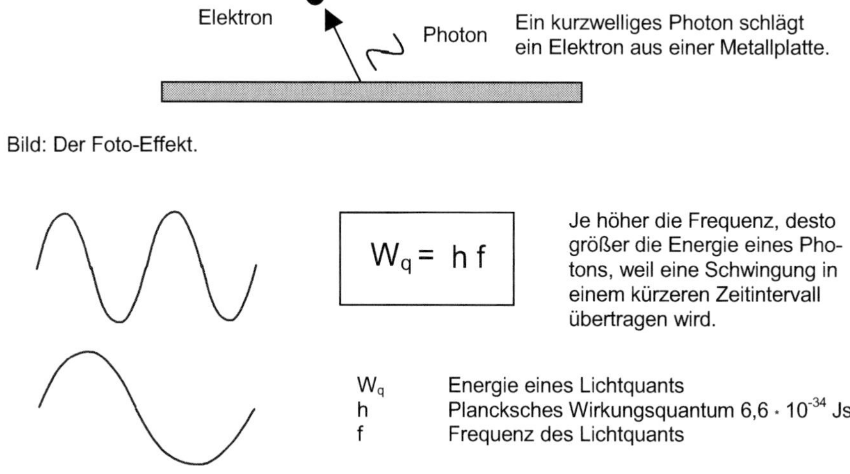

Bild: Der Foto-Effekt.

$$W_q = h\,f$$

W_q	Energie eines Lichtquants
h	Plancksches Wirkungsquantum $6{,}6 \cdot 10^{-34}$ Js
f	Frequenz des Lichtquants

Bild: Wellenpakete verschiedener Frequenz

Der Compton-Effekt erklärt den Impuls, den ein Lichtteilchen (Photon) auf ein Elektron ausübt. Die Impulsänderung des Photons zeigt sich in seiner Frequenzänderung. Beim Foto-Effekt stellte man fest, daß Elektronen sich nur durch Licht, das eine bestimmte maximal Wellenlänge nicht überschreitet, herauslösen lassen. Auch eine drastische Erhöhung der Lichtmenge (Anzahl der Photonen) kann die Elektronen nicht herauslösen, wenn die maximale Wellenlänge überschritten ist. Denn Licht wirkt auf Elektronen in Wellenpaketen, sogenannten Lichtquanten. Die Dauer, in der die Energie vom Photon auf das Elektron übertragen wird, scheint für das Herauslösen entscheidend zu sein. Die in einem Wellenpaket transportierte Energie ist umso größer, je größer die Amplitude des elektrischen und des magnetischen Feldes und seine Frequenz ist, weil bei höheren Frequenzen dasselbe Signal in einem kürzeren Zeitintervall übertragen wird. Stößt ein Photon mit einem Elektron zusammen, so bleibt von dem Photon nichts übrig. Seine gesamte Energie wird in Auslösearbeit und Bewegungsenergie umgewandelt.

Den Wellenpaketen kann eine Masse zugeschrieben werden. Die Masse eines solchen Lichtteilchens, gab Einstein über die folgende Formel[55] an:

$$m_q = \frac{h\,f}{c^2}$$

m_q Masse eines Photons
h Plancksches Wirkungsquantum
f Frequenz des Lichtquants
c Lichtgeschwindigkeit

Die Masse ist aber, wie beispielsweise die Ladung eines Elektrons, nicht quantisierbar und stellt deshalb die Quantentheoretiker vor ein Rätsel. Denn gemäß angegebener Formeln läßt sich über die Frequenz stufenlos sowohl für die Energie als auch für die Masse jeder Wert einstellen. Eine *analoge, also klassische Eigenschaft* in der *digitalen Welt der Quantentheorie* tut weh, fürchterlich weh sogar.

Die Frage ist letztendlich, wodurch entsteht Masse?

Das Massenproblem wird oft als Hauptproblem der Teilchenphysik angesehen. Seit nunmehr über 30 Jahren sucht man in

---

[55] Aus $E = mc^2$ und $W = hf$, wobei $E = W$

Großprojekten nach dem sogenannten Higgs-Boson[56], das in der Quantentheorie gebraucht wird, um die Entstehung von Masse zu erklären. Ist das Higgs-Boson nur ein Phantom oder Wirklichkeit?

Über die Postulierung **einer fünften Kraft** in Form eines Higgs-Feldes möchte man die Quantentheorie abrunden. Das Higgs-Feld erfordert einen nicht leeren Raum, auf den ich im Kapitel *„Der Universums-Äther"* noch eingehen werde. Warum haben Elementarteilchen eine so stark unterschiedliche Masse, die auch noch abhängig von der Geschwindigkeit des Teilchens ist?

Gerne würde man die Masse irgendwie mathematisch ableiten, am liebsten quantisiert natürlich. Eigentlich können wir nicht mal die Masse eines Elektrons direkt messen. Was tatsächlich gemessen wird, ist das Verhältnis von Ladung zur Masse. Die Masse eines Lichtteilchens, jedenfalls, ist abhängig von dessen Frequenz. Bei der Frequenz Null besitzt das Lichtteilchen keine Masse. Ab der Frequenz 10^{20} Hz (Gammastrahlung) werden Photonen sogar schwerer als Elektronen. Der Impuls[57] eines Photons beträgt demnach:

$$p_q = \frac{h\,f}{c}$$

p_q	Impuls eines Photons
h	Plancksches Wirkungsquantum
c	Lichtgeschwindigkeit
f	Frequenz des Lichtquants

Über seine berühmte Formel

$$E = m\,c^2$$

baute Einstein eine Brücke zwischen dem materielosen Licht und Materie, da beides eine bestimmbare Masse besitzt. Licht

---

[56] Der Physiker Peter Higgs erklärt die Entstehung von Masse über ein Boson, das experimentell noch nicht nachgewiesen werden konnte.

[57] Der Impuls ist das Produkt aus Masse und Geschwindigkeit (m v).

ist demnach sozusagen *eine Art extrem verdünnte Form von Materie!* Einstein konnte sich seiner Formel sicher sein, denn sie ließ sich aus der Maxwellchen[58] Theorie der elektromagnetischen Welle herleiten und war eigentlich schon längst entdeckt. Nur gab ihr kein Physiker die ihr *gebührende Bedeutung*. Der österreichische Physiker Friedrich Hasenöhrl hatte vor Einstein bereits darauf hingewiesen, daß elektromagnetische Strahlung eine „*Art Masse*" besitzt. Die Physiker sprachen vom *Lichtdruck,* also dem Druck, den Licht auf eine Fläche beim Auftreffen ausübt.

Die Physiker Lord Rayleigh und Hendrik Antoon Lorentz wollten das Rad zurückdrehen. Sie glaubten nicht an die Formel $W = h \cdot f$ und forderten, daß h = 0 gesetzt werden müsse. Deshalb könne auch die Plancksche Strahlungsformel nicht stimmen. Als der niederländische Nobelpreisträger Lorentz seine Meinung beim Internationalen Mathematikerkongress in Rom im April 1908 vortrug, beschwerten sich einige Kollegen. Lorentz habe sich *"diesmal nicht als Führer der Wissenschaft erwiesen"*.

Es blieb Einstein vorbehalten in seiner berühmten Arbeit „*Ist die Trägheit eines Körpers von seinem Energieinhalt abhängig?*" zu schließen:

„*Es ist nicht ausgeschlossen, daß bei Körpern, deren Energieinhalt in hohem Maße veränderlich ist (z.B. bei den Radiumsalzen), eine Prüfung der Theorie gelingen wird. Wenn die Theorie den Tatsachen entspricht, so überträgt die Strahlung Trägheit zwischen den emittierenden und absorbierenden Körpern.*"

Fazit
Licht führt *scheinbar* ein unbegreifliches Doppel-Leben!

---

[58] Maxwell legte im 19. Jahrhundert die mathematischen Grundlagen für die Beschreibung elektromagnetischer Wellen

Materiewellen

„Zwei Seelen wohnen, ach! In meiner Brust,

die eine will sich von der andern trennen;

Die eine hält in derber Liebeslust

Sich an die Welt mit klammernden Organen;

Die andre hebt gewaltsam sich vom Dust

zu den Gefilden hoher Ahnen,

O gibt es Geister in der Luft,

die zwischen Erd und Himmel herrschend weben,

so steiget nieder aus dem goldnen Duft

und führt mich weg zu neuem, buntem Leben!" [59]

Was *um Himmelswillen* ist eine elektromagnetische Welle und was *zur Hölle* ist ein Photon?

Kann Licht zugleich elektromagnetische Welle und Teilchen sein?

Eigentlich nicht!

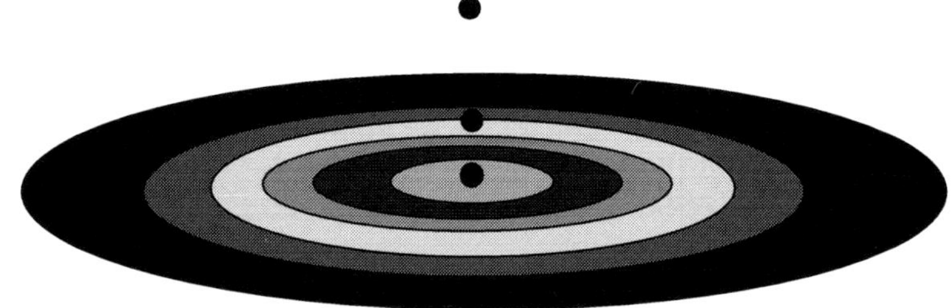

Bild: Ein Wassertropfen, der eine Wasserwelle auslöst, ist eine bildhafte Beschreibung des Dualismuses von Teilchen und Welle. Zugleich stellt man sich so die Entstehung des Universums vor.

---

[59] Kurz bevor der Teufel, *wie zufällig*, Faust über den Weg läuft.

Denn beide Modellvorstellung widersprechen sich. Ein Widerspruch, der auch Albert Einstein schlaflose Nächte bereitete. Der materielose Transport von Energie ist zweifellos faszinierend. Es fällt schwer, sich eine materielose elektromagnetische Welle, die sich im Vakuum des Universum ausbreitet, vorzustellen. Einige Wissenschaftler glauben deshalb, das Universum sei von einem *Äther* erfüllt, der ein lichttragendes Medium darstellt. Nach Einstein könnte man sich elektromagnetische Wellen als Teilchenstrom mit einer von der Frequenz abhängigen Masse vorstellen. Licht braucht keine Zeit, um auf Lichtgeschwindigkeit zu beschleunigen, wie man es von Teilchen gewohnt ist. Es wird auch nicht allmählich langsamer, wenn es ihn Glas eindringt, sondern bremst abrupt von 300.000 km/sec auf 200.000 km/sec ab. Kein Wunder, daß ein Lichtstrahl dabei gebrochen wird.

Das Teilchenmodell des Lichts begründet sich auf Effekte zwischen Elektronen und Photonen. Ist vielleicht unser Modell von Elektronen falsch?

Wenn man Licht als Teilchen verstehen kann, müßte man auch Teilchen als Welle auffassen können. Und tatsächlich konnte de Broglie zeigen, daß Elektronen auch als Materiewelle zu verstehen sind. Ihre Wellenlänge beträgt:

$$\lambda = \frac{h}{mv}$$

λ	Wellenlänge
h	Plancksches Wirkungsquantum
m	Masse des Teilchen
v	Geschwindigkeit des Teilchen

Aus der Gleichung kann man leicht sehen, daß für große Massen, also im Makrokosmos, die Wellenlänge sehr klein ist und sich deshalb nicht bemerkbar macht. Die Welleneigenschaften von Elektronen konnten Jahre später auch experimentell nachgewiesen werden. Eine Elektronenbahn kann gemäß de Broglie als *„stehende Welle"* eines Elektrons gedeutet werden. de Broglie wäre mit seiner Theorie 1924, die er nicht beweisen konnte, beinahe durch die Doktorprüfung gefallen. Der Elektronen-Revoluzzer hatte einfach die Eigenschaften eines Photons auf ein Elektron übertragen. Als die verunsicherten Physiker Einstein um seine Meinung baten, stellte sich dieser auf de Broglies Seite. 1929 bekam der *französische Prinz*, der schon früh seine Eltern verloren hatte und eigentlich Geschichte studieren wollte, für seine Doktorarbeit sogar den Nobelpreis. Sein Bruder, ein Physiker, der die Vaterrolle übernommen hatte, hatte bei seinem kleineren Bruder das Interesse für die Naturwissenschaften geweckt, und zwar insbesondere für die *Doppelnatur des Lichts*.

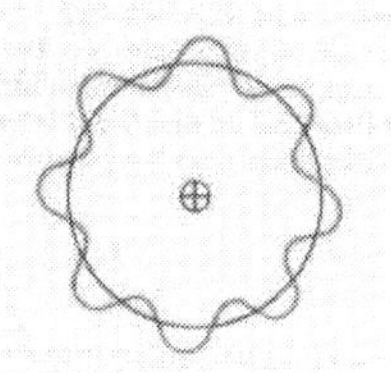

Bild: Das Elektron als stehende Welle. Die 2-dimensionale Darstellung ist natürlich eine vereinfachte Vorstellung.

Paul Dirac vermutete, daß Elektronen mit Lichtwellen schwach wechselwirken könnten, also gebeugt werden, und auch dies ließ sich experimentell zeigen[60]. Diese Wechselwirkung ist im Gegensatz zum Compton-Effekt jedoch voll elastisch, will sagen, das Elektron ändert zwar seine Bahn, nicht aber seine kinetische Energie. Bis heute kann niemand erklären, wieso das Elektron bei seinen Umkreisungen um den Atomkern nicht ständig Energie abstrahlt, wie es die klassische Physik voraussagt, und in den Kern stürzt. Genau das tun nämlich Elektronen, wenn sie im größeren Maßstab auf Kreisbahnen laufen, wie man meßtechnisch feststellen kann.

Die logische Konsequenz ist:
„Elektronen kreisen nicht!" [61]

---

[60] Die sogenannte Kapitza-Dirac Beugungsmaxima wurden bereits 1933 vorhergesagt.

[61] ... um den Atomkern, auch wenn das Professor Hawking in seinem jüngsten Buch „Universum in der Nußschale" hartnäckig behauptet. Merkwürdigerweise erschien Hawkings Buch, das sich auf Schakespears Hamlet bezieht, Sep. 2001 erst in deutsch und 8 Wochen später in englisch.

Die *Theorie der Elektronenbahnen* steht im *krassen Wider-spruch zur klassischen Theorie elektromagnetischer Wellen.*

Ein Wasserstoff-Atom ist nach außen elektrisch neutral. Das Elektron soll mit hoher Geschwindigkeit um den Atomkern kreisen, während das Atom auf Grund seiner Temperatur um seine Ruhelage schwingt.

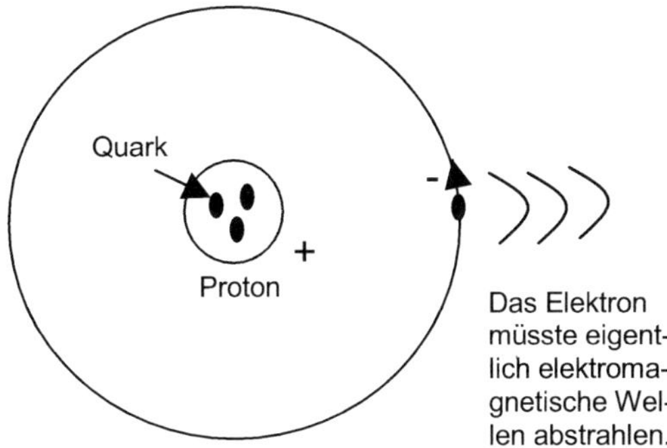

Bild: Das einfachste Atom ist das Wasserstoffatom. Es besteht aus einem positiv geladenen Proton und einem negativ geladenen Elektron. Das Proton besteht wiederum aus 3 Quarks, die zusammen die entgegengesetzte Elementarladung des Elektrons tragen.

Es erscheint ja auch sehr merkwürdig, daß dieselben Elektronen, die sich mit mehreren 1000 km/sec um den Atomkern bewegen sollen, nur die Driftgeschwindigkeit einer Schnecke (mm/sec) erreichen, wenn sie den uns so geliebten elektrischen Strom verursachen. Die drastische und ruckartige Geschwindigkeitsänderung beim Wechsel von einer Elektronenbahn auf eine andere ist nicht vorstellbar. Die Lösung dieser Frage ist eines der Hauptprobleme der Atom-Physik. Die Bahnen der Elektronen sollen auch nicht kreisförmig, sondern elliptisch sein. Das Elektron soll bei seinen Umkreisungen ständig seine Geschwindigkeit und damit auch seine relative Masse ändern. Der relative Massenzuwachs wird im Kapitel **„Mehr Masse durch Geschwindigkeit"** ausführlich behandelt.

$$W = -\frac{m_e Z^2 e^4}{8\,\varepsilon_0^2 n^2 h^2}$$

Die Energie eines Elektrons auf der n-ten Bahn ist negativ!

m_e Masse eines Elektrons

Z   Zahl der Protonen

e   Elementarladung

ε_0 elektrische Feldkonstante

n   Elektronenbahn (1,2,3..)

h   Planckches Wirkungsquantum

Die Geschwindigkeit der Elektronen ist umso größer, je größer die Anzahl der Protonen im Kern und je näher die Elektronen am Atomkern sind. Trotzdem muß die Energie eines Elektrons größer sein, je weiter es vom Kern entfernt und damit langsamer ist. Das schafft man nur, indem man die *potentielle Energie eines Elektrons* negativ setzt. −1000 km/sec sind kleiner als 0 km/sec.

Verkehrte Welt!

Klar ist, daß die negativ geladenen Elektronen eine Gegenkraft zur Anziehungskraft des positiv geladenen Kerns aufbauen müssen. Aber muß diese Gegenkraft die Zentrifugalkraft sein, so wie in unserem Sonnensystem?

Berechnet man gemäß Unschärfetheorie die Geschwindigkeitsunschärfe eines kreisenden Elektrons erkennt man, daß die *relative Meßunsicherheit* bei einem Atomradius in der Größe von 10^{-10}m größer ist als die *absolute Geschwindigkeit* des Elektrons.

$$\Delta v = \frac{h}{m_e\,\Delta x} = 7{,}3\ 10^6\text{m/s}$$

Δv	Geschwindigkeitsunschärfe	m_e	Masse eines Elektrons
Δx	Orstunschärfe	h	Plancksches Wirkungsquantum

Die Modellvorstellung Elektronen umkreisen den Atomkern mit hoher Geschwindigkeit ist unsinnig und widerspricht der Unschärfetheorie von Heisenberg. Berechnungen über Bahngeschwindigkeiten der Elektronen sind gemäß Unschärfeprinzip völlig absurd. Die mittlere kinetische Energie von Elektronen eines Wasserstoffatoms überstiege die zur Ionisierung nötige Energie von 13,6 eV um ein Vielfaches, so daß das Atom ionisiert und sofort vernichtet würde. Bohrs erstes Postulat, *nach dem Elektronen den Atomkern strahlungslos auf konzentrischen Bahnen umlaufen*, führt in die Irre. Mit Hilfe der

Schrödinger-Gleichung lassen sich Elektronenbahnen vollständig als *Wellenerscheinung* beschreiben.

Schrödinger, der de Broglies Arbeit als *„Unsinn"* abgetan hatte, baute später das *Werk seines Lebens* auf ihr auf. Werner Heisenberg, der mit seiner Unschärfetheorie, nach der die Geschwindigkeit und der Ort eines Elektrons **nicht gleichzeitig** genau bestimmbar sein sollen, sorgte 1925 für gewaltige Unruhe unter den Physikern, die Einstein mit einem *„aufgescheuchten Hühnerhof"* verglich. Einstein schrieb an seinen Freund Ehrenfest:

„Heisenberg hat ein großes Quantenei gelegt. In Göttingen glauben sie daran (ich nicht)."

2 Jahre zuvor war Sommerfelds[62] bester Student beinahe durch die mündliche Doktorprüfung gefallen. Als Sommerfeld dem Jungen am Anfang seines Studiums in München 1920 nach einem exzellenten Abitur, die Aufgabe gegeben hatte, eine Erklärung für die merkwürdigen Meßergebnisse zum „anomalen Zeemann-Effekt" zu finden, machte sich Heisenberg eifrig an die Arbeit, neueste Meßergebnisse von Atom-Spektrallinien zu untersuchen. Als der begeisterte Pfadfinder Sommerfeld mitteilte, die Lösung seien *halbe Quantenzahlen*, tadelte Sommerfeld seinen unerfahrenen Studenten:

„Das Einzige, was wir über die Quantentheorie wirklich wissen, ist, daß wir es mit ganzen und nicht mit halben Zahlen zu tun haben."

Doch kurze später kam der Physiker Alfred Landé, Privatdozent in Frankfurt auf das gleiche Ergebnis:

Halbe Quantenzahlen!

---

[62] Sommerfeld verfeinerte das Bohrsche Atommodell. Nach Sommerfeld sind Elektronenbahnen elliptisch und nicht kreisrund.

Heisenberg war über die verpaßte Publikation tief enttäuscht.
Niels Bohr gefiel die Idee gar nicht und meinte, daß die Annahme halber Quantenzahlen mit der Quantentheorie unver-
einbar sei. Bohr kam oft nach Göttingen, die als *Bohr-
Festspiele* bekannt waren, so daß Göttingen sich anschickte,
zur Hochburg für theoretische Physik zu werden. München
hingegen, wo Heisenberg studierte, war die *Hochburg der Ex-
perimentalphysik.* Heisenberg hatte sich während seiner 6 Se-
mester unbeirrt größtenteils für die neue Quantentheorie interessiert und ständig mit namhaften Physikern, darunter auch
Niels Bohr diskutiert. Die durchweg *positive Kritik* von Niels
Bohr hatte ihn erstaunt, ermutigt und angetrieben. Bohr wurde
bald Heisenbergs*Vorbild des idealen Physikers*.

Für die Verteilung der Strahlungsenergie auf die einzelnen
Spektralbereiche hatte der Physiker Wilhelm Wien 1896 bereits
eine Formel gefunden. 3 Jahre zuvor hatte er bereits gezeigt,
daß die Farbe eines Sterns von dessen Temperatur abhängt.
Planck entdeckte jedoch bei seinen Messungen, daß bei hohen
Temperaturen und langen Wellenlängen Abweichungen vom
Wienschen Gesetz auftraten. Planck folgerte, daß die Wien-
sche Strahlungsformel nur *"den Charakter eines Grenzgeset-
zes"* habe. Bei hohen Temperaturen und langen Wellenlängen
müsse eine andere Formel gelten. Als sich Wien 1920 über
die *" Neuerungssucht"* in der Physik beklagte, stimmte Planck
ein:

*„Früher war die Physik einfacher, harmonischer und daher
auch befriedigender. Man hatte schöne Theorien und durfte auf
sie vertrauen. Heute ist das anders geworden."*

Doch es gab keinen Weg zurück.
Planck kommentierte:

*"Neue Ideen sind aufgetaucht, nicht als überflüssiger Luxus,
sondern als unerbittliche Folgerungen aus neuen Tatsachen,*

und die alten Anschauungen lassen sich nun einmal nicht ganz unverändert aufrechterhalten."

Professor Wien, inzwischen fast 60 Jahre alt, Nobelpreisträger und Nachfolger von Wilhelm Conrad Röntgen, hatte Heisenberg aufgetragen, ein Experiment durchzuführen, über das er ausführliche Vorlesungen gehalten hatte. Heisenberg hatte für das Experimentieren in dem armselig ausgestatteten Kellergewölbe nicht viel übrig gehabt. Sein Auftrageber hatte dies alles mit Mißfallen beobachtet. Zudem verstand er sich mit Sommerfeld nicht besonders.

Ein Gewitter braute sich über Heisenberg zusammen, ohne daß er davon etwas bemerkte. Schließlich war bei seinem besten Freund Pauli auch alles gut gegangen.

Als nun der erfolgsverwöhnte Heisenberg das Auflösungsvermögen des verwendeten Mikroskops nicht herleiten konnte, wurde Wien zornig. Auch mit nachfolgenden Fragen zur praktischen Physik konnte Heisenberg nichts anfangen. Arnold Sommerfeld und Max Born wiesen auf die ausgezeichnete Doktorarbeit von Heisenberg hin, und die Professoren gerieten in Streit über die Frage, was wichtiger sei, die *Theorie oder die Praxis*. Der Prüfer gab nach und ließ den späteren Nobelpreisträger, der mir 26 der jüngste Professor Deutschlands wurde, „gnädigerweise" mit der Note **„rite"**[63] bestehen.

Heisenbergs besorgter Vater, ein angesehener Professor für Alt-Griechisch ohne jeden Sinn für Physik, fragte bei seinem Kollegen Wien, der wie er Dekan seiner Fakultät war, nach, ob die Lücken seines Sohnes nicht doch irgendwie zu füllen seien.

Doch Wiens Urteil war niederschmetternd. Der junge Heisenberg habe nicht die geringste Chance, sich als Physiker durchzusetzen, weil er schlichtweg zuwenig Physik könne. Der Jun-

---

[63] ausreichend

ge solle besser etwas machen, das mit Physik nichts, aber auch rein gar nichts zu tun habe.

Das junge Physik-Genie nahm sich die Prüfungsfrage von Professor Wien wohl sehr zu Herzen. Während eines Urlaubes in Helgoland, wo sich der Liebhaber von Goethes Faust von einem *Anfall von Heufieber* erholte, dachte er beim Klettern in den Felsen über die Meßungenauigkeit eines Mikroskops nach. Die Lösung dieser Frage führte zur Unschärfetheorie, die unsere Vorstellung über den atomaren Aufbau von Materie, völlig verändern sollte.

"Denn wir berechnen zwar eine Bahn nach der klassischen Newtonschen Mechanik, dann aber geben wir ihr durch die Quantenbedingungen eine Stabilität, die sie nach eben dieser Newtonschen Mechanik nie besitzen dürfte; und wenn das Elektron bei der Strahlung von einer Bahn in die andere springt - das wird ja behauptet-, so sagen wir lieber gar nichts mehr darüber, ob es hier Weitsprung oder Hochsprung oder sonst irgendwas Schönes macht. Also muss doch die ganze Vorstellung von der Bahn des Elektrons im Atom Unsinn sein. Aber was dann?", fragte Heisenberg.

In Anlehnung an Heisenberg und Schrödinger, deren Atommodell nur noch von *Aufenthaltswahrscheinlichkeiten der Elektronen* spricht, ist es vorstellbar, daß Elektronen nur um ihre Achse rotieren, wobei sie einen kugel- oder handelförmigen Orbit ausfüllen, der spezifisch für die Schale ist. Bei dem Begriff *Schale* handelt es sich nicht etwa um eine *Kreisbahn*, sondern vielmehr um diskrete ***Energiezustände der Elektronen***.

Wasserstoff als Molekül

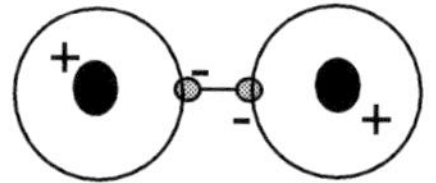

Wasserstoff kommt in der Natur prinzipiell nur paarweise als H_2 -Molekül vor.

Bild: Elektronen verbinden sich, gemäß meiner Überlegungen, über ihr magnetisches Feld und können deshalb nicht in den Atomkern gezogen werden, weil die Kerne immer an den Elektronen gleichzeitig ziehen.

Durch seinen *Spin* baut ein Elektron ein Magnetfeld auf, über das es sich an ein anderes Elektron ankoppelt. Dieser Spin richtet gleichzeitig die Elektronen in eine Richtung aus. Da stets zwei Atomkerne an den gekoppelten Elektronenpaaren gleichzeitig ziehen, entsteht ein Gleichgewicht wie bei einer Waage, die auf beiden Seiten gleichmäßig belastet wird. Dies könnte auch der Grund dafür sein, warum Atome nie einzeln, sondern immer paarweise auftreten.

Das Ausschließungsprinzip, für das der Physiker Wolfgang Pauli, Heisenbergs Studienkollege und lebenslänglicher Freund,1945 den Nobelpreis bekam, ist heute immer noch nicht verstanden und gilt auch für Elektronen, die sich frei in einem Stromkreis bewegen. Auch Protonen und Neutronen sollen diesem Ausschließungsprinzip unterliegen. Klar ist, daß die Elektronen irgendwie voneinander wissen müssen. Auch der Effekt der Supraleitung wird damit erklärt, daß Elektronen Pärchen bilden. Zwei Elektronen, die sich eigentlich elektrostatisch abstoßen sollten, bilden ein neues Quasiteilchen, das als *Cooper-Paar* bezeichnet wird. Jedes Elektron gewinnt durch die Paarbildung Energie. Die Physiker Bardeen, Cooper und Schrieffer haben 1972 für diese Theorie den Nobelpreis bekommen. Rätselhaft ist auch, wieso Elektronen, die gleiche Ladung wie Protonen haben sollen, die ja keine Elementarteilchen darstellen; denn Protonen bestehen wiederum aus 3 Quarks verschiedener Färbung:

Rot, Grün und Blau!

Die Farben haben jedoch nichts mit Goethes Farbkreis zu tun, wie der Laie leicht denken könnte, denn die Größe der Quarks liegt weit unter der Wellenlänge von sichtbaren Licht. Die Bezeichnung stiftet also nichts als Verwirrung. Besser hätte man die Quarks in die Gruppen A, B und C eingeteilt.

Alles Quark?

Die Quarks tragen wiederum nur einen *Bruchteil der Elementarladung* mit verschiedenem Vorzeichen.

Warum ist die Masse eines Protons fast 2000 mal größer als die eines Elektrons und warum ist die Verteilung von Ladung pro Masse so ungerecht (asymmetrisch) verteilt?

99,97% der Masse sitzt dadurch im Kern. Für mich ist die Lösung dieser Frage der Schlüssel zum Verständnis der Schöpfungsgeschichte. Letztendlich ist nicht auszuschließen, daß in Experimenten mit noch höheren als den derzeit zu erreichenden Energien noch kleinere Elementarteilchen gefunden werden können. Energiequanten sind prinzipiell verschmiert, weil ihre Frequenz prinzipiell unscharf ist. Stellt man sich vor, daß ein Photon die Dauer eines Wellenzuges besitzt, ist ein Photon sogar umso unschärfer, je höher seine Frequenz ist. Die Vereinfachung Licht bestehe aus voneinander isolierten Teilchen funktioniert nur, wenn man unendlich viel Zeit zur Verfügung hat. Versucht man Lichtteilchen voneinander zu trennen, werden sie zickig.

Wir haben uns von den kleinsten Materiebausteinen ein Modell gemacht, weil sie so klein sind, daß wir sie nicht direkt beobachten können. Über komplizierte Experimente haben wir versucht, deren Aufbau und Eigenschaften zu studieren und haben Erstaunliches herausgefunden. Letztendlich jedoch ist das Atom auch heute noch ein ungelöstes Rätsel, aus dem man sich mit einem Axiom helfen muß.

Fazit
Unsere Modell-Vorstellung von Licht und vom Atom ist widersprüchlich!

Die Trägheit des Geistes

"Mißverständnisse und Trägheit machen vielleicht mehr Irrungen in der Welt als List und Bosheit." [64]

„Ein Körper verharrt in Ruhe oder geradliniger, gleichförmiger Bewegung, solange er nicht durch einwirkende Kräfte gezwungen wird, diesen Bewegungszustand zu ändern." [65]

Ich behaupte, daß dieser Satz nicht nur für die *materielle Welt* gilt, sondern auch für die immaterielle, also geistige Welt und formuliere mutig:

„Der Geist verharrt in Ruhe oder geradliniger, gleichförmiger Bewegung, solange er nicht durch einwirkende Kräfte gezwungen wird, diesen Geisteszustand zu ändern."

Die *Trägheit* gehört ja gemäß christlichem Glauben neben Stolz, Geiz, Unkeuschheit, Neid, Unmäßigkeit und Zorn ohnehin zu den *Sieben Todsünden.* Als Einstein seine revolutionäre Relativitätstheorie veröffentlichte war er 26, Heisenberg 23, als er die Unschärfetheorie erdachte und Planck, der mit mir am selben Tag Geburtstag feiert[66], lag mit 42 gerade noch in der Toleranz, als er vorsichtig die Quantentheorie manifestierte. Heute ist man kaum vor 35 Doktor und findet dann keinen Job, weil man keine Berufserfahrung hat. Warum sind es eigentlich immer junge Menschen, die trotz ihrer relativ geringen Lebenserfahrung und Weisheit die Welt revolutionierten?

Nun, hauptsächlich, weil junge Menschen gewöhnlich weniger zu verlieren haben. Sie riskieren weder Ruf noch Position, da sie beides nicht besitzen. Außerdem ist die Änderung der aktu-

---

[64] Zitat Johann Wolfgang von Goethe
[65] Erstes Bewegungsgesetz, formuliert von Isaac Newton
[66] Was für ein Zufall!

ellen Lehrmeinung in jedem Fall mit einer Anstrengung bzw. Krafteinwirkung verbunden. Da sich der Geisteszustand über die Jahre verfestigt, erfordert die Änderung des Geisteszustandes eines älteren Menschen wesentlich größere Kraftanstrengung als bei einem jungen Menschen. Wie konnte denn Einstein die damals allgemein anerkannte Vorstellung von Raum und Zeit, die seit Newton vorherrschte, so radikal ändern?

Nun, anfangs *erwartungsgemäß* gar nicht. Physiker, die sich mit der Relativitätstheorie nicht befaßten, waren gegen sie automatisch immun. Die Relativitätstheorie war insgesamt stark umstritten und nur wenige konnten sich mit ihr anfreunden. Viele Professoren sprachen sich sogar vehement gegen die Spezielle Relativitätstheorie aus. Doch Planck gefiel die Spezielle Relativitätstheorie hauptsächlich aufgrund ihrer mathematischen Schönheit. Neben der von Planck gefundenen Naturkonstante h, hatte Einstein die Lichtgeschwindigkeit c zur weiteren Naturkonstante erhoben. In allen Koordinatensystemen waren h und c folglich invariant, also unveränderlich.

Trotzdem wäre Einsteins Relativitätstheorie wahrscheinlich nie bekannt geworden, hätte er nicht gleichzeitig auch seine Lichtquantenhypothese an Max Planck geschickt, die Plancks Theorie über strahlende Körper, die der klassischen Physik widersprach und deshalb Planck, aus Angst sich lächerlich zu machen, nur zögerlich veröffentlichte, entgegenkam. Planck wurde bald zu Einsteins Protegé. Schließlich bekam der Relativist den Nobelpreis *nicht für sein Lebenswerk*, sondern für eine seltsame Hypothese über das Licht, deren Konsequenzen Einstein heftig kritisierte. Da er aber nun mal Nobelpreisträger war, umgab ihn fortan der Heiligenschein eines unfehlbaren Physik-Genies. Doch Einstein hatte keine Vorhersagen über Experimente gemacht, die nicht vorher schon diskutiert worden waren.

Ganz im Gegenteil!

Insbesondere die Experimente über den Massenzuwachs waren wunderschön dokumentiert, nur niemand konnte sie erklären. Alles was unerklärbar ist, erscheint dem Menschen gespenstisch. Es geht dem Physiker wie dem Kommissar, der lieber einen *unschuldigen Verdächtigen* vorzeigt als keinen und so war eine *absurde Erklärung* immer noch besser als keine.

Die Erklärungen Einsteins waren zudem von solch *mathematischer Schönheit*, daß ihnen ohne Zweifel ein unbestreitbarer Reiz innewohnte. Der Reiz der Berechenbarkeit und Vorhersagbarkeit von zukünftigen Ereignissen. Die Vorhersagen, bei denen es um winzige Abweichungen zur klassischen Physik ging, wurden experimentell mit hoher Genauigkeit bestätigt.

Planck war in den nächsten Jahrzehnten vom Pech verfolgt. Seine Frau starb an Lungenkrebs, sein ältester Sohn kam später im Ersten Weltkrieg um und seine beiden Töchter im Kindbett. Die Verleihung des Goethe-Preises der Stadt Frankfurt wurde vom Reichspropagandaminister Joseph Goebbels persönlich untersagt:

"... da Planck sich bis in die letzte Zeit hinein für den Juden Albert Einstein eingesetzt hat."

Schließlich wurde auch sein Sohn Erwin nach einem Attentat auf Hitler 1945 verhaftet und hingerichte und der *Vater der modernen Physik* verlor Haus und Hof. Im Alter von 87 Jahren kampierte der schwer an Athrose leidende Gelehrte mit seiner zweiten Frau erst im Wald, bevor er bei einer Bauernfamilie unterkam.

Fazit:
Geist und Körper verharren in Ruhe, wenn auf sie keine Kraft wirkt!

Relativistische Effekte

„Daß Einstein in seinen Spekulationen gelegentlich auch einmal über das Ziel hinausgeschossen haben mag, wie z. B. in seiner Photonenhypothese, wird man ihm nicht allzu sehr anrechnen dürfen. Denn ohne einmal ein Risiko zu wagen, läßt sich auch in der exaktesten Wissenschaft keine wirkliche Neuerung einführen."

Dies schrieb Max Planck 1913, im Antrag, Albert Einstein in die Preußische Akademie der Wissenschaften aufzunehmen. Selbst für Planck war der Widerspruch der Photonenhypothese zur Wellentheorie des Lichts zu absurd. Auch Niels Bohr mochte sich anfangs für Photonen gar nicht begeistern. 1921 bekam Einstein für seine Theorie den Nobelpreis.

Einsteins Relativitätstheorie teilt sich in die *Spezielle* (1905) und die *Allgemeine Relativitätstheorie* (1916) auf. Während die *Spezielle Relativitätstheorie* wenigstens punktuell experimentell bestätigt scheint, ist die *Allgemeine Relativitätstheorie* noch nicht vollständig gesichert. In großen Forschungsprojekten wird zur Zeit nach den von Einstein vorausgesagten Gravitationswellen gesucht.

Einstein kam ganz *ohne Experimentieren* aus. Sein Labor war sein Federhalter. Seine Relativitätstheorie baute er auf 2 fundamentale Postulate auf:

1. *Die Gesetze der Physik sind gleich, unabhängig davon, welche Geschwindigkeit der Beobachter hat.*

2. *Die Lichtgeschwindigkeit ist konstant und unabhängig von der Geschwindigkeit der Lichtquelle.*

Hat man eines der beiden Postulate widerlegt, so ist die ganze Relativitätstheorie widerlegt, ***und zwar ohne Rechnung.***

Die Postulate scheinen auf den ersten Blick recht vernünftig,
wüßte man nicht genau, daß mit wachsender Geschwindigkeit
die Masse eines Körpers und damit seine Trägheit wächst. Das
hatte bereits 1901 Walter Kaufmann bei Experimenten mit
Elektronen entdeckt. Die folgende Theorie muß also diesen
Zuwachs an Masse irgendwie kompensieren, um die physikalische Gleichwertigkeit der Systeme zu sichern.

Einstein nannte den ersten Teil seiner Theorie *speziell*, weil sie
nur für Systeme, sogenannte *Inertialsysteme*, gilt, die sich geradlinig mit konstanter Geschwindigkeit, also unbeschleunigt,
zueinander bewegen. Der Begriff *„inertial"* bedeute *„träge"* und
weist darauf hin, daß die Systeme eine *unterschiedliche Trägheit* besitzen. In der englischen Übersetzung nennt man die
Systeme *„Inertial Frames of Reference"*.

Bild: Gemäß Relativitätstheorie soll man bei einer Reise durchs Universum von der
eigenen Geschwindigkeit nichts merken. Auf dieser Behauptung beruht *das Relativitätsprinzip*, das wiederum das *Fundament der Speziellen Relativitätstheorie* ist.

Diese Systeme sollen physikalisch gleichwertig sein, frei nach
dem Motto *„Emanzipation für alle Inertialsysteme"*. Jeder Beobachter, egal ob lokal oder außenstehend, soll für die Lichtgeschwindigkeit denselben Wert messen. Dieses Prinzip ist
als *Relativitätsprinzip der Mechanik* bekannt. Es soll kein Experiment geben, das auf die Geschwindigkeit des Inertialsystems,
in dem das Experiment durchgeführt wird, schließen läßt. Ein-

stein hatte Newtons klassisches Prinzip konsequent auf die Optik übertragen.

Im Universum gibt es solche *Inertialsysteme* allerdings nicht, da sich alles zu drehen scheint, und eine **Drehbewegung immer eine beschleunigte Bewegung**[67] zum Mittelpunkt darstellt. Unsere Galaxie, beispielsweise, ist ein rotierender Spiralnebel. Messungen, die Effekte der *Speziellen Relativitätstheorie* nachweisen sollen, sind deshalb *prinzipiell fehlerhaft*. Außerdem wurde die Wirkung der Gravitation in der *Speziellen Relativitätstheorie* nicht berücksichtigt.

Was ist eigentlich ein Inertialsystem?

In einem Inertialsystem gelten die 2 fundamentalen Gesetze der klassischen Physik:

1. In einem geschlossenen Raum, hier das Inertialsystem, kann **nichts, rein gar nichts** verloren gehen.

2. An einem Ort im Inertialsystem, können niemals, **und das bedeutet niemals nicht,** 2 Dinge zugleich sein.

Die Berücksichtigung dieser beiden fundamentalen physikalischen Gesetze haben mir schon oft in unserem Inertialsystem geholfen, wenn ich beispielsweise meinen Autoschlüssel gesucht habe, oder wenn ich vorsorglich einem Hindernis ausgewichen bin, um mich nicht zu verletzen. Einstein ging also von in sich geschlossenen Systemen aus, die es real nicht gibt, weil ja jedes System Wärme ans Universum abgibt. Eigentlich ist man sich ja nicht mal sicher, ob das Universum in sich geschlossen ist. Die Relativitätstheorie löst die paradoxe Frage: „Wie ist es möglich, daß ein Lichtstrahl in einem Zug, der sich schon mit einer Geschwindigkeit bewegt, trotzdem für einen

---

[67] Solche Argumente werden von den Physikern gerne benutzt, um die Abweichungen zwischen Meßergebnis und Theorie zu erklären.

außenstehenden Beobachter nur Lichtgeschwindigkeit besitzt?"

Man könnte prinzipiell erwarten, daß sich die Geschwindigkeit
des Zuges und die Geschwindigkeit des Lichts für einen außenstehenden Beobachter addieren, so, wie wenn man sich
auf einer Rolltreppe zusätzlich bewegt.

Eigentlich ist die Unabhängigkeit der Ausbreitungsgeschwindigkeit einer Welle von der Geschwindigkeit ihrer Quelle vom
Schall her bekannt. Der zweite Weltkrieg erteilte vielen Menschen diese Lektion. Die Raketen erschienen, bevor man sie
hören konnte. Trotzdem hielt es Einstein für notwendig, hierfür
eine besondere Betrachtungsweise aufzustellen, denn Licht
breitet sich auch im *Nichts* aus. Eine Welle benötigt jedoch ein
Ausbreitungsmedium. Einstein gab für die Addition der Geschwindigkeiten im Gegensatz zur klassischen Betrachtung

$$v_{gesamt} = v_1 + v_2$$

v_1 Geschwindigkeit des ersten Teilchens
v_2 Geschwindigkeit des zweiten Teilchens
v_{gesamt} Gesamtgeschwindigkeit beider Teilchen

deshalb folgende Formel an:

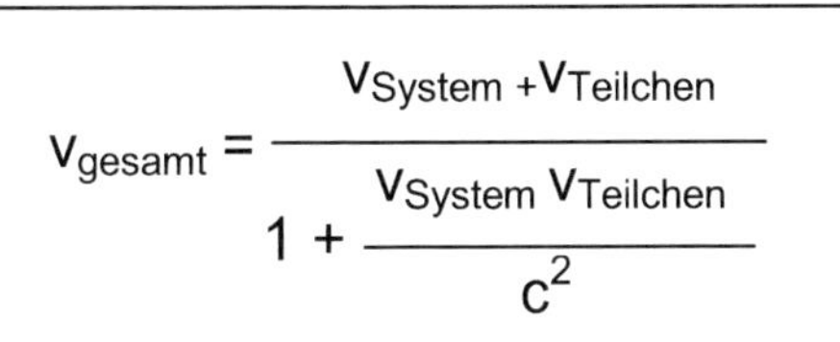

$$v_{gesamt} = \frac{v_{System} + v_{Teilchen}}{1 + \dfrac{v_{System}\, v_{Teilchen}}{c^2}}$$

v_{gesamt} Gesamtgeschwindigkeit
v_{system} Geschwindigkeit des bewegten Systems
$v_{Teilchen}$ Geschwindigkeit eines Teilchens
c Lichtgeschwindigkeit

Aus der Formel kann man leicht erkennen, daß die Gesamtgeschwindigkeit eines Systems nie größer als Lichtgeschwindigkeit werden kann. Man muß nur für die Werte v_{System} und $v_{Teil\text{-}chen}$, den Wert c, also Lichtgeschwindigkeit, einsetzen. Außerdem soll auch die Relativgeschwindigkeit zwischen zwei Inertialsystemen maximal Lichtgeschwindigkeit betragen können.

Zum Verdauen: „Fliegen 2 Inertialsysteme mit je 90% Lichtge-schwindigkeit voneinander weg, beträgt ihre Relativgeschwin-digkeit weniger als Lichtgeschwindigkeit. Fliegen sie aufeinan-der zu, gilt das gleiche.

Kaum zu glauben!

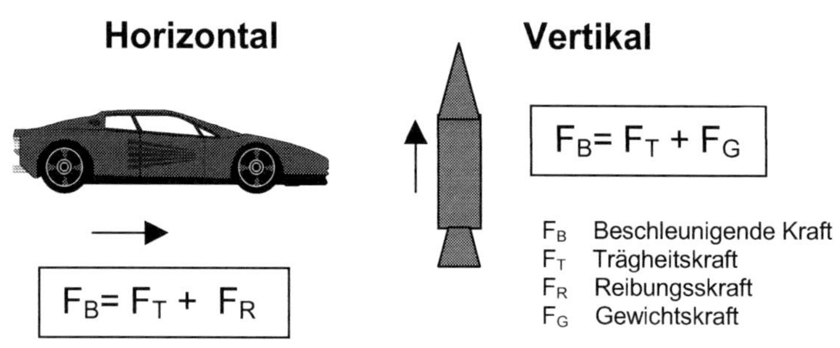

Bild: Egal, wie man sich bewegt, man kommt an der Schwerkraft nicht vorbei. Die Gravitation macht sich sowohl bei horizontalen als auch bei vertikalen Beschleuni-gungen bemerkbar. Einstein übertrug mit der *Allgemeinen Relativitätstheorie* die Wirkung der Gravitation auf Raumeigenschaften.

Einstein war mit seinen Einschränkungen, die er in der Spezi-ellen Relativitätstheorie gemacht hatte, nicht zufrieden und er-weiterte deshalb seine Theorie rund 10 Jahre später, indem er postulierte, daß die Relativitätstheorie auch für Systeme gelten müsse, die sich beliebig zueinander bewegen und konnte dies auch mathematisch formulieren. Er postulierte, daß die Materie durch ihre Gravitation Raum und Zeit verändern müsse, wen-dete seine Theorie auf das Universum an und erschuf den Be-griff der *Raum-Zeit*. Hierbei ging Einstein von einer homogen im Universum verteilten Masse aus. Ein Blick in den Sternen-himmel überzeugt uns schon vom Gegenteil. Einen Zeitungs-artikel[68] *„Hundert Autoren gegen Einstein"* kommentierte Ein-stein trocken:

---

[68] Der Artikel beruhte auf einem Buch der besagten 100 Autoren, mit aka-demischer Vorbildung.

„Wenn sie recht hätten, würde einer genügen."

Auf einer Postkarte stand nur lapidar: *„Hör sofort auf, die Zeit zu verbiegen"*.

Für die Relativitätstheorie gilt: "Übertreibung macht anschaulich!". Effekte treten erst bei sehr hohen Geschwindigkeiten auf. Ab 87% Lichtgeschwindigkeit verdoppelt sich die Dauer von Vorgängen. Obwohl man in modernen Beschleunigern wie bei DESY in Hamburg oder CERN bei Genf Elektronen auf annähernde Lichtgeschwindigkeit bringen kann, sind reale Raumschiffe weit langsamer.

Die Marssonde *Path Finder* flog 1996 beispielsweise bei einem Gewicht von 264 kg mit einer Geschwindigkeit von 22.000 km/h (6,111 km/s) zum Mars. Das entspricht 0,002% Lichtgeschwindigkeit. Damit wird klar, warum es so schwierig ist, die Effekte der Relativitätstheorie nachzuweisen. Man hat deshalb in der Vergangenheit versucht, punktuell Aussagen der Relativitätstheorie nachzuweisen.

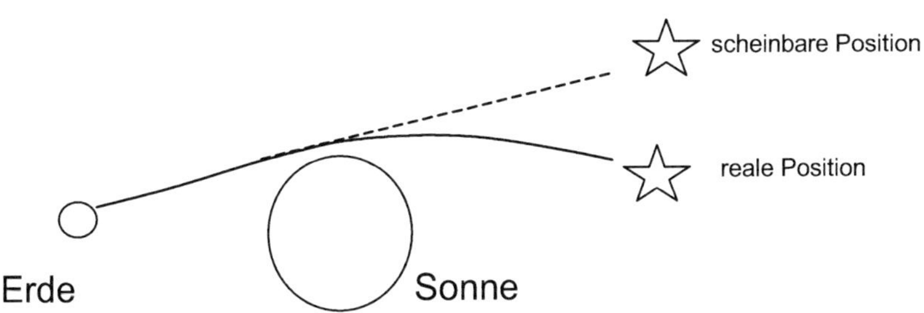

Bild: Die Ablenkung eines Lichtstrahls durch die Sonne, hier stark übertrieben dargestellt, wird durch die *Allgemeine Relativitätstheorie* über die Raumkrümmung vorhergesagt.

Einer der wichtigsten Beweise ist der Einfluß der Schwerkraft auf Licht. Bei Sonnenfinsternissen kann man am Stand von bestimmten Sternen feststellen, daß das Licht durch die Sonne gebeugt wird. Einsteins erste Berechnungen im Jahr 1913 erweisen sich später als quantitativ grob falsch. 1919 wird *die Lichtbeugung* bei einer Sonnenfinsternis offiziell bestätigt und als Beweis für die Wirkung der Schwerkraft auf Licht akzeptiert. Sir Eddington hatte diese Messung zur Chefsache erklärt und selber durchgeführt. Tatsächlich war die Messung, die Einstein weltweit berühmt machen sollte, nicht korrekt durchgeführt worden. Der Meßfehler war größer als das Meßergebnis. Später wurde die Messung aber erfolgreich wiederholt. Bei der Abweichung handelte es sich um eine Winzigkeit von 0,00049 Grad.

Der Effekt ist auch mittlerweile in der Astronomie als *Gravitationslinse* bekannt und wird zur Entdeckung von erdgroßen Planeten in anderen Sonnensystemen verwendet. Physiker meinen, man könnte die Sonne als Vergrößerungsglas benutzen, wenn man sich etwa in der Entfernung des Plutos befände. Die Sonne bündelte das Licht so stark, daß man auf diese Weise bis weit ins Universum schauen könnte. Allerdings könnte das Licht auch durch andere Effekte gebeugt werden. Schließlich ist die Sonne von einem ständigen Partikelstrom, dem Sonnenwind, umgeben, der sogar den Schweif eines Kometen von sich wegdrücken kann. Am 5. Juli 2000 wurde berichtet, daß es im Universum eigentlich zu viele Gravitationslinsen gibt. Über 100 wurden schon entdeckt. Aufgrund der kalkulierten Massenverhältnisse eine viel zu hohe Zahl.

Schwarze Löcher sollen Licht so stark beugen, daß kein Licht von ihnen entweichen kann. Dieser Beweis hat aber durch die Entdeckung der Hawking-Strahlung Schaden erlitten.

1993 bekommen Joseph Taylor und Russel Hulse den Nobelpreis für den indirekten Beweis von Gravitationswellen. Nach ihren Beobachtungen bewegen sich zwei Neutronensterne, die um ihren gemeinsamen Schwerpunkt kreisen spiralförmig aufeinander zu, weil sie Energie in Form von Gravitationswellen abstrahlen. So zumindest die Theorie.

Anhand von Doppelsternen, die sich mit hoher Geschwindigkeit gleichzeitig vom Teleskop weg und zu ihm hinbewegen, hat man bewiesen, daß die Geschwindigkeit von Licht auch bei bewegter Lichtquelle konstant bleibt, was allerdings auch gemäß *klassischer Physik* nicht anders zu erwarten ist. Elektronen werden mit wachsender Geschwindigkeit nachweislich schwerer, und Atomkerne verlieren bei Kernfusionen an Masse. Ein weitere Beweis für die Zeitdilatation ist, daß Mesonen bei hoher Geschwindigkeit langsamer zerfallen als ruhende.

Bekannte Physiker, wie Briane Greene, der das Buch *„Das elegante Universum"* geschrieben hat, meinen von der Lebenszeit eines Elementarteilchens, direkt auf die Lebenszeit eines Menschen schließen zu können. Lesern, die an einer differenzierteren Betrachtung der Lebenszeit des Menschen interessiert sind, empfehle ich die Kapitel *„Die Dehnung der Lebenszeit"* und *„Die Lebenszeit eines Glühbirnchens"* dieses Buches.

Dennoch, über Atomuhrmessungen in Jets oder auf Bergen wurde meßtechnisch nachgewiesen, daß dort die Uhren langsamer bzw. schneller laufen. Viele Physiker setzen, wie selbstverständlich, den *Gang einer Uhr* mit der *Zeit* gleich. Und auch die merkwürdige Laufbahn des Merkurs kann mit großer Genauigkeit über die von Einstein dargelegte Raumkrümmung beschrieben werden. Allerdings hatte bereits 1898 Paul Gerber die Periphelbewegung des Merkurs durch die endliche Ausbreitungsgeschwindigkeit der Gravitation, nämlich Lichtgeschwindigkeit, im Äther erklärt.

Die Erklärung der angeblichen Längenkontraktion macht den Physikern größte Probleme. Dazu im Kapitel *„Die Reise zu anderen Welten"* jedoch mehr. Gemäß *„Spezieller Relativitätstheorie"* müssen nämlich alle Längen in Bewegungsrichtung um denselben Faktor gestaucht sein, um den die Zeit gedehnt ist. Wie sollen sich Elektronen, deren Radius bekanntlich 0 ist,

weil man sie ja mathematisch als Massenpunkte beschreibt,
noch verkürzen können?

Die Längenkontraktion, die ein Raumschiff bei 87% Lichtgeschwindigkeit auf die Hälfte zusammenstauchen soll, damit
alles physikalisch gleichwertig bleibt, ist für mich nicht vorstellbar. Die hierzu notwendige Kraft wäre enorm und das Material
soll das ohne Schaden mitmachen?

Stellen Sie sich einen rotierenden Körper in dem Raumschiff
vor. Er würde sich ständig extrem stark zusammenziehen und
wieder auseinander dehnen müssen, ohne das hierfür zusätzlich Energie aufgewendet wird.

In seinen letzten vierzig Lebensjahren versuchte Einstein die
Relativitätstheorie, also seine Theorie der Gravitation, mit der
elektromagnetischen Feldtheorie zu vereinigen, um somit Phänomene im Mikro- und Makrobereich einheitlich beschreiben zu
können. Die Gleichungen, die der Bewegung der Erde um die
Sonne genügen, sollten auch die Bewegung eines Elektrons
um den Atomkern beschreiben. Am 18. April 1955 starb Einstein im Alter von 76 Jahren. Auf seinem Nachttisch lagen Pa-
piere mit seinen letzten Berechnungen. Versuchte Einstein die
Quadratur des Kreises. Versuchte er etwas zu vereinen, das
einander entgegenwirkt?

Eigentlich ist die Zeit gemäß Relativitätstheorie in jedem Inertialsystem gar nicht relativ, sondern absolut. Die Schwierigkeiten fangen ja erst zwischen den Inertialsystemen an und
auch nur, wenn deren Relativgeschwindigkeit wahnsinnig hoch
ist.

Viel Rauch um Nichts?

Sind Theorien nicht die Superlative von Voreingenommenheit?

Es kann nicht sein, was nicht sein darf!

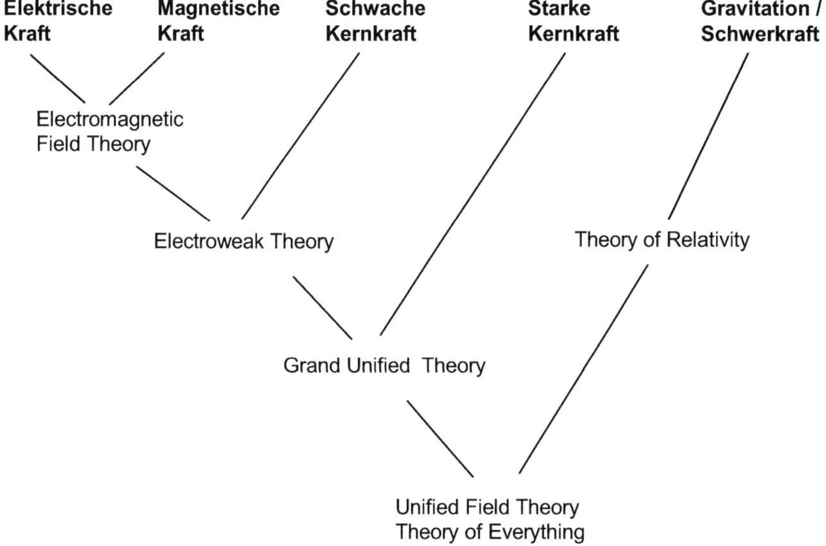

Bild: Die Unified Field Theory soll alle bekannten Kräfte erklären.

„Es ist schwieriger eine vorgefaßte Meinung zu zertrümmern, als ein Atom", wußte Einstein.

Einstein dachte, er sei fast am Ende allen Wissens angelangt. Tatsächlich hatte er gerade die Tür zu einer neuen Dimension allen Wissens aufgestoßen.

Fazit
Unter den Blinden ist der Einäugige König!
(Relativitätsprinzip der Wissenschaft)

Quanten-Phänomene

"Kurz zusammengefaßt kann ich die ganze Tat als Akt der Verzweiflung bezeichnen. Denn von Natur bin ich friedlich und bedenklichen Abenteuern abgeneigt." [69]

Anfang des 20. Jahrhunderts entdeckte Max Planck, daß strahlende Körper Energie nicht kontinuierlich abstrahlen, sondern portionsweise, als sogenannte *Energiequanten*. Dies war eine revolutionäre Entdeckung, weil sie den Gesetzen der klassischen Physik widersprach und die Geburtsstunde der Quantentheorie. Und das, nachdem man ihm im Alter von 16 Jahren versucht hatte, den Wind aus den Segeln zu nehmen, indem man ihm offenbarte, alle Rätsel der Physik seien gelöst, und er solle besser etwas anderes studieren.

Die *Welt der Quanten* wandelte von nun unsere Vorstellung über den inneren Aufbau des Atoms. Schlag auf Schlag wurden ab diesem Zeitpunkt für weitere quantentheoretische Entdeckungen Nobelpreise vergeben. Auch Einstein, der größte Kritiker der *Quantentheorie und der Atombombe*, bekam einen, denn er hatte mit seiner Theorie über Lichtquanten der Quantentheorie letztendlich zum Durchbruch verholfen. Heisenbergs Studenten scherzten:

„ Er hat die Quantentheorie ja verstanden, er mag sie nur nicht!".

Max Planck verstand die Relativitätstheorie, trotz ihres revolutionären Ansatzes, als den Höhepunkt der *klassischen Physik* und gab ihr damit kühl lächelnd *den Todeskuß*. Das Weltbild war von nun an nicht mehr kontinuierlich, sondern sprunghaft und außerdem schien sich die Theorie in der Praxis sehr gut zu bewähren.

---

[69] Am 14.12.1900 stellt Max Planck seine Theorie über Energiequanten vor.

Jahr	Nobelpreisträger	Leistung
1918	Max Planck	Begründer der Quantentheorie
1921	Albert Einstein	Lichtquantenhypothese
1922	Niels Bohr	Quantentheoretisches Atommodell
1923	Robert Andrews Millikan	Messung der Elementarladung des Elektrons
1925	James Franck Gustav Hertz	Arbeiten über Atom- und Quantentheorie
1926	Jean B. Perrin	Arbeiten über die diskontinuierliche Struktur der Materie
1927	Arthur Compton / Charles T. R. Wilson	Totalreflexion und Beugung an optischen Gittern / Nachweis des Rückstoßelektrons beim Compton-Effekt
1929	Louis de Broglie	Forschung über Wellenmechanik
1932	Werner Heisenberg	Unschärfetheorie
1933	Paul Dirac / Erwin Schrödinger	Arbeiten über Quantentheorie und Wellenmechanik
1935	James Chadwick	Entdeckung des Neutrons
1936	Carl D, Anderson / Victor F. Heß	Für die Entdeckung des Positrons/ Entdeckung der kosmischen Strahlung
1937	Clinton J. Davisson / Sir George P. Thomson	Nachweis der Elektronenbeugung / Experimenteller Beweis für die Wellennatur der Materie
1938	Enrico Fermi	Entdeckung der Kernumwandlung durch Bestrahlung mit Neutronen
1943	Otto Stern	Molekularstrahlen, magnetische Eigenschaften der Atomkerne
1944	Isidor Rabi	Arbeiten über magnetische Eigenschaften der Atomkerne
1945	Wolfgang Pauli	Quantenphysikalisches Pauli-Prinzip
1949	Hideki Yukawa	Vorhersage der Existenz der Mesonen
1954	Max Born / Walther Bothe	Arbeiten über Quantentheorie
1958	Ilja M. Frank Ilja J Tamm Pawel A. Tscherenkow	Teilchen durchwandern Flüssigkeiten mit Überlichtgeschwindigkeit (Tscherenkow-Effekt)
1972	John Bardeen / L. N. Cooper / J. R. Schrieffer	Theorie der Supraleitung
1985	Klaus v. Klitzing	Entdeckung des Quanten-Hall-Effekts
1987	Karl Alex Müller / Johannes Georg Bednorz	Hochtemperatur-Supraleiter
1990	Jerome I. Friedman / Henry W. Kendall / Richard E. Taylor	Unelastische Streuung von Elektronen an Protonen und gebundenen Neutronen, Entwicklung des Quarksmodells
1991	Pierre-Gilles de Gennes	Theoretische Beschreibung der Ordnungsprozessen von Flüssigkristallen, Polymeren, Magneten und Supraleitern
1995	Martin L. Perl / Frederick Reines	Entdeckung des Tauons / Nachweis des Neutrinos
2001	Wolfgang Ketterle/ Eric Cornell / Carl Wieman	Nachweis des Bose-Einstein-Kondensats

Tabelle: Beispielhafte Nobelpreise der Quantentheorie

Bis heute wurde für Einsteins „revolutionäre Arbeiten" *Spezielle und Allgemeine Relativitätstheorie* kein Nobelpreis vergeben. Warum eigentlich nicht?

Es ist doch eine *„experimentell abgesicherte Theorie"* und der Erfinder ist auch schon tot. Damit sind doch alle Kriterien für die Vergabe eines Nobelpreises erfüllt. Für den *einen Grundpfeiler der theoretischen Physik* gab es keinen Nobelpreis, für den anderen dafür über 25. Ist das nicht ein bißchen ungerecht?

Ein Mitglied des Nobelkomitees, Allvar Gullstrand, Spezialist für die Funktionsweise des menschlichen Auges, *hatte eigene Berechnungen* angestellt und verhinderte Jahr um Jahr Einsteins Zuerkennenung des Preises. Erst als der junge Professor für theoretische Physik Carl-Wilhelm Oseen aus Uppsala dem Komitee beigetreten war und Einsteins Nominierung für die *Photonenhypothese* vorschlug, um Gullstrand zu umgehen, bekam Einstein den Preis für eine Theorie, die er *Zeit seines Lebens* ehrgeizig bekämpften sollte.

Die Dankesrede des frischgebackenen Nobelpreisträgers in Stockholm hatte dann auch zum Erstaunen des Publikums die Relativitätstheorie zum Inhalt. Der Nobelpreis umgab seinen Träger fortan wie ein *Schutzschild*, ohne das er sicherlich schnell aus dem wissenschaftlichen Paradies entfernt worden wäre. So wurde er zumindest, trotz seiner vehementen Kritik an der Quantentheorie, geduldet und sogar ernst genommen.

Als der *Erfinder des Dynamits* 1886 die fünf Nobelpreise stiftete, sollte der Preis Leistungen des *letzten Jahres* würdigen. Aus einem Jahr sind mittlerweile ein *viertel Jahrhundert* geworden. Hatte man sich doch 1926 peinlich geirrt, als man Johannes Fibiger den Nobelpreis für die Erklärung der Ursache von Krebs zuerkannt hatte. Dieser hatte geglaubt, ein *Fadenwurm,* den er bei Versuchen mit krebskranken Ratten entdeckt hatte, wäre des Rätsels Lösung. Seitdem wurde man deutlich vorsichtiger. Die Sitzungen des Komitees und die Entscheidungsgründe werden geheim gehalten, so daß die Komiteemitglieder vor Kritik geschützt sind. Die Magie des hochdotierten Nobelpreises ist ungebrochen und verleiht den Naturwissenschaften einen gewissen *Zauber von Reichtum und Ehre, der zur Höchstleistung anspornt.* Die nützliche, *leicht überprüfbare Anwendung* der Naturwissenschaften steht heute im Vordergrund, weil das *Risiko des Irrens* für die Komiteemitglieder minimal ist. Die bereits experimentell gesicherte und anerkannte Atomphysik, deren Grundlage die Quantentheorie ist, bietet anscheinend die beste Ausgangslage für einen *Nobelpreis der Physik.* Visionäre neuer Theorien haben praktisch keine Chance. Zu groß wäre das *Risiko eines Irrtums.*

Wie wäre es beispielsweise mit einem Nobelpreis für die beste Theorie über Kugelblitze?

Kugelblitze bestehen aus bis zu handballgroßen Kugeln, die wie Bomben explodieren können. Sie sollen aus energiereichen Partikeln, sogenanntes Plasma, bestehen.
Plasma ist sozusagen der vierte Aggregatzustand, nach fest, flüssig und gasförmig. Obwohl es für Kugelblitze keine echte Erklärung gibt, haben einige Wissenschaftler Theorien über Kugelblitze entwickelt. Die Theorien basieren auf den Merkwürdigkeiten, die Kugelblitze umgeben. So schweben sie gegen den Wind etwa 1 m über dem Erdboden und durchwandern Glas ohne jeden sichtbaren Schaden.

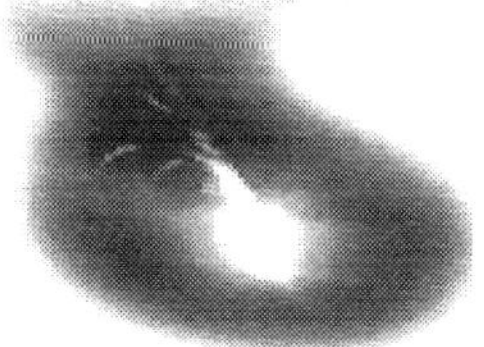

Bild: Der Kugelblitz ist eines der großen Rätsel in der Physik.

Mit einem Effekt oder Phänomen hat man in der Regel vorher nicht gerechnet, und sie sind oft Auslöser für eine wissenschaftliche Revolution. Im Fall der Quantentheorie war es der

Photoeffekt, den sich niemand erklären konnte. Einstein lieferte die passende Erklärung. Ein bekannter Effekt in der Elektrotechnik ist die Supraleitung. Bei über 20 Metallen und einigen Legierungen kann man Supraleitung feststellen, wenn die Temperatur stark gesenkt wird. Supraleitung bezeichnet den Effekt des *sprunghaften Verschwindens* des elektrischen Widerstands[70] unterhalb einer bestimmten Temperatur und wurde 1957 erstmals quantentheoretisch erklärt.

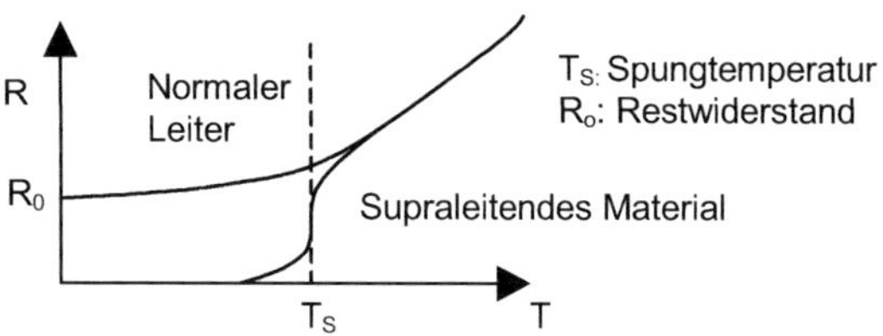

Bild: Bei tiefen Temperaturen sinkt bei einigen Metallen der elektrische Widerstand auf unter 10^{-18} Ohm. Diesen Effekt bezeichnet man als Supraleitung.

Während bei normalen Temperaturen die Elektronen *chaotisch* strömen und ständig mit Atomen zusammenstoßen, wodurch sie ihre Energie wieder abgeben, enspricht der Fluß der Elektronen bei tiefen Temperatuen, bei denen sie sogar Pärchen bilden, einem *Energiefluß höchster Ordnung*. Supraleitung hatte zu ähnlichen Phantasien bei den Menschen geführt wie die Relativitätstheorie. Die Phantasien wurden durch Experimente jedoch bald zerschlagen, weil Supraleitung bei Erreichen einer bestimmten kritischen Temperatur bzw. einer bestimmten magnetischen Feldstärke zusammenbricht.

Schließlich entdeckte der deutsche Physiker Klaus v. Klitzing, daß selbst die Hallspannung Sprünge macht. Durch Zufall war er auf diesen merkwürdigen Effekt, der nur bei tiefsten Temperaturen auftritt, gestoßen.

---

[70] Tatsächlich existiert vermutlich ein nicht meßbarer Widerstand von weniger als 10^{-18} Ohm.

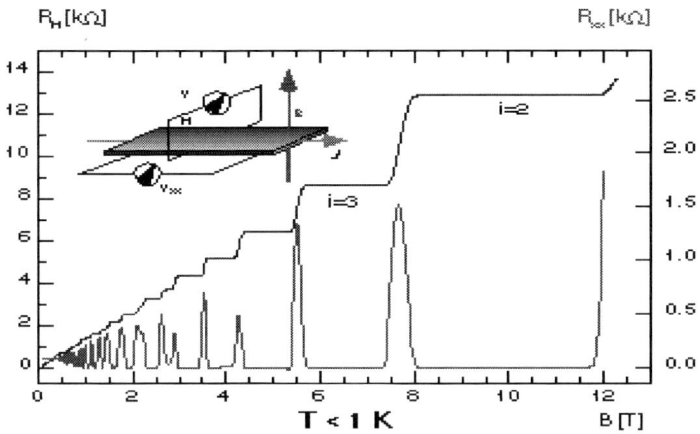

Bild: Die Hallspannung macht bei extrem niedrigen Temperaturen Sprünge.

Ein anderes Beispiel für ein makroskopisches Quantenphänomen ist der *Magnetismus* sowie das *Bose-Einstein-Kondensat*, für dessen experimentellen Nachweis im Jahr 2001 der Nobelpreis für Physik vergeben wurde.

Bose hatte zum ersten Mal die von de Broglie manifestierten Materiewellen konsequent angewendet, Regeln für die Unterscheidbarkeit von Photonen aufgestellt und Einstein zugeschickt. Die Veröffentlichung neuer Theorien ohne Fürsprecher ist in der Physik bekanntermaßen unmöglich und glücklicherweise fand Einstein Gefallen an der Idee. Bose hatte die Eigenschaften einer elektromagnetischen Welle vollständig auf ein Teilchenmodell übertragen und den Photonenspin eingeführt. In seinem Aufsatz, den Einstein ins Deutsche übersetzte und 1924 veröffentlichte, betrachtete Bose Photonen nicht als unabhängige Teilchen, sondern vielmehr als Teilchen einer Phasenraumzelle, die sich statistisch erfassen ließen. Solche Teilchen wurden später nach Bose als *Bosonen* bezeichnet.

Einstein erkannte, daß der Zusammenhang bei stark gekühlten Gasen äußerst merkwürdige Effekte hervorrufen würde, ohne sich über den vollen Umfang seiner Gleichungen bewußt zu werden. Bei extrem tiefen Temperaturen rücken Atome so weit zusammen, so daß sie nicht mehr *unterscheidbar* sind. Es bildet sich ein *Kondensat*. Die Atome haben ihren *individuellen Teilchencharakter* verloren und bilden sozusagen auf dem niedrigsten erreichbaren Energieniveau **ein Superatom**. Alle Atome besetzen dabei denselben Quantenzustand und schwingen in kohärenter Weise, vergleichbar mit einem extrem scharfen Laserstrahl. Eine mögliche Anwendung des Bose-Einstein-Kondensats ist deshalb der Atomlaser. Denn gemäß Unschärfetheorie ist die Wellenlänge eines Atoms umso größer, je kleiner seine Geschwindigkeit ist. Zwingt man Atome durch tiefe Temperaturen zum Stillstand, dann werden die Wellenlängen so groß, daß sie sich gegenseitig überlagern.

 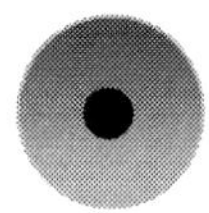

Bild: Bei extrem tiefen Temperaturen bilden Atome ein Kondensat und werden dadurch ununterscheidbar.

Wissenschaftler versuchen mit allen Mitteln herauszufinden, welcher Effekt auftritt, wenn Masse-Teilchen auf Lichtgeschwindigkeit beschleunigt werden, denn das ist *gemäß Relativitätstheorie* ja eigentlich nicht möglich. Einige Wissenschaftler glauben, daß solche Teilchen über einen Zeitsprung in die Vergangenheit reisen, also einfach verschwinden könnten. Vielleicht zerstrahlen sie auch einfach zu Licht, also reiner Energie. Neuerdings läßt man hyperschnelle Teilchen entgegengesetzt laufen, um zu beobachten, was bei einer *Kollision mit doppelter Lichtgeschwindigkeit* passiert. Für die Erforschung dieser Fragen werden Milliarden investiert.

Ihre Milliarden!

Fazit
Die Relativitätstheorie war in 100 Jahren keinen Nobelpreis wert!

Einsteins größter Irrtum

„Das Unverständlichste am Universum ist im Grunde, daß wir es verstehen können." [71]

Wenn wir uns da mal nicht irren?

Ein Physiker erklärte mir mal leidenschaftlich, wie sich Albert Einstein das Universum vorstellte. Ich bemerkte: "Wenn Einstein es hätte konstruieren dürfen, sehe es bestimmt so aus!"

Bevor Einstein und seine Frau in die USA immigrierten, hatten sie eine schwere Zeit im armen Deutschland durchgemacht[72]. Frau Einstein sparte alte Briefe und Altpapier für ihren Mann für seine Arbeit auf. Jahre später besuchte Frau Einstein auf einer Public Relations Tour mehrere Laboratorien mit der neusten technischen Ausrüstung.

Sie blieb vor einem großen Apparat stehen und fragte: „Für was ist das?"

Der Chef-Wissenschaftler erklärte: „Frau Einstein, das ist ein Instrument, um die tiefsten Geheimnisse des Universums zu erforschen."

Frau Einstein erstaunt: „Das ist alles? Mein Mann machte das auf alten Briefumschlägen."

Johannes Kepler[73], berühmt für seine *3 kosmischen Gesetze*, war übrigens auch nicht im Besitz eines Fernrohrs und Galilei

---

[71] Zitat Albert Einstein
[72] Ähnlichkeiten mit den zur Zeit herrschenden Zuständen in der Wissenschaft sind natürlich *rein zufällig*.
[73] Johannes Kepler lebte von 1571 bis 1630

wollte ihm keins schicken. So verließ er sich größtenteils auf
die Meßergebnisse anderer.

Mehr noch!

Wenn Gott das Universum nach festen geometrischen Regeln
geschaffen hatte, könnte man sich die mühseligen und lästigen Experimente sparen. Abweichende Beobachtungen wären
folglich *Meßfehler*. Auf diese Weise brachte Kepler eine be-
achtliche Zahl an Thesen hervor, die *meistens falsch* waren.
So ging Kepler fest von 6 Planeten aus, auf denen er alles *„logisch"* begründen wollte, da er ohne Fernrohr nicht mehr Planeten sehen konnte. Später kam er zum Schluß, daß der
Schlüssel zum Verständnis des *göttlichen Universums* in der
Musik zu finden sein müsse.

Gott helfe uns, daß uns ein Licht aufgehe!

Thomas Alva Edison, der Erfinder der Glühbirne[74] und vieler
anderer elektrischer Geräte, für die ich ihm heute noch dankbar
bin, sagte einmal :

*"Genialität besteht zu 1% aus Inspiration und zu 99% aus
Transpiration".*

Edison war nicht länger als 3 Monate zur Schule gegangen und
hatte sich im Alter von 12 Jahren als *Zeitungsjunge* sein Geld
verdient. Die Ausbildung im Telegrafieren wurde ihm bezahlt,
nachdem er das Leben des Sohns vom Bahnhofmeister gerettet hatte. Sein Hobby war das Experimentieren, das er später
zu seinem Beruf machte. Als Labor diente ein alter Eisen-
bahnwagon.

---

[74] Der Gerechtigkeit halber sei erwähnt, daß die erste Glühbirne bereits
1854, rund 25 Jahre bevor Edison seine Glühbirne präsentierte, durch
den deutschen Einwanderer H. Goebel in den USA erfunden worden war.

Am Ende seines Lebens hatte Edison mehr als 1000 Patente eingereicht und durch den sogenannten Edison-Effekt den Weg zur heutigen Elektronik frei gemacht. Ich möchte die *Glühbirne* von Edison benutzen, um Einstein zu widerlegen, so wie es Edwin Hubble über die Messung der Rotverschiebung entfernter Galaxien getan hat. Einstein war zweifellos ein genialer Denker und Meister des Gedankenexperiments. Aber auch ein Genie kann sich irren.

Errare humanum est! [75]

So irrte Einstein sich bei der Interpretation seiner eigenen Formeln und meinte, daß das Universum statisch wäre. Um den auch für ihn offensichtlichen Widerspruch zu vermeiden, führte er in seine Gleichungen eine *kosmologische Konstante* ein, die bis heute noch in der Literatur umhergeistert. Er erklärte sie, indem er die bis heute nicht nachgewiesene **Anti-Gravitationskraft** einführte.

Ein Irrtum, den erst Edwin Hubble 1929, 24 Jahre nach Veröffentlichung der *Speziellen Relativitätstheorie*, durch Messungen aufdeckte. Bereits 1922 hatte der russische Mathematiker Alexander Friedman Einstein vorgerechnet, daß sich die Idee eines homogenen, statischen und in der Zeit unveränderlichen Universums nicht mit der *Allgemeinen Relativitätstheorie* vereinbaren ließe. Nur Einstein hatte alle Einwände ignoriert. Später bezeichnete er dies als seine „größte Eselei".

Woher kam dieser Irrtum?

Nun, hauptsächlich, weil sich Albert Einstein ein sich stetig ausdehnendes Universum einfach nicht vorstellen konnte. Sein statisches Weltbild, nach dem alles unter jeder Bedingung gleich bliebe, war von einer falschen Modellvorstellung geprägt. Einwände anderer Wissenschaftler lehnte er kategorisch

---

[75] Irren ist menschlich!

ab. War er doch mit der Anwendung seiner Modellvorstellung 10 Jahre zuvor schon erfolgreich gewesen. Denn auch die *Spezielle Relativitätstheorie* basiert ja auf dem Prinzip, daß alles bei jeder Geschwindigkeit gleich bleibt.

Einstein glaubte auch nicht an die heute gesicherte Quantentheorie, obwohl er selbst maßgeblich an ihr beteiligt war und auch die Strahlung, die von Schwarzen Löchern ausgeht, dürfte es normalerweise gemäß Relativitätstheorie nicht geben.

Tatsächlich haben nicht nur Schüler und Studenten Probleme mit der Relativitätstheorie, sondern auch versierte Physiker.

Denn die Relativitätstheorie ist gar nicht so schwer zu verstehen, sie ist nur so schwer zu glauben!

Die Ergebnisse der Relativitätstheorie widersprechen nämlich dem *gesunden Menschenverstand*, sprich der Logik. Die meisten spüren, daß irgend etwas nicht stimmen kann.

„Die Botschaft hör ich wohl, allein mir fehlt der Glaube!" [76]

Bild: Das Universum besteht aus Milliarden Galaxien, die sich voneinander entfernen. Jede Galaxie umfaßt wiederum Milliarden von Sonnensystemen. Das Universum ist offentsichtlich äußerst komplex und verhält sich chaotisch, so daß eine Berechnung unmöglich ist.

---

[76] Zitat aus Goethes Faust

Bog Einstein sich sein Weltbild zurecht?

Ich meine, ja! In diesem Buch werde ich schlüssig zeigen, daß Einstein ein weiterer Fehler unterlaufen ist. Nämlich in seiner Betrachtung der Zeit. Einstein meinte in Wirklichkeit die *Dauer von physikalischen Vorgängen*. Deshalb ist der Begriff „*Zeitdilatation - Die Dehnung der Zeit*" falsch. Treffender Weise sollte man von der „*Verlangsamung physikalischer Vorgänge*" sprechen.

Das Dilemma in der Physik besteht darin, daß wir nichts besseres als die Relativitätstheorie haben, weshalb wir uns krampfhaft daran festhalten. So, wie an einem Strohhalm im offenen Meer. Hinzu kommt die menschliche Eigenschaft des *Wunschdenkens*. Weil wir gerne ewig leben würden, suchen wir nach Theorien, die dies möglich machen könnten. Für den Menschen ist es unmöglich, einfach nichts zu glauben. Das wäre so, wie nichts denken.

Wer an nichts glaubt, verzweifelt! [77]

Jeder Mensch hat ein bestimmtes Weltbild, nach dem er handelt. Die Wissenschaft kann heute nachweisen, daß das Weltbild vergangener Epochen falsch war. Sie hat nachgewiesen, daß die Erde eine Kugel und keine Scheibe ist. Statt sich über die neue Erkenntnis zu freuen, wurde von der Kirche versucht, mit allen Mitteln den alten Glauben zu verteidigen. Galilei mußte für die Verbreitung seines Wissens sogar ins Gefängnis und das, obwohl er ein guter Freund des Papstes war. Er war ein Opfer der *Heiligen Inquisition geworden*.

"Eppur Si Muove !"[78]

---

[77] Zitat Johann Wolfgang von Goethe

[78] Und sie bewegt sich doch! Das soll Galileo Galilei vor sich her gemurmelt haben, als er vor dem Inquisitionsgericht stand und seine Theorie, nach der sich die Erde um die Sonne dreht, widerrufen mußte.

300 Jahre später rehabilierte der Papst Galilei offiziell. Die Kirche gab tatsächlich zu, einen Fehler gemacht zu haben. Denn die Menschen sind im allgemeinen nicht bereit, ein Weltbild, das sie jahrzehntelang vertreten haben, einfach aufzugeben. Denn Irren ist meist ein ziemlich schmerzlicher Prozeß und ein Zeichen von Schwäche, die angreifbar macht. Genauso schmerzlich wie an der Börse Geld zu verlieren, weil man erst denkt, man mache den großen Deal, um dann festzustellen, daß man ganz schön schief lag. Ein bekannter Börsenmagnat sagte mal, die Kunst Geld zu machen, besteht darin, die Verluste möglichst klein zu halten.

„Gewinne laufen lassen, Verluste begrenzen!"

Es ist ein Grundprinzip des Lebens: Erfolg erzeugt ein angenehmes Wohlgefühl und motiviert zum Weitermachen. Mißerfolg ist unangenehm und läßt einen schnell aufhören. Das funktioniert selbst bei Insekten. Allerdings ist der Irrtum die beste Möglichkeit, Dinge wirklich zu verstehen. Erst wenn man mal ausprobiert hat, was passiert, wenn man es falsch macht, weiß man genau, warum man es anders machen sollte. Man nennt das dann Erfahrung. Selbst Michael Schumacher, der erfolgreichste Formel I Fahrer aller Zeiten, hatte beispielsweise schon mehrere schwere Unfälle, die er glücklicherweise bisher fast alle völlig unbeschadet überlebte. Die Amerikaner, die in solchen Dingen viel lockerer sind als wir Deutschen, ermuntern dazu mit dem Satz: „ Try and Error". Fast jeder kennt diese Methode des Lernens mittlerweile. Die Evolution selbst benutzt diese Methode seit Millionen von Jahren mit großem Erfolg.

Finden Sie nicht?

Und trotzdem ist es für die meisten unangenehm, etwas falsch zu machen. Es gibt Englischlehrer, die beharrlich jede falsche Aussprache und jede falsche Wortstellung ihrer Schüler korrigieren, bis die Schüler gar nichts mehr sagen, aus Furcht, sie

könnten einen Fehler machen. Wenn man sich auf der anderen
Seite anschaut, wie kleine Kinder mit einem Minimum an Worten ohne jegliche Grammatikkenntnisse mutig zu sprechen
anfangen, müßte doch auch so manchem Englischlehrer ein
Licht aufgehen?

Die Entwicklung von Intelligenz in einem Menschenleben kann
prinzipiell in 5 Stufen kategorisiert werden:

0. Stufe: Der Zufall entscheidet

Eine Ei- und eine Samenzelle treffen *rein zufällig* zusammen,
vereinigen sich, und ein bereits genetisch gespeichertes Pro-
gramm wird abgearbeitet. Eine Änderung der Entwicklung ist
maximal zufällig bzw. evolutionär. Über die Manipulation der
Gene soll dieser Prozeß zukünftig, Gott helfe, in positiver Weise, beeinflußbar sein.

1. Stufe: Kopieren von Verhaltensweisen

Die erste Stufe der Intelligenz beschreibt die Fähigkeit, die
Verhaltensweise von anderen zu übernehmen. Man macht anderen einfach etwas nach, ohne darüber nachzudenken. Auf
diese Weise lernen kleine Kinder beispielsweise sprechen.

Der Nachteil:
Sie machen auch jeden Fehler nach!

Kleinkinder bis 3 Jahre machen einfach nach, was die Eltern
tun.

2. Stufe: Try and Error

Die nächste Stufe ist schon etwas komplizierter. Denn bei der
Try and Error Methode muß man den Error erst mal erkennen.
Und dafür ist eine gewisse Denkleistung notwendig. Diese
Stufe erreichen alle Raubtiere. Über *Try and Error* lernen sie

das Jagen. Kinder ab 3 Jahren lernen, was richtig oder falsch ist über *Try and Error*.

3. Stufe: Erdenken neuer Lösungen

Das ist die höchste Stufe der Intelligenz und die Stufe, wenn Kinder kompliziert werden. Sie kombiniert die Intelligenzstufen 0-2. Denn um neue Lösungen zu entwickeln, benötigt man alle Fähigkeiten der vorherigen Stufen. Zusätzlich geht man Wege, die niemand vorher gegangen ist[79], und das im Gedanken. Die dritte Stufe erfordert abstraktes Denken, Kreativität und Selbstbewußtsein.

Schließlich muß man daran glauben, daß man es besser machen kann, als alle anderen. Lebewesen, die nicht nur blind kopieren, sondern eine Verhaltens- oder Denkweise kopieren und modifizieren, sind intelligenter, denn sie verschaffen sich einen Vorteil gegenüber der alten Verhaltens- bzw. Denkweise. Intelligente Lebewesen sind nicht berechenbar. Denn sie passen ihre Verhaltensweise ständig der neuen Situation an. Diese Stufe können Affen und natürlich auch der Mensch erreichen. Der Mensch ist dem Affen durch seine anatomischen Fähigkeiten jedoch im Vorteil. Der Mensch kann sprechen und komplizierte Werkzeuge herstellen und benutzen. Fähigkeiten, die beim Affen nur rudimentär ausgebildet sind.

Unser Kehlkopf war mit entscheidend für unseren evolutionären Erfolg. Kleine Kinder fangen erst spät zu sprechen an, weil ihr Kehlkopf noch nicht an der richtigen Stelle sitzt. Sie können sich aber schon über Zeichensprache verständigen. Die um 3 cm zu hohe Kehlkopfstellung hat den Vorteil, daß Babys gleichzeitig essen und atmen können. Eine Fähigkeit, die sie mit dem Sprechen verlieren. Wissenschaftler testeten die Intelligenz eines Affen. Man stellte dem Affen eine Kiste und einen

---

[79] ... oder man weiß davon nichts

Besen in den Käfig. In für den Affen unerreichbarer Höhe
hängte man ihm ein Bananen-Bündel.

Appetit ist immer noch der beste Anreiz für Leistung!

Die Wissenschaftler gingen davon aus, daß der Affe sich den
Kasten holen würde, um auf ihn zu steigen und mit dem Besen
das Bündel Bananen runterschlüge. Tatsächlich jedoch, stellte
der Affe den Besenstock auf den Kasten, um blitzschnell an
ihm hochzuklettern und den Knoten von dem Bananen-Bündel
zu lösen.

Im Klettern haben Affen einfach mehr Erfahrung!

4. Stufe: Stures Festhalten am Altbewährten

Nachdem der Mensch alle vorherigen Stufen erfolgreich
durchlaufen hat, ist er nicht mehr bereit, Neues dazu zu lernen
oder Altbewährtes neu zu hinterfragen. Er bleibt bei der bisher
erfolgreichen effektiven Denkweise und ignoriert oder bekämpft
unerbittlich alles Neue, das seiner alten Denk- und Verhaltensweise gefährlich werden könnte. Doktoren haben alle Intelligenzstufen mit Bravour bestanden. Professoren waren zusätzlich zum richtigen Zeitpunkt am richtigen Ort und Nobelpreisträger hatten auch noch das notwendige *Quäntchen
Glück*.

Fazit
**Intelligenz bezeichnet die Fähigkeit, aus seinen Fehlern zu
lernen! Erfahrung ist praktisch erworbenes und sofort ab-
rufbares Wissen, aufgrund gespeicherter Information!**

Das Universum breitet sich aus

„Wer sich den Gesetzen nicht fügen will, muß die Gegend verlassen, wo sie gelten." [80]

Einstein, Bohr und Heisenberg und viele andere Wissen-schaftler waren jüdischer Abstammung und die meisten verlie-ßen um 1930, als Hitler an die Macht kam, Deutschland. Einstein brachte sich 1933 in Sicherheit, doch Heisenberg blieb *gegen alle Vernunft* und arrangierte sich, trotz des unerbittlichen Haßes, der ihm und seiner Familie entgegengebracht wurde. Schrödinger verlor seine Professur, weil er sich nicht von den jüdischen Wissenschaftlern distanzierte. Als Heisenberg 1937 guten Mutes aus den Flitterwochen zurückkam, wurde er mit einem diffamierenden Artikel über sich und sein Fach, die moderne Physik, in der SS-Wochenzeitung *Schwarzer Korps* konfrontiert. Der *Stark-Effekt*[81] bereitete von nun an Professor Heisenberg starke Kopfschmerzen.

Professor Stark, Autor des Artikels, hatte in dem Jahr, in dem Einstein weltberühmt werden sollte, den Nobelpreis bekommen und galt als Autorität auf dem Gebiet der Relativitäts- und Quantentheorie. Doch der Präsident der Physikalisch-Technischen Reichsanstalt und der Deutschen Forschungsgemeinschaft, hatte sich mit vielen wissenschaftlichen Kollegen zerstritten und nun der allgemeinen politischen Meinung angepaßt. Um jeden Preis wollte er verhindern, daß Heisenberg Sommerfelds Lehrstuhl bekäme. Jedes Mittel war ihm Recht, um sein Ziel zu erreichen.

Die Hetzjagd war eröffnet.

---

[80] Zitat Johann Wolfgang von Goethe
[81] Stark hatte entdeckt, daß starke elektrische Felder die Atomhülle beein-flussen

Glücklicherweise hatte Heisenberg gute Kontakte. Freunde in höchster Stelle standen hinter ihm. Sein Ansehen als Wissenschaftler und sein Wissen um die Atomkräfte retteten ihm schließlich das Leben. Die Nazis glaubten, Heisenberg könne ihnen eine nette, kleine Atombombe basteln und gaben ihm ein entsprechendes, glücklicherweise schlecht finanziertes Projekt. Bohr war mit Heisenbergs Projektleitung an der Bombe nicht einverstanden. Die Beziehung zwischen den Freunden kühlte merklich ab. Die Quantentheorie hatte einen faden Beigeschmack für ihre Geistesväter bekommen. Wenn Heisenberg von nun an über die Relativitätstheorie sprach, so durfte er keinesfalls *Einstein* erwähnen. Hitler hatte es ihm ausdrücklich verboten.

„Wer mit dem Teufel ißt, braucht einen langen Löffel!"

Am 2. August 1939 schreibt Einstein einen Brief an den Präsidenten der USA, F.D. Roosevelt. Einstein sieht zu diesem Zeitpunkt voraus, daß die *nukleare Kettenreaktion* kurz bevorstehe und das Deutschland dieses Wissen nutzen könne, um eine Bombe, mit gigantischer Zerstörungskraft zu bauen. Deutschland habe bereits den Verkauf von Uranium aus ihren Mienen in der Tschechoslowakei eingestellt. Die USA müsse sich beeilen und mehr Geld für die Forschung zur Verfügung stellen. Das Rennen um die *Beherrschung der Atomkräfte* begann. Der Gewinner würde den *Zweiten Weltkrieg* für sich entscheiden und die Weltherrschaft übernehmen können.

Der vom Schall bekannte Doppler-Effekt[82] findet Verwendung um die Ausdehnung des Universums zu messen. Galaxien, die sich von uns wegbewegen, erfahren eine Rotverschiebung. Bewegen sich Galaxien auf uns zu, beobachtet man eine Frequenzverschiebung in den Blaubereich. Der Doppler-Effekt ist

---

[82] Christian Doppler war Physiker und Mathematiker und lebte von 1803-1853. Daß der optische Doppler-Effekt im Extremfall auf die doppelte Frequenz hinausläuft, ist ein **bizarrer Zufall**.

eine typische Wellenerscheinung und ein Indiz dafür, daß es sich bei Licht eben nicht um einen Teilchenstrom handelt. Diese Entdeckung des Astronomen *Edwin Hubble* war eine Sensation, mit der niemand gerechnet hatte.

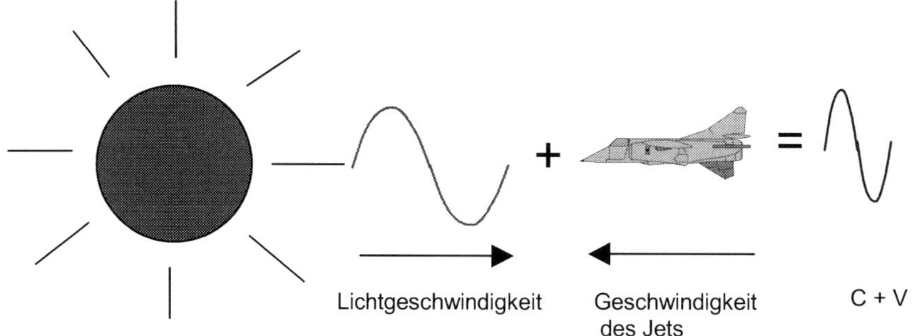

Bild: Der Doppler-Effekt bei Licht

Bei dem Doppler-Effekt scheint die Welle gedehnt, wenn man sich mit einer Geschwindigkeit von ihr wegbewegt. Im umgekehrten Fall erscheint sie gestaucht. So ähnlich, wie, wenn man im Meer mit oder gegen die Wellen schwimmt.

Ein Flugzeug kann Informationen schneller in sich aufsaugen, wenn es einem Zeitsignal entgegen fliegt. Fliegt der Jet der Information davon, werden die Informationen förmlich auseinandergezogen. Genauso wie das Pfeifen eines herannahenden Zuges deutlich höher und das Pfeifen eines sich entfernenden Zuges deutlich tiefer als das eines stehenden Zuges ist.

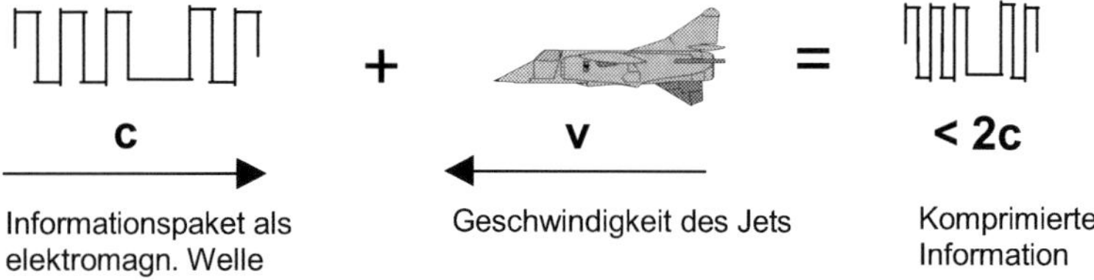

Bild: Durch die Geschwindigkeit des Flugzeuges kann es die Informationen schneller aufsaugen. Die Informationen werden durch die Geschwindigkeit des Jets zusätzlich komprimiert und dadurch in einen höheren Frequenzbereich verschoben.

Gemäß *Spezieller Relativitätstheorie* könnte man annehmen, daß sich die Uhren in dem Flugzeug gerade so verlangsamen, daß dieser Effekt kompensiert wird, damit die Inertialsysteme gleichwertig bleiben. Das ist jedoch nicht der Fall. Ganz im Gegenteil. Durch die Verlangsamung der Uhren würde der Effekt der komprimierten Information sogar noch verstärkt. Wenn man nicht das Empfängersysteme neu aufsynchronisiert, würde man nur noch Datenmüll erhalten. Die Formel für den *relativistischen Doppler-Effekt* unterscheidet sich vom *klassischen Doppler-Effekt*, der vom Schall her bekannt ist, nur durch den Term $(+ \frac{1}{2}\, v^2/c^2)$.

$$f' = f\left(1 + \frac{v}{c} + \tfrac{1}{2}\, \frac{v^2}{c^2}\right)$$

f	gesendete Frequenz
f'	empfangene Frequenz
v	Geschwindigkeit des Empfängers
c	Lichtgeschwindigkeit

für v <1

Der Doppler-Effekt impliziert aber *keineswegs eine Bestätigung der Relativitätstheorie*, sondern deren Widerlegung. Denn über den Doppler-Effekt lassen sich prima Geschwindigkeiten messen. Deshalb findet der Doppler-Effekt ausgezeichnete Anwendung bei Radarmessungen der Polizei. Die ausgesandte elektromagnetische Welle hat eine bestimmte Frequenz, die durch das entgegenkommende Fahrzeug verändert wird. Aus der Differenz der beiden Frequenzen läßt sich so die Geschwindigkeit des Fahrzeuges berechnen.

Bei genauerer Betrachtung der Formel erkennt man, daß sich *die Information mit Überlicht-Geschwindigkeit ausbreitet*, wenn sich das Empfängersystem der Information entgegen bewegt. Vergißt man mal die Zeitdehnung im bewegten Inertial-System, läßt sich die Information mit doppelter Lichtgeschwindigkeit aufsaugen. Gemäß *Spezieller Relativitätstheorie* würde sich die Frequenz der elektromagnetischen Welle sogar bis ins unendliche erhöhen, würde man sich mit annähernder Lichtgeschwindigkeit der elektromagnetischen Welle entgegen bewegen, denn die Zeit würde sich ja extrem dehnen.

Das ist natürlich Quatsch und beweist, daß Inertialsysteme nicht physikalisch gleichwertig sind. Spätestens jetzt würde ein Mensch in einem hyperschnellen Raumschiff merken, daß seine Uhren zu langsam sind. Die Energie der entgegenkommenden Photonen wäre maximal doppelt so groß, *gemäß der Mutter aller Formeln in der Quantentheorie*, wie bei einem ruhenden System, nämlich:

$$W_{Dq} = h\,f'$$

wobei $f' <= 2f$

W_{Dq}	Energie eines Lichtquants gemäß Doppler-Effekt
h	Plancksches Wirkungsquantum
f'	Frequenz des Lichtquants gemäß Doppler-Effekt

Tatsächlich versucht man derzeit die absolute Geschwindigkeit der Erde über die kosmische Hintergrundstrahlung zu berechnen. Eine Synchronisation aller Uhren gemäß dieser kosmischen Hintergrundstrahlung wäre der nächste Schritt.

Die höchste maximale Geschwindigkeit ist also 2c!

Falls Sie es immer noch nicht glauben, rechnen Sie es nach.

$$c = \lambda\,f$$

für $f = \tfrac{1}{2}\,f'$, gilt

$$c = \lambda\,\tfrac{1}{2}\,f'$$

c	Lichtgeschwindigkeit
λ	Wellenlänge (Zurückgelegte Strecke)
f	Frequenz
f'	Empfangene Frequenz gemäß Doppler-Effekt

daraus folgt:

$2\,c = \lambda \times f'$

Die Wissenschaft diskutiert rege die Frage, ob sich das Universum auf ewig weiter ausbreiten wird, oder ob es sich irgendwann in einem Massenpunkt wieder zusammenziehen wird (Big Crunch). Dies soll im wesentlichen von der im Universum vorhandenen Masse abhängen. Man spricht in diesem Zusammenhang davon, daß das Universum „*offen*" bzw. „*ge-schlossen*" ist.

1948 legten Fred Hoyle, Hermann Bondi und Thomas Gold eine Theorie vor, nach der das Universum ständig neu entsteht. Die *Steady-State-Theorie* ist eine dritte Möglichkeit im Gegensatz zum „*offenen*" oder „*geschlossenen*" Universum. Das Universum hätte keinen Anfang und kein Ende und hält seine Dichte durch ständige Neubildung von Materie aufrecht. Auch die Big-Bang Theorie stammt eigentlich von Hoyle, der den Begriff in einer Radiosendung 1950 zum ersten Mal benutzte, um sich über die Ur-Knall-Theorie lustig zu machen. Er wurde schließlich einer ihrer stärksten Kritiker. Für Hoyle, ein Pionier der Astrophysik, ab 1945 Professor in Cambridge und ab 1954 Mitglied der Royal Society bis er sich aus Frustration 1972 zurückzog, weil er für seine Veröffentlichungen aus der Wissenschaftsgemeinde ausgeschlossen wurde, ist die Ur-Knall-Theorie die wissenschaftliche Variante der biblischen Schöpfungsgeschichte. Deshalb fand sie große Unterstützung des Physikers und Theologen Georges Lemaître, der schon vor Hubble Einstein auf seinen Fehler in der *Allgemeinen Relativitätstheorie* aufmerksam machte, der ja ein statisches Bild des Universums gezeichnet hatte.

Lemaître hatte erkannt, daß sich über die *Allgemeinen Relativitätstheorie* die Entstehung des Universums mathematisch wunderschön als *Schöpfungsakt Gottes* herleiten ließ. Bekannte Physiker behaupten, daß sich die Zeit umkehren müßte, würde sich das Universum wieder zusammenziehen, weil die Entropie (die Unordnung) wieder abnehmen würde. Auf wundersame Weise würde sich die Ordnung wieder vergrößern. Vor 15 Milliarden Jahren soll sich das Universum durch einen Urknall (Big Bang) gebildet haben, so daß mehrere Milliarden Galaxien entstanden sind, die sich seitdem ausbreiten. Das Echo des Big Bang sollen wir noch heute aus allen Himmelsrichtungen hören. Es schallt in Form einer Hintergrundstrahlung im Mikrowellenbereich.

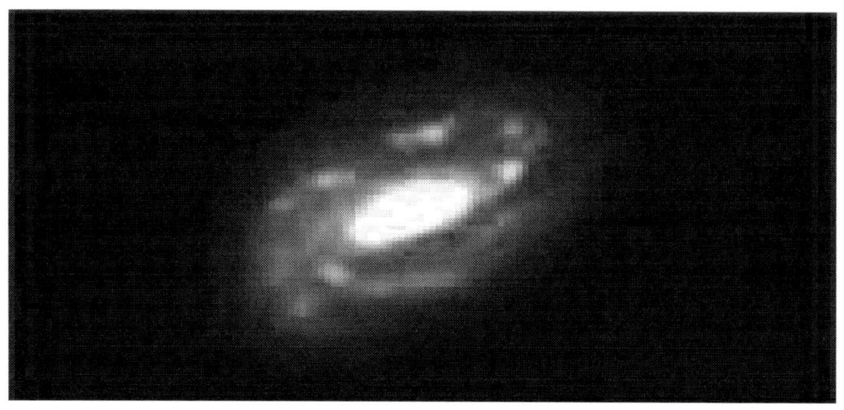

Bild: Die Spiral-Galaxie ISOHDFS 27 ist etwa 6 Milliarden Lichtjahre entfernt (Rotverschiebung ca. 0.58). Ihre Masse beträgt etwa 4 mal die der Milchstraße.

Wir haben der Galaxie, in der unser Sonnensystem zu Hause ist, den Namen *Milchstraße* gegeben. In unserer Galaxie gibt es wiederum Milliarden von Sonnensystemen. Unsere Sonne ist etwa 30.000 Lichtjahre vom Zentrum der Milchstraße, deren Durchmesser etwa 100.000 Lichtjahre beträgt, entfernt. Über die unterschiedlichen Formen von Galaxien wundern sich Kosmologen schon seit langem und fragen sich, wie sie wohl entstanden sind. Viele sind spiralförmig wie unsere Milchstraße, andere wiederum sind elliptisch oder haben gar keine erkennbare Struktur.

Unser Universum wird also nach heutigem Weltbild zweidimensional gedacht durch einen Galaxiengürtel, der sich ständig vergrößert, gebildet. Dreidimensional gedacht, ist es eine Kugeloberfläche, die sich wie ein Luftballon aufblähen soll. Die sogenannte *Hubble-Beziehung* behauptet, daß Galaxien umso schneller seien, je weiter sie entfernt sind. Die Geschwindigkeitssteigerung solle etwa 16 Kilometer pro Sekunde je Millionen Lichtjahre Distanz betragen.

Da allgemein anerkannt wird, daß sich nichts schneller als das Licht ausbreiten kann, müßte eigentlich das Licht schon weit weiter sein als die dazu vergleichsweise langsamen Galaxien. Dies bedeutet wiederum, daß das Licht unser Universum wie einen Heiligenschein umgeben müßte. Der Abstand zwischen der Lichtwellenfront und den äußeren Galaxien müßte immer größer werden, und man kann sagen, daß das Universum aus- blutet, weil dem Universum ständig unwiederbringlich Energie verloren geht. Das Universum wird also eigentlich von der äu- ßeren Lichtwellenfront begrenzt und nicht von dem Galaxien- gürtel. Es ist allerdings unmöglich, diese Lichtwellenfront zu beobachten, da sie ja nirgends reflektiert wird. Sie müßte etwa 15 Milliarden Lichtjahre vom Ursprung entfernt sein.

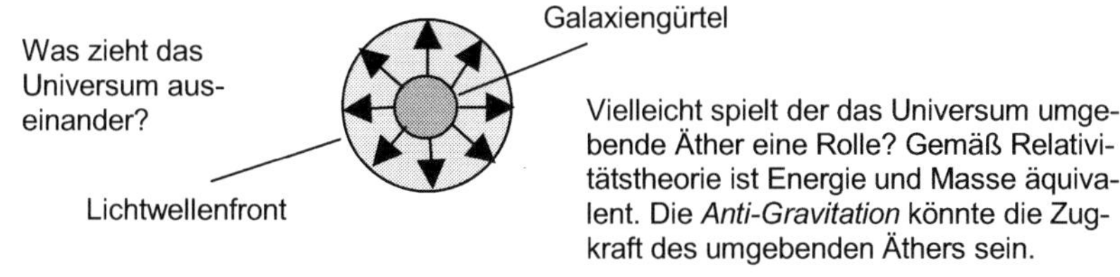

Bild: Universum, das von Licht und Temperatur eingehüllt ist.

Da sich die Energie auf eine immer größer werdende Kuge- loberfläche verteilt, wird die äußere Lichtkugel immer schwä- cher, bis irgendwann nichts mehr von ihr übrig ist. Man kann sich das wie bei einer Glühbirne vorstellen, deren Lichtkegel keine festen Grenzen hat, sondern immer schwächer wird. Ge- schieht dies mit dem gesamten Universum, wird das Univer- sum sich in Nichts auflösen, und es kommt nicht zum Big Crunch. Das Nichts stellt die optimale Verteilung der Energie dar. Das Chaos scheint perfekt und die Zeit steht still. Erst durch Materie, der größtmöglichen Ordnung, entstehen Zeit und Raum.

Wir können uns ein materieloses Universum nicht vorstellen. In der Forschung führende Wissenschaftler postulieren, daß vor dem Urknall nichts war, auch keine Zeit. Vielleicht hält uns

aber gerade dieses Axiom[83] von einem objektiven Zeitver-
ständnis ab. Denn es scheint ein Naturgesetz zu sein, daß diese optimale Verteilung der Energie nicht lange anhalten kann,
wenn sie überhaupt je eintritt. Durch eine extreme Energiean-
häufung, sozusagen einer Super-Asymmetrie entsteht eine
Superexplosion (Big Bang), durch die Materie erzeugt wird,
und es entstehen Raum und Zeit. Das ist auch ein Grund dafür,
warum die Zeit nicht abhängig von der Materie sein kann, denn
die Zeit wird auch weiterlaufen, wenn sich alles in Nichts auf-
gelöst hat.

Nur, muß es wirklich ein Big Bang für das ganze Universum
sein?

Daß sich das ganze Universum aus einem ultrakleinen Mate-
rieobjekt, kleiner als ein Proton, gebildet haben soll, halte ich
für eine Milchmädchenrechnung. Wenn ein Maurer für ein
Haus 100 Tage braucht, dann brauchen 100 Maurer für ein
Haus 1 Tag ?

Die Wahrscheinlichkeit, daß Hochrechnungen, die 15 Milliarden Jahre zurückgehen und vom Makro- in den Mikrokosmos
reichen, richtig sind, ist sehr gering. Insbesondere, wenn man
bedenkt, daß wir derzeit nicht mal in der Lage sind, das Wetter
für die nächsten 3 Tage [84] richtig vorauszusagen. Das Schicksal des Kosmos soll aber leicht für die nächsten paar Milliarden
Jahre vorausberechenbar sein?

Mal angenommen, das Universum dehnte sich gar nicht aus,
sondern würde stattdessen von dem es umgebenden *„Nichts"*
auseinandergezogen, und zwar nur so lange, bis sich im Inneren soviel *„Nichts"* angesammelt hätte, daß sich die Ausdehnung in eine Kontraktion umkehrte. Das Universum verhielte

---

[83] Annahme, für die es keine Beweise gibt.
[84] Diese Unzulänglichkeit der Meteorologie soll gemäß Chaos-Theorie prinzipieller Natur sein.

sich folglich wie ein Handschuh, den man ständig von innen nach außen und von außen nach innen stülpte, mit dem feinen Unterschied, daß es dieses vollständig eigenständig täte.

Ein klassisches Perpetuum Mobile?

Die Fledermaus benutzt übrigens den Doppler-Effekt, um *ihre eigene Geschwindigkeit* und die Entfernung zu ihrem Ziel abzuschätzen. Sie hört nämlich am besten bei 83kHz. Fliegt die Fledermaus auf ein Objekt zu, ist das reflektierte Signal um 2-3 kHz hochfrequenter. Sie muß also tiefer schreien, je schneller sie fliegt.

Fazit
Über den optischen Doppler-Effekt läßt sich die Ausdehnung des Universums messen!

Schneller als das Licht

Gemäß Urknall-Theorie hat sich aus einem *winzigen Materie-kern* das gesamte Universum gebildet. Die Ausdehnung soll sich in der frühen Phase des Universums mit **Überlichtge-schwindigkeit** vollzogen haben.

„Veto!" werden Sie jetzt hoffentlich denken. Nichts kann sich schneller als mit Lichtgeschwindigkeit ausbreiten. Nicht, wenn es um die *Raum-Zeit selbst* geht. **Die Raum-Zeit selbst** muß sich gemäß aktueller Urknall-Theorie nämlich **mit Überlicht-geschwindigkeit** ausgebreitet haben, um auf die derzeitige Größe zu kommen.

Professor Nimitz, Physik-Professor von der Universität Köln, behauptet, er habe Mozarts Sinfonie 40 in g-Moll mit 4,7 facher Lichtgeschwindigkeit übertragen. Allerdings sollen dabei ein paar Daten verloren gegangen sein.

Der Physiker Pawel Alexejewitsch Tscherenkow bewies 1934 mit seinen Kollegen Ilja M. Frank und Igor J. Tamm, daß Materie-Teilchen Flüssigkeiten mit Überlichtgeschwindigkeit [86] durchwandern können. Dabei entsteht ein *bläuliches Licht*. Für dies Leistung bekamen die drei sogar den Nobelpreis. Ist es nicht vorstellbar, daß Materieteilchen auch im Vakuum schneller als Licht sein könnten?

Eine elektromagnetische Kugelwelle breitet sich mit doppelter Lichtgeschwindigkeit aus. Radioprogramme werden mit Licht-

---

[85] Zitat Johann Wolfgang von Goethe
[86] Lichtgeschwindigkeit ist in Flüssigkeit weit geringer als im Vakuum.

geschwindigkeit gleichzeitig in alle Himmelsrichtungen geschickt. Die Information breitet sich also mit *doppelter Lichtgeschwindigkeit* aus.

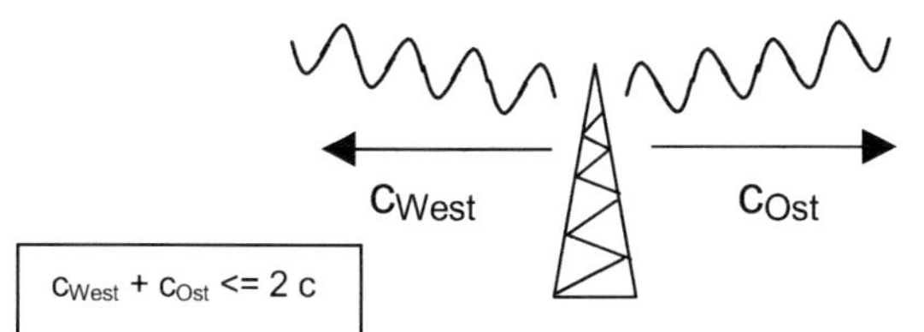

Bild: Informationen breiten sich mit doppelter Lichtgeschwindigkeit aus.

Gemäß Quantentheorie gibt es keine unabhängigen Raum-Zeit-Systeme. Alles ist mit allem verschränkt (verbunden). Wirkungen können selbst von einem Ende des Universums ans andere Ende *zeitlos* übertragen werden. Die Quantentheorie widerlegt die Relativitätstheorie nicht nur theoretisch, sondern auch experimentell in den Punkten:

- Nichtlokalität
- Unbestimmtheit

Die Nichtlokalität behauptet, daß sich Wirkungen über beliebige Entfernungen *ohne Zeitverzögerung* bemerkbar machen können. Unter bestimmten Bedingungen entstehen aus reiner Energie zwei Teilchen mit genau entgegengesetzten Eigenschaften. So kann aus zwei Lichtteilchen ein Elektron und ein Positron entstehen. Diese beiden Teilchen sind von nun an *auf geheimnisvolle Weise* miteinander verknüpft. Ändern sich die Eigenschaften des einen Teilchens, so hat dies eine sofortige Änderung der Eigenschaften des anderen Teilchens zur Folge, selbst wenn die Teilchen Lichtjahre voneinander entfernt wären.

Es scheint für die Übertragung der Information keine Zeit zu benötigen!

Dieses Phänomen wird als *Quantenteleportation* bezeichnet, die Einstein spöttisch als *spukhafte Fernwirkung* abtat. Wie sie funktioniert, ist der Wissenschaft noch ein Rätsel. Da Licht aus Photonen besteht, fragt man sich natürlich, wie groß ein Photon wohl ist?

Man stellte sich lange Zeit vor, daß Photonen etwa die Größe ihrer Längenwelle haben. Man konnte jedoch experimentell nachweisen, daß Licht durch Löcher dringen kann, die wesentlich kleiner als ihre Wellenlänge sind. Photonen im Niederfrequenzbereich hätten einen Durchmesser von Kilometern. Sie wären größer als Wolkenkratzer.

Photonen verschiedener Wellenlänge

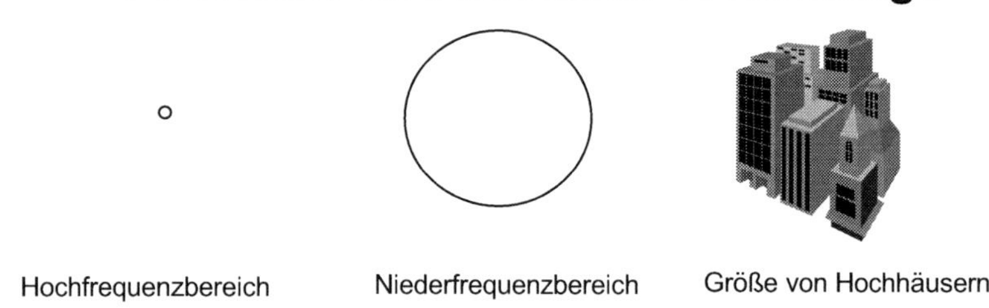

Bild: Die Größe eines Photons wird durch seine Wellenlänge bestimmt.

Sich Elektronen als Massenpunkte ohne bestimmbare Größe vorzustellen ist ohnehin ein *fauler Kompromiß*. Könnte es sein, daß es sich gar nicht um Teilchen handelt?

Große Wissenschaftler bezeichnen den Schlamassel als *Ladungswolken*. Gemäß Unschärfetheorie läßt sich der Ort und die Geschwindigkeit eines Elektrons nicht beliebig genau bestimmen. Genauso ist die Isolierung eines Lichtteilchens unmöglich, weil sich dessen Energie über den ganzen Spektralbereich verteilen würde. Denn ein Photon wird ja durch seine Frequenz bestimmt. Deshalb läßt sich ein Photon genauso schlecht fangen wie ein Elektron. Dieser als *„Unschärfetheorie der Nachrichtentechnik"* bezeichnete Effekt wird im Kapitel *„Informationen kosten Energie und Zeit"* ausführlich behandelt.

Wir reden also von Teilchen mit obskurer Masse ohne Volumen, deren genauer Aufenthaltsort und exakte Geschwindigkeit nicht gleichzeitig bestimmbar sind. Sollte da einem nicht ein Licht aufgehen?

Der *Welle-Teilchen-Dualismus* ist der Beweis dafür, daß unser Weltbild noch einen *gewaltigen Fehler* hat, der daraus entsprungen ist, daß man erklären wollte, wie sich Licht auch ohne lichttragendes Medium, also im *Nichts* ausbreiten kann, indem man die Eigenschaften des *lichttragenden Mediums*, also den *Äther*, auf ein Teilchenmodell übertrug.

Dieser **Jahrhundert-Irrtum** wird heute als *moderne Physik* bezeichnet, und die damit verbundenen Wirrungen sollen ausschließlich *mathematisch* zu verstehen sein. Die *moderne Physik* erklärt uns, daß unsere Welt so kompliziert ist, daß wir uns *kein Bild* mehr davon machen können. *Logische Widersprüche* werden in der *modernen Physik* als *geisterhafte Phänomene* beschrieben.

Die *Unschärfe eines Elektrons* **basiert auch nicht** auf dem Zusammenstoß eines Photons[87], das man benötigt, um das Elektron zu beobachten, sondern ist weit *fundamentaler*. Beides, Elektron und Photon, *sind in sich unscharf.* Einstein schrieb in einem Brief 1951:

„Fünfzig Jahre angestrengten Nachdenkens haben mich der Antwort auf die Frage: <Was sind Lichtquanten?> nicht näher gebracht. Heute bilden sich Hinz und Kunz ein, es zu wissen. Aber da täuschen sie sich."

Fazit
Die Quantenteleportation ist schneller als das Licht!

---

[87] Heisenberg hatte ursprünglich so die Unschärfe eines Elektrons erklärt. Seither erfreut sich diese Deutung großer Beliebtheit.

Ein unlösbarer Widerspruch

„Früher einmal konnte man in den Zeitungen lesen, es gebe nur zwölf Menschen, die die Relativitätstheorie verstünden. Das glaube ich nicht. Wohl mag eine zeitlang nur ein Mensch sie verstanden haben, weil er als einziger auf den Gedanken verfallen war. Nachdem er aber seine Theorie zu Papier gebracht und veröffentlicht hatte, waren es gewiß mehr als zwölf. Andererseits kann ich mit Sicherheit behaupten, daß niemand die Quantenmechanik versteht.“ [88]

Max Frisch erzählt in seinem Buch *Homo Faber* sehr eindrucksvoll die Geschichte eines alternden Ingenieurs, der glaubt, sein ganzes Leben vorausberechnen zu können und durch die Verkettung mehrerer unglücklicher Zufälle, sich in seine eigene Tochter verliebt, die am Ende in seinen Händen stirbt. Damit hatte Faber bestimmt nicht gerechnet. Faber hatte seiner Jugendliebe Hanna geglaubt, daß sie ihr gemeinsames Kind nicht zur Welt bringen würde. Eine falsche Information, auf der Faber sein Leben aufgebaut hatte. Max Frisch war selbst übrigens Architekt von Beruf, bevor er zu schreiben begann.

Auch Einstein, der die Geburt seiner hübschen Tochter „Lieserl“ schlichtweg ignorierte, war derselben Meinung wie Faber, denn auch er glaubte, die Zukunft sei exakt berechenbar. Unschärfen hatten in Einsteins Weltbild nichts zu suchen.

„Das, wobei unsere Berechnungen versagen, nennen wir Zufall“, bemerkte er.

Während es sich bei der Relativitätstheorie um eine *klassische, stetige Theorie* handelt, die den Grenzübergang der Zeit

---

[88] Zitat von Richard Feynman, einer der gründlichsten Kenner der Quantenmechanik

gegen 0 zuläßt, bekommt man in der Quantentheorie bei gleicher Vorgehensweise mathematische Unendlichkeiten.

Läßt sich Zeit quantisieren?

Planck sagt ja, Einstein nein.

In der Quantentheorie ist vieles, allerdings nur für einen *winzigen Augenblick*, nämlich der *Planckzeit* erlaubt, was normalerweise nicht erlaubt ist, wie beispielsweise der Bruch des Energieerhaltungssatzes, sozusagen während Gott nicht hinschaut.

Zwinkert Gott?

Gemäß Quantentheorie, die allgemein hin auch als Teilchenphysik bezeichnet wird, gibt es eine kleinste Zeit, eine kleinste Länge, das größtmögliche Elementarteilchen und die größtmögliche Temperatur :

$t_{(0)} = 10^{-43}$ s
$l_{(0)} = 10^{-35}$ m
$m_{(0)} = 10^{-5}$ g
$T_{(0)} = 10^{32}$ °K

Zwischen den beiden Theorien besteht eine große Kluft. Die Wissenschaft ist sich über den Grenzbereich der Physik nicht einig, weil sich Gravitation nicht quantisieren läßt.

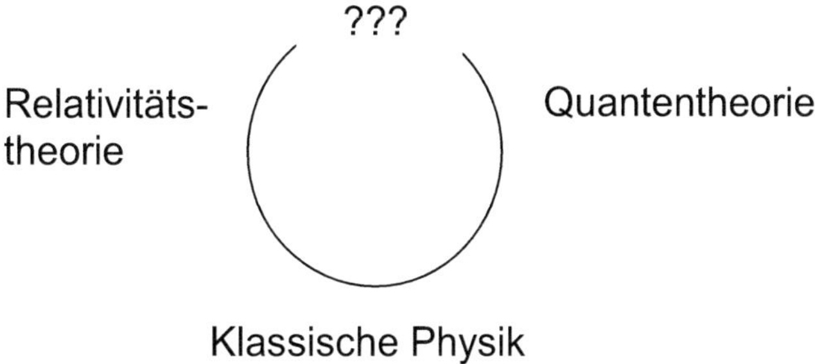

Bild: Der Kreis zwischen Relativitäts- und Quantentheorie schließt sich nicht.

Nachdem Einstein 1921 den Nobelpreis für die quantentheoretische Erklärung des Lichts erhalten hatte, bekam Bohr ein
Jahr später den Nobelpreis für das quantentheoretische
Atommodell. Trotzdem glaubte Einstein Zeit seines Lebens
nicht an die Quantentheorie. Sein schlagkräftigstes Argument:

„Gott spielt nicht Würfel!" [89]

Er war auch kein Freund der Unschärfetheorie von Heisenberg.
Die Zweifel an dem klassischen Verständnis der Physik wurden
immer größer und Schrödinger, der berühmt für seine Wellen-
Gleichung, die auf recht einfache Weise die Heisenbergsche
Unschärferelation wiedergab, kommentierte:

*„Wenn es doch bei dieser verdammten Quantenspringerei blei-
ben soll, so bedaure ich, mich überhaupt jemals mit Quantentheorie abgegeben zu haben."*

Schrödinger hatte Bohr in Kopenhagen besucht, wo sich auch
Heisenberg aufhielt. Die Diskussionen mit Bohr und Heisenberg waren so anstrengend, daß Schrödinger schließlich krank
wurde und Bettruhe brauchte. Bohr besuchte seinen äußerst
interessanten Gesprächspartner, der von Bohrs Frau mit köstli-
chem Kuchen und schmackhaften Tee versorgt wurde, häufig:

„ ... aber Schrödinger, Sie müssen doch zugeben..."

Im Februar 1927 schien die Situation so festgefahren, daß
Bohr und Heisenberg gegen ihre Gewohnheiten getrennt in
Ski-Urlaub fuhren. Beide brauchten Zeit für sich zum Nachdenken. Bohr ersann das *Komplementaritätsprinzip*[90] und *Heisenberg* vervollständigte die Unschärferelation. Doch als Heisenberg seine Theorie veröffentlichte, machte er einen großen

---

[89] Einstein spielte wohl auf den beim Würfeln eine große Rolle spielenden
Zufall an. Gleichzeitig assoziiert man sofort die Würfel mit Quanten.
[90] Das Komplementaritätsprinzip war das Hauptargument Goethes gegen
Newtons Lichtlehre, also im Prinzip bereits seit über 100 Jahren bekannt.

Fehler, der ihm einen heftigen Streit mit Bohr einbrachte, als dieser wieder aus dem Urlaub zurückgekommen war. Wieder war es das *Auflösungsvermögen eines Mikroskops*, das Heisenberg Schwierigkeiten bereitete. Heisenberg hatte sich vom Welle-Teilchen-Dualismus verabschiedet und die elekromagnetische Welle vollständig durch ein Teilchenmodell ersetzt. Bohr warf Heisenberg vor, zu früh veröffentlicht zu haben. Heisenberg jedoch sah seinen Irtum nicht ein und wollte seine Publikation wegen eines *„kleinen Fehlers"* nicht zurückziehen. Die später als *Kopenhagener Deutung* bekannte Interpretation des Welle-Teilchen-Dualismus besagt:

Die Natur macht Sprünge!

Bild: Der Streit um die Wahrheit

Die *Kopenhagener Deutung* hatte den Welle-Teilchen-Dualismus zeitlich aufgebrochen. Ein Elektron befindet sich gleichzeitig an allen Orten der Wellenfunktion, die erst mit der

Beobachtung plötzlich zusammenbricht, wodurch aus der Welle ein Teilchen wird. Für Heisenberg, der Einsteins Relativitätstheorie stark verinnerlicht hatte, war die Beobachtung des Physikers, die Ursache der von ihm formulierten Unschärfe eines Elektrons.

Gemäß Heisenbergs Gedankenexperiment verursacht das Photon bei der Beobachtung eine *ungewisse Störung* des Elektrons, was die Messung unscharf macht. Der Ausgang eines Experiments ist nicht vorhersehbar, weil die Messung, das heißt die Annahme, prinzipiell unscharf ist.

Doch gerade Einstein, aber auch de Broglie, Schrödinger und auch Max Planck wollten dieser Argumentation nicht folgen. Über ein recht einfaches Gedankenexperiment versuchte Einstein die Zeit-Energie-Unschärfe zu widerlegen. Über eine Uhr innerhalb eines Kastens, der an einer Feder aufgehängt sei, könnten beliebig genaue Messungen möglich sein. Bohr, jedoch, durchschaute innerhalb eines Tages Einsteins Fehler in der Überlegung.

Überhaupt kommt bei Einstein und später auch bei Heisenberg der *objektive Informationsbegriff* zu kurz. Beide berufen sich auf einen *subjektiven Beobachter*, der etwas *Objektives* feststellt.

Geht das überhaupt?

Daß das Wahrnehmungssystem des Menschen ***nicht objektiv*** ist, hatte ich ja schon erklärt. Wer nach Objektivität verlangt, sollte lieber nach Informationen und nicht nach Beobachtungen fragen, denn Objektivität entsteht im Gehirn, nicht in den Augen. Jedoch wird erst durch die subjektive Beobachtung die objektive Information dem Menschen zugänglich, wobei die Geschwindigkeit der Informationsaufnahme die Schärfe der Beobachtung bestimmt.

1927 treffen Einstein und Bohr während eines Kongresses zusammen. Über 5 Tage soll sich das *Battle of Masterminds* ziehen. Am Morgen jeden Tages ersinnt Einstein ein neues Rätsel, das die Quantentheorie widerlegen soll und Bohr bis zum Abend löst. Am 5. Tag jedoch löst Bohr das Rätsel mit den Waffen der *Allgemeinen Relativitätstheorie*. Einstein einigt sich darauf mit Bohr auf *unentschieden*.

1935 versucht Einstein die Quantentheorie erneut zu widerlegen. Mit seinen Mitstreitern Boris Podolsky und Nathan Rosen formuliert er ein Gedankenexperiment, das entsprechend der Initialen der Erfinder als EPR-Argument berühmt ist. Polarisierte Photonen werden in entgegengesetzte Richtung geschickt. Mißt man den Spin des einen Photons, wäre augenblicklich auch der Spin des Zwillingsphotons bekannt, und zwar ohne Messung.

In diesem Jahr veröffentlicht der japanischen Physiker H. Yukawa erstmals eine plausible Theorie über die *bisher unbekannte Kernkraft*, die nur zwischen Protonen und Neutronen über extrem kurze Entfernungen wirksam sein solle.

1983 widerlegt Dr. Alain Aspect Einstein gemäß ERP- Experiment, in Paris, indem er nachweist, daß die Übermittlung von Informationen mit Überlichtgeschwindigkeit erfolgen kann. In einer Nanosekunde legt das Licht 33 cm zurück, was einer Geschwindigkeit von 330.000 km/sec entspricht. Über den sogenannten Tunneleffekt sollen Signale *praktisch zeitlos* übertragen werden können.

Der Streit zwischen Anhängern der Quantentheorie und Anhängern der Relativitätstheorie ist hitzig und scheint unüberwindbar. Gemäß Unschärfetheorie kann man bei einem Elektron nie Ort und Impuls gleichzeitig messen. Die Quantentheorie ist eine Theorie der Wahrscheinlichkeiten. Die Relativitätstheorie kennt jedoch keine Unbestimmtheiten.

Laut Einstein können Raum und Zeit beliebig genau bestimmt werden. Zwischen zwei Ereignissen muß nach Einstein ein Raum liegen, wobei Informationen nicht schneller als mit Lichtgeschwindigkeit übermittelt werden können. Diese Vorstellung bringt natürlich auch die Newtonsche Vorstellung der Gravitation in Bedrängnis. Laut Newton wirkt eine Änderung des Schwerefeldes augenblicklich. Einstein wich diesem Problem aus, indem er die Kräftewirkung auf Raumeigenschaften transformierte. Eine Masse verändert nur die Eigenschaften des Raums und wirkt nicht direkt auf eine andere Masse. Nach einer Explosion eines Sterns sollen sich Gravitationswellen ablösen, die mit Lichtgeschwindigkeit durch die Raum-Zeit laufen.

Gemäß Quantentheorie kann alles über einen **Teilchenzoo,** der nicht weniger als 61 Elementarteilchen umfaßt, beschrieben werden. Die verschiedenen Elementarteilchen bestehen aus Quarks, Leptonen und Bosonen. In diesem Zusammenhang spricht man vom ***Standardmodell der Teilchenphysik***, das alle Teilchen eingruppiert. Teilchen mit Ruhemasse, Ladung und halben Spin[91] bezeichnet man als Fermionen[92]. Zu ihnen gehören Quarks und Leptonen.

Bosonen sind Träger der Wechselwirkungen, sozusagen Botenteilchen, die zwischen Materieteilchen, also Teilchen mit Ruhemasse, ständig ausgetauscht werden. Sie besitzen keine Ruhemasse und einen ganzzahligen Spin. Diese Teilchen werden auch als *virtuelle Teilchen* bezeichnet. 3 Quarks verschiedener Färbung bilden Protonen bzw. Neutronen.

Elektronen gehören zu der Familie der Leptonen und Photonen zu den Bosonen. Das Photon überträgt die elektromagneti-

---

[91] Der Spin bezeichnet den binären Eigendrehimpuls der Fermionen, über die sie ein Magnetfeld aufbauen.
[92] Fermionen wurden nach dem berühmten Physiker Enrico Fermi benannt.

sche, das Gluon die starke, das W- und Z-Teilchen die schwache und das *postulierte Graviton* die Gravitationskraft.

Spielt Gott Ping-Pong?

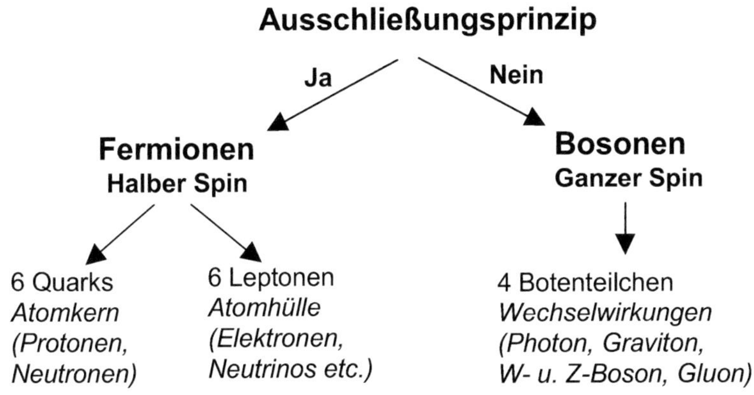

	Photon	Gluon	W- und Z-Teilchen	Graviton
Art der Kraft	Elektromagn. Kraft	Starke Kraft	Schwache Kraft	Gravitationskraft
Wirkung auf Teilchen	Quarks und geladene Leptonen	Quarks und Gluonen	Quarks und Leptonen	Alle Teilchen
Beobachtung	Chemie, Elastizität und Magnetismus	Zusammenhalt der Hadronen und der Atomkerne	Radioaktivität	Zusammenhalt des Universums

Tabelle: Bosonen sind die Träger der Wechselwirkungen.

Außerdem gibt es zu jedem Teilchen ein Antiteilchen, auch Antimaterie genannt. Der Bruder des Elektrons heißt beispielsweise Positron. Es hat alle Eigenschaften wie ein Elektron, aber positive Ladung. Photonen aber, also Lichtteilchen, sind ihre eigenen Antiteilchen.

Masse alleine ist nicht stabil!

Unter Radioaktivität versteht man den Zerfall von instabilen Atomkernen. Dabei entstehen 3 Arten von Strahlung:

α- Strahlung: positiv geladene Heliumkerne
β-Strahlung: negativ geladene Elektronen
γ-Strahlung: hochfrequente elektromagnetische Wellen

Neutron -> Proton + Elektron + Antineutrino

Ein Neutron zerfällt in ein Proton, ein Elektron und ein Antineutrino. Das Antineutrino besitzt die beim Zerfall freiwerdende Zerfallsenergie.

Nur, warum zerfallen Neutronen, wenn sie alleine sind?

Prinzipiell könnte man doch meinen, daß sich ein Proton und ein Elektron aufgrund ihrer gegensätzlichen Ladung gut leiden können. Gegensätze ziehen sich ja bekanntlich an. Wolfgang Pauli, der 1931 das Neutrino[93] vorhergesagt hatte, dachte, er habe ein Teilchen entdeckt, das niemals nachgewiesen werden könnte.

Doch Pauli irrte!

1974 entdeckte Hawking die nach ihm benannte Hawking Strahlung. Schwarze Löcher sind demnach nicht total schwarz. Die Entdeckung war eine Sensation und rüttelte an den Grundpfeilern der Relativitätstheorie. Hawking meint Relativitäts- und Quantentheorie über die sogenannte *Quantengravitation* verheiraten zu können.

Gemäß Quantentheorie gibt es eine im ganzen Universum absolute kleinste Zeiteinheit, die sogenannte Plankzeit. Sie be-

---

[93] Neutrino heißt soviel wie „Kleines Neutron"

trägt 6,3 $\cdot$ 10 $^{-43}$ Sekunden. Ereignisse, die in solch ein Zeitintervall fallen, lassen sich zeitlich nicht unterscheiden, das heißt, es läßt sich nicht unterscheiden, welches Ereignis früher oder später eingetreten ist. Dies bedeutete die **Aufhebung der Kausalität**, der Ordnung von Ursache und Wirkung, wenn auch nur für einen **kurzen Augenblick**. Dem Deterministen[94] Einstein, der nicht einmal einem Elektron einen freien Willen zugestehen wollte, erschien die Aufhebung der Kausalität mehr als absurd und selbst Heisenberg war der Gedanke unangenehm.

Obwohl man normalerweise sagt, daß die Relativitätstheorie im makroskopischen[95] und die Quantentheorie für den mikroskopischen Bereich gültig ist, gibt es auch hier ein Dilemma, nämlich die Supraleitung oder das Einstein-Bose-Kondensat. Beide Effekte gelten als *makroskopische Quantenphänome*. Ein Widerspruch in sich.

Später werde ich ausführlich zeigen, daß sich der elektrische Widerstand um den selben Faktor erhöht, wie die Zeit sich dehnt, weil der elektrische Strom als Quotient aus Ladung und Zeit definiert ist. Da die Ladung (Anzahl der Elektronen) konstant in jedem Raum-Zeit-System ist, muß der Strom um den selben Faktor sinken, wie sich die Zeit dehnt.

Der Aufladevorgang eines Kondensators, beispielsweise, müßte sich entsprechend der Zeitdehnung verlangsamen. Ein einfacher Taktgeber kann aus einem Kondensator und einer Glimmlampe, die, sagen wir, bei 90 Volt zündet und bei 70 Volt ausgeht, gebaut werden. Da sich gemäß Relativitätstheorie alle Uhren verlangsamen, muß sich auch der Taktgeber, der ja wie eine Uhr funktioniert, verlangsamen. Die Zeitkonstante eines solchen Ladevorganges berechnet sich nach $T = R\,C$. Erhöht sich der Widerstand R, dann erhöht sich automatisch die Zeit-

---

[94] Determinismus: Lehre von der Vorbestimmtheit alles Geschehens
[95] Makroskopisch bedeutet „mit dem Auge erkennbar"

konstante T. Der Ladevorgang dehnt sich gegen unendlich,
wenn das Raumschiff mit annähernder Lichtgeschwindigkeit
unterwegs ist.

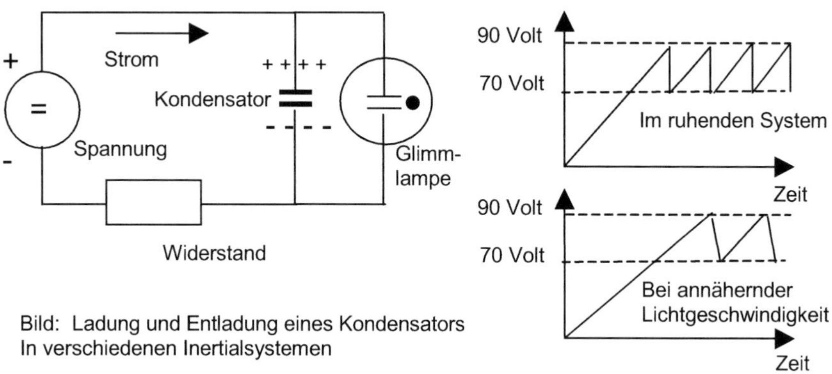

Bild: Ladung und Entladung eines Kondensators
In verschiedenen Inertialsystemen

Bei Supraleitung ist der Widerstand jedoch 0 und die Stromstärke deshalb konstant. Die Stromstärke eines supraleitenden
Materials wäre also in jedem Raum-Zeit-System unveränderlich. Tatsächlich gibt es trotz aller Ungereimtheiten Bücher und
Physiker, die es schaffen, Relativitäts- und die Quantentheorie
als einheitliche Theorie zusammenzufassen, so als würde alles
wahnsinnig gut zusammenpassen. Ein Licht im dunklen Tunnel
soll die Stringtheorie sein. Sie soll Quanten- und Relativitätstheorie vereinen.

Vielleicht ist das, was wir als Materie bezeichnen, nichts weiter
als die mathematische Beschreibung mehr oder weniger dichter Energiefelder, und ein Elektron, beispielsweise, existiert
überhaupt nicht wirklich als Teilchen. Es läßt sich aber damit
viel leichter rechnen, wenn man es sich so vorstellt. Zur Zeit
basiert *die moderne Physik* auf einem merkwürdigen Misch-
masch aus Relativitäts- und Quantentheorie. Je nach Bedarf
wird die eine oder die andere benutzt, um irgendwelche Merkwürdigkeiten „zu erklären". Eine neue Interpretation der
Wheeler-Feynman-Absorber-Theorie erklärt beispielsweise das
„unbegreifliche" Doppelspaltexperiment dadurch, daß Elektronen vor dem Passieren des Doppelspaltes gleichzeitig in die

Vergangenheit und in die Zukunft reisen, damit sie schon vorher wissen, was sie erwartet und in der Vergangenheit darauf reagieren können. Falls Sie das nicht verstehen können, liegt das daran, daß es keiner kann.

Einsteins *unabhängige Raum-Zeit-Systeme* mit *unterschiedlicher Trägheit* sind überhaupt nicht *voneinander unabhängig*, sondern miteinander im höchsten Maß *verschränkt*, und zwar über die Lichtgeschwindigkeit. Wären *Einsteins Raum-Zeit-Systeme unabhängig*, dürfte man die Zeitdehnung in einem anderen Inertialsystem überhaupt nicht berechnen können.

Einstein beweist mit seiner *Speziellen Relativitätstheorie* den *Universums-Äther*, mit dem *Schönheitsfehler*, daß die maximale Relativgeschwindigkeit nur *einfache* und nicht *doppelte* Lichtgeschwindigkeit sein darf. **Physikalisch gleichwertig** sind deshalb nur Inertialsysteme mit *gleicher Geschwindigkeit*, *sprich Trägheit*.

Betrachtet man beispielsweise 3 Inertialsysteme, von denen eins in Ruhe und die beiden anderen sich mit 90% Lichtgeschwindigkeit zu dem ruhenden in entgegengesetzter Richtung bewegen, ergibt sich gemäß Spezieller Relativitätstheorie für beide Inertialsysteme eine Zeitdehnung mit dem *Faktor 2*. Aus Sicht von Inertialsystem A bewegt sich aber auch Inertialsystem B mit hoher Geschwindigkeit. Trotzdem laufen in beiden Inertialsystemen A und B die Uhren synchron.

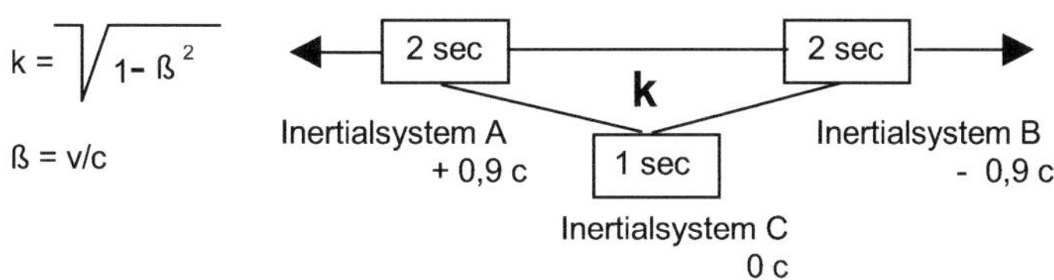

Bild: Inertialsysteme sind über die Lichtgeschwindigkeit über den Kopplungsfaktor k miteinander verschränkt.

Gemäß *Spezieller Relativitätstheorie* soll man aber genauso gut Inertialsystem A als in Ruhe annehmen können, weil alle Inertialsysteme gleichberechtigt sind. Dann würde in Inertialsystem C die Zeit nur halb so schnell vergehen, und die Uhr von Inertialsystem B könnte auf keinen Fall synchron mit Inertialsystem A laufen, weil Inertialsystem A eine Relativgeschwindigkeit zu Inertialsystem B besitzt.

Bis zum Auftauchen der Relativitätstheorie galten *logische Widersprüche* noch als Beweis für einen Fehler in den Voraussetzungen oder der Überlegung. Mit Anerkennungen der Paradoxien[96] in der *Speziellen Relativitätstheorie* wurde die *Logik als Werkzeug*, um zu erkennen was *wahr* und *falsch* ist, aus der *modernen Physik* fein säuberlich entfernt. Prinzipiell halte ich die *klassische Physik* auch nicht für einen Spezialfall der modernen Physik. Vielmehr ist die moderne Physik ein Spezialfall der klassischen Physik, weil wir es im Normalfall nicht mit extrem tiefen Temperaturen oder extrem hohen Geschwindigkeiten zu tun haben. Die klassische analoge Nachrichtentechnik ist ja auch kein Spezialfall der modernen digitalen Nachrichtentechnik. Diese Analogie führe ich ab dem Kapitel *„Das Informationsquant"* weiter. Albert Einstein und Niels Bohr wußten genau, daß sie nicht beide recht haben konnten. Die Physiker von heute stört das anscheinend nicht und geben beiden recht.

„Das Gleiche läßt uns in Ruhe, aber der Widerspruch ist es, der uns produktiv macht."[97]

Fazit
Die moderne Physik steckt in einem scheinbar unlösbaren Widerspruch zwischen Relativitäts- und Quantentheorie. Ein Ausweg soll die Stringtheorie sein!

---

[96] Paradox bedeutet, daß eine Sache zugleich wahr und falsch ist. Für einen logisch denkenden Mensch erscheint so ein Zustand als widersinnig und damit unmöglich.
[97] Zitat Johann Wolfgang von Goethe

Die versteckten Dimensionen

Das Größenverhältnis eines Atomkerns zu seiner Hülle entspricht etwa dem Größenverhältnis eines Stecknadelkopfes im Mittelpunkt eines Fußballfeldes zu dessen Spielfeldrand. Dazwischen soll jedoch *kein Feld* sondern *nichts* sein, *rein gar nichts*, wie die moderne Physik behauptet. Der Atomkernradius entspricht einigen Femtometern (10^{-15}m) und ist damit einhunderttausendmal kleiner als der Atomradius insgesamt, der etwa ein Ångström (10^{-10}m) beträgt. Das Elektron selbst soll nur ein tausendstel Femtometer groß sein.

Vibrierende Strings, die noch viel kleiner seien wie der Stecknadelkopf, vielleicht in der Größe eines Atoms des Stecknadelkopfes um bei dem Bild zu bleiben, sollen die Widersprüche zwischen Relativitäts- und Quantentheorie lösen.

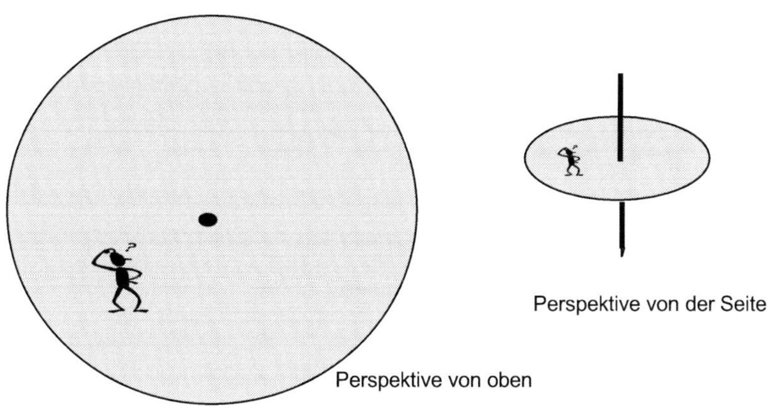

Bild: Männchen in einer 2-dimensionalen Welt stößt auf ein <Schwarzes Loch>, das wie aus dem Nichts entstanden ist.

---

[98] Als Mephisto einen jungen Schüler, der ihn für Dr. Faust hält, von einem Studium der Theologie und Medizin abrät.

Stellen Sie sich vor, Sie seien ein Männchen, das auf ein kreisrundes Blatt Papier gemalt wurde. Ein Bleistift, der sich von oben durch das Papier bohrte, erschien Ihnen nur als *Schwarzes Loch*, das wie aus dem Nichts entstanden ist. Auch wäre es Ihnen unmöglich, an dem Bleistift hochzuschauen, um seine Höhe zu erkennen. Sie könnten sich ein physikalisches Gesetz definieren, nachdem *Schwarze Löcher* in Ihrer Welt entstehen und sich auf wunderbare Weise von selbst vergrößern können. Nur verstehen würden Sie es nie.

Denken wir in zuwenig Dimensionen?

Es gibt Wissenschaftler, die behaupten, daß unser Universum mehr als die 3 (+ Zeit) von uns begreifbaren Dimensionen besitzt und deshalb für uns rätselhaft erscheint. Eine neue Theorie, die 10 Dimensionen oder sogar mehr umfaßt und *Stringtheorie* heißt, soll die Dimensionen wenigstens mathematisch erfassen. Teilchen sind keine Massenpunkte mehr, sondern vibrierende Fäden, viel kleiner als alle bekannten Elementarteilchen. Dadurch soll der Welle-Teilchen-Dualismus, der einen Widerspruch in sich darstellt, vermieden werden. Die Stringtheorie ist eine rein mathematische Theorie, die kein bildliches Modell zur Verfügung stellt. Sie hat auch keine experimentelle Grundlage, und es wird wahrscheinlich auch nicht möglich sein, sie je experimentell zu bestätigen. Ob den Menschen mit einem Weltbild geholfen ist, das 10 Dimensionen oder sogar mehr umfaßt, ist fraglich. Wenn ja, dann bestimmt nur wenigen. Warum wir von den vielen Dimensionen letztendlich nur 4 erleben, liegt daran, daß die anderen irgendwie in der *Raum-Zeit* aufgerollt sein sollen.

Nur Gott weiß, wie!

Fazit
Die Stringtheorie umfaßt 10 Dimensionen oder sogar mehr!

Der Universums-Äther

„Früher hat man geglaubt, wenn alle Dinge aus der Welt verschwinden, so bleiben noch Raum und Zeit übrig; nach der Allgemeinen Relativitätstheorie verschwinden aber Raum und Zeit mit den Dingen." [99]

Als der junge Newton 1672 stolz der Royal Society seine Korpuskel-Theorie unterbreitet, schlägt er voll bei Huygens auf. Der angesehene Wissenschaftler hält Newtons Interpretation seines Prisma-Versuches schlichtweg für *baren Unsinn*. Newton vertritt die absurde Ansicht, daß Licht bestehe aus kleinen Teilchen, die mit verschiedener Geschwindigkeit durch den leeren Raum flögen. Die unterschiedliche Geschwindigkeit der Teilchen seien für die verschiedenen Farben des Lichts verantwortlich und das Tollste:

Die Brechung im Prisma hänge von der Gravitationswirkung des Glases auf diese Teilchen ab. Dadurch würden diese Teilchen in Glas merklich an Geschwindigkeit zunehmen.

Auf Druck seiner Gegner in der Royal Society paßt Newton 1675 notgedrungen seine Theorie an die anerkannte Äthertheorie an. Fortan erklärt er seine Korpuskeltheorie als Wechselwirkung mit dem Äther, der in Glas dünner sei. Wieder behauptet Newton im Widerspruch zu Huygens, das Licht sei in Glas schneller. 1687 veröffentlicht Newton seine Gravitationstheorie in der „Principia Mathematica" . Das Mathematik-Buch ist schwer zu lesen und enthält Gedankensprünge, die kaum nachvollziehbar sind. Die Cambridge-Studenten scherzen, daß Newton ein Buch geschrieben habe, das niemand verstehe. Auch Huygens, selbst ein brillianter Mathematiker, meldet Bedenken an:

---

[99] Zitat Albert Einstein zur Allgemeinen Relativitätstheorie. Es stellt sich die Frage, was ist ein Ding?

„Ich kann nicht begreifen, wie Herr Newton eine so gute Mathematik auf eine so absurde physikalische These übertragen kann.“

Das Erstaunlichste an Newtons Annahme über die Himmelsmechanik ist hierbei, daß die Anziehungskraft der Himmelskörper *augenblicklich* wirken soll. Denn diese Fernwirkung wäre *unendlich schnell*. An Newton prallen Huygens Gegenargumente nicht vollständig ab, und er gibt zu:

"Das ein Körper auf einen anderen wirkt, auf große Entfernungen durch das Vakuum, ohne ein Medium dazwischen, durch das und mit dessen Hilfe die Kraftwirkung von dem einen auf den anderen übertragen wird, ist für mich so absurd, daß ich glaube, daß kein Mensch mit Kompetenz in philosophischem Denken, so etwas jemals in Erwägung ziehen kann."

Erst nach Huygens Tod 1695 veröffentlicht Newton 1704 in „Opticks“ seine revidierte Teilchentheorie vom Licht, das aus unendlich vielen Farben zusammengesetzt sei. Die Wellentheorie vom Licht hält er für falsch.

Vor 200 Jahren fragte sich der Naturforscher Spallanzani, wie sich Fledermäuse in dunkler Nacht orientieren. Er verdunkelte deshalb einen Raum, bis er tief schwarz war und ließ eine Fledermaus umherflattern. Er war von dem Ergebnis so erstaunt, daß er weitere Zeugen holte, um dann messerscharf zu schließen:

„So ist ein Ort, von dem wir glauben, daß er vollständig dunkel sei, durchaus nicht so, denn Fledermäuse können erwiesenermaßen ohne Licht sehen.“

Das erinnert mich natürlich an Einsteins Relativitätsprinzip, nachdem ja **„erwiesenermaßen“** alle Inertialsysteme physikalisch gleichwertig sein müssen, weil man den *Äther* nicht „sehen“ konnte. Für Spallazani, der nachwies, daß Schwalben im

Frühjahr wieder zu ihrem Nest vom Vorjahr zurückkehren, war es einfach unvorstellbar, daß Fledermäuse *nicht mit den Augen sehen*. Die Echo-Peilung war noch nicht bekannt und die hochfrequenten Laute der Fledermäuse sind für den Menschen nicht hörbar.

Der Raum des Universums ist heute mindestens genauso mysteriös für uns, wie die Echopeilung der Fledermäuse für Spallazani, denn er ist nicht vollständig leer; das zeigt der Casimir-Effekt. Zwei dünne Metallplättchen, in geringem Abstand zueinander, ziehen sich im Vakuum auf geheimnisvolle Weise an.

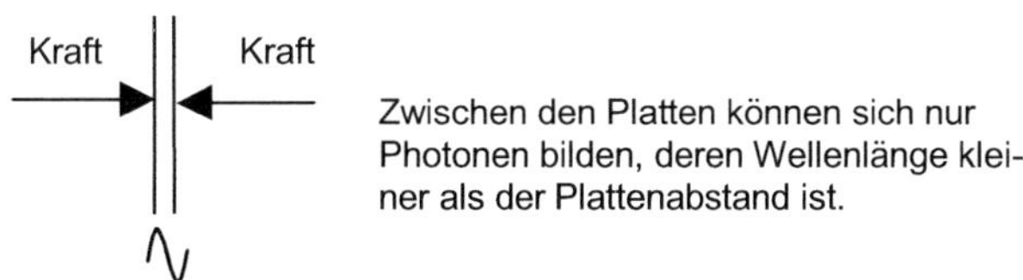

Bild: 2 Metallplättchen im Vakuum ziehen sich auf geheimnisvolle Weise an, wenn ihr Abstand zwischen 0,6 bis 10 tausendstel eines Millimeters beträgt. Ursache sind Vakuumfluktuationen.

Der Casimir-Effekt, bereits 1948 von Hendrick Casimir, Physiker in den Forschungslaboratorien der Firma Philips in den Niederlanden vorhergesagt, läßt auf die Existenz von virtuellen Teilchen im Vakuum schließen. 1996 konnte Steven Lamoreaux den vorhergesagten winzigen Effekt mit einer Genauigkeit von 5% nachweisen. Der Casimir-Effekt beruht auf sogenannten *Vakuumfluktuationen*, die die Unschärfetheorie vorhersagt. Hiernach können für *winzige Augenblicke*, sozusagen wenn *Gott zwinkert*, Lichtteilchen entstehen und wieder vergehen.

Nach Casimir sollen in den Zwischenraum der Platten nur Photonen einer bestimmten Wellenlänge passen. Sind die Photonen zu groß, passen sie schlichtweg nicht dazwischen, so daß es zu einem *Energie-Unterdruck* zwischen den Platten kommt. Die zu messende Kraft ist sehr gering und beträgt etwa der, die ein Gewicht von einem tausendstel Milligramm auf seine Unterlage ausübt. Obwohl es sich bei virtuellen (scheinbaren) Teilchen nicht um Materie handelt, erscheint das Vakuum plötzlich doch nicht mehr so leer, wie man früher glaubte, und mehr noch. Der Casimir-Effekt beweist die Verletzung der Symmetrie-Gesetze. Mysteriös bleibt die Gravitationswirkung der Vakuumsenergie. Denn, wenn das Vakuum eine **brodelnde Energiesuppe** ist, dann muß dieser Suppe auch eine Masse zugeschrieben werden, die entsprechende Wirkung im Universum zeigen müßte.

Die Quantentheorie hat für die Erklärung des *Äthers* natürlich längst ein Teilchenmodell präsentiert. Es basiert im wesentlichen auf sogenannten Neutrinos, die mal Masse, mal keine haben sollen. Diese geheimnisvollen Teilchen sollen in unvorstellbarer Menge ständig unsere Welt ohne jeden spürbaren Effekt durchdringen. Abgeschirmt in unterirdischen Bergwerken muß man Tage warten, um auch nur ein Neutrino nachzuweisen, weil deren Wahrscheinlichkeit, mit anderen Teilchen in Wechselwirkung zu treten, nahezu Null ist.

Lange Zeit glaubte man, daß elektromagnetische Wellen kein Ausbreitungsmedium brauchten. Heute scheint es, als sei das ganze Universum von einem geheimnisvollen *Äther* erfüllt. Der *Äther* hat sogar einen **Wellenwiderstand**, der sich wie folgt berechnet und die Geschwindigkeit von Licht begrenzt:

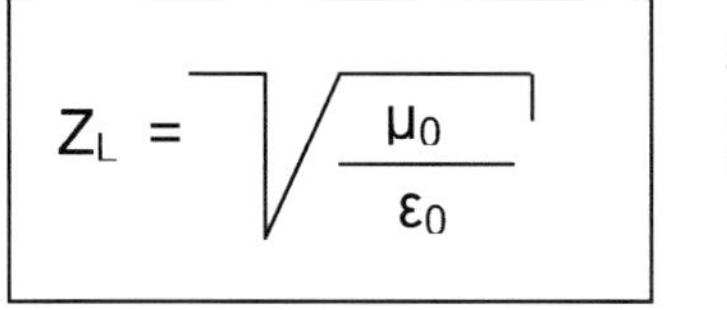

$$Z_L = \sqrt{\frac{\mu_0}{\varepsilon_0}}$$

Z_L Wellenwiderstand im Vakuum
μ_0 magnetische Feldkonstante
ε_0 elektrische Feldkonstante

Aus den beiden Feldkonstanten μ_0 und ε_0 kann die Lichtgeschwindigkeit mathematisch hergeleitet werden.

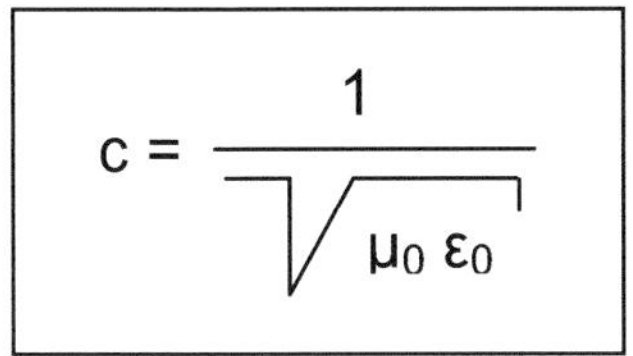

$$c = \frac{1}{\sqrt{\mu_0\, \varepsilon_0}}$$

c	Lichtgeschwindigkeit
μ_0	magnetische Feldkonstante
ε_0	elektrische Feldkonstante

Die Geschwindigkeit einer elektromagnetischen Welle ist auch alles andere als konstant und stark von dem Medium, in dem sie sich fortpflanzt, abhängig. Der *Äther* besitzt eine Kapazität und eine Induktivität, die sehr homogen im Raum verteilt zu sein scheint und in dem sich die elektromagnetische Welle ausbreitet. Der sogenannte Feldwellenwiderstand ist *scheinbar* frequenzunabhängig und beträgt 376,68 Ω.

Das ist ein recht genauer Wert für etwas, das eigentlich gar nicht existiert.

Die Relativitätstheorie erhebt die *Lichtgeschwindigkeit c* zur *Naturkonstanten.*

Nur, warum?

Die Schallgeschwindigkeit ist doch auch keine Naturkonstante. Naturkonstanten lassen sich gemeinhin nicht mathematisch herleiten, sondern müssen experimentell ermittelt werden. Übrigens trifft auch die *Schallwelle auf einen Wellenwiderstand.* Er bezeichnet das *Produkt aus Dichte des Mediums und der Schallgeschwindigkeit.*

Die Kenntnis über den Wellenwiderstand ist für den Bau von Antennen enorm wichtig. Nur im Fall der Anpassung wird die elektromagnetische Welle optimal abgestrahlt. Deshalb ist jede Weltraumantenne auf den Wellenwiderstand des *Äthers* ausgerichtet. Der Begriff „*Äther*" hat sich bis heute im Rundfunk gehalten. Der Elektro-Ingenieur behandelt den *Äther* wie eine Leitung, die mit einem *Wellenwiderstand* abgeschlossen werden muß, um Reflexionen zu vermeiden.

Huygens, der die Wellentheorie des Lichts formulierte:

"Wenn nun, wie wir bald untersuchen werden, das Licht zu seinem Wege Zeit braucht, so folgt daraus, daß diese dem Stoff mitgeteilte Bewegung eine allmähliche ist und darum sich ebenso wie diejenige des Schalles in kugelförmigen Flächen oder Wellen ausbreitet; ich nenne es nämlich Wellen, wegen der Ähnlichkeit mit jenen, welche man im Wasser beim Hineinwerfen eines Steines sich bilden sieht."

Die *Äthertheorie* entstand ursprünglich aus der klassischen Physik im 19. Jahrhundert. Die Väter der Elektro- und Nachrichtentechnik Faraday, Maxwell, Lorentz, und Hertz glaubten fest an einen *Universums-Äther*. Gemäß *Äthertheorie* ist Licht als elektromagnetische Welle zu verstehen, die sich im *Äther* ausbreitet, also eine *Raum-Zeit-Vibration* darstellt. Der *vermeintliche Welle-Teilchen-Dualismus* löst sich auf, weil Licht als reine Wellenerscheinung erklärbar ist.

Die Eigenschaften solch eines *Äthers* schienen den Physikern von damals *höchst mysteriös*. Einige meinten, der *Äther* bestünde aus **winzigen Wirbeln**, sogenannten **„Vortices"**. Lord Kelvin hatte schon das spezifische Volumengewicht für den *Äther* berechnet.

Michael Farady, Sohn eines armen Hufschmieds, verließ mit 13 Jahren die Schule, um sich fortan als Buchverkäufer und Buchbinder durchzuschlagen. Als er das *Encyclopaedia Britannica* in die Hände bekam, das er binden sollte, las er äußerst interessiert die vollständige Abhandlung von 127 Seiten über Elektrizität. Sein Interesse für diese Wissenschaft war von nun an geweckt.

Erst viele Jahre später sollte er die wissenschaftlichen Vorlesungen des Chemie-Professors Davy besuchen. Kaum 20 hatte Davy, nach einer Lehre bei einem Apotheker die Leitung eines Laboratoriums zur Erforschung von Gasen übernommen.

Seine ungewöhnlichen Experimentalvorlesungen erfreuten sich größter Beliebtheit. Als Faraday 1910 das erste Mal Davys Vorlesung besuchte, gehörte der Begründer der Elektro-Chemie, bereits zu den bedeutendsten Chemikern Europas.

Faradays Bewerbung als Gehilfe bei der Royal Society, die Davy als Lehrer angestellt hatte, blieb anfangs unbeantwortet. Doch der Zufall kam Faraday zur Hilfe. Davy war durch eine Explosion in seinem Labor vorübergehend erblindet und brauchte Hilhe. Nun erinnerte man sich an Faraday, der Davy eine vollständige Mitschrift seiner Vorlesungen vorweisen konnte. Das beeindruckte Davy.

Faraday war eingestellt.

1821 zeichnete Faraday[100] zum ersten Mal das magnetische Feld eines elektrischen Stroms um einen Leiter und veröffent-licht seine Theorie über die elektromagnetische Rotation. Der Elektro-Motor war erfunden.

Als Faraday als Mitglied in die Royal Society aufgenommen werden sollte, war Davy, mittlerweile Präsident der Royal So-ciety, der einzige, der dagegen war. Die Gründe hierfür sind unklar. Faraday stand im Verdacht die Entdeckung über die elekromagnetische Rotation von Wollaston gestohlen zu ha-ben, einem Freund von Davy. Nach langem hin und her wurde Faraday schließlich doch aufgenommen.

1827 übernimmt sein einstiger Gehilfe seinen Lehrstuhl als Professor für Chemie. Die vielen Experimente mit giftigen Ga-sen hatten Nebenwirkungen gezeigt. Davy wurde schwer krank.

---

[100] Das Phänomen der magnetischen Felder um einen Leiter war bereits seit 1819 durch den Dänen Hans Christian Oersted bekannt.

6 Jahre später sollte der Naturwissenschaftler, der *nie eine mathematische Formel* benutzte, um seine Gedanken auszudrücken, entdecken, daß magnetische Felder in einem durch sie bewegten Leiter Spannungen erzeugen. Die Entdeckung Faradays sollte 1873 zu den Maxwellschen Gleichungen führen, die Grundlage der gesamten Elektro- und Nachrichtentechnik geworden sind. Der geniale schottische Mathematiker Maxwell, bekannt für seine unfreundliche Art gegenüber Nicht-Mathematikern, konnte zeigen, daß es sich bei Licht auch um elektromagnetische Wellen handelte und seine Formeln sagten deren Ausbreitung im freien Raum voraus.

Hertz, der schon mit 37 Jahren sterben mußte, weil er sich bei seinen Experimenten vor dem *giftigen Quicksilberdampf* nicht genügend geschützt hatte, erklärte 1889 bei einem Vortrag:

„Nehmt aus der Welt die Elektrizität und das Licht verschwindet. Nehmt aus der Welt den lichttragenden Äther, und die elektrischen und magnetischen Kräfte können nicht mehr den Raum überschreiten".

Offener Schwingkreis   Elektromagnetische Welle

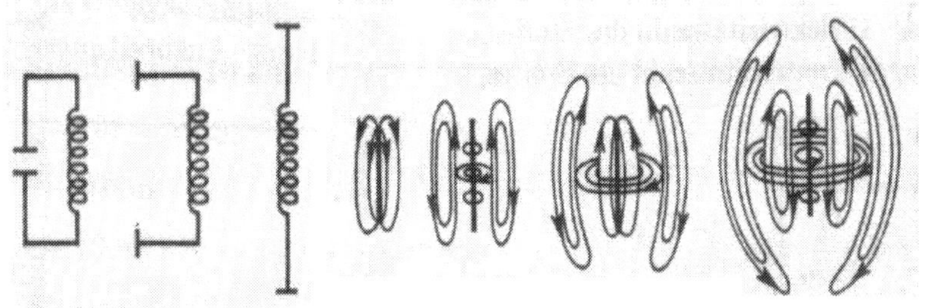

Bild: Die Abstrahlung einer elektromagnetischen Welle *im freien Raum* über einen Hertzschen Dipol. Schon ein einfacher, gestreckter Draht dient bei hohen Frequenzen als Antenne. Das elektrische Feld schwingt senkrecht zum magnetischen Feld.

Hertz hatte zuvor entdeckt, daß ein Funkengeber in weiter Entfernung in einer Drahtschleife mit kleinem Spalt Funken erzeugte. Er begann sofort seine Meßergebnisse an verschiedenen Punkten im Raum auf ein Blatt Papier zu malen und *verbildlichte* dadurch die längst bekannten Maxwellchen Gleichungen. Das erste, was Hertz 1887 nach seiner revolutionären Entdeckung machte, war also, daß er sich *ein Bild malte*, und zwar *ein Bild* von der *elektromagnetischen Welle, die sich durch den freien Raum zu bewegen schien.*

Jahrzehntelang zuvor hatten Funkengeber in Laboratorien in England, Frankreich und Deutschland gestanden, nur niemandem waren die elektromagnetischen Wellen aufgefallen, obwohl mathematisch doch alles klar war. Die kugelförmige Ausbreitung von Licht bestimmt unser Weltbild. Die Zeit stellt sich als Eigenschaft des Äthers dar, der Energie mit einer begrenzten Geschwindigkeit, nämlich Lichtgeschwindigkeit, transportiert.

Materie entsteht durch Inhomogenitäten der Energie des *Äthers*. Durch diese Inhomogenitäten entstehen Elektronen und Positronen, immer dann, wenn die Energie der beiden Elementarwirbel zu groß wird, so daß sie auseinanderreißen. Die Antimaterie muß sich von der Materie blitzschnell entfernen, sollen sie sich nicht gegenseitig wieder vernichten. Nach dem berühmten Michelson-Morley-Experiment, das die Existenz des *Äthers* nachweisen sollte, aber fehlschlug, gab man die Vorstellung des *Äthers* jedoch auf. In Einsteins Originalarbeit heißt es:

*„Beispiele ähnlicher Art, sowie die mißlungenen Versuche, eine Bewegung der Erde relativ zum **"Lichmedium"** zu konstatieren, führen zu **der Vermutung**, daß dem Begriffe der absoluten Ruhe nicht nur in der Mechanik, sondern auch in der Elektrodynamik keine Eigenschaften der Erscheinungen entsprechen, sondern daß vielmehr für alle Koordinatensysteme, für welche die mechanischen Gleichungen gelten, auch die gleichen elektrodynamischen und optischen Gesetze gelten, wie dies für die Größen erster Ordnung bereits erwiesen ist.*

*Wir wollen **diese Vermutung**[101] (deren Inhalt im folgenden "Prinzip der Relativität" genannt werden wird) **zur Voraussetzung**[102] **erheben** ...*"

Es gibt Physiker, die meinen, daß das Michelson-Morley-Experiment nicht fehlschlug, weil der Äther nicht existiert, sondern, weil es praktisch keine Relativgeschwindigkeit zwischen Äther und Erde gibt. So ähnlich wie es keine Relativgeschwindigkeit zwischen einem Luftballon und der Luft gibt, die ihn mit sich führt. Ist die Vorstellung eines sich mit der Erde bewegenden Äthers so abwegig, wenn man anerkennt, daß praktisch alles im Universum rotiert? Warum dann nicht auch der Äther?

Die Relativitätstheorie erscheint in diesem Zusammenhang als **maskierte Äthertheorie**. Nur, wenn sich der *Äther* mit gleicher Geschwindigkeit wie das Inertialsystem bewegt, ist für das Licht die physikalische Gleichwertigkeit der Inertialsysteme gegeben.

Jedoch, warum sollte der *Äther* das tun?

Welcher Effekt sollte dazu führen, daß ein hyperschnelles Raumschiff den *Äther* mit sich führt?

Der Doppler-Effekt beweist, daß der Zustand des *Äthers* unabhängig von der Geschwindigkeit der Inertialsysteme ist. Die *Ätherfrage* scheint mir der zentrale Schlüssel für das Verständnis des Universums zu sein und falls die Massenanziehungskraft über ein Medium übertragen wird, fragt man sich, mit welcher Geschwindigkeit dies wohl geschieht?

Lichtgeschwindigkeit scheint viel zu langsam, um Jupiter auf seiner Bahn zu halten. Sir Eddington äußerte hierzu seine Be-

---

[101] Betonung auf Vermutung!
[102] Diese Voraussetzung führt später zu logischen Widersprüchen, die aber fortan niemand mehr anzweifelt.

denken und sah einen *eklatanten Widerspruch* zu den Beobachtungen, sollte sich die Massenanziehungskraft nur mit Lichtgeschwindigkeit ausbreiten.

Aber auch die *Allgemeine Relativitätstheorie* impliziert einen *Äther*. Wie sollte man sich sonst die vorhergesagten Gravitationswellen vorstellen?

Viele Bücher stellen den *Äther* sogar als eine Art *Gummituch*, über das die Gravitationswellen übertragen werden, dar. Am Ende einer Rede über die *Äther- und Relativitätstheorie* am 5. Mai 1920 an der Reichs-Universität zu Leiden, also 15 Jahre nach Veröffentlichung der *Speziellen Relativitätstheorie*, sagte Einstein wörtlich:

„Nach der allgemeinen Relativitätstheorie ist der Raum mit physikalischen Qualitäten ausgestattet; es existiert also in diesem Sinne ein Äther. ***Gemäß der allgemeinen Relativitätstheorie ist ein Raum ohne Äther undenkbar****; denn in einem solchen gäbe es nicht nur keine Lichtfortpflanzung, sondern auch keine Existenzmöglichkeit von Maßstäben und Uhren, also auch keine räumlich-zeitlichen Entfernungen im Sinne der Physik."* [103]

Einstein hatte mit der *Allgemeinen Relativitätstheorie* den Äther, den er in der *Speziellen Relativitätstheorie* verleugnet hatte, wieder eingeführt. Die *Raum-Zeit* ist deshalb nichts anderes als ein *anderer Name* für den *Äther*. Die Schallgeschwindigkeit des *Äthers* ist gleich Lichtgeschwindigkeit.

Nach meinen Vorstellungen ist das Universum selbstbegrenzend. Am Rande des Universums, wo der Äther dünner wird, wird alles Licht bzw. alle Energie reflektiert und läuft zurück. Der Äther selbst wandert wie eine Amöbe ohne feste Form im

---

[103] Die ausführliche Rede finden Sie am Ende dieses Buches

Über-Raum. Dann gäbe es letztendlich keinen Wärmetod der Welt, weil alle Energie von den *Äthergrenzen* zurückströmte. Der *Universums-Äther* ist mit den Weltmeeren vergleichbar, aus denen alles Leben entstanden ist. Der *Äther* ist die *Ur-Suppe*, in der die Energie gespeichert war, aus der die Galaxien geboren wurden.

Gemäß Äthertheorie ist Newtons Vorstellung, ein Körper könne ohne jeden Widerstand unendlich lange im Weltraum unterwegs sein, prinzipiell falsch. Denn der Äther bremst jede Bewegung, wenn auch nur gering.

**Das selbst-
begrenzende
Universum**

Bild: Das Universum hat keine feste Form, sondern ändert sich ständig. Licht wird am Rand des Universums reflektiert, kehrt zurück, bis in einem Ur-Knall eine neue Region entsteht.

„Früher hat man geglaubt, wenn aller Äther aus der Welt verschwindet, so bleiben noch Raum und Zeit übrig; nach der Allgemeinen Äthertheorie verschwinden aber Raum und Zeit mit dem Äther.“ [104]

Fazit
Der Raum scheint von einem geheimnisvollen Äther erfüllt zu sein. Zeit stellt sich als Eigenschaft des Äthers dar!

---

[104] Der Autor zur *Allgemeinen Äthertheorie*

Elementarwirbel in der Raum-Zeit

Faust

„Du nennst dich einen Teil,

und stehst doch ganz vor mir?"

Mephisto

„Bescheidene Wahrheit sprech ich dir.

Wenn sich der Mensch, die kleine Narrenwelt,

Gewöhnlich für ein Ganzes hält-

Ich bin ein Teil des Teils, der anfangs alles war,

ein Teil der Finsternis, die sich das Licht gebar,

das stolze Licht, das nun der Mutter Nacht

den alten Rang, den Raum ihr streitig macht."[105]

Der **fundamentale Irrtum** der Photonentheorie beruht auf der Vorstellung, daß man glaubt, das *abgestrahlte Photon* sei identisch mit dem *ankommenden Photon*. Man stellt sich die Übertragung von Lichtimpulsen wie einzelne Gewehrkugeln vor, nicht wie das Umfallen einer *Reihe von Dominosteinen*.

Als Elementarteilchen werden gemeinhin Teilchen bezeichnet, die nicht weiter teilbar sind. Nur, sind wir uns da bei den bekannten Teilchen wirklich sicher?

Hat man sich erst mal zu der Erkenntnis, daß das Universum von einem Äther erfüllt ist, durchgerungen, wird vieles klarer. Nun fragt man sich, welche Eigenschaften solch ein Äther wohl besitzt, und wie er mit der uns vertrauten Materie wechselwirkt

---

[105] Als sich Mephisto Faust erklärt

und erkennt, daß die *fehlende Stufe* zwischen klassischer Physik und Quantentheorie die *Äther-Theorie* ist.

Anhänger der *Äther-Theorie* beschreiben die uns bekannten Elementarteilchen, wie das Elektron, als winzige *Elementarwirbel des Äthers*. Diese Wirbel sind mindestens in **Größe, Wirbelgeschwindigkeit und Wirbelrichtung** unterscheidbar und bringen die uns aus der Quantentheorie bekannten zahlreichen Elementarteilchen hervor.

Die Masse der Elementarteilchen steht in direktem Zusammenhang mit den Eigenschaften eines solchen Wirbels. Daß *die Natur gerne rotiert*, wissen wir ja von den zahlreichen Wirbelwinden, den Wasserstrudeln, den Planeten und Sonnen des Universums und selbst von den Galaxien. Warum soll es nicht auch Elementarwirbel geben?

Elektronen wären Elementarwirbel des Äthers kleinster Größe, während Protonen weit größere Elementarwirbel darstellen würden. Die elektrische Anziehungskraft würde sich aus den Eigenschaften dieser Elementarwirbel erklären lassen.

Die Natur präsentiert sich in genialer Einfachheit. Die Weiterentwicklung der klassischen Physik ist eine Physik der Elementarwirbel des Äthers.

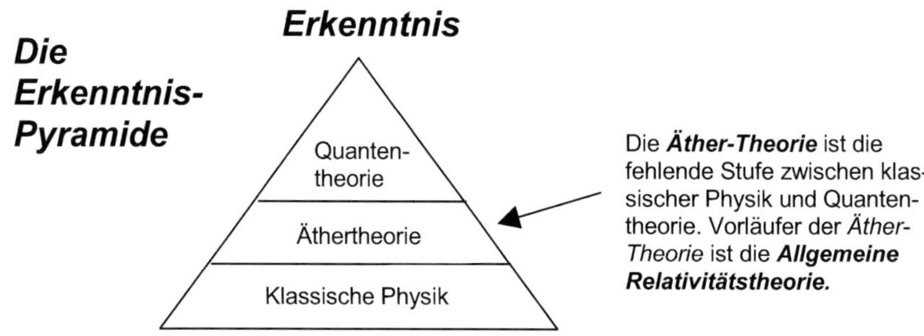

Bild: Die Erkenntnis-Pyramide. Das Fundament der Erkenntnis bildet die klassische Physik. Sie führt zur Äthertheorie, aus der sich die Quantentheorie entwickeln läßt.

Ein Elementarwirbel ist einem Teilchen ähnlich, unterscheidet sich jedoch in der **Voraussetzung eines Äthers**, ohne den die Elementarwirbel nicht wirbeln könnten. Größere Wirbel, wie das Proton, rotieren prinzipiell langsamer als kleine Wirbel, wie das Elektron und dies könnte eine Erklärung für das, was wir **Ladung** nennen sein. Die elektrische Anziehungskraft ließe sich als Wechselwirkung der verschiedenen Elementarwirbel erklären. Daß sich Wirbel auch im makroskopischen Bereich anziehen, zeigt die bekannte Massenanziehungskraft. Die *Allgemeine Relativitätstheorie* ist letztendlich eine Beschreibung der Eigenschaften des Äthers und somit als Vorläufer einer verbesserten Äthertheorie zu verstehen.

Die Theorie der Elementarwirbel könnte vielleicht auch eine Antwort auf die Frage, wieso es keine magnetischen Monopole gibt, sein. Magnete besitzen immer 2 gegensätzliche Pole *Nord und Süd*, egal wie sehr man sie auch zerkleinert. Magnetische Feldlinien sind immer geschlossen. Mit diesem Mysterium hat sich auch schon Paul Dirac rumgeschlagen. Magnete scheinen sich jedem Versuch der Quantisierung erfolgreich zu widersetzen. Selbst Elementarteilchen stellen magnetische Dipole dar.

Mit der *Äther-Theorie* verabschieden wir uns vom **Nichts** und **unendlichen Geschwindigkeiten**, weil beides in der Natur nicht existiert. Die *Allgemeine Relativitätstheorie* kann als **Vorläufer der Äthertheorie** angesehen werden.

Was ist nun aber ein Photon?

Zwei Photonen können in ein negativ geladenes Elektron und ein positiv geladenes Positron umgewandelt werden. Demzufolge müssen Photonen über diese Elementarladungen verfügen.

Wenn man Licht über ein Teilchenmodell beschreiben will, so braucht es mindestens 2 Teilchen, und zwar ein *positiv* und ein *negativ* geladenes Teilchen. Diese beiden Teilchen sind über die elektromagnetische Kraft aneinandergekettet. Das Photon besteht also aus Photon und Antiphoton. Die Energie der beiden Teilchen schreibt ihnen gemäß Relativitätstheorie auch eine von ihrer Frequenz abhängigen Masse zu.

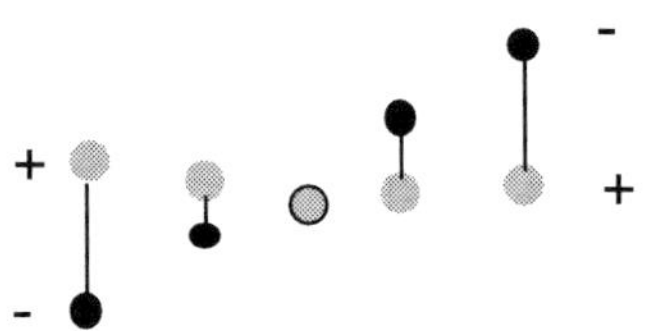

Bild: 1 Photon besteht gemäß meiner Vorstellung aus 2 entgegengesetzt geladenen Elementarladungen, die über die elektromagnetische Kraft miteinander verbunden sind. Ihre Masse erhalten sie über ihre Frequenz, mit der sie quer zur Bewegungsrichtung schwingen.

Der Äther[106] des Universums kann Photonen, das heißt Energie, aufnehmen und übertragen. Dabei setzt er den Photonen jedoch einen geringen elektromagnetischen Widerstand, den Wellenwiderstand, entgegen. Dementsprechend stellt sich Licht als **Raum-Zeit-Vibration** dar.

Das Doppel-Teilchen-System schwingt jedoch nicht symmetrisch. Das negativ geladene Teilchen könnte eine höhere Geschwindigkeit als das positive haben. Dadurch erklärte sich die kugelförmige Ausbreitung des Lichts. Die Kopplung der Teilchen erklärte sich über das elektromagnetische Feld, der quer zur Bewegungsrichtung schwingenden Teilchen.

Die Photonen können natürlich in sämtlichen Winkeln zueinander schwingen, so daß das oben dargestellte Bild eine Trivialisierung der tatsächlichen Gegebenheiten darstellt. Stoßen Photonen mit Elektronen zusammen, so übertragen sie in Wirklichkeit nur ihre Energie in Form ihres magnetischen Feldes auf das Elektron. Der Zusammenstoß ist also kein echtes *Aufeinanderprallen*, wie bei Billardkugeln, sondern eine *ma-*

---

[106] Es handelt sich hierbei um **meine Interpretation** der Äthertheorie.

gnetische Kopplung wie bei einer Antenne. Die wesentliche Frage ist natürlich, ob der *Äther* im ganzen Universum homogen und die Lichtgeschwindigkeit überall konstant ist?

1993 veröffentlichte der begabte Elektro-Ingenieur Ivor Catt einen Artikel, in dem er die klassische Theorie der elektromagnetischen Welle stark kritisierte. Der Entwicklungs-Ingenieur, der ein Patent auf sogenannte *Wafer-Stacks* hält und damit eine neue Entwicklung in der Chip-Entwicklung anstieß, glaubt nicht, daß die elektromagnetische Welle durch die Bewegung der Elektronen innerhalb eines Leiters entsteht. Catt nimmt vielmehr an, daß die Ladung außerhalb des Leiters entsteht und die Elektronen dadurch in Bewegung gesetzt werden. Ein Beweis für diese Theorie soll die „Cattsche Anomalie" sein. Catt spricht aus, was die meisten Elektro-Ingenieure wissen. Unsere Vorstellung vom elektrischen Strom ist *widersprüchlich*.

Cattsche Anomalie

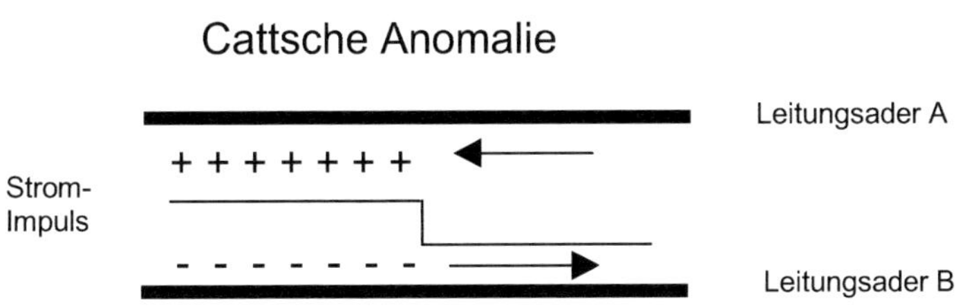

Bild: Der Strom fließt, obwohl der Stromkreis noch nicht geschlossen ist. Wie können Elektronen, die sich mit der Driftgeschwindigkeit einer Schnecke fortbewegen, einen gleichzeitigen, beidseitigen Strom hervorrufen, der sich mit Lichtgeschwindigkeit ausbreitet?

Catt tritt damit in die Fußstapfen eines anderen berühmten Elektro-Ingenieurs, Oliver Heaviside, der nie ein Diplom machte. Der self-made Ingenieur, der als *komischer Kauz* galt, wurde 1912 sogar für den Nobelpreis nominiert. Heaviside erklärte das Mysterium der Reflexion der elektromagnetischen Welle an der Ionosphäre der Erde und schlug als erster vor, die Dämpfung einer Leitung durch zusätzliche Induktionsspulen zu verringern. Hätten Catt und Heaviside recht, müßte die *klassi-*

sche Theorie der elektromagnetischen Welle neu geschrieben werden und die *Äther-Theorie* bekäme eine neue Grundlage.

Die *Mystik* um das Licht, rührt also meiner Meinung nach daher, daß wir etwas für *eins* halten, das in Wirklichkeit aus *zweien* besteht. Das erinnert mich an ein bekanntes *Zauberkunststück*, bei dem eine Person mit annähernder Lichtgeschwindigkeit zu einer anderen Ecke der *Zauberbühne* gelangt. Es handelt sich bei dieser Art von *Zaubertrick*, wie Sie wahrscheinlich wissen, um eine *Variante des Zwillingsparadoxons.*

Fazit
Quanten sind Elementarwirbel des Äthers!

Planeten und Kometen

Der legendäre Detektiv Sherlock Holmes und sein Assistent
Watson zelten. Mitten in der Nacht weckt Holmes seinen Assistenten und fragt ihn: „Sehen Sie sich die Sterne an und sagen
Sie mir, was Sie daraus schließen?"
Watson: „Ich sehe Millionen Sterne. Wenn nur einige davon
das Zentrum von Sonnensystemen darstellen, dann könnte
dort oben Leben existieren wie auf der Erde."
Daraufhin Holmes: "Watson, Sie sind ein Idiot. Unser Zelt wurde gestohlen!"

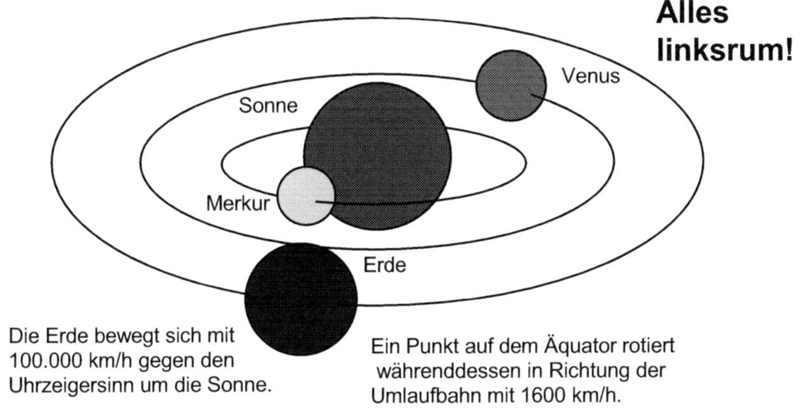

Die Erde bewegt sich mit
100.000 km/h gegen den
Uhrzeigersinn um die Sonne.

Ein Punkt auf dem Äquator rotiert
währenddessen in Richtung der
Umlaufbahn mit 1600 km/h.

Bild: Die Erde umkreist die Sonne und rotiert dabei fast senkrecht zur Umlaufbahn.
Die Kreisbahnen der Planeten befinden sich fast alle auf einer Ebene, so daß der
Eindruck einer flachen Scheibe entsteht.

Johannes Kepler, Professor für Mathematik, der häufig banale
Fehler machte, die sich zum Glück meistens gegenseitig auf-
hoben, fand seine 3 berühmten Gesetze, eher *zufällig*, oder
besser gesagt, nach der Methode „*Try and Error*".

So entdeckte Kepler vor 400 Jahren die mathematische Beschreibung der elliptischen Planetenbahnen durch *Ausprobieren* und *Herumspielen* mit Zahlen. Stieß er auf eine Regelmä-

ßigkeit wurde er neugierig und vermutete dahinter ein *göttliches Gesetz*. Bis in die heutige Zeit halten viele Physiker *Gott* für einen Mathematiker, der das Universum nach bestimmten geometrischen Regeln, die es zu finden gilt, gebaut hat; so auch Kepler und Einstein. Sie glauben, *der Schöpfer* habe das Universum nach einem göttlichen Plan erbaut, den es zu finden gilt. Dieser Plan basiert auf einer *Weltformel*, der *Formel Gottes*. Wären wir im Besitz der *göttlichen Schatzkarte*, dann verfügten wir über *göttliche Weisheit* und besäßen *absolute Gewißheit*.

Welch fantastischer Traum bzw. grober Unsinn?

Einige Wissenschaftler schätzen Keplers Vorgehensweise gering, obwohl sie doch von großem Erfolg gekrönt war. Denn Keplers Erfolg begründet sich letztendlich folglich darauf, daß er gegen die *übliche wissenschaftliche* Methodik verstieß. Seine Vorgehensweise ähnelt der von Einstein.

Unser Sonnensystem besteht aus *wahrscheinlich* 9 Planeten, die auf elliptischen Bahnen um die Sonne, die 99,86 % der Gesamtmasse in sich vereingt, kreisen. Der restliche Anteil entfällt hauptsächlich auf Jupiter. Neue Erkenntnisse lassen auf einen weiteren Planeten, der als Planet X[107] bezeichnet wird, weit draußen in der nicht unerheblichen Größe von Jupiter schließen.

Dieser Planet soll für die merkwürdigen Bahnen von Uranus und Neptun verantwortlich sein. Ursprünglich glaubte man, Pluto, der 1930 entdeckt wurde, nachdem man seine Existenz schon vorhergesagt hatte, sei dafür verantwortlich, aber Pluto ist gegen alle Erwartung viel zu klein. Auch die merkwürdige Richtungsänderung der Weltraumsonde Pioneer 10 wird dem unsichtbaren Planeten, dessen Bahn anscheinend die der anderen Planeten entgegengesetzt ist, zugeschrieben.

---

[107] Der zehnte Planet

Der gemeinsame Schwerpunkt unseres Sonnensystems liegt in der Sonne, so daß man guten Gewissens sagen kann, daß die Planeten um die Sonne kreisen. Der Abstand von der Erde zur Sonne beträgt je nach Jahreszeit zwischen 147 und 152 Millionen km. Um in einem Jahr einmal um die Sonne zu kreisen, muß die Erde mit etwa 100.000 km/h durch das Universum sausen. Sie legt dabei fast 1 Milliarde Kilometer zurück.

Die Erde soll in ihrer Entstehungsphase vor 4,5 Milliarden Jahren ein **gewaltiger Feuerball** gewesen sein. Im Laufe der Äonen soll sie sich abgekühlt und folglich zusammengezogen haben, vergleichbar mit einem Bratapfel im Ofen, dabei sind dann auch die Gebirge entstanden. Dr. Hans-Joachim Zillmer widerspricht diesem Weltbild in seinem Buch *„Irrtümer der Erdgeschichte“*. Es spricht einiges dafür, daß unser liebenswerter Heimatplanet eher expandiert, als daß er zusammenschrumpft.

Die **Expansion der Erde** ist die Ursache der allgemein bekannten Kontinentaldrift. Diese Erklärung wäre der goldene Mittelweg zwischen denen, die eine Kontinentaldrift verneinen und denjenigen, die an eine Kontinentaldrift glauben. Allerdings müßte die Kontinentaldrift dann beispielsweise in *„Kontinentalexpansion“* umbenannt werden, um dem Kind einen **vernünftigen** Namen zu geben.

Könnte es vielleicht sogar sein, daß die Erde pulsiert. Sich Kontraktion und Expansion abwechseln?

Wenn die Erde der Sonne am nächsten ist, ist ihre Geschwindigkeit am größten. Zusätzlich dreht sie sich dabei täglich einmal um ihre Achse, die etwas geneigt zur Umlaufbahn ist, wodurch die Jahreszeiten entstehen. Dadurch rotiert ein Punkt auf dem Äquator mit etwa 1600 km/h. Unser Sonnensystem bewegt sich währenddessen mit 72.000 km/h gegen das Sternbild *Herkules*. Zusätzlich bewegt sich unsere Galaxie, die Milchstraße, in der unser Sonnensystem zu Hause ist, mit etwa 2.000.000 km/h hin zum Sternbild *Löwe*. Die Sonne befindet sich in einem der Brennpunkte der Ellipsen, die dadurch entstehen, daß sich die Planeten auch untereinander gegenseitig anziehen. Zusätzlich ist die Sonne von einem Asteroidengürtel[108] umgeben, der sich zwischen Mars und Jupiter befindet. Fast alle Planeten befinden sich auf einer Ebene. Von außen ähnelt unser Sonnensystem deshalb, wie unsere Galaxie auch, einer flachen rotierenden Scheibe.

Unser Sonnensystem besteht aus der
Sonne und wahrscheinlich neun Planeten:

1 Sonne	6 Jupiter
2 Merkur	7 Saturn
3 Venus	8 Uranus
4 Erde	9 Neptun
5 Mars	10 Pluto

Asterioidengürtel

Bild: Die 9 Planeten unseres Sonnensystems haben stark unterschiedliche Größe und Masse. Die Erde ist winzig gegenüber Jupiter.

Ist es nicht merkwürdig, daß Galaxien und Sonnensysteme eine so asymmetrische Form, nämlich die einer flachen Scheibe haben, das Universum soll aber kugelrund sein? Steckt hinter der flachen Form der Galaxien etwa der Schlüssel zum Verständnis der Entstehung des Universums?

Insbesondere die fast senkrechte Ausrichtung der Rotationsachse aller Planeten zur Umlaufbahn ist sehr ungewöhnlich für *frei fliegende Kugeln* im leeren Raum, zumal die Magnet-

---

[108] Asteroid bedeutet „kleiner Planet".

feldlinien durch die Rotationsachse laufen. Newton schenkte
dieser interessanten Tatsache bei seinen Berechnungen wenig
Beachtung. Jedoch ist die Feststellung, daß es offensichtlich
eine bevorzugte Ausrichtung der Planeten zu ihrer Umlaufbahn gibt, höchst bemerkenswert.

Je weiter ein Planet von der Sonne entfernt ist, desto kleiner
muß seine Umlaufgeschwindigkeit sein, weil er sonst durch die
Fliehkraft aus seiner Bahn geworfen würde. Da er außerdem
auch noch einen längeren Weg zurücklegen muß, benötigt er
für seine Umkreisung um die Sonne wesentlich mehr Zeit.
Merkur umkreist die Sonne in 0,24 Erdjahren, während Pluto
fast 248 Erdjahre braucht. Es ist sehr wahrscheinlich, daß das
Sonnensystem aus einer Explosion hervorgegangen ist. Die
Planeten waren vorher Teile der Sonne, sind später abgekühlt
und haben sich verfestigt. Das erklärt auch die gemeinsame
Rotationsrichtung und die flache Rotationsebene. Die Sonne
rotiert heute noch in 25 Tagen einmal um ihre eigene Achse.

Bild: Der Komet Halley besucht uns alle 76 Jahre.
Sein Schweif ist immer von der Sonne weggerichtet.

Ungefähr alle 76 Jahre wird die Sonne von dem bekannten
Kometen „Halley" umkreist. Es gibt jedoch auch Kometen, die
vielleicht niemals wiederkehren. Ihr Schweif entsteht dadurch,
daß die Sonne Teile des Kometen verdampft. Der Schweif wird
durch die Wirkung des Sonnenwinds normalerweise immer von
der Sonne weggerichtet sein. Damit erfüllt unser Sonnensy-

stem nicht im entferntesten die Kriterien eines Inertialsystems, wie es die Relativitätstheorie fordert. Unser Weltbild sollte sich meiner Meinung nach mehr an der Wirklichkeit orientieren.

Es ist nur leicht verständlich, daß unsere Modell-Vorstellung vom Atom ähnlich wie die unseres Sonnensystems ist. Viele kleine Kügelchen drehen sich um eine große Kugel. Einstein wollte sogar für den Mikro- und den Makrokosmos eine einheitliche Feldtheorie herleiten. Jedoch, ist es wahrscheinlich, daß der Mikrokosmos genauso aufgebaut ist wie der Makrokosmos?

Die Massenanziehungskraft ist die Kraft, die das gesamte Universum zusammenzuhalten scheint. Gemäß *Allgemeiner Relativitätstheorie* sollen sich Änderungen des Gravitationsfeldes mit Lichtgeschwindigkeit ausbreiten. Einstein glaubte, daß sich Gravitationsfelder ähnlich wie elektromagnetische Felder verhalten. Denn die Gleichung für die elektrische Anziehungskraft zweier elektrisch geladener Teilchen ist der Gleichung für die Massenanziehungskraft sehr ähnlich:

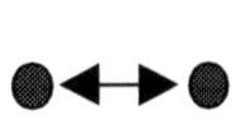

$$F_G = \frac{G\ m_1\ m_2}{r^2}$$

F_G Kraft zwischen 2 Massen
G Gravitationskonstante
 ($6,67 \cdot 10^{-11}\ m^3/kgs^2$)
m Masse
r Abstand zwischen den Massen

Bild: Massen ziehen sich an.

Beide Kräfte nehmen mit dem Abstand zwischen den Teilchen drastisch, nämlich quadratisch, ab. Das liegt an der kugelförmigen Form der Felder.

$$F_{el} = \frac{E\ q_1\ q_2}{r^2}$$

F_{el} Kraft zwischen 2 Ladungen
E elektromagnetische Konstante
 ($8,99 \cdot 10^9\ m/F$)
q Ladung (eines Elektrons)
r Abstand zwischen den Ladungen

Bild: Elektronen stoßen sich ab.

Trotzdem ist die Kraft der Abstoßung zwischen zwei Elektronen viel stärker, als ihre Massenanziehungskraft. Das liegt einfach

daran, weil das Verhältnis zwischen elektromagnetischer und
Gravitationskonstante und Ladung zur Masse eines Elektrons
wahnsinnig groß ist.

$$E/G = 1{,}347826 \cdot 10^{20}$$

E elektromagnetische Konstante
G Gravitationskonstante

$$e/m_e = 1{,}758\,805 \cdot 10^{11}$$

e Elektronenladung
m_e Masse des Elektrons

Überschlagsmäßig gerechnet, beträgt das Verhältnis:

$$2 \cdot 10^{11} + 10^{20} = 10^{42}$$

Deshalb spielt die Massenanziehungskraft der Elektronen in
der Chemie praktisch keine Rolle und kann getrost vernachlässigt werden. Bei hohen Geschwindigkeiten wird das Verhältnis
Ladung zur Masse eines Elektrons jedoch kleiner. Dazu im Kapitel *„Mehr Masse durch Geschwindigkeit"* jedoch mehr.

Im Gegensatz zur elektrischen Kraft wirkt die Gravitation nur in
eine Richtung. Es gibt nur Anziehung, keine Abstoßung. Große
Planeten sind nach außen hin elektrisch neutral, wenn man
von den sie umgebenden Magnetfeldern absieht, so daß nur
ihre Massenanziehungskraft wirkt.

Ein Elektron, das auf einer Kreisbahn läuft, strahlt ständig
Energie ab. Deshalb müßte in logischer Konsequenz auch die
Erde ständig Energie in Form von Gravitationswellen in den
Raum abstrahlen. Diese Gravitationswellen müßten sich im
ganzen Universum mit Lichtgeschwindigkeit ausbreiten. Der
ständige schleichende Energieverlust müßte die Erde irgendwann in die Sonne stürzen lassen. Tatsächlich wären die zu
messenden Gravitationswellen aber sehr schwach. Jupiter
strahlt bei seinen Umkreisungen um die Sonne Gravitationswellen mit kaum einem Kilowatt Leistung bei Wellenlängen

von einigen Lichtjahren ab. Der britische Physiker Arthur Eddington, Einsteins berühmter Kollege, der sich für einen der 3 Intelligenzbolzen hielt, die als einzige die Relativitätstheorie verstanden hätten, betrachtete Einsteins Gravitationswellen für *reine Gedankenwellen* und selbst Einstein zweifelte 1937 für kurze Zeit daran, ob seine Feldgleichungen solche Wellen überhaupt zuließen. Schließlich ist allgemein bekannt, daß sich im *leeren Raum* kein Schall ausbreiten kann. Den *experimentellen Nachweis* dieser extrem schwachen Wellen hielt Einstein für aussichtslos.

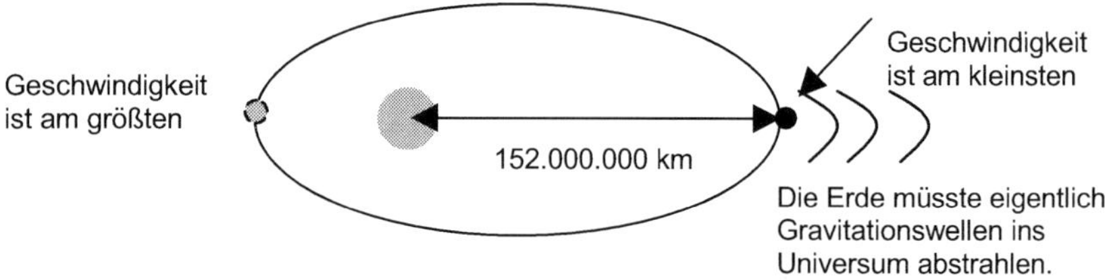

Bild: Die Erde umkreist die Sonne auf einer Ellipse. Das Solarsystem maßstabsgerecht auf ein DIN-A4 Blatt zu zeichnen ist unmöglich, weil die Größenverhältnisse zu unterschiedlich sind.

Gemäß Allgemeiner Äthertheorie müßen wir natürlich zumindest theoretisch in der Lage sein, Gravitationswellen von entfernten Sternenexplosionen zu empfangen, genauso wie wir das Licht der Sternenexplosion wahrnehmen können. Gemäß Quantentheorie wäre auch eine augenblickliche Übertragung der Information denkbar. Ob die Änderung des Gravitationsfeldes augenblicklich oder nur mit Lichtgeschwindigkeit übertragen wird, ist eine interessante Frage. Denn die Übertragung von Informationen mit Überlichtgeschwindigkeit ließe sich vielleicht technisch ausnutzen.

Zwei Raumschiffe in großer Entfernung könnten ohne Zeitverzögerung Nachrichten austauschen. Der Schlüssel für die Beantwortung dieser Frage liegt wohl darin, ob bei der Informationsübertragung auch Energie übertragen wird. Wird Energie übertragen, so kann dies, gemäß Einstein, maximal mit Lichtgeschwindigkeit geschehen.

Wahrscheinlich gilt Newtons berühmter Lehrsatz, nach dem sich ein Körper prinzipiell geradlinig im Universum bewegt, nur **für nicht rotierende Körper**. Der Witz an an der Geschichte ist nun, daß es im ganzen Universum keine Körper gibt, die nicht rotieren. Ein rotierender Körper wie die Erde, jedoch, beschreibt im Universum eine Kreisbahn, wie beispielsweise ein Bumerang. Die Aborigines erzählen, daß der erste Bumerang aus dem Holz des Baumes zwischen Himmel und Hölle gefertigt wurde. Seine Krümmung soll Himmel und Erde, Traumzeit und Zermonie verbinden. Er steht auch als Symbol für den Regenbogen und damit für die Regenbogenschlange selbst.

Fazit
Wir bewegen uns mit ungeheurer Geschwindigkeit durch das Universum!

Entartete Materie

„Eine neue wissenschaftliche Wahrheit triumphiert nicht, indem sie ihre Gegner überzeugt, sondern weil sie sie überlebt."[109]

Das extrem heiße Innere der Erde, das sich über zahlreiche Vulkanausbrüche offenbarte, hat wohl die Menschheit in frühester Zeit auf eine unterirdische Hölle schließen lassen. Damit war die binäre Logik geboren, denn der Mensch unterschied zwischen **Gut und Böse** oder **Himmel und Hölle**. Temperaturmäßig liegen Himmel und Hölle etwa 5000 °C auseinander.

Der Druck im Inneren der Erde beträgt etwa 3,7 Millionen bar. Zum Vergleich: Der Druck der Luftsäule über uns beträgt etwa 1 bar. Atome im Inneren der Erde werden durch den Druck der darüber liegenden Schichten bereits auf 85% ihrer Größe zusammengepreßt. Dieser Druck reicht allerdings bei weitem noch nicht aus, um Atomhüllen zu knacken.

Was unterscheidet eigentlich einen Planeten von einem Stern?

Nun, ein Stern leuchtet im Gegensatz zu dem Planeten. Während Planeten bis zur Größe eines Jupiter stabil sind, weil bei ihnen die elektromagnetische Kraft überwiegt, gewinnt bei noch massereicheren Planeten die Gravitation die Macht. Solch ein Planet ist sozusagen als **Sonnenquant** zu verstehen. Der Druck im Inneren der Planeten wird so groß, daß das Sternenfeuer entfacht wird, und der Planet zu leuchten beginnt. Ursache dieses Sternenfeuers sind Kernfusionen in unvorstellbarer Menge. Unsere Sonne, die etwa 110 mal so groß wie die Erde und deren Masse etwa 300.000 mal größer ist, arbeitet also wie ein Kernreaktor.

---

[109] Frei nach Max Planck

Obwohl die Sonne ein gasförmiger Körper ist, beträgt ihre
Dichte etwa 1,41 Gramm pro Kubikzentimeter. Das ist ein
Wert, den man von Flüssigkeiten oder festen Körper erwarten
würde. Die Temperatur der Sonne, jedoch, ist so gewaltig
hoch, im Inneren über 15 Millionen Grad, daß keine bekannte
Materie flüssig oder gar fest bleiben kann. Die Dichte im Inneren der Sonne ist etwa 13 mal größer als Blei. Bei diesen Temperaturen wird Wasserstoff in Helium verwandelt. Die dabei
erzeugte Strahlung kann sich nur Zentimeter fortbewegen,
denn im dichten Sonnenplasma wird sie sofort wieder absor-
biert. Rund 170 000 Jahre benötigt die Energie, um bis an die
Oberfläche der Gaskugel vorzudringen. Helium ist erst seit
1895 bekannt und verdankt seinen Namen dem griechischen
Wort für Sonne: *„helios"*.

Die Temperatur an der Sonnenoberfläche beträgt "nur" noch
rund 5700 Grad. Die Strahlung, die wir von unserem Zentral-
gestirn empfangen, stammt aus einer nur wenige hundert Kilometer dicken Schicht, der Photosphäre. Durch starke Magnetfelder auf etwa 4500 Grad abgekühlte Regionen erscheinen als dunkle Sonnenflecken. Die Sonne ist von einer mehrere Millionen Grad heißen Gashülle umgeben. Aus dieser "Korona" strömt ständig ionisiertes Gas als "Sonnenwind" in den
interplanetarischen Raum hinein.

Entlang magnetischer Feldlinien sammelt sich Materie aus der
Korona und bildet sogenannte "Protuberanzen". Schnelle Än-
derungen des Magnetfeldes der Sonne schleudern dann die
Materie ins All. Das Magnetfeld der Erde, das durch gewaltige
Elektronenströme im Inneren der Erde entsteht, schützt unsere
Welt vor dem von der Sonne kommenden Partikelstrom. Bei
größeren Eruptionen kann dieser Schutz jedoch durchschlagen
werden, und man kann das sogenannte Polarlicht sehen.

Die Protuberanzen bombardieren das Magnetfeld der Erde mit
elektrisch geladenen Teilchen (Protonen und Elektronen), das
sich sehr stark unter dem Einfluß des Sonnenwinds verformt.

Auf der Tagseite der Erde ist die Magnetosphäre zusammen-
gedrängt und auf der Nachtseite ragt sie mehrere Millionen
Kilometer weit in den Weltraum. Auf der Nachtseite können die
elektrisch geladenen Teilchen in die Magnetosphäre eindringen
und verursachen so ein schönes Naturschauspiel. 1989 haben
diese Protuberanzen sogar einen gigantischen Stromausfall in
Kanada verursacht.

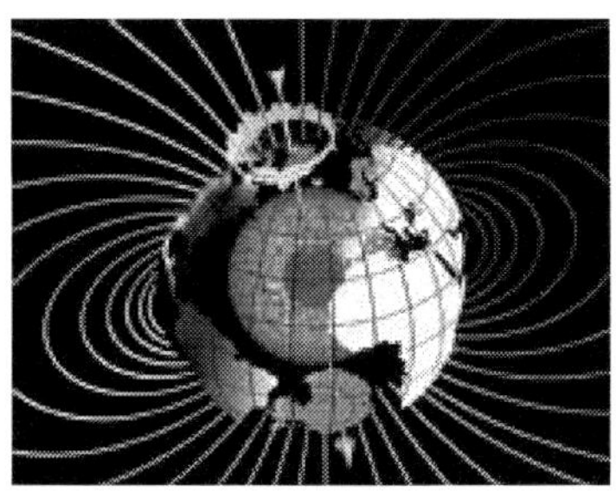

Bild: Das Polarlicht entsteht durch den Sonnenwind, der die Erde mit geladenen Teilchen
bombardiert. Starke Magnetfelder schützen die Erde, in deren Inneren sich ein extrem heißer
und flüssiger Eisenkern befindet, in dem gewaltige elektrische Ströme fließen.

Diese Beobachtungen lassen darauf schließen, daß es sich bei
der Sonne nicht um *„normale"* Materie handelt. Der Druck im
Inneren der Sonne beträgt ca. 100 Milliarden bar. Unter solch
einem gewaltigen Druck werden Atomhüllen geknackt wie
Nüsse zu Weihnachten. Dadurch werden Elektronen in einem
Elektronengas frei beweglich. Materie mit aufgeknackten Elek-
tronenschalen wird ***„entartet"*** genannt und als ***Plasma*** bezeichnet. 99% des leuchtenden Universums befinden sich im
Plasmazustand. Plasma kommt im täglichen Leben öfters vor,
als Sie vielleicht denken. Beispielsweise in Neonröhren oder
beim Blitz. Bei Plasma handelt es sich um ein ionisiertes Gas,
das elektrisch nicht neutral ist und deshalb eine Menge Eigenschaften besitzt, die es von einem elektrisch neutralen Gas
unterscheidet.

Auch beim Sonnenwind handelt es sich deshalb um Plasma,
das durch seine elektrischen Eigenschaften das Magnetfeld

218

der Erde gewaltig stört. Für die Theorie des Sonnenwindes erntete der deutsche Physiker Ludwig Biermann 1947 von allen Seiten nichts als Spott. Der bekannte Wissenschaftler Sidney Chapman behauptete, daß kein Teilchen der Anziehungskraft der Sonne entkommen könne und meinte, daß es die Korona der Sonne sein müsse, die das ganze Sonnensystem ausfüllen würde und so den Schweif eines Kometen von sich wegdrückt.

Eugene Parker, ein damals junger amerikanischer Physiker, berechnete, daß der Sonnenwind aus sich mit Überschallgeschwindigkeit bewegenden Teilchen bestehen müsse. Auch Parker mußte bis zum experimentellen Beweis den Spott seiner *„wissenschaftlichen"* Kollegen ertragen, die seine Theorie in ihren Vorlesungen zerrissen.

Und so wie Chapman nicht glaubte, Teilchen könnten der Schwerkraft der Sonne entkommen, so glauben heute viele Physiker nicht daran, daß Teilchen der Schwerkraft eines Schwarzen Lochs entkommen können.

Fazit
Materie beginnt ab einer bestimmten kritischen Masse zu leuchten!

Kleine Sonnen leben länger

„Die Natur ist unerbittlich und unveränderlich, und es ist ihr gleichgültig, ob die verborgenen Gründe und Arten ihres Handelns dem Menschen verständlich sind oder nicht." [110]

Gemäß *Allgemeiner Relativitätstheorie* können *Schwarze Löcher* prinzipiell in jeder nur denkbaren Größe vorkommen. Es gibt Wissenschaftler, die Schwarze Löcher sogar in atomarer Größe für möglich halten.

Andere meinen jedoch, daß *Schwarze Löcher* mindestens mehrere Sonnenmassen in sich vereinen müssen. Denn soviel Masse ist notwendig um Neutronen zu zerschmelzen. Das würde wiederum prima in die Quantentheorie passen. Bei dem kleinsten Schwarzen Loch handelte es sich sozusagen um ein **Singularitätsquant**.

Der Physiker Kip Thorpe meinte, das gesamte Universum stelle ein *Schwarzes Loch* dar. Da einem *Schwarzen Loch* nichts entkommen kann, wäre dies ein Modell für ein *geschlossenes Universum*. Für diese Modellvorstellung müßte das gesamte Universum nur fünf mal mehr Masse besitzen, als derzeit angenommen. Ein solches *Schwarze Loch* hätte nämlich einen Radius von 15 Milliarden Lichtjahren, was der derzeitigen Größe unseres Universums, wie man glaubt, entspricht.

Prinzipiell gilt: Je größer der Stern, desto heftiger sein Sternenfeuer, das um so schneller verbrennt. Deshalb sterben Sterne mit großer Masse eher. Sterne ab 3,2 Sonnenmassen können bereits in *Schwarzen Löchern* enden, wenn sie beim Kollaps nicht genügend Masse verlieren. Der indisch-amerikanische Astronom S. Chandrasekhar berechnete, daß Sterne die beim Kollaps unter 1,4 Sonnenmassen bleiben in

---

[110] Zitat Galileo Galilei

Weißen Zwergen enden, die weiter auskühlen und letztlich zu stabilen *Schwarzen Zwergen* werden. Die Grenze von 1,4 Sonnenmassen wird deshalb auch Chandrasekhar-Grenze genannt. Hat der Stern mehr Masse, kollabiert er zum *Neutronenstern*. Ein *Neutronenstern* ist sozusagen ein *Atom im Riesenformat*. Er besteht aus einem riesigen Neutronenkern und einer Elektronenflüssigkeit, die der Gravitation durch ihre elektrische Ladung gerade noch standhalten kann. Die Theorie von Chandrasekhar stieß bei den Physikern auf *großen Widerstand*, denn sie sagte voraus, daß Sterne **bei Überschreiten einer bestimmten Masse** in die *Unendlichkeit* zusammenstürzen würden. Einstein und mit ihm alle anderen Physiker hielten dies schlichtweg für unmöglich. Sir Arthur Eddington, ein Experte auf dem Gebiet der *Allgemeinen Relativitätstheorie*, bei dem der junge Visionär studierte, forderte bald Chandrasekhar auf, seine Idee aufzugeben, weil sie unsinnig sei. 1983 jedoch, also 50 Jahre später, erhielt Chandrasekhar den Nobelpreis, und zwar auch für seine Theorie der *zusammenstürzenden Schwarzen Löcher*.

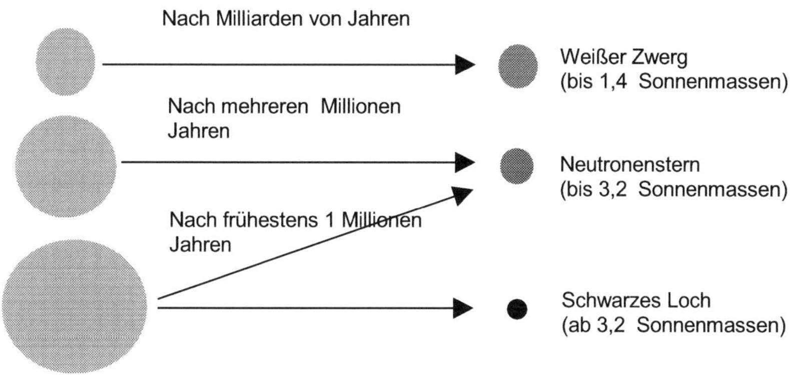

Bild: Sterne verglühen, wenn ihr Treibstoff aufgebraucht ist.

Schwarze Löcher haben keine Haare. Nach Stephen Hawking unterscheiden sich nur in Masse und Drehimpuls voneinander.

Ist das wirklich so?

Sterne aller Klassen haben stark unterschiedliche Dichten. Ein *Schwarzes Loch* müßte im Kern eine wesentlich höhere Dichte als im Außenbereich besitzen. Protonen und Neutronen müßten viel stärker in den Innenbereich gezogen werden als die viel leichteren Elektronen. Ein *Schwarzes Loch* wäre deshalb einem Neutronenstern sehr ähnlich. Es wäre geladen. Alle Sterne besitzen Magnetfelder, die um so stärker sind, je kleiner ihr Volumen ist. Es ist deshalb wahrscheinlich, daß auch Schwarze Löcher Magnetfelder besitzen. Die Rotation und das Magnetfeld eines Schwarzen Loches könnte gegen die starke Gravitation ankämpfen, elektromagnetische Strahlung verursachen und dem *Schwarzen Loch* Energie entziehen, so wie es bei Pulsaren der Fall ist. Die *Allgemeine Relativitätstheorie* betrachtet Magnetfelder leider nicht und kann Pulsare deshalb nicht erklären. Photonen sind Teilchen mit einer bestimmten Masse. Mehr nicht. Denn die *Allgemeine Relativitätstheorie* beschreibt eigentlich nur die Kräfte zwischen den Himmelsobjekten, nicht die Himmelsobjekte selbst.

Spektralklasse	Verweilzeit in Jahren
O	1 Millionen
B0	10 Millionen
B5	100 Millionen
A0	500 Millionen
A5	1 Milliarde
F0	2 Milliarden
F5	4 Milliarden
G0	10 Milliarden
G5	15 Milliarden
K0	20 Milliarden
K5	30 Milliarden
M0	75 Milliarden
M5	200 Milliarden

Tabelle: Lebenszeit von Sternen

Je größer ein Stern ist, das heißt, je mehr Masse ein Stern besitzt, desto schneller verbrennt er sich. *Doppelt-Veto* werden Sie vielleicht jetzt denken. Auf schweren Sternen geht alles langsamer.

Nicht, wenn es ums Sternenfeuer geht!

Wenn der Treibstoff verbrannt ist, kann der Gegendruck im Innern des Sterns den Kollaps nicht mehr verhindern, und je nach Größe des Sterns wird er zum *Weißen Zwerg*, zum *Neutronenstern* oder zum *Schwarzen Loch*. Aus diesem Grund haben Sterne verschiedene Lebenszeiten im Universum. Man hat Sterne gemäß ihrer Größe kategorisiert. Unsere Sonne, beispielsweise, fällt in die Spektralklasse G2. Sie können sich bestimmt vorstellen, daß Sterne mit sehr großer Masse weit weniger vorkommen als Sterne mit kleiner Sonnenmasse. Aufgrund der kurzen Lebensdauer von großen Sternen, stehen die Chancen doch recht gut, viele Schwarze Löcher zu ent-decken. Ob das ein Grund zur Freude ist, wird sich zeigen.

Denver (GUFORC)[111] - US-Wissenschaftler haben mit Hilfe des Weltraum-Teleskops "Hubble" eine Sternenexplosion zehn Milliarden Lichtjahre von der Erde entfernt ausgemacht. Die Forscher erklärten, die Entdeckung unterstütze die umstrittene Theorie von **mysteriöser dunkler Energie**, die die Ausdehnung des Weltalls beschleunige. Die wenig erforschte dunkle Energie wurde bereits vor 100 Jahren von Albert Einstein erwähnt. Sie soll **bekannteren Kräften, wie der Schwerkraft,** entgegenwirken. [112]

Auch mit den stärksten Instrumenten ist der Stern im Weltall kaum zu entdecken. Es handelte sich um eine sogenannte Supernova, einen Stern, der am Ende seiner Entwicklung durch

---

[111] Aus einem Artikel der Webseite www.guforc.com
[112] Einstein hatte die Annahme einer *kosmologischen Konstanten* als seine *größte Eselei* bezeichnet. Irrte sich Einstein etwa darin, daß er sich irrte???

eine Explosion ganz oder teilweise zerstört wird. Die Supernova soll den Astronomen Hinweise auf die dunkle Energie liefern. Sie schlossen aus ihrer Entdeckung, daß sich das Weltall nicht mit gleichmäßiger Geschwindigkeit ausdehnt, da der Stern sich in diesem Fall anders bewegen und nicht so hell leuchten würde. Jetzt überdenken die Wissenschaftler ihre Theorie zu den Vorgängen im Weltall.

"Dunkle Energie ist genauso erstaunlich wie die schwarzen Löcher", sagte der Kosmologe Michael Turner von der Universität von Chicago vor Journalisten in Washington. "Sie kontrolliert die Dichte der Natur. Sie ist der Schlüssel für das Verständnis, wie alle Teilchen der Natur und ihre Kräfte zusammenspielen." **Die Entdeckung, daß sich das Universum immer schneller ausdehne, sei eine der wichtigsten in den vergangenen 25 Jahren.**

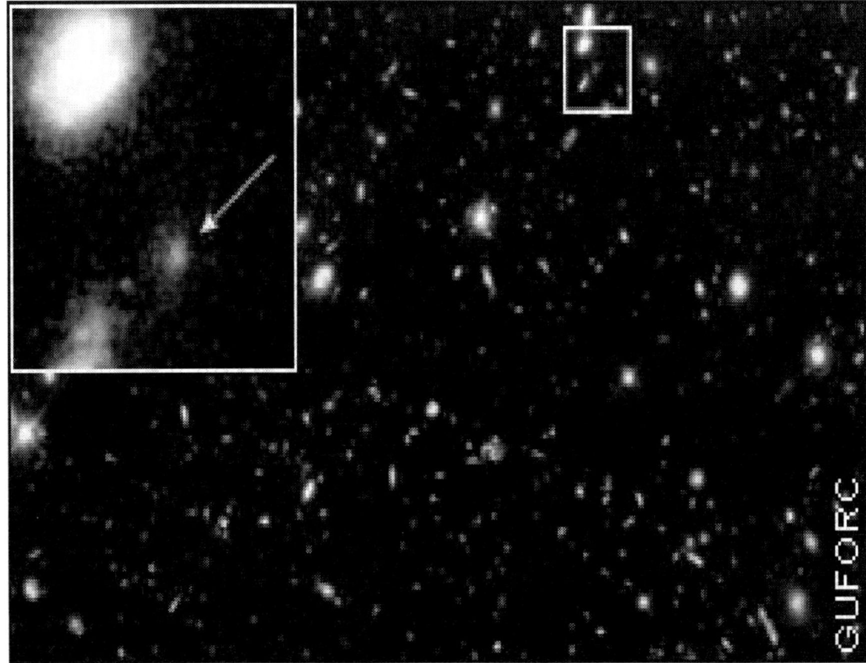

Bild: Eine Supernova, zehn Milliarden Lichtjahre von der Erde entfernt

Die Supernova 1997ff explodierte mehr als zehn Milliarden Lichtjahre von der Erde entfernt, weiter als jeder andere bekannte Stern vor ihr. Die Wissenschaftler betrachten "Hubble" als eine Art Zeitmaschine, mit der sie Ereignisse aus der frühen Geschichte des Weltalls verfolgen können. Vor zehn Milliarden Jahren war das Universum erst etwa vier Milliarden Jahre alt. Supernova 1997ff war wahrscheinlich ein weißer Stern von der Größe der Sonne, aber extrem dicht. Er zog Materie von einem anderen Stern an, bis er eine kritische Masse und Temperatur erreichte. Der Kohlenstoff habe sich in einer thermonuklearen Explosion von erstaunlicher Helligkeit entzündet, sagte der Wissenschaftler Peter Nugent vom Nationallaboratorium Lawrence Berkeley.

Kosmologen glauben, daß das Weltall vermutlich im Urknall vor zwölf bis 15 Milliarden Jahren entstand. Die Schwerkraft wirkte der unmittelbaren Ausdehnung entgegen. Dann beschleunigte sich jedoch vor vier bis acht Millionen Jahren die Ausdehnung. Die Gründe dafür sind unklar, wahrscheinlich spielt die dunkle Energie eine Rolle. "Die Supernova zeigt uns, daß sich das Weltall wie ein Autofahrer verhält, der vor einer roten Ampel bremst und dann bei grün wieder Gas gibt", sagte Adam Reiss vom Wissenschaftsinstitut in Baltimore.

Fazit
Die Lebenszeit von Sternen ist um so kürzer,
je größer ihre Masse ist!

Die Masse macht's

" 1 + 1 ist nur im schlechtesten Fall gleich 2 ist. Normalerweise ist das Ergebnis etwas größer. " [113]

Nachdem der Fernrohrbauer A.G. Clark 1862 *durch Zufall* beim Ausprobieren einer neuen Linse den lichtschwachen Begleiter von *Sirius* entdeckt hatte, hatte man zugleich den Beweis für die Existenz von Weißen Zwergen gefunden. Von nun an nannte man die Doppelsternkonstellation *Sirius A* und *Sirius B*. Die beiden Sterne kreisen um ihren gemeinsamen Schwerpunkt. Clark hatte zuerst angenommen, seine Linse habe einen Fehler. Doch wie er die perfekt geschliffene Linse auch hielte, der schwache Lichtpunkt wollte nicht verschwinden.

Das Merkwürdige:

Sirius B ist nur so groß wie ein Planet, nur etwa 4 mal so groß wie die Erde. Trotzdem ist *Sirius B* schwerer und deshalb 300 mal dichter als unsere Sonne. Schwarze Löcher sind Sterne, die soweit kollabiert sind, daß selbst Licht ihrer Schwerkraft nicht entkommen kann. Ihre Dichte überstieg die Vorstellungskraft von Einstein, obwohl die Allgemeine Relativitätstheorie *Schwarze Löcher* vorhersagt. Ihre Masse ist angeblich *unendlich*, was immer das bedeuten soll.

Warum konnte Einstein an *Schwarze Löcher* nicht glauben?

Vielleicht, weil Schwarze Löcher *ein **Dilemma der Allgemeinen Relativitätstheorie*** darstellen. Sie erzeugen nämlich eine Fallbeschleunigung, die Teilchen auf Überlichtgeschwindigkeit beschleunigen müßten, und das schließt die Relativitätstheorie

---

[113] Zitat Ralf Steffler

ja gerade aus. Im Inneren eines *Schwarzen Lochs* müßte die *Zeit* in logischer Konsequenz sogar rückwärst laufen.

Spektralklasse	Relative Häufigkeit in %
O	0,00002
B	0,1
A	1
F	3
G	9
K	14
M	73

Tabelle: Relative Häufigkeit von Sternen

Das erste *Schwarze Loch* Cygnus X-1 wurde vielleicht 1965 gesichtet. Radioastronomen machten eine starke Quelle von Röntgenstrahlung aus, die nahe einem Stern mit rund 30 Sonnenmassen geortet wurde. Dieser Stern mit Namen HD-226868 bewegt sich mit einem dunklen Partner von rund 8 Sonnenmassen etwa alle 6 Tage um ihren gemeinsamen Schwerpunkt. CygnusX-1 scheint in großen Mengen Masse von HD-226868 abzuziehen, wodurch sich die starke Röntgenstrahlung erklärt. Prinzipiell soll sich im Mittelpunkt jeder Galaxie ein Schwarzes Loch befinden.

Auch in unserer Galaxie der Milchstraße, glücklicherweise 30.000 Lichtjahre entfernt, wird ein Schwarzes Loch mit rund 2,5 Millionen Sonnenmassen vermutet. Man erklärt sich dadurch die Rotationsbewegung der Galaxien. Die dunkle Materie soll insgesamt 90% aller Masse im Universum ausmachen. Einzelne Schwarze Löcher sollen sogar mehrere Milliarden Sonnenmassen in sich vereinen und wie ein Staubsauger ganze Galaxien in sich aufsaugen können. *Schwarze Löcher* sind *vollkommen rund*, selbst wenn sie rotieren würden, weil die Fliehkraft in jedem Fall vernachlässigbar klein wäre. Unsere Sonne kommt einer perfekten Kugel übrigens auch schon ziemlich nahe.

Das normalerweise Riesenvolumen eines Atoms, dessen Kern winzig im Verhältnis zur Gesamtgröße ist, schrumpft soweit zusammen, daß die Atomkerne benachbarter Atome dicht beieinanderliegen. Die schwere Kernkraft konnte, trotz ihrer geringen Reichweite, die Übermacht über alle anderen Kräfte gewinnen und die Atomkerne zu einem Riesenkern zusammenschmelzen. Ein Schwarzes Loch stellt die größtmögliche Massenkonzentration und damit das *größte Maß an Ordnung* dar.

Es ist kaum vorstellbar, daß sich Masse im Grenzbereich genauso verhält wie unter normalen Bedingungen. Die faszinierende Frage ist deshalb, was mit Materie in einem Schwarzen Loch passiert. Stephen Hawking beschreibt in seinem Buch *„Kurze Geschichte der Zeit"* wie, im Gegensatz zu den Voraussagen der *Allgemeinen Relativitätstheorie*, *Schwarze Löcher* Energie abstrahlen, um dem *Zweiten Hauptsatz der Thermodynamik* zu genügen und deshalb nicht total schwarz sein können.

Bild: Kaffee löst sich nach dem Prinzip der größtmöglichen Verteilung auf. Genauso wie Schwarze Löcher gibt heißer Kaffee solange Energie an seine Umgebung ab, bis seine Temperatur die der Umgebung entspricht.

Der Zweite Hauptsatz behauptet einfach gesagt, daß die Natur den Zustand größerer Unordnung (Chaos-Prinzip) anstrebt, genauso wie sich Kaffee in Wasser auflöst und nur über Aufwendung von Energie und Zeit wieder getrennt werden kann. Durch den Ersten und Zweiten Hauptsatz der Thermodynamik wird das Perpetuum Mobile erster und zweiter Art für unmöglich erklärt. Auch Schwarze Löcher gehorchen den Gesetzen

der Thermodynamik durch Strahlung. Je kleiner die Schwarzen
Löcher, desto größer ihre Strahlung und damit ihr Massenver-
lust.

Das Stefan-Boltzmann[114] Gesetz postuliert: „Jeder Körper ist
aufgrund seiner Temperatur ein Strahler". Schwarze Löcher
haben eine Temperatur, die Millionstel Grad über der des absoluten Nullpunktes liegt und müssen deshalb Energie abstrahlen. Bei der abgestrahlten Wärmeenergie handelt es sich
um elektromagnetische Wellen im Bereich Infrarot bis Mikro-
welle (800 nm bis 1 mm).

$$T = \frac{h\,c^3}{8\,\P\,k\,G\,M}$$

T Temperartur	k Boltzmann Konstante
h Plancksches	G Gravitationskonstante
Wirkungsquantum	M Masse des Schwarzen Lochs
c Lichtgeschwindigkeit	¶ Pi (3,14...)

Ludwig Boltzmann, der über 40 Jahre als Professor für Physik
an Universitäten in Österreich und Deutschland lehrte, sollte
den experimentellen Nachweis seiner Arbeiten nicht mehr erleben. Frustriert und angewidert durch die ständigen Anfeindungen seiner „wissenschaftlichen Kollegen", die seine Person und
Arbeit herabwürdigten, beging das Physik-Genie im Herbst
1906 im Alter von 62 Jahren Selbstmord. Sein Grabstein ziert
die Formel, die ihn berühmt gemacht hat.

$$S = k\,\ln(W)$$

S	Entropie
k	Boltzmann Konstante
W	Wahrscheinlichkeit

Nach Boltzmann entspricht Entropie dem Logarithmus der
thermodynamischen Wahrscheinlichkeit multipliziert mit der

---

[114] Josef Stefan und Ludwig Boltzmann teilen sich die Ehre

von Boltzmann gefundenen Konstante. Die Natur scheint von selbst Zustände größtmöglichster Wahrscheinlichkeit anzustreben und die führt in größere Unordnung bzw. Entropie. Ordnung hingegen entspricht *negativer Entropie*. Folglich benötigt Leben negative Entropie, weil das Leben in Richtung größerer Ordnung geht. Boltzmann hatte seine Theorie auf der damals *„abstrusen Annahme"* aufgebaut, alle Materie bestünde aus Atomen, die gemäß den Regeln der klassischen Physik Schwingungen ausführten. Wärme sei auf die Schwingungen dieser Atome zurückzuführen.

An solch einen „lächerlichen Unsinn" konnten beispielsweise Ernst Mach und Max Planck nicht glauben. Boltzmanns *atomare Spekulationen* führten schließlich zu einem heftigen Streit mit der Elite der deutschen Physik, die ihn heftg kritisierten. Nach ihren Vorstellungen war Wärme selbstverständlich eine *Form der Energie*, völlig unabhängig von Materie. Seine nachlassende Sehfähigkeit und, wie er fand, geistige Ermüdung machten Boltzmann das Leben nicht leichter. Als die Physiker ihren schrecklichen Irrtum erkannten, war Ludwig Boltzmann bereits tot. Heute kommt kein Physikstudent an der Wärmelehre von Boltzmann vorbei.

Obwohl Schwarzen Löchern eigentlich nichts entrinnen kann, können virtuelle (scheinbare) Teilchen aus dem leeren Raum, der das Schwarze Loch umgibt, in das Schwarze Loch fallen und zu realen (wirklichen) Teilchen werden. Da auch virtuelle Teilchen immer nur paarweise entstehen können, ist die Frage, was mit dem zweiten Teilchen passiert, wenn das erste ins Schwarze Loch gefallen ist?

Das zweite Teilchen kann nämlich genauso, wie das erste auch, durch die Energie des Schwarze Lochs in ein reales umgewandelt werden **und entkommen**. Schwarze Löcher kann man also als **Materiemaschinen** verstehen, die virtuelle Teilchen in reale umwandeln. Auf diese Weise entsteht der Eindruck, das *Schwarze Loch* würde Teilchen abstrahlen. Stephen

Hawking nimmt an, daß Schwarze Löcher vollständig ver-
strahlen können, so daß nichts von ihnen übrig bleibt. Am Ende
eines Schwarzen Loch entsteht eine Superexplosion, sozusagen ein *Small Bang*, der fast alle Masse des Schwarzen Lochs
in Strahlung umwandelt.

Fazit
Schwarze Löcher sind nicht schwarz!

Die 4 Urkräfte

Schon die alten Griechen glaubten an die vier Elemente **Feuer, Wasser, Luft und Erde**[115]. Der *Äther* galt gemeinhin als *fünftes Element.* Ebenso stützt sich die moderne Physik auf 4 Elementarkräfte, nämlich:

1. Starke Kernkraft
2. Elektromagnetische Kraft[116]
3. Schwache Kernkraft
4. Gravitation oder Schwerkraft

Die 4 Ur-Kräfte spielen in einem bestimmten Gleichgewicht zusammen, um die Atome, aus denen letztendlich die Welt besteht, stabil zu halten. Diese Kräfte sind in ihrer Stärke und in ihrem Wesen sehr unterschiedlich und mysteriös, also nicht erklärbar. Die Kräfte werden in der modernen Physik häufig auch als Wechselwirkungen bezeichnet und als *W.W.* abgekürzt.

Ist das etwa des Pudels Kern? [117]

---

[115] Salamander = Feuer, Undene = Wasser, Sylphe = Luft, Kobold = Erde

[116] Elektrische Vorgänge sind immer mit magnetischen gekoppelt, weshalb man vom Elektromagnetismus spricht.

[117] Frei nach Goethes Faust. Auch ich war übrigens, wie Faust, lange Zeit im Besitz eines *Schwarzen Pudels*.

Das Atom [118]

Bild: Das Atom besteht, gemäß Quantentheorie, aus einem positiv geladenen Atomkern und einer negativ geladenen Ladungswolke.

Johann Wolfgang Döbereiner, intelligent und wißbegierig, war der Sohn eines armen Kutschers. Für die Schule und für die Universität erst recht fehlte ihm deshalb das Geld. Als Junge arbeitet er in der Landwirtschaft. Später beschloß er, Apothekergehilfe zu werden. Nach 3 Jahren Lehre folgten 5 Jahre der Wanderschaft. In den folgenden Jahren gründete er eine kleine pharmazeutische Fabrik, die er wieder schließen muß. Im Alter von 30 Jahren wird er nach einigen interessanten Veröffentlichungen schließlich arbeitslos und findet nicht einmal mehr eine Anstellung als Apothekergehilfe.

Als sein Namensvetter, der Geheime Rat und Staatsminister Goethe, der die Oberaufsicht über alle Anstalten für Wissenschaft und Kunst innehat, *rein zufällig* eine Professur für Chemie an der Universität Jena zu vergeben hat, bietet er sie *dem Arbeitslosen ohne Hochschulausbildung* an, da seine bisherigen Veröffentlichungen *"bereits unverkennbar den Stempel der Genialität und Vollendung in sich trugen"*.

---

[118] Das Bild stammt aus dem Buch <Geheimnisse des Universums>

Da dem Chemie-Genie der Doktortitel fehlt, verleiht ihm am 30. November 1810 die Philosophische Fakultät der Jenaer Universität kurzerhand den Titel eines Dr. phil.

1816 gruppiert der einfallsreiche Autodidakt erstmalig Atome in Triaden[119]. Das Chemie-Genie hatte in dem Durcheinander von sich dauernd ändernden Atomgewichten einen Zusammenhang entdeckt, der 1870 zum *Periodensystem der Elemente* führen sollte. 3 Atome, wie beispielsweise Kalzium, Strontium und Barium verhielten sich chemisch ähnlich und folgten aufeinander. Döbereiner brachte Schritt für Schritt, Ordnung in die Elemente.

Goethe hatte sich nicht in ihm geirrt!

Doch die Kraft, die die Atome ordnet, ist nicht die Kraft, die das Universum zusammenhält. Die Schwerkraft ist die *dominierende Kraft* im Universum. Während die Schwerkraft eine sehr schwache Kraft darstellt, ist ihre Reichweite unvorstellbar groß. Schließlich hält sie ganze Sonnensysteme zusammen. Die elektromagnetische Kraft ist weit stärker als die Schwerkraft. Tatsächlich ist die elektromagnetische Kraft zwischen zwei Elektronen um den Faktor 10^{42} größer als ihre Gravitation. Sie wirkt aber nur auf elektrisch geladene Teilchen. So bleiben Neutronen unbeeinflußt von der elektrischen Kraft der Elektronen und Protonen, während sich Protonen und Elektronen anziehen.

Elementarkraft	Proton	Neutron	Elektron
Starke Kernkraft	Ja	Ja	Nein
Elektromag. Kraft	Ja	Nein	Ja
Schwache Kernkraft	Nein	Nein	Ja
Gravitation	Ja	Ja	Ja

Tabelle: Die Wirkung der 4 Elementarkräfte auf Elementarteilchen

---

[119] Triaden bezeichnen 3 Atome innerhalb einer Gruppe, die aufeinanderfolgen.

Die weitaus größte Kraft ist die starke Kernkraft. Sie muß um vieles größer sein als die elektromagnetische Kraft, da sie ja die Protonen, die sich eigentlich elektrisch abstoßen, zusammenhalten kann. Die Kernkraft wirkt mysteriöserweise aber nur zwischen Protonen und Neutronen. Insbesondere höherwertige Atome benötigen anscheinend sogar ein Übergewicht an Neutronen, um den Atomkern stabil zu halten. Der Atomkern von Gold, beispielsweise, besteht aus 79 Protonen und 118 Neutronen.

Kraft	Relative Stärke
Starke Kernkraft	10^3
Elektromagnetische Kraft	1
Schwache Kernkraft	10^{-11}
Gravitation	10^{-42}

Tabelle: Die relative Stärke der 4 Elementarkräfte

Die Reichweite der starken Kernkraft ist aber unvorstellbar klein, nämlich nur 10^{-13} Zentimeter. Das heißt, die Kernkraft reicht gerade von einem Ende des Kerns zum anderen.

Die elektromagnetischen Kräfte bestimmen im wesentlichen alle chemischen Vorgänge. Elektromagnetische Kräfte werden auch genutzt, um große Massen zu bewegen. Bei einer Schwebebahn wird eine Riesenmasse durch die Kraft winziger Elektronen in der Schwebe gehalten und dann in Bewegung gesetzt.

Bild: Die elektromagnetische Kraft bewegt eine Riesenmasse.

Wenn der Physiker bestimmte physikalische Vorgänge berechnet, muß er von vereinfachten Modellen ausgehen, da sonst eine Berechnung unmöglich wäre. Das er dabei einen Fehler macht, liegt in der Natur der dabei gemachten Vereinfachung. Welche Auswirkungen der Fehler hat, stellt man meistens nur durch das Experiment fest. Deshalb sprechen Physiker von Modellen. Modelle sind anschauliche Hilfsvorstellungen oder Denkbrücken, um komplexe physikalische Zusammenhänge zu vereinfachen und Gesetzmäßigkeiten oder Prinzipien klar zu machen.

Ergeben allerdings die Berechnungen aufgrund der Modellvorstellungen erhebliche Widersprüche zum Experiment, so muß das Modell verändert oder verfeinert werden. Mein Lieblingsbeispiel, der elektrische Strom, verhält sich beispielsweise nur in ganz engen Bereichen linear zur Spannung, weil der Widerstand einer elektrischen Leitung mit der Temperatur, der Frequenz und der Geschwindigkeit, wie ich beweisen möchte, größer wird. Der elektrische Widerstand einer Glühbirne beträgt im kalten Zustand etwa 60 Ohm. Kurz nach dem Einschalten wächst er rasch auf das 10fache, weshalb die Stromstärke beim Einschalten sehr hoch ist, innerhalb von Millisekunden jedoch stark sinkt. Die mathematische Beschreibung dieser Widerstandsänderung ist sehr kompliziert, aber in bestimmten Bereichen vernachlässigbar klein.

Kurz: Ein Modell ist eine vereinfachte Vorstellung komplexer physikalischer Gesetzmäßigkeiten, in der vagen Hoffnung, daß der dabei gemachte Fehler vernachlässigbar klein ist.

Im Ingenieurbereich versteht man unter Modellen die Miniaturausführung, beispielsweise, eines Bauwerkes oder Fahrzeuges. Auch hier hat man das Problem, daß das Modell nur annähernd der Wirklichkeit entspricht. Denn ein Miniaturflugzeug verhält sich beim Fliegen doch etwas anders, als ein großes Passagierflugzeug. In der Fahrzeugtechnik verwendet man

Modellpuppen, sogenannte Dummys, um gefahrlos Unfallsze-
narien zu testen. In der Pharmazie dienen sogar Tiere als ge-
eignetes Modell für den Menschen, um neue Medikamente zu
testen.

Die Relativitätstheorie befaßt sich nur mit einer der 4 Elementarkräfte, nämlich der „relativ schwachen" Gravitation oder
auch Schwerkraft.

Die Quantentheorie erklärt die 4 Elementarkräfte der Physik
durch Wechselwirkungen von Elementarteilchen, die praktisch
aus dem Nichts entstehen und als *virtuelle (scheinbare) Teilchen* bezeichnet werden, weil sie von einem Teilchendetektor
nicht erkannt werden können.

Zur Zeit wird fieberhaft nach einer fünften Elementarkraft, nämlich der von Einstein vorhergesagten *Anti-Gravitation*, gesucht.
Das geht soweit, daß klassische Experimente, wie der Fall einer Eisenkugel und Feder im Vakuum neu untersucht werden,
weil einige Wissenschaftler glauben, daß die Feder vielleicht
doch etwas anders fällt als die Eisenkugel. Es gibt auch Wissenschaftler, die glauben, daß die Gravitation bei sehr kleinen
Abständen wesentlich stärker wirkt, als wir es gewohnt sind.

Fazit
**Die Vereinfachung ist eine der wichtigsten Waffen der
Physik, um die Natur zu beschreiben und zu begreifen!**

Das Wunder des Lebens

Faust

„So setzest du der ewig regen,
der heilsam schaffenden Gewalt
die Teufelsfaust entgegen,
die sich vergebens tückisch ballt!
Was anders suche zu beginnen,
des Chaos wunderlicher Sohn!"[120]

Mephisto

„Wir wollen wirklich uns besinnen,
die nächsten Male mehr davon!"

Das **irreguläre Verhalten** eines **nicht linearen dynamischen** Systems, dessen *zeitlicher Verlauf* jedoch durch mathematische Gleichungen eindeutig bestimmt ist, bezeichnet man als *deterministisches Chaos*. Der amerikanische Meterologe Edward Lorenz wies über ein einfaches Wettermodell nach, daß kleinste Änderungen in den Anfangsbedingungen völlig unterschiedliche Ergebnisse hervorbringen können

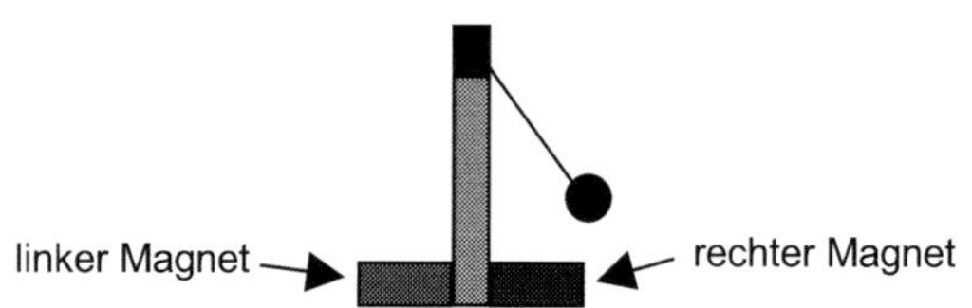

Bild: Ein Pendel bleibt abhängig von der jeweiligen Startposition zufällig an dem rechten oder linken Magneten hängen. Die dabei ausgeführten Schwing-Bewegungen sind chaotisch.

Die Unberechenbarkeit zukünftiger Geschehnisse auch im makroskopischen Bereich, läßt sich schon an einem einfachen Pendel, das über zwei Magneten schwingt, zeigen. Eine kleine Änderung der Startposition des Pendels bewirkt, daß das Pen-

---

[120] Als sich Mephisto von Faust entfernen will, nachdem *der Zufall* in gefan gen hatte.

del am anderen Magneten hängen bleibt. Man spricht in diesem Zusammenhang vom *deterministischen Chaos*, weil der Ausgang prinzipiell berechenbar ist und den physikalischen Gesetzen genügt. Die volle Tragweite des Problems bei der Vorausberechenbarkeit zukünftiger Ereignisse wird einem aber erst klar, wenn man zusätzlich die prinzipielle Meßungenauigkeit der Startposition des Pendels mit einbezieht. Gemäß Unschärfetheorie läßt sich die Geschwindigkeit und die Position eines Elektrons nicht gleichzeitig beliebig genau bestimmen. Diese Meßunschärfe gilt aber letztendlich auch für den makroskopischen Bereich. Jedoch, wenn man die Starposition des Pendel in einen bestimmten Bereich bringt, kann man mit schlafwandlerischer Sicherheit den Ausgang des Experimentes voraussagen. Man begibt sich also einfach aus dem Bereich der Unsicherheit, um das Maß an Sicherheit zu maximieren. In dieser Weise arbeiten Ingenieure. Man berechnet den Grenzfall und verdoppelt oder verdreifacht dann den Wert, um den Bereich größter Vorhersagbarkeit zu erreichen.

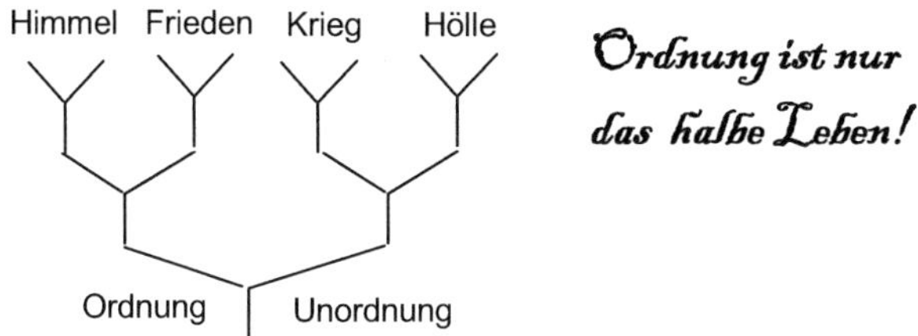

Entscheidung zwischen Ordnung und Unordnung?

Bild: Der Entscheidungsbaum für Himmel und Hölle

Kann man unsere Welt oder vielleicht das ganze Universum in solch eine günstige Ausgangsposition bringen?

Wenn ja, dann wäre unser Schicksal vorausberechenbar. Wenn nein, fragt man sich, ob wenigstens das Einsetzen des Chaos vorhersagbar ist? Nehmen wir beispielsweise unseren Herzschlag, der äußerst rhythmisch ist. Ist es möglich, frühzei-

tig das gefürchtete Herzflimmern eines Patienten vorauszuse-
hen und welche Anzeichen hätte solch ein Herzflimmern?

Gemeinhin geht dem Sturz aus der Ordnung ins Chaos eine
Verdopplung der Periodendauer voraus. Einem großen Aus-
schlag folgt plötzlich ein kleiner bis die Ausschläge völlig re-
gellos werden und das System ganz zusammenbricht. *Stabile
Systeme* schwingen äußerst periodisch und sind deshalb berechenbar. Beim Herzflimmern könnten ähnliche Anzeichen auftreten. Ein tröpfelnder Wasserhahn beweist, wie leicht ein ge-
ordnetes System aus sich regelmäßig folgenden Teilchen
plötzlich in ein unüberschaubares Chaos stürzen kann. Eine
kleine Drehung am Wasserhahn und die Wassermenge ist
plötzlich viel größer als erwartet.

Von *Zufall* spricht man gemeinhin, wenn etwas passiert, das
mit den Gesetzen der Physik vereinbar ist und in den Grenzen
der Wahrscheinlichkeit liegt. Ein Wunder jedoch beschreibt ein
Ereignis, mit dem man nicht gerechnet hat, weil es der normalen Wahrscheinlichkeit widerspricht. Wunder erregen deshalb
schnell die Aufmerksamkeit des Menschen, der darauf trainiert
ist, Merkwürdigkeiten in seiner Umgebung extrem stark wahrzunehmen. Diese Fähigkeit hat den Menschen über Jahrtausende in der Wildnis überleben lassen.

Die *Sieben Weltwunder* haben mit dem, was wir eigentlich unter einem Wunder verstehen, wenig gemein. Denn die Sieben
Weltwunder beschreiben einfach ein Menschenwerk von höchster Baukunst. Es gibt allerdings wiederum Skeptiker, die glauben, daß Menschen eigentlich zum Bau solcher Monumente
gar nicht in der Lage gewesen seien und schreiben diese *ar-
chitektonische Meisterleistungen* Außerirdischen zu. Denn
niemand kann sich erklären, wie beispielsweise die Ägypter
solche gigantischen Monumente *höchster Präzision*, die selbst
heute noch Bauingenieure verzweifeln lassen würden, bauten.
Wie bewegten und hoben die Arbeiter bloß die schweren Stei-
ne?

Außerdem konnten die Bauwerke unmöglich ohne genaue Pläne und komplizierte mathematische Berechnungen enstanden sein.

Bild: Die Cheops-Pyramide ist das älteste und das einzige noch erhaltene Weltwunder. Wegen ihrer Größe wird sie auch die "Große Pyramide" genannt. Sie ist mit Ausnahme der chinesischen Mauer, das größte je von Menschen errichtete Bauwerk und ist mit 146,6 m so hoch wie ein 50stöckiger Wolkenkratzer. Auf ihrer Grundfläche von 230 x 230 m hätten die fünf größten Kirchen der Welt gleichzeitig Platz.

Die Architekten mussten über erstaunliche mathematische und astronomische Kenntnisse verfügt haben, die später vollständig verloren gingen. Und nicht nur die Frage, wie sie gebaut wurden, ist faszinierend, sondern auch, warum. Was wollten die Ägypter mit den Pyramiden bezwecken, deren Bau sie zu unglaublicher übermenschlicher Leistung befähigte?

Die Höhe der Cheops -Pyramide entspricht der Entfernung Erde - Sonne in Millionen Kilometern, wenn sie ihr am nächsten ist.

Ein unglaublicher Zufall?

Die *Sieben Weltwunder* liegen örtlich ziemlich nahe beieinander und sind mehr oder minder recht ungerecht zusammengestellt:

1. Die Pyramiden von Gizeh
2. Die Hängenden Gärten der Semiramis
3. Das Bildnis des Zeus in Olympia
4. Der Artemistempel in Ephesos
5. Das Mausoleum von Halikarnassos
6. Der Koloß von Rhodos
7. Der Leuchtturm von Alexandria

Die Zahl **Sieben** hatte schon seit jeher eine magische Bedeutung für die Menschen. In *Sieben Tagen* schuf Gott die Welt. Alle sieben Tage tritt der Mond in eine neue Phase. Von Vollmond zu Vollmond dauert es einen Monat, also vier mal sieben Tage. Sieben ist die Anzahl der Planeten, die man mit bloßem Auge erblicken kann.

Der **7. Sinn** bezeichnet die Fähigkeit eines Menschen, Gefahr zu spüren. Dieser **Spürsinn** hat aber nichts mit übernatürlichen Kräften zu tun, sondern vielmehr mit rationalem Vorausdenken. Der Mensch nimmt Merkwürdigkeiten in seiner Umgebung sofort wahr und berechnet auf Basis dieser Informationen die Wahrscheinlichkeit für zukünftige Ereignisse. Kommt man beispielsweise nach Hause und die Tür steht offen, denkt man automatisch an einen Einbrecher. Man erahnt die Gefahr und aktiviert deshalb seine Wahrnehmung auf ein Höchstmaß. Der Mensch befindet sich im Alarmzustand. Daß Ereignisse, die sehr wahrscheinlich sind, auch eintreten, ist *nicht übernatürlich,* sondern folgt den Gesetzen der bekannten Physik.

Die **Sieben** setzt sich wiederum aus den *magischen Zahlen* 3 und 4 zusammen. Quadrate und Dreiecke bilden die Grundflächen einer Pyramide. Die 3 hat in der göttlichen Dreieinigkeit oder Dreifaltigkeit ihre größte Symbolkraft. Sie beschreibt den Zusammenhalt von Mutter, Vater und Kind.

Das Ganze ist mehr als die Summe seiner Einzelteile. Das ist die Kernaussage der Trinität.

Die *Heiligen 3 Könige* aus der Bibel, waren wahrscheinlich vielmehr Magier und Sternendeuter, als Könige. Ihre Namen Kaspar, Melchior und Balthasar bedeuten übersetzt soviel wie *„Christus segne dieses Haus"*, nach dem Motto *„alle guten Dinge sind 3"*.

Die 4 ist die Zahl der Himmelsrichtungen Nord, Süd, West, Ost und der Grundelemente *Feuer, Wasser, Luft und Erde*. In der heutigen Zeit meint man, im allgemeinen, wenn von einem Wunder gesprochen wird, ein Ereignis, das so unwahrscheinlich ist, daß es niemand für möglich gehalten hätte. Ein *Wunder* ist sozusagen die *Vorstufe zur Zauberei*, bei der ja bekanntlich die physikalischen Gesetze außer Kraft gesetzt werden. Würde Ihr Gegenüber beim Poker 3 mal hintereinander 4 Asse haben, würden Sie doch bestimmt einen gewissen Argwohn hegen und nicht mehr an reinen Zufall glauben? Ihr Gegenüber würde vielleicht beteuern, daß es sich nur um ein *Wunder* handelt, also auch keine *Zauberei* im Spiel war.

Nur, würden Sie das glauben?

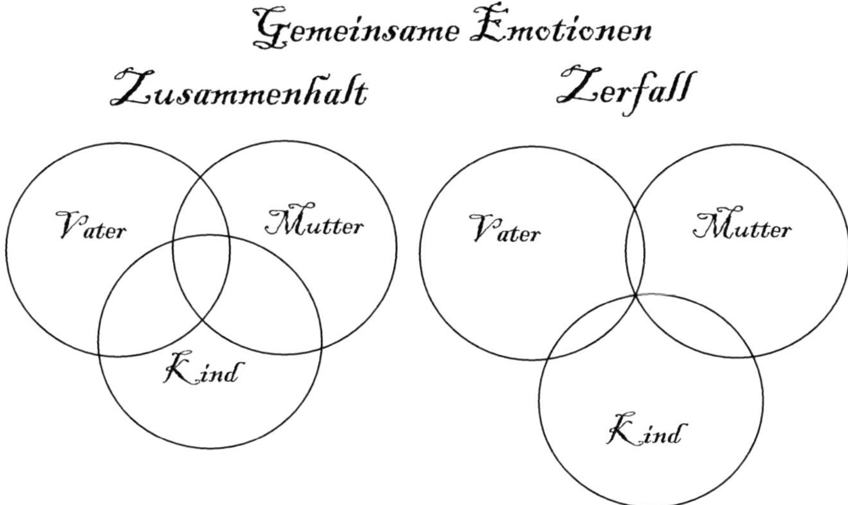

Bild: Der Mensch steht mit seinen Emotionen in ständiger Wechselwirkung mit den Emotionen anderer Menschen. Menschen, die sich mögen, haben gemeinsame Emotionen. Starke gemeinsame Emotionen werden gemeinhin als *Liebe* bezeichnet.

Unsere 13 entspricht in Teilen Asiens der 4 – zumindest, wenn es um *Unglück* geht. Auf chinesisch klingt das Wort für »Vier« so ähnlich wie das Wort für »Tod«, und daher wird die Zahl in Fahrstühlen, in Flugzeugen und auf Parkplätzen ausgelassen: Auf die Drei folgt sicherheitshalber die Fünf.

Für die Entstehung von Leben auf der Erde wird üblicher Weise ein *außergewöhnlicher Zufall* verantwortlich gemacht und als *Wunder* bezeichnet. Fred Hoyle hat diesen Zufall mit einem Wirbelwind verglichen, der durch eine Werkstatthalle fegt und aus herumliegenden Teilen einen Jumbo-Jet zusammensetzt. Die statistische Wahrscheinlichkeit, daß ein DNS-Molekül[121] rein zufällig aus seinen Bestandteilen entsteht, ist so groß, wie 7000 mal im Leben sechs Richtige im Lotto zu tippen.

Handelt es sich bei der Entstehung der DNS etwa um ein *Wunder*, das um so größer erscheint, weil es ausgerechnet auf der Erde passiert ist, dem einzig bewohnbaren Planeten im ganzen Universum?

Paul Davies meint, daß die Entstehung von Leben auf ein Prinzip der Natur begründet ist. Das Leben scheint der allgemeinen Strömung in Richtung Chaos entgegen zu schwimmen. Prozesse, die den Entropiegesetzen entgegenlaufen bezeichnet man im Fachchinesisch als *negentrope Prozesse*.

Das Leben findet einen Weg!

Zwei primitive Zellen verbinden sich und bilden auf wundersame Weise ein Lebewesen größerer Ordnung. Dieses Lebewesen wird Zeit seines Lebens automatisch versuchen, seine Ordnung ständig zu vergrößern. Vielleicht studiert es sogar Mathematik?

---

[121] Desoxyribonukleinsäure- In der DNS ist der genetische Code des Lebens, für uns noch verschlüsselt, gespeichert.

Wissen heißt, über geordnete Information zu verfügen.

Überhaupt ist die ganze Geschichte der Evolution eine Geschichte der Entwicklung größerer Ordnung. Schnell haben sich die Lebewesen höherer Ordnung in Gruppen noch größerer Ordnung zusammengetan. Intelligentes Leben bringt Ordnung hervor. Unser Denken geht in Richtung größerer Ordnung.

Der *Wahnsinn* ist Ausdruck größter *geistiger Unordnung*. Die Psychoanalytiker versuchen letztendlich solche geistige Unordnung aufzuräumen. Die Chemie ist ein Paradebeispiel für das Beschreiben von Ordnung. Atome organisieren sich auf *mystische Weise* selbst und bilden freiwillig Moleküle größter Ordnung. Dabei entstehen unglaublich logisch strukturierte, höchst solide Gebilde wie der Diamant, der nur durch große Mühe wieder in Unordnung gebracht werden kann.

Sind es nicht die Ordnung und deren scheinbar eingebaute Logik, die uns in jedem Bereich der Naturwissenschaften fasziniert?

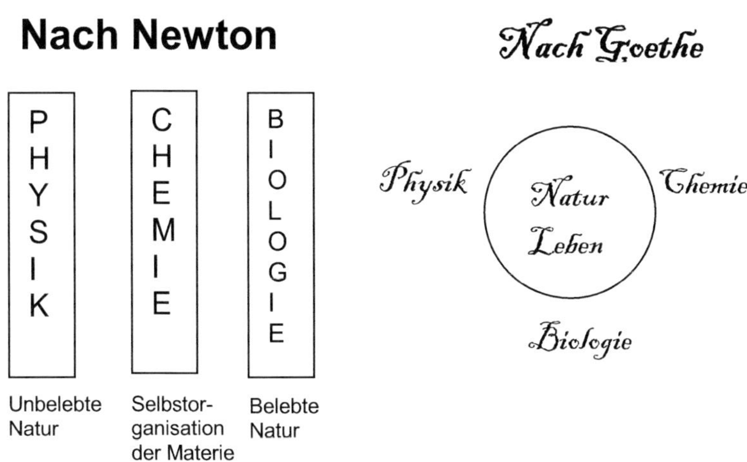

Bild: Die Lehre von der Natur ist in die 3 Bereiche *Physik, Chemie und Biologie* zerlegt worden. Dabei ist das „*geistige Band*" verloren gegangen und der „*Mensch*" vergessen worden.

Das **_Ganze ist mehr als die Summe seiner Einzelteile_**[122], weil _das Ganze_ über zusätzliche Information verfügt, nämlich der **_Information über den Zusammenbau_**. Zerlegt man _das Ganze_ in seine Einzelteile, geht Information verloren. Die Kenntnis über die Zusammenhänge ist aber insbesondere in der Medizin entscheidend und erklärt den Erfolg vieler Heilpraktiker, die über den Tellerrand hinausschauen. Während Schulmediziner den Menschen in immer kleiner werdende Einzelteile aufbrechen, bemühen sich Heilpraktiker um den _ganzen Mensch_. Oft kennen sie die _heilende Wirkung_ ohne eine wissenschaftliche Erklärung dafür zu haben. Die Schulmedizin konzentriert sich hauptsächlich um eine _symptomatische Behandlung_, von der insbesondere die Pharmaindustrie profitiert und hat die Ursachenforschung längst aufgegeben. So hört man oft <unheilbar>, statt <ich weiß nicht, wie es heilbar ist>?

Die moderne Medizin basiert auf Ausprobieren, statt auf Herausfinden. Der unverantwortliche Umgang mit Kortison, beispielsweise, macht Menschen krank, nicht gesund. Die heilende Kraft vieler Kräuter beruht auf der heilenden Kraft des _ganzen Menschen_, der im Ungleichgewicht ist. Kräutertees versorgen den Menschen auf natürliche Weise mit vielen Mineralien und Vitaminen nach dem Motto: _die Natur hilft der Natur!_

So wie die moderne Medizin den _ganzen Mensch_ ignoriert, so hat auch die moderne Physik den Menschen ausgeklammert und beschreibt nur die eine Richtung, nämlich die Richtung in die Unordnung. Das übergeordnete System **_„Universum"_** soll in ein unendlich großes Chaos treiben, wobei _alle Information verloren_ geht. Wer glaubt, daß das Universum immer größer werdende Unordnung anstrebt, der glaubt auch, daß unsere Zukunft im Universum keinen Sinn hat. Die moderne Physik betätigt sich mit großer Wonne ausschließlich _in der hohen Kunst der Schwarzmalerei_. Vielleicht sind deshalb auch so viele Physiker so schlecht gelaunt.

---

[122] Holistisches Prinzip

Warum hat sich intelligentes Leben *in Richtung größerer Ordnung* überhaupt entwickelt, wenn es ein *Prinzip* ist, daß das übergeordnete Universum einen Zustand *immer größerer Unordnung* anstrebt, also ständig Information verloren gehen soll?

Nachdem Hawking jahrelang die Meinung vertreten hat, daß alle Information in Schwarzen Löchern unwiederbringlich verloren ginge, ist er sich, seit er 1974 nachgewiesen hat, daß Schwarze Löcher Strahlung abgeben, da nicht mehr so sicher.

Es stellt sich die Frage, ob Information im Universum überhaupt verloren gehen kann, oder ob es so etwas wie einen *Informationserhaltungssatz* gibt?

Ich vertrete die Meinung, daß im Universum *prinzipiell nichts* verloren gehen kann, auch keine Information. Der Informationsgewinn eines Objektes ist jedoch immer mit dem Informationsverlust eines anderen verbunden. Ein typisches Beispiel hierfür ist die Informationsverbindung von Sonne und Erde. Der Informationsgewinn der Erde hängt mit dem Informationsverlust der Sonne direkt zusammen. Es gilt:

$$\text{Informationsverlust}_{\text{Sonne}} = \text{Informationsgewinn}_{\text{Erde}}$$

Die *ständige Erhöhung der Ordnung* auf der Erde beruht auf der Tatsache, daß die Erde seit Millionen von Jahren mehr Information in Form von Photonen bekommt, als sie wiederum ans Universum abgibt.

Fazit
Ordnung ist gleichbedeutend mit Informationsgewinn, Unordnung bedeutet Informationsverlust. Ordnung und Unordnung stehen in ständiger Wechselwirkung!

Zeit – die vierte Dimension

Wagner

„Verzeiht! Es ist ein groß Ergetzen,
sich in den Geist der Zeiten zu versetzen,
zu schauen, wie vor uns ein weiser Mann gedacht,
und wie wirs dann zuletzt so herrlich weit gebracht. "

Faust

„O ja, bis an die Sterne weit!
Mein Freund, die Zeiten der Vergangenheit
sind uns ein Buch mit sieben Siegeln.
Was ihr den Geist der Zeiten heißt,
das ist im Grund der Herren eigner Geist,
in dem die Zeiten sich bespiegeln. "[123]

Lösen Sie folgendes Rätsel:

Zwei Züge rasen auf demselben Gleis entgegengesetzt in einen Tunnel, trotzdem stoßen sie nicht zusammen.
Warum?
Nun, weil vielleicht der eine morgens und der andere erst nachmittags in den Tunnel fährt.

Anhand dieses klassischen Rätsels wird einem schnell klar, daß Zeit eine *weitere Dimension* darstellt. Die Mystik um die Zeit in bezug auf die *Relativitätstheorie* rührt im wesentlichen von der *Mehrdeutigkeit des Zeitbegriffs*. Während im allgemeinen unter *Zeit* „Vergangenheit", „Gegenwart" und „Zukunft" verstanden wird, versteht der Physiker unter *Zeit* die *Dauer*

---

[123] Zitat aus Goethes Faust

248

eines physikalischen Vorganges, die man auch als *Zeitdauer* bezeichnet.

„Zeit ist das, was man an der Uhr abliest", meinte Einstein.

Ich komme mit einer Uhr alleine nicht aus und benutze zusätzlich einen Kalender. Meine Vergangenheit ist in Form eines Familienalbums gespeichert. Auch Zugvögel besitzen einen Kalender und fliegen fast jedes Jahr zur selben Zeit los.

Der Begriff *Zeit* hat viele Bedeutungen. Ähnliche Verwirrung gibt es um den Begriff *Schock*. Während das Bedeutungswörterbuch *Schock* als den Zustand *stärkster seelischer Erschütterung* erklärt, verstehen Mediziner unter dem Begriff *Schock* den Zustand eines Menschen nach *stärkstem Blutverlust*. Ich habe schon mehrfach **erfolglos** versucht, einen Mediziner von der anderen Bedeutung des Begriffs zu überzeugen. Allerdings hatte ich nie das Bedeutungswörterbuch dabei. Genauso schwierig wird es sein, einem Physiker eine neue Bedeutung des Begriffs *Zeit* näher zu bringen. Das Bedeutungswörterbuch kennt für die Erklärung des
Begriffs *Zeit* 3 Varianten.

1. Ablauf der Sekunden, Stunden, Tage, Jahre usw.
2. Abschnitt in einer (historischen) Entwicklung
3. bestimmte Zeitpunkte eines Tages, Jahres usw.

Von Relativität keine Spur. Weiß das Bedeutungsbuch nicht, daß *Zeit* eigentlich relativ ist und von der Geschwindigkeit des Inertialsystems abhängt?

„Die Zeit verhält sich zur Uhr, wie das Denken zum Kopf"[124]

Als man versuchte, die erste Uhr zu bauen, glaubte man die *Zeit* wie einen *Dschinn*[125] *in eine Flasche* sperren zu können.

---

[124] Zitat aus dem Buch „Längengrad" von Dava Sobel

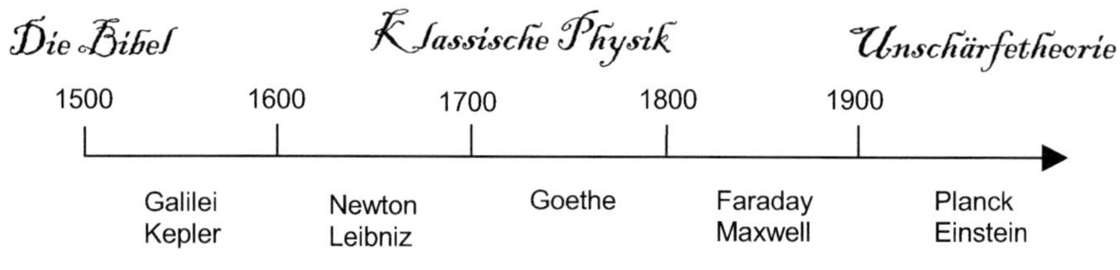

Jesus Christus	Verkörperung des christlichen Glaubens. Sohn Gottes. Fester Glaube an einen Schöpfer, der die Erde und das menschliche Leben erschaffen hat.
Kopernikus	Die Erde kreist um die Sonne, nicht umgekehrt.
Galilei Kepler	Einleitung der wissenschaftlichen Revolution. Kritik am christlichen Glauben, die Erde sei das Zentrum des Universums.
Huygens	Wellentheorie des Lichts. Arbeiten zur Pendeluhr.
Newton Leibniz	Korpuskelhypothese des Lichts und dessen Zerlegung über ein Prisma. Schaffung der mathematische Grundlagen der modernen Physik. Dazu gehört insbesondere die Infinitesimalrechnung. Newton ist vor allem berühmt für seine 3 Bewegungsgesetze.
Goethe	Evolutionstheorie.und Alternative Farbenlehre. Leidenschaftlicher Kampf gegen die Mathematisierung der Naturwissenschaften.
Laplace	Überzeugter Determinist. Konsequente Anwendung der Bewegungsgesetze Newtons.
Faraday Maxwell	Begründer der elektromagnetischen Feldtheorie. Fester Glaube an einen Universums-Äther.
Planck	Begründer der Quantentheorie. Die Natur macht Sprünge.
Einstein	Lichtquantenhypothese: Energie und Masse sind äquivalent. Spezielle und Allgemeine Relativitätstheorie. Arbeiten über die Theorie von Gasen.
Heisenberg	Begründer der Unschärfetheorie. Die Zukunft ist per se ungewiß.

Bild: Markante Persönlichkeiten der modernen Physik. Unser Wissen hat sich sprunghaft, sozusagen über Gedankenspünge, vergrößert.

---

[125] Teufel im islamischen Volksglauben

In der moderne Physik benutzt man gemeinhin die *imaginäre Zahlenebene*, also komplexe Zahlen, zur Darstellung der *4. Dimension Zeit. Das Wort imaginär verdeutlicht dabei, daß Zeit keine reale Dimension darstellt.*

$I\,e^{j30°}$ bezeichnet beispielsweise einen Strom der einer Spannung um 30° vorauseilt. Die *tatsächliche Leistung* läßt sich nur über die Einbeziehung der *4. Dimension Zeit* berechnen. Der Physiker macht sich über die imaginäre Zahlenebene ein *abstraktes Bild, sozusagen einen mathematischen Schnappschuß.*

Bei Pulsaren handelt es sich um Neutronensterne, die mit einer *extrem konstanten Geschwindigkeit* rotieren. Üblicherweise rotieren sie einmal pro Sekunde um ihre eigene Achse. Deshalb können von ihnen elektromagnetische Impulse im Sekundentakt empfangen werden. Anfangs zog man sogar in Erwägung, es mit Außerirdischen zu tun zu haben, die uns Signale zusenden, weil eine so genaue Funkquelle nicht natürlich erschien. Heute weiß man, daß die Impulse durch starke Magnetfelder entstehen, deren Achse verschoben zur Rotationsachse des Pulsars ist. Durch die hohe Rotationsgeschwindigkeit werden Elektronen durch das Magnetfeld geschleudert, die dabei Energie abstrahlen. Trotzdem sind Neutronensterne vollkommen rund. Denn die Fliehkraft wird es nicht schaffen, die hochverdichtete Kugel auszubeulen. Die Pulsare verlieren so ständig Energie, so daß die Impulse über die Jahrzehnte ständig langsamer werden.

Die Menschen haben einen Tag als die vollständige Umdrehung der Erde um ihre Achse definiert. Eine Sekunde ist der 1/86400 Teil einer Erdumdrehung. Jedoch ist die Rotationsgeschwindigkeit der Erde alles andere als gleichmäßig. In 100.000 Jahren wird ein Tag um eine Sekunde länger, weil die Bewegung der Ozeane die Erdumdrehung abbremst.

Dehnt sich deshalb die Zeit?

Sicherlich nicht. Die Definition der Zeit hat also historische Gründe, die unter dem Aspekt verstanden werden müssen, daß die Menschen als erstes das *Naheliegendste* zur *Zeitmessung* benutzten, nämlich die Umdrehung der Erde um ihre Achse. Jeder konnte sehr leicht anhand der vergangenen Tage eine bestimmte Dauer für zwei auseinanderliegende Ereignisse angeben. Mein Sohn hat schon mit 2,5 Jahren begriffen, daß er erst wieder Schokolade bekommt, wenn die Sonne das nächste Mal aufgegangen ist. Das Verstehen des abstrakten Begriffs *Zeit* ist weit schwieriger als der Begriff *Zeitdauer*. Denn der Begriff *Zeitdauer* ist umgekehrt proportional zu seiner Geschwindigkeit. Eine *kurze Zeitdauer* ist gleichbedeutend mit *hoher Geschwindigkeit* und unter Geschwindigkeit kann sich jeder leicht etwas vorstellen. Der *abstrakte Begriff Zeit* ist weit schwieriger faßbar. Kleine Kinder haben noch mit 3 Jahren Schwierigkeiten *„gestern“*, *„heute“* und *„morgen“* auseinander zu halten, während sie treffsicher *„schnelleres Schaukeln“* befehlen. Mein Sohn verwechselte ständig *„Wie lange“* mit *„Wann“*. Ihm war mit 3 Jahren der Unterschied zwischen einem *Zeitraum* und einem *Zeitpunkt* offensichtlich nicht klar.

Ist in der Relativitätstheorie der Unterschied zwischen einem *Zeitraum* und einem *Zeitpunkt* klar?

Die Zukunft ist *ungewiß* und auch hochbegabte Mathematiker schaffen es nicht, die Lottozahlen vorauszuberechnen. Fast alle Lebewesen besitzen eine innere Uhr. Bienen lesen die Zeit von der Sonne ab und wissen so, welche Blumen gerade *„offen“* haben. Zusätzlich besitzen viele Lebewesen auch einen Kalender. Zugvögel brechen fast auf den Tag genau in den Süden auf. Einige fliegen auch in den Norden oder bleiben lieber ganz zu Hause. Welche Verhaltensweise nachher den größten Nutzen bringt, hängt oft auch vom Zufall ab. Die Natur sorgt dafür, daß es immer einen Gewinner gibt, egal wie das Los entscheidet. Messen heißt prinzipiell:

Vergleichen mit geeichten Meßinstrumenten

Mißt man die Zeit, die ein bestimmter physikalischer Vorgang benötigt, vergleicht man seine Dauer letztendlich mit der Erdumdrehung. Galilei hatte die *Zeit* über Wassergefäße, die er vollaufen ließ, gemessen. Heute messen wir die *Zeit* oft über elektronische Uhren. Die Wassergefäße wurden durch Kondensatoren, das Durchlaßventil durch Widerstände, ersetzt. Der Fluß des Stroms entspricht dem Fluß des Wassers.

Die Geschwindigkeit, mit der sich die Erde dreht, schwankt jedoch ziemlich stark. Um eine Sekunde weltweit genau zu definieren, greift man auf die hohe Schwingungsgenauigkeit von Cäsium-Atomen mit der Atommasse 133 zurück, die das Herzstück einer Atomuhr darstellen.

9.192.631.770 Schwingungen entsprechen einer Sekunde.

Im Grunde funktioniert eine Atomuhr nicht viel anders als eine Pendeluhr. Atomuhren basieren auf der Tatsache, daß Elektronen mit einer bestimmten Resonanzfrequenz Energie absorbieren und wieder abgeben, also durch Anregung sehr periodisch ihre Schale wechseln. Durch diese Messung ist die *Zeit* jedoch nicht präziser geworden; *Geschwindigkeiten* können nur genauer miteinander verglichen werden, weil die Geschwindigkeit, mit der die Elektronen in einer Atomuhr Energie aufnehmen und wieder abgeben, ***unter genau festgelegten Bedingungen, nahezu konstant*** ist. Denn auch Atomuhren haben Gangungenauigkeiten.

Die Messung der Zeit ist letztendlich also ein Vergleich von Geschwindigkeiten.

Fazit
Der Physiker versteht unter *Zeit*, die Dauer eines physikalischen Vorganges und nicht *Vergangenheit, Gegenwart und Zukunft*!

Die perfekte Uhr

„Wer nicht mit der Zeit geht, geht mit der Zeit!"

Die Unmöglichkeit den Längengrad genau zu messen, hatte schon seit Jahrhunderten viele Schiffe und Menschenleben gefordert, so daß die *Angst* bei jeder Schiffsreise mitfuhr. Auf den *Irrfahrten* starben die Menschen normalerweise an Skorbut oder Durst, wenn das Schiff nicht *zufällig* sein Ziel fand. Oft gingen ganze Geschwader unter, wenn sie auf Felsen aufliefen, weil die Kapitäne geglaubt hatten, sie befänden sich ganz woanders.

Prinzipiell war die Lösung des Problems bekannt. Zum Glück dreht sich die Erde wie eine Uhr mit konstanter Geschwindigkeit um ihre Achse. Man müßte folglich nur eine *genaue Schiffsuhr* bauen, die synchron mit der in Greenwich liefe. Mittags, wenn die Sonne am höchsten stände, wäre folglich die lokale Zeit 12:00 Uhr. Über die Differenz zu der lokalen Zeit in Greenwich ließe sich so der Längengrad berechnen. Führe man mit dem Schiff auf dem Äquator entlang, wo der Unterschied am größten ist, entspräche 1 Stunde 15 Grad Länge, und damit tausend Meilen. Nur, das Bauen einer solchen Uhr hielt niemand für möglich. Zu groß schienen die vielen Widrigkeiten an Bord eines Schiffes, das ständige Auf und Ab, Rukkeln und Schlingern, große Temperaturunterschiede, die das Material und das Schmieröl einer Uhr veränderten. Zusätzlich beeinflussen die Höhenunterschiede auf einer Reise den Wert für die Erdbeschleunigung und beeinträchtigen so die Genauigkeit einer Pendeluhr.

Christiaan Huygens hatte 1656 die erste Pendeluhr, dessen ursprüngliche Idee auf Galilei zurückging, vorgestellt. Später baute er in seine Uhr eine Spiralfeder ein, weil diese auf einem Schiff eine wesentlich höhere Ganggenauigkeit zeigte. Um die Patentrechte solch einer Uhr stritt er sich mit dem Forscher und Erfinder Robert Hooke. Trotzdem, insgesamt war die Spiralfeder-Uhr zu ungenau. Galilei hatte eine Methode gefunden, wie sich zumindest an Land der genaue Längengrad über die Beobachtung der Jupitermonde, nach denen man eine *Uhr* stellen könne, bestimmen ließe.

Als die Astronomen Ludwig XIV eine revidierte Landkarte von Frankreich vorgelegt hatten, beklagte sich der *Sonnenkönig*, er habe an die Astronomen mehr Land verloren als an seine Feinde. Das Interesse für die Jupitermonde wurde immer größer und Ole Römer entdeckte schließlich, daß die Verfinsterungen der Jupitermonde in Abhängigkeit zur Erdentfernung verzögert erschienen. Dafür gab es nur eine Erklärung:

Die Geschwindigkeit von Licht ist endlich!

Bisher hatte selbst Newton geglaubt, seine bunten Korpuskel seien unendlich schnell, und diese neue Entdeckung rüttelte gewaltig am seinem Weltbild. Für den Präsidenten der Royal Society Sir Newton und andere hochmütige königliche Astronomen war die Sache klar. Die Lösung müsse in den Sternen liegen. Über die Mechanik des Himmels, die wie ein Uhrwerk arbeitete, müsse sich der Längengrad irgendwie bestimmen lassen. Newton forderte John Flamsteed, Gründer und erster Direktor der königlichen Sternwarte, auf, die in vierzigjähriger akribischer Arbeit gesammelten Himmelsdaten herauszugeben. Als dieser sich schlichtweg weigerte, weil er *seine Daten* für zu vage hielt und sich damit nur hätte schaden können, ernannte sich Newton, der eine Weigerung nicht duldete, kurzerhand selbst zum *Vorstand der königlichen Sternwarte* und kam schließlich mit Flamsteeds Todfeind Halley unrechtmäßig in den Besitz der Unterlagen, die Flamsteed in Greenwich unter Verschluß gehalten hatte. Kurze Zeit später wurden Flamsteeds Unterlagen gegen seinen Willen veröffentlicht.

Das seefahrende Volk wurde zunehmendst ungeduldig. Durch eine Petition von Kaufleuten und Seefahrern gedrängt, setzte die Regierung von England 1714 gemäß einer Empfehlung des mittlerweile 72jährigen Isaac Newton, der die Lösung des Längengradproblems nicht mehr erleben sollte, ein Preisgeld aus:

£ 20.000   für eine Methode, über die sich die geographische Länge auf 0,5 Grad genau bestimmen läßt.

Derjenige, der eine Methode fand, den Längengrad auf $^2/_3$ Grad genau zu bestimmen, sollte mit 15.000 Pfund Sterling und bei einer Genauigkeit von einem Grad mit 10.000 Pfund Sterling belohnt werden. Eine *astronomische Summe* für die damalige Zeit. Jedoch, eine Uhr dürfte in 24 Stunden nicht mehr als 3 Sekunden vor- oder nachgehen. Dies entspräche einer täglichen Unschärfe von weniger als 0,01%.

Unvorstellbar!

John Harrison war eigentlich ein geschickter schottischer Tischler wie sein Vater, der als Junge die Kirchturmglocken stimmte und läutete. Ein Pfarrer gab dem wissensdurstigen Jungen aus armen Verhältnissen ein *kostbares Lehrbuch* über naturphilosophische Vorlesungen an der Universität Cambridge. Der Junge schrieb fein säuberlich alles ab und versah seine Seiten mit immer neuen Überlegungen und Anmerkungen.

Niemand weiß, warum Harrison im Alter von 20 Jahren seine erste Uhr baute. Es war eine *getischlerte Uhr* aus Holz. Fast 10 Jahre später, als der Tischler in der Gegend mittlerweile als Uhrmacher bekannt war, erhielt er den Auftrag eine Turmuhr zu tischlern. Die Turmuhr von Brocklesby Park ist *völlig wartungsfrei* und tickt munter seit 270 Jahren vor sich hin. Harrison verwand für sich reibende Teile tropisches Holz, das selbst Fett ausscheidet und deshalb nicht geschmiert werden muß. Bei jedem Teil seiner Uhr überlegte sich Harrison, welche Holzart wohl am besten geeignet sei. Selbst bei Holz der gleichen Art machte er feine Unterschiede. Kam es ihm auf Härte an, wählte er schnell wachsende Eiche aus. Hielt er Haltbarkeit für wichtig, bevorzugte er langsam heranwachsendes Holz, des gleichen Baumes.

Die nächsten Uhren, die mit 2 Neuerungen ausgestattet waren, *das „Rost-Pendel" und die „Grasshopper-Hemmung"*, baute Harrison mit seinem kleineren Bruder. Harrisons Uhr ging nicht mehr als 1 Sekunde falsch im Monat in einer Zeit als die teuersten Uhren eine Gangungenauigkeit von 1 Minute pro Monat aufwiesen.

Als Harrison von dem Preisgeld erfuhr, hatte sich sein Geist schon intensiv mit der Problematik, genaue Uhren zu bauen, auseinandergesetzt.

Harrison dachte wie eine Uhr.

Er konnte jede Temperaturänderung, jedes Ruckeln und jede Abnutzung spüren, und er würde etwas dagegen unternehmen. Er würde eine Uhr bauen, die der rauhen Umgebung eines Schiffes auf hoher See trotzte und nebenbei reich und berühmt werden. Harrison wußte, daß eine Pendeluhr für diese schwierige Aufgabe nicht geeignet war. Er müßte sich etwas Neues ausdenken.

Eine *pendellose Uhr*.

Der Uhrmacher reiste nach London zur Längengrad-Kommission, die noch nie zusammengetreten war. Die Vorschläge waren alle so absurd und abwegig gewesen, daß kein Mitglied eine Versammlung in Erwägung gezogen hatte. Aber Harrison hatte Glück. Dr. Halley, ein Mitglied der Kommission, empfing ihn sehr freundlich und riet ihm zu dem bekannten Uhrmacher George Graham zu gehen. Graham könne Harrisons Idee sicher beurteilen.

Harrison war sich der Gefahr, seine Idee einem Spezialisten zu zeigen, bewußt.

Doch Graham war ehrlich.

Harrison bekam ein Darlehen und fuhr nach Hause. Fünf Jahre sollten vergehen bis Harrisons Uhr, die H·1,fertig wurde. Auf einer Schiffsüberfahrt 1736 nach Lissabon sollte Harrison die Genauigkeit seiner Uhr beweisen. Und obwohl Harrisons Magen mit dem Auf und Ab des Schiffes bei weitem nicht so gut zurecht kam, wie seine Uhr, konnte er die Position des Schiffes besser bestimmen als der erstaunte Kapitän Wills.

Bild: Die Harrison H·1. Ein Wunder an Ganggenauigkeit zur damaligen Zeit.

Doch Harrison war noch nicht zufrieden. Als der Perfektionist vor der Kommission, die nach 23jährigen Bestehen zum ersten Mal zusammentrat, seine Schiffsuhr präsentierte, war er der einzige, der Kritik an dem *Wunderwerk* übte. Er bat um noch weitere 2 Jahre Zeit und etwas Geld, bis er seine Uhr auf der Überfahrt zu den *Westindischen Inseln* erproben wollte.

Erwartungsgemäß war Harrison auch mit seiner zweiten Uhr, *ein Meisterwerk und einzigartig in Robustheit und Ganggenauigkeit,* unzufrieden. So widmete er sich die nächsten zwanzig Jahre der H·3.

Die Astronomen verbesserten in der Zwischenzeit die Methode zur Bestimmung des Längengrades über die Beobachtung des Mondes. Halley kam nach Prüfung der Daten zum Schluß, der Mond umkreise die Erde *im Laufe der Zeit* immer schneller.

Doch in Wirklichkeit ist es die Erde, die immer langsamer wird. Relativ gesehen[126], hatte Halley natürlich recht. Halley sagte die Rückkehr des Kometen, der seinen Namen berühmt gemacht hat, voraus. Jedoch, als Halley starb, starb auch der Protegé für den Tischler, der aus Holz hochgenaue Uhren baute.

Halleys Nachfolger Bradley und Bradleys Freund, Reverent Maskelyne waren angesehene Astromen mit viel Einfluß und beanspruchten den Ruhm und das Geld für sich. Das Rennen spitzte sich zu.

Die Harrisons mussten sich beeilen. Die $H_{,3}$, 60 mal 30 cm groß verwendet zur Temperaturkompensation einen Bimetallstreifen, wie er noch heute in Thermostaten zu finden ist. Der Bimetallstreifen bedeutete die konsequenten Weiterentwicklung des Rostpendels. Zur Verminderung der Reibung erfand Harrison eine Art Kugellager.

Obwohl Harrison bisher nicht daran geglaubt hatte, eine kleinere Uhr könne an die Genauigkeit der $H_{,3}$ herankommen, änderte der *Zufall* plötzlich seine Meinung. Ein befreundeter Uhrmacher hatte Harrison auf seine Anweisung eine Taschenuhr gebaut, die Temperaturschwankungen ausglich und deshalb sehr genau arbeitete.

Harrison setzte alles auf eine Karte. Wie ein Kaninchen aus dem Zylinder hatte er sie gezaubert. Sein Sohn William, der ihm über die Jahre beiseite gestanden hatte, nahm die $H_{,4}$ Taschenuhr, ganze 12 cm groß und fast 1,5 Pfund schwer auf die Schiffahrt nach Jamaika. 1762, nach 81 Tagen auf schwerer See ging sie nur um fünf Sekunden falsch. William hatte sie während der Reise nicht aus den Augen gelassen und vor dem

---

[126] Das erinnert an Einstein, der eine Verlangsamung aller physikalischen Vorgänge über die Zeitdehnung erklärt.

Wasser, das einige Zentimeter hoch in der Kapitänskabine gestanden hatte, geschützt.

Doch die Kommission wollte Harrison nicht auszahlen. Die
Ganggenauigkeit war vielleicht *reiner Zufall* gewesen. Eine
zweite Fahrt nach Jamaika sollte die Uhr erneut prüfen. Das
verschaffte Bradley und Maskelyne *Zeit*. Doch was, wenn Harrison in der *Zwischenzeit* verstürbe und sein Sohn mit der Uhr
unterginge?

Es war klar, Harrison müsse die Uhr der Kommission in allen
Einzelheiten erklären. Maskelyne war in der Zwischenzeit unerwartet königlicher Astronom geworden und setzte nun als
Mitglied der Längengrad-Kommission Harrison unter Druck.
Harrison solle eine zweite H$_4$ bauen, um zu beweisen, daß die
Uhr zu replizieren sei. Währenddessen propagierte der Reverent weiterhin die Bestimmung des Längegrades über die
astronomische Methode. Schließlich stehe der Himmel jedem
offen und die Seeleute wären leicht in der Lage die Berechnungen unter zur Hilfenahme der angefertigten Mondtafeln
durchzuführen.

Schließlich änderte die Kommission die Regeln für das Preisgeld. Harrison wurde namentlich erwähnt und gezwungen, sein
ganzes Wissen schriftlich einzureichen, bevor das Preisgeld
ausgegeben werden könne. Der Handwerker wurde hitzig wegen der Schikane und rannte wutentbrannt wohl aus mehr als
einer Sitzung.

1766, als Harrison etwa so alt gewesen war wie Newton, als
der die Empfehlung für das Längengrad-Problem verfaßte, erklärte sich Harrison bereit, seine Uhr *gegen die Hälfte* des
Preisgeldes einer Expertengruppe der Kommission zu erklären.
Unter den Experten waren natürlich interessierte Uhrmacher,
die Schiffsuhren bauen wollten. Seine kostbare Uhr wurde bei
der Gelegenheit konfisziert. Damit nicht genug. Noch im selben
Jahr sollte sein Lebenswerk dem Erzfeind Maskelyne überge-

ben werden. In der königlichen Sternwarte sollte Harrisons Uhr
mit der großen Regulatoruhr der Sternwarte verglichen werden.
Aber auch das war nicht genug. Wieder erschien Maskelyne
bei Harrison. Dieses Mal wollte er auch alle anderen Uhren von
Harrison. Beim Hinaustragen wurde seine erste Uhr aus Versehen fallen gelassen.

Harrison brach es das Herz.

Maskelyns Bericht über die Genauigkeit der H_4 in der Sternwarte war niederschmetternd. Die Uhr ging mehrere Minuten
falsch im Monat. Großzügigerweise räumte der Mann der Kirche ein, daß Harrisons Erfindung nützlich sei und in Verbindung mit seiner astronomischen Methode, die ihre Tücken
hatte, wahrscheinlich sogar zu gebrauchen.

Harrison ging zum Angriff über. Auf eigene Kosten veröffentlichte er eine 6 Penny-Broschüre, in der er die Weise, wie seine Uhr geprüft worden war, beschrieb. Der sonst so geduldige
Uhrmacher kritisierte die falsche Handhabung und verlangte
seine Uhr zurück. Die Kommission entschied, ein anderer
Uhrmacher, Larcum Kendall, solle die H_4 nachbauen. Harrison
stimmte zu. Kendalls Uhr K_1, war nach 2,5 jähriger Arbeit eine
perfekte Kopie der H_4. Harrisons Sohn William lobte das Werk,
und es war Kendalls Uhr, die schließlich auf die Reise geschickt werden solle, um die Genauigkeit einer Uhr auf hoher
See zu erproben. Kapitän James Cook nahm sie und William
mit auf seine Reise, die den endgültigen Beweis für die Genauigkeit von Harrisons Uhr bringen sollte. Für den berühmten
Kapitän Cook, der seinen Männern Sauerkraut verordnet hatte,
damit sie ihm nicht an Skorbut wegstarben, war es klar. Die
Uhr ermöglichte eine *präzise Navigation* auf hoher See. Viel
besser als jede andere Methode, die er kannte.

Aber auch Harrison, mittlerweile geplagt von Gicht und
schlechten Augen, stellte notgedrungen eine weiter Kopie der
H_4 fertig. Jetzt faßte der 79jährige einen kühnen Entschluß. Er

wandte sich an seine *Majestät Georg III*, der Harrison kannte. Georg III hatte das Rennen um das Preisgeld verfolgt und wußte Bescheid. Als Georg III den ergreifenden Brief, den William geschrieben hatte, las, soll er gesagt haben:

„Bei Gott, Harrison, ich werde dafür sorgen, daß Ihr zu Eurem Recht kommt!"

Von nun an stand Harrison unter dem *Schutz des Königs*. Harrisons neue Uhr wurde gestestet und das Ergebnis war erstaunlich. Die H_5 verlor nicht mehr als eine drittel Sekunde pro Tag. Nachdem Harrison für sein Lebenswerk die zweite Hälfte des Preisgeldes bekommen hatte, wurden die Bestimmungen für das Preisgeld drastisch verschärft. Kein Mechaniker sollte es ein zweites Mal schaffen, das Preisgeld einzufordern.

4 Jahrhunderte hatte die Suche nach einer Lösung des Längengradproblems gedauert und ganz Europa erfaßt. Ein *autodidaktischer Uhrenmacher*, der den Titel *königlicher Ingenieur* verdient hätte und an dem Tag starb, an dem er geboren war, hatte sich das Preisgeld verdient und die damalige Wissenschafts-Elite blamiert. 300 Jahre zuvor, wäre der Tischler für seine *Zauberkiste*, die *ohne mathematische Vorkenntnisse über eine einfache Zeitmessung,* die hochgenaue Navigation auf See ermöglichte und den königlichen Astronomen weit überlegen war, der Hexerei angeklagt worden. Der Einfallsreichtum und das Geschick eines hochbegabten Mannes war der entscheidende Schritt für England zur Weltseemacht gewesen.

1737 war eine genaue Uhr weltweit ein Einzelstück gewesen. 1815 sollte es schon 5000 davon geben. Viel einfacher in ihrer Art, und auch nicht so genau, aber ausreichend praktikabel. Tüchtige Kaufmänner und Uhrmacher hatten den Wert einer genauen Uhr für die Kapitäne der Meere erkannt und versuchten sie in möglichst großer Zahl zu fertigen.

Noch vor hundert Jahren nahm man es *im normalen Leben*
nicht so genau mit der *Zeit*. Man dachte in Stunden, nicht in
Sekunden. Das lag natürlich auch an der Unmöglichkeit für
jedermann genaue Uhren zu bauen. Mit der Entwicklung der
Quarzuhr 1929 änderte sich das drastisch. Immer genauer
konnte man Uhren aufeinander abstimmen. Heute ärgert man
sich über Zugverspätungen im Minutenbereich. Viele besitzen
eine genaue Funkuhr, die sich ständig mit der Atomuhr in
Braunschweig synchronisiert.

Trifft man einen Menschen, mit dem man auf *„gleicher Wellenlänge"* ist, meint man, daß man sich gut versteht. Sender und
Empfänger sind synchronisiert, also im Gleichlauf. Man sendet
sozusagen auf derselben Frequenz. Ein Ausdruck, der aus der
Funktechnik[127] stammt.

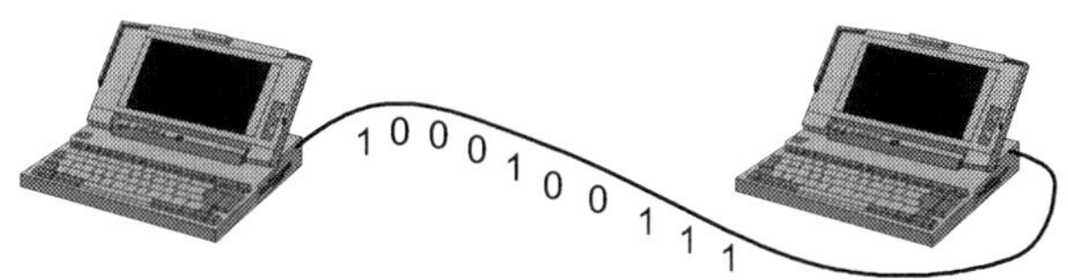

Bild: Datenaustausch zwischen Computern. Die kleinste Informationseinheit, die
Entscheidung zwischen „0" oder „1" bezeichnet man als Bit.

In der Datentechnik ist eine extrem genaue *Zeitsynchronisation*
von Sender und Empfängern schon immer notwendig. Man
nennt das Taktung. Wenn beispielsweise zwei Computer
kommunizieren, also miteinander Daten austauschen möchten,
müssen beide Rechner synchron, das heißt mit der gleichen
Geschwindigkeit, laufen. Stellen Sie sich vor, der eine Rechner
sendet mit einer Geschwindigkeit von 9600 bit/sec, während
der andere mit 2400 bit/sec empfängt. Der Rechner auf der
Empfangsseite würde nur Datenmüll empfangen, weil er 3 Bits
für eines hielte. Häufig wird eine Zeitsynchronisation beider
Rechner dadurch erreicht, daß ein Rechner den Takt vorgibt,

---

[127] Heinrich Hertz hatte als erster elektromagnetische Wellen mit Hilfe eines
Funkengebers nachgewiesen.

und der andere sich anpaßt. Hierfür gibt es verschieden Verfahren. Die Empfangsseite könnte beispielsweise auf ein sich periodisch wiederholendes *Code-Wort* warten, auf das sie sich dann synchronisiert.

Die Gangunterschiede zwischen den Rechnern entstehen im allgemeinen nicht durch Effekte, wie sie die *Relativitätstheorie* voraussagt, sondern einfach dadurch, daß die Taktgeber der Rechner nicht genau genug arbeiten und nicht wissen können, wann der andere zu senden beginnt. Das ist jedoch anders bei dem bekannten Satellitennavigationssystem GPS[128]. Da die Takt-geber in den Satelliten aufgrund ihrer hohen Geschwindigkeit langsamer laufen als auf der Erde, was durch den Effekt des geringeren Gravitationsfeldes jedoch mehr als ausgeglichen wird, müssen die Gangunterschiede zwischen Satellit und Erdempfangsstation ständig synchronisiert werden. Insgesamt verkürzt sich die *Zeit* im Satelliten um etwa 38 Mikrosekunden pro Tag. Hier wird deutlich, daß die Physik eigentlich *Geschwindigkeit* meint, wenn sie von *Zeit* redet.

Gemäß *Relativitätstheorie* soll es **prinzipiell** unmöglich sein, die Gangunterschiede in einem Satelliten zu kompensieren, da er ein eigenes *Raum-Zeit-System* darstellt. Trotzdem bin ich der Meinung, daß man über die Messung von Magnetfeldern eine Steuereinheit bauen können müßte, die die Uhr eines Raumschiffes mit einer Uhr auf der Erde synchronisieren könnte. Ich glaube an eine Uhr, die, so wie Harrisons Uhr, den Widrigkeiten einer Reise auf hoher See trotzte, unbeirrt von der Geschwindigkeit eines Raumschiffes, die Greenwich-*Zeit* genau anzeigt. Ein entsprechendes Patent wurde am 8. November 2001 über das Patentamt München veröffentlicht. Mehr dazu jedoch im Kapitel *„Der relative Widerstand"*.

Fazit
Die perfekte Uhr verliert weder, noch gewinnt sie Zeit!

---

[128] Global Positioning System

Eine neue Definition der Zeit

"Einer neuen Wahrheit ist nichts schädlicher als ein alter Irrtum." [129]

Drei Jurastudenten haben eine Mathematikklausur verschlafen, weil sie am vorherigen Tag auf einer Party waren. Verzweifelt diskutieren sie ihre Situation und entschließen sich, auf *höhere Gewalt* zu plädieren und erklären dem Mathematik-Professor ihre Verspätung damit, daß ihr Auto einen platten Reifen gehabt habe, den sie haben wechseln müssen.

Der Mathematik-Professor läßt sich überzeugen und die Studenten nachschreiben. Er setzt **jeden in einen getrennten Raum** und gibt ihnen eine **leicht geänderte** Klausur. Mit der ersten Frage sind 20% der Gesamtpunktzahl zu erreichen, und es handelt sich um eine einfache 3-Satz-Aufgabe. Die Studenten freuen sich über die Leichtigkeit der Klausur und beginnen munter mit der zweiten Aufgabe, auf die es die restlichen 80% gibt.

Sie heißt: „Welcher Reifen hatte den Platten?"[130]

In den letzten Kapiteln habe ich gezeigt, daß gemäß Relativitätstheorie die *Zeit* stark mit der *Masse* verknüpft ist. Einstein kreierte den Begriff der sogenannten Raum-Zeit. Demnach verbiegt Masse Raum und Zeit. Ich habe in diesem Buch stets betont, daß die Physik unter *Zeit* eigentlich die *Dauer von physikalischen Vorgängen* bzw. *Geschwindigkeit* versteht.

Die *Raum-Zeit* löst sich auf, wenn man beide Worte vertauscht. Dann erhält man nämlich den Begriff *Zeitraum*, mit dem jeder etwas anfangen kann. Ein *Zeitraum* ist bei weitem nicht so my-

---

[129] Zitat Johann Wolfgang von Goethe

[130] Falls die Jurastudenten abweichende Angaben darüber machen, welcher Reifen am Auto kaputt war, müssen sie gelogen haben.

stisch wie die *Raum-Zeit* und beschreibt die *Dauer eines phy-sikalischen Vorganges.*

In Physikbüchern wird deshalb *t als Zeitdauer* bezeichnet. Prinzipiell sollte in der Physik statt ***t für die Zeit (time), Δt für die Zeitdauer*** geschrieben werden.

Ich bin der Meinung, daß die Verwirrung um die Relativitätstheorie in der Betrachtungsweise der Zeit besteht. Es ist in vielerlei Hinsicht ungünstig, die *Zeit* über ein *Masse-Schwingsystem*, wie einer **Atomuhr**, zu definieren. Man definiert die Stromstärke ja auch nicht über einen **Amperemeter**. Ein alter Spruch aus der Meßtechnik heißt:

„Wer mißt, mißt Mist!"

Das Dilemma in der Physik fängt mit der Definition der Länge an. Ein Meter ist seit 1983 definiert als die Strecke, die Licht im Vakuum in (1/299 792 458) Sekunden zurücklegt. Eine Sekunde ist wiederum als 9 162 631 770 Schwingungen eines unter genau festgelegten Bedingungen abgestrahlten Lichts eines Cäsium-Atoms definiert. Bei einem Lichtjahr handelt es sich auch nicht etwa um eine Zeitdauer, sondern vielmehr um die Strecke, die Licht in einem Jahr zurücklegt.

Was für ein Quatsch!

Ich hätte gern mein Ur-Meter aus Platin-Iridium wieder, das sich einmal in Paris befand!

Einsteins Erfolg beruht auf der *Nichteinhaltung der fundamentalsten Regel der klassischen Physik:*

Der Beachtung von Maßeinheiten!

Wegen einem ähnlichen Verstoß war 1999 eine zum Glück unbemannte Mission zum Mars im Wert von über 300 Millionen

Dollar der NASA gescheitert. Man hatte *Inch* mit *Meter* verwechselt.

Seit 1983 definiert man die Länge über die Zeit, die relativ ist, weil Masse Raum und Zeit verbiegt. Wie könnte man die Zeitdauer unabhängig von dem Meßinstrument Atomuhr definieren?

Das Licht hat auch gemäß Relativitätstheorie unbestritten im ganzen Universum eine konstante Geschwindigkeit[131], nämlich 299 792,458 km/sec. Ein Photon (Lichtteilchen) unterliegt keinerlei Trägheit. Es fliegt sofort mit Lichtgeschwindigkeit los.

Die Lichtgeschwindigkeit ist universell konstant und bietet sich daher für die Definition der Zeitdauer an, denn Geschwindigkeit ist als Quotient aus Weg und Zeit definiert. Man muß sich einfach von der Vorstellung lösen, daß Zeit und Materie miteinander verknüpft seien. In Wirklichkeit haben Zeit und Materie nichts miteinander zu tun. Mit anderen Worten: *Es gibt auch Zeit im materielosen Raum.* Daß es einen Raum, das Universum gibt, egal, wie der auch strukturiert sein mag, setze ich voraus. Hiernach kann eine Sekunde einfach definiert werden, als die Dauer, die Licht für 299 792,458 km benötigt.

$$1 \text{ Sekunde} = \frac{\textbf{299 792,458 km}}{\text{Lichtgeschwindigkeit im Vakuum}}$$

Nach dieser Definition ist die Zeitdauer von Materie unabhängig, weil sich Licht auch im materielosen Raum ausbreitet und keinerlei Trägheit unterliegt. Alle physikalischen Vorgänge kön-

---

[131] Hierfür gibt es wenigstens zur Zeit keine gegenteiligen Experimente. Es ist durchaus denkbar, daß es sich bei Lichtgeschwindigkeit nur um einen Durchschnittswert handelt.

nen mit dieser Zeitdauer verglichen werden. Diese Definition der Zeitdauer macht klar, warum kein Teilchen zugleich an zwei Orten sein kann. Weil es nämlich mindestens die Zeit benötigt, die Licht braucht, um von dem einen Ort an den anderen zu gelangen.

Im Gegensatz zur Quantentheorie ist diese Zeiteinteilung analog, das heißt, jeder Zwischenwert ist mit beliebiger Genauigkeit möglich. Gemäß Quantentheorie können Ereignisse zeitlich so dicht beisammen liegen, daß sie nicht voneinander unterschieden werden können.

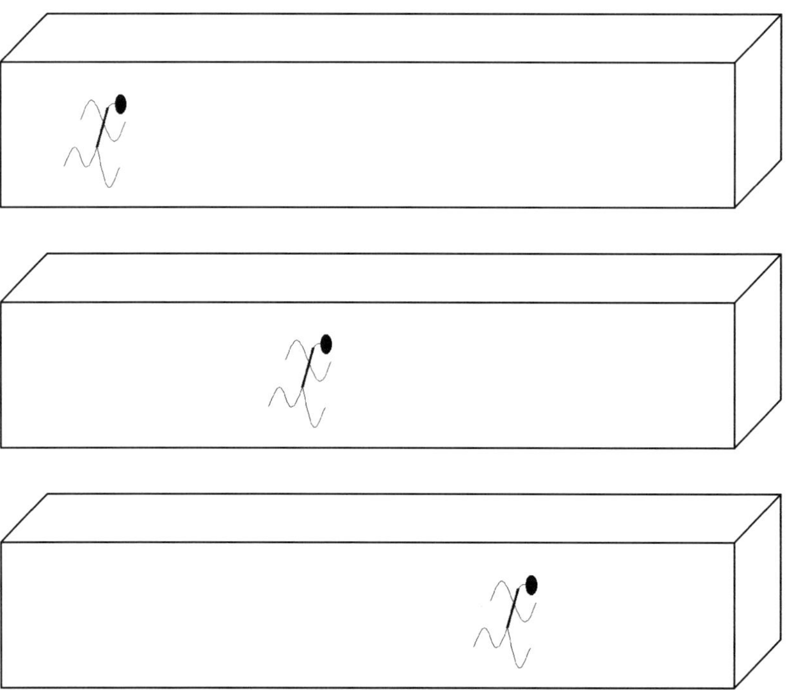

Bild: Niemand kann an 2 Orten zugleich sein. Veränderungen im Raum, nehmen wir als Bewegung wahr. Die Geschwindigkeit der Bewegung empfindet man als Zeit.

Unsere Zählung der Zeit beginnt mit dem Urknall vor 15 Milliarden Jahren, als die Energie sich angeblich im Universum auszubreiten begann. Die Wissenschaft weiß nicht, ob vor dem Urknall auch schon eine Zeit existiert hat und diskutiert rege die Frage, ob das Universum einen zeitlichen Anfang und ein zeitliches Ende besitzt. Die Strecke, die das Licht bis heute im Universum zurückgelegt hat, ist ein Maß für die Zeit, die bisher vergangen ist. Ein Blick in den Himmel ist ein Blick in die Vergangenheit. Eine Vergangenheit, die schon Milliarden Jahre zurückliegt. Zeit ist unabhängig von einem noch so präzise schwingenden Atom. Da mit der Zeit die Unordnung (das Chaos) im Universum ständig zunimmt, ist das Zurückgehen in der Zeit unmöglich. Denn das hieße, ohne Energieaufwand Ordnung zu schaffen.

Und das widerspricht dem Energieerhaltungssatz der Thermodynamik.

Die Tatsache, daß auch Atomuhren Gangunterschiede haben, macht deutlich, wie ungeeignet eine Uhr zur Definition der Zeit ist. Deshalb kann man prinzipiell über Messungen von Gangunterschieden nicht auf verschiedene Raum-Zeit-Systeme schließen. Man kann so lediglich beweisen, daß die Uhr unter bestimmten Bedingungen schneller oder langsamer läuft. Das kann man aber auch erreichen, indem man die Uhr in den Kühlschrank legt. Oder handelt es sich bei einem Kühlschrank etwa auch um ein anderes Raum-Zeit-System?

Zeit stellt sich somit als Oberbegriff für 3 Teilbereiche dar:

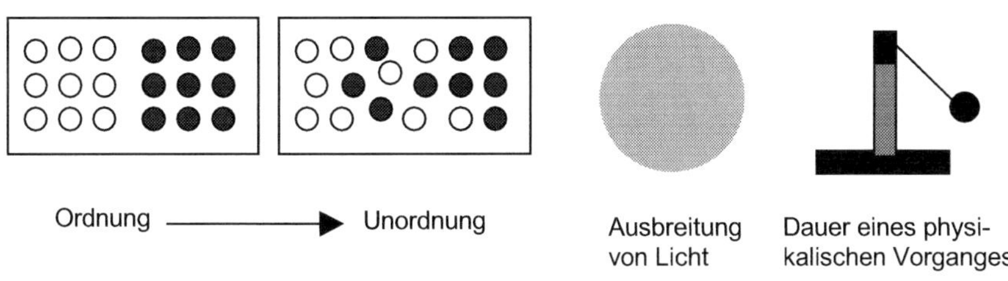

Bild: Die Zeit deckt 3 Teilbereiche ab.

Universelle Zeitpunkte

Durch die irreversible Zunahme der Unordnung im Universum entstehen *„Vergangenheit", „Gegenwart" und „Zukunft"*. Ein Zurückgehen in der Zeit ist unmöglich, weil Zeit asymmetrisch ist.

Universelle Zeitdauer

Die endliche Ausbreitungsgeschwindigkeit von Licht bzw. Energie definiert die universelle Zeitdauer. Licht benötigt für eine bestimmte Strecke eine bestimmte Zeitdauer, weil es sich mit einer endlichen Geschwindigkeit fortpflanzt. Durch die Abstrahlung von Licht vergrößert sich die Unordnung im Universum.

Zeitdauer eines physikalischen Vorganges

Die Zeitdauer eines physikalischen Vorganges bewegt sich zwischen 0 Sekunden und unendlich. Wenn wir die Dauer eines physikalischen Vorgangs messen, vergleichen wir diesen mit der Zeitdauer, die Licht für eine bestimmte Strecke benötigt. Zeit existiert also nicht wirklich als echte Dimension, an der man sich entlang bewegen kann, wie eine Spinne, die eine Wand hoch- bzw. hinunterklettert. Vielmehr handelt es sich bei Zeit um die Erkenntnis, daß Teilchen nicht an 2 Orten zugleich sein können, und Ereignisse mit einer maximalen Geschwindigkeit in einer bestimmten Reihenfolge ablaufen, wobei die Unordnung irreversibel wächst, so daß *„Vergangenheit", „Gegenwart" und „Zukunft"* entstehen.

Die Zeitdauer wird durch die maximale Geschwindigkeit, die Licht erreichen kann, definiert und ist prinzipiell unabhängig von Materie und für das ganze Universum einheitlich. Die Dauer von physikalischen Vorgängen, die **irreführenderweise** auch als Zeit bezeichnet wird, ist, im Gegensatz zur universellen Zeit, stark mit der Masse und damit der Trägheit des Systems verknüpft.

Eine Uhr ist deshalb kein *Zeitmesser*, sondern vielmehr ein *Geschwindigkeitsmesser*.

Physiker, die den zeitlichen Anfang mit dem Urknall verbinden, können sich Zeit im materielosen Raum nicht vorstellen. Sie weichen der Frage aus, was vor dem Urknall war. Der Urknall selbst ist ein Axiom und damit nicht bewiesen. Das Universum könnte auch anders entstanden sein.

Die Relativitätstheorie vermischt alle 3 Zeitbegriffe zu einem, was gegen den gesunden Menschenverstand verstößt, weil sie im physikalischen Sinn nichts miteinander zu tun haben. Die Lebenszeit eines Menschen hängt nicht direkt linear mit der Dauer von physikalischen Vorgängen zusammen und soll im nächsten Kapitel behandelt werden.

Einstein war sich dem Unterschied zwischen *biologischer und physikalischer Zeit* nicht bewußt und bewies dies über sein absurdes Zwilingsparadoxon. Die Ergebnisse der *„Lehre des Unbelebten"* lassen sich nicht einfach auf die *„Lehre des Lebens"* übertragen.

Fazit
**Eine Sekunde sollte als die Dauer, die Licht für
299 792,458 km benötigt, definiert werden!**

Die Dehnung der Lebenszeit

Erzähler[132]

„Wer reitet so spät durch Nacht und Wind?
Es ist der Vater mit seinem Kind;
Er hat den Knaben wohl in dem Arm,
Er faßt ihn sicher, er hält ihn warm.“

Vater und Sohn

„Mein Sohn, was birgst du so bang dein Gesicht? -
Siehst Vater, du den Erlkönig nicht?
Den Erlenkönig mit Kron und Schweif? -
Mein Sohn, es ist ein Nebelstreif.“

Erlkönig

„Du liebes Kind, komm, geh mit mir!
Gar schöne Spiele spiel ich mit dir;
Manch bunte Blumen sind an dem Strand,
Meine Mutter hat manch gülden Gewand.“

Vater und Sohn

„Mein Vater, mein Vater, und hörest du nicht,
Was Erlenkönig mir leise verspricht? -
Sei ruhig, bleibe ruhig, mein Kind;
In dürren Blättern säuselt der Wind.“

---

[132] Goethes berühmter Erlkönig beruht auf einer dänischen Sage.

Erlkönig

„Willst, feiner Knabe, du mit mir gehn?
Meine Töchter sollen dich warten schön;
Meine Töchter führen den nächtlichen Reihn
Und wiegen und tanzen und singen dich ein. "

Vater und Sohn

„Mein Vater, mein Vater, und siehst du nicht dort
Erlkönigs Töchter am düstern Ort? -
Mein Sohn, mein Sohn, ich seh es genau:
Es scheinen die alten Weiden so grau. "

Erlkönig und Sohn

„Ich liebe dich, mich reizt deine schöne Gestalt;
Und bist du nicht willig, so brauch ich Gewalt.«
Mein Vater, mein Vater, jetzt faßt er mich an!
Erlkönig hat mir ein Leids getan!"

Erzähler

„Dem Vater grauset's, er reitet geschwind,
Er hält in den Armen das ächzende Kind,
Erreicht den Hof mit Mühe und Not;
In seinen Armen das Kind war tot. " [133]

---

[133] Der Erlkönig sollte Goethe all seine Kinder nehmen.

Der Tod im Kindbett

Als Goethe 1788 aus Italien braungebrannt und gut gelaunt zurückkehrt, ist er einer der angesehendsten und wohlhabendsten Männer des Großherzogtums. Wie in „My Fair Lady" bittet ihn ein 23 jähriges Blumenmädchen während eines Spazierganges im Park, er möge sich für ihren schuldlos in Not geratenen Bruder, der Räuberromane schreibt, einsetzen und ihm bei der Suche nach einer neuen Arbeitsstelle helfen.

Das bodenständige Blumenmädchen, das so ganz anders als Goethe ist, wird schon am nächsten Tag seine Haushälterin und Geliebte, die ihm bald in *wilder Ehe* seinen ersten Sohn August schenkt. Der Herzog selbst, Goethes Duzfreund, wird sein Taufpate. Goethes hoher Stand schützt Christiane vor den Anfeindungen der Gesellschaft wegen des unehelichen Kindes. Trotzdem muß die kleine Familie schon bald aus der Stadt wegziehen. Entgegen aller Konventionen und aus Respektlosigkeit gegenüber der römischen Kirche bleibt Goethe Christiane treu. 18 Jahre später, kurz bevor sein Sohn volljährig wird, heiratet Goethe die lebenslustige Frau, die ihm 4 weitere Kinder gebärt. Doch Augusts Geschwister sterben kurz nach der Geburt, wahrscheinlich wegen einer Blutunverträglichkeit, die heute durch einen rechtzeitigen Blutausstausch leicht behandelbar wäre.

Mit jeder Geburt wächst Christianes Angst, zumal in dieser Zeit, im Kindbett zu sterben, für eine Frau die häufigste Todesursache ist. Christiane jedoch stirbt langsam und qualvoll an Nierenversagen. Ihr Ehemann, der große Naturwissenschaftler, ist hilflos wie ein Kind. All sein Wissen kann auch nicht verhindern, daß sein einziger Sohn, in dem gleichen Alter, in dem Goethe seine *Frau fürs Leben* kennengelernt hatte, noch vor ihm zu Grabe getragen wird.

Als dem jungen Assistenzarzt Semmelweis 1847 in dem größten Krankenhaus der Welt in Wien auffiel, daß in der einen

Abteilung wesentlich mehr Frauen an Kindbettfieber starben, als in der benachbarten, verfiel er in *tiefes Nachdenken*. Die hohe Sterberate war so bekannt, daß die schwangeren Frauen lieber auf der Straße entbanden, als in die *„verfluchte"* Abteilung zu gehen.

Was war wohl die Ursache, dieses offensichtlichen Mysteriums, fragte er sich?

In der einen Abteilung betrug die Sterberate über 10%, während in der anderen nur 3,5% starben. Semmelweis fand die Lösung. In der *„verfluchten"* Abteilung arbeiteten nur Ärzte und Studenten, während in der anderen Abteilung Hebammen die Frauen betreuten. Was machten die Ärzte und Studenten nur falsch?

Nun, sie führten Autopsien durch. Autopsien an Leichen und operierten reichlich. Könnte es sein, daß die Ärzte und Studenten die Frauen infizierten?

Semmelweis Vermutung wurde bald zur Gewißheit. Sein lebenslanger Kampf gegen seinen Chef, Leiter der todbringenden Abteilung und alle anderen Ärzte, die die neue Erkenntnis lange Zeit ignorierten, beschimpfte er als Mörder. Semmelweis war kein Mikrobiologe und konnte die ursächliche Mikrobe, *die Strebtokokke*, nicht benennen, aber er hatte den richtigen Zusamenhang entdeckt. Das Schicksal wollte es, daß sich der engagierte Arzt bei einer Operation infizierte und an derselben Krankheit starb, dessen Ursache er gefunden hatte.

Die biologische Uhr

Unsere biologische Uhr teilt den Tag in 23-25 Stunden und die Menschen in Frühaufsteher und Langschläfer ein. Hormone lassen uns in Abhängigkeit von dem Sonnenlicht morgens wach und abends müde werden. Die Unschärfe der mensch-

lichen inneren Uhr, die über das Sonnenlicht ständig nach-
gestellt wird, beträgt also etwa 2 Stunden.
*„Der Schlaf ist für den ganzen Menschen, was das Aufziehen
für die Uhr."* [134]

Wir kommen je nach Alter mit 6-12 Stunden Schlaf pro Tag
aus. Je älter wir werden, desto weniger Schlaf benötigen wir.
Das Gehirn eines Kindes erbringt jeden Tag Höchstleistung
und benötigt deshalb mehr Schlaf. Beim Schlafen schaltet sich
unser Bewußtsein ab und erholt sich für den nächsten Tag.
Wie sehr wir an den täglichen Rhythmus gewöhnt sind, beweist
das sogenannte Jet-Lag, das uns zu schaffen macht, wenn
man über zu viele Zeitzonen hinweg geflogen ist. Erst Tage
später können wir uns an den neuen Tagesrhythmus gewöhnen. Pro Tag läßt sich unser Rhythmus nur um etwa 1 Stunde
problemlos verschieben. Der Rekord für ununterbrochenes
Wachsein liegt bei 11 Tagen. Die Tester haben dies angeblich
ohne Schaden überlebt. Prinzipiell führt Schlafentzug irgendwann zum Tod.

Das Leben ist gefährlich und in jedem Fall tödlich. Die durch-
schnittliche Lebenszeit von Menschen hat sich durch die verbesserten Lebensbedingungen, die Erfolge der Medizin und die
gute Ernährung in den Industrieländern insbesondere in den
letzten hundert Jahren stark erhöht, so daß heute zutage die
Menschen in Deutschland durchschnittlich fast 80 Jahre alt
werden. Um 1800 betrug die Lebenserwartung nur etwa 30
Jahre und in der Vorzeit nur 25 Jahre.

Für uns Menschen spielt die Lebenszeit eine wichtige Rolle.
Wir merken sehr früh, daß wir nicht unendlich lange leben,
sondern im Normalfall nach Ablauf unserer biologischen Uhr
sterben müssen. Die biologische Uhr tickt für jeden Menschen
jedoch individuell. Die Abweichung zwischen biologischem und
tatsächlichem Alter kann leicht 10 Jahre betragen.

---

[134] Zitat Arthur Schopenhauer

Wie hoch ist die maximale mögliche Lebenszeit, und wodurch ist sie begrenzt?

Das höchste erreichbare Alter für einen Menschen scheint bei 120 Jahren zu liegen. Vielfach wurde über Menschen, die diese Alter erreicht haben, berichtet. Forscher meinen, daß Menschen aber auch gut 300 Jahre werden könnten. Insgesamt meinen Forscher, daß das Sterben wahrscheinlich genetisch bedingt ist, um den nächsten Generationen Platz zu machen und der Art eine möglichst gute Anpassung an den Lebensraum möglich zu machen.

Mit dem Generationswechsel geht eine Mischung der Gene einher. Die neuen Zellen bestehen zu 50% aus Genen der Mutter und zu 50% aus Genen des Vaters. Lebewesen mit raschem Generationswechsel passen sich viel besser an geänderte Lebensumstände an als Lebewesen mit langem Generationswechsel und sichern dadurch das Fortbestehen der Art. Die Kakerlake ist ein Paradebeispiel für gute Anpassung über rasche Generationswechsel. Sie paßt sich sogar an radioaktive Strahlung an und überlebt so einen atomaren Krieg. Bakterien können beispielsweise durch Zellteilung sehr schnell immun gegen Antibiotika werden.

Das Altern und Ableben hat sich also über die Evolution als Notwendigkeit zur Arterhaltung durch Anpassung an geänderte Lebensräume herausgebildet.

Vorrat an Lebensenergie

Wissenschaftler meinen, daß alle Lebewesen einen bestimmten Energievorrat haben. Wenn dieser Energievorrat verbraucht ist, muß das Lebewesen sterben. Tiere, wie die Schildkröte oder das Faultier, werden älter, weil sie mit ihrer Energie sparsamer als andere Lebewesen umgehen. Das Faultier verbraucht selbst bei Aktivität nur halb soviel Energie wie ein durchschnittliches Säugetier.

Der Kolibri, der kleinste aller Vögel, hat den schnellsten Stoffwechsel aller Tiere. Sein Herz schlägt 1200 mal pro Minute, also etwa 15 mal schneller als beim Menschen. Seine Flügel schlagen so schnell, daß sie nur schemenhaft zu sehen sind. Wegen dem summenden Flügelschlag nennen ihn die Amerikaner *Hummingbird*.

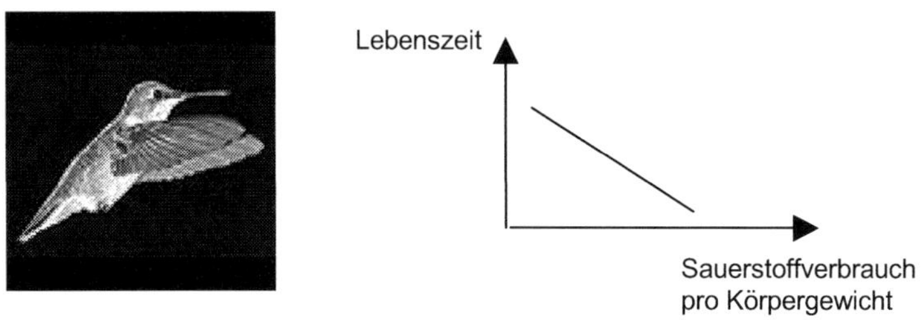

Bild: Der Kolibri führt ein Leben im Zeitraffer. Sein Stoffwechsel funktioniert 50mal schneller als beim Menschen. Seine Körpertemperatur ist um 8 Grad höher. Beim Schlafen verfällt er in eine Art Koma, das Energie spart, weil er sonst über Nacht verhungern würde. Kurz: Leistungssport ist lebensverkürzend.

Der Kolibri bewegt sich wie ein Hubschrauber durch die Luft und bleibt beim Tanken, direkt vor der Blüte stehen. Seine Flügel beschreiben hierbei eine liegende Acht. Nach dem Tanken schaltet er problemlos in den Rückwärtsgang und schwirrt blitzschnell davon. Dabei erreicht er Fluggeschwindigkeiten von bis zu 150 km/h.

Wer so ein schnelles Leben führt, lebt nicht lange. Denn er verbraucht im Verhältnis zu seiner Größe mehr Sprit als ein Düsenjäger. Bei schlechtem Wetter, wenn seine Nahrungsaufnahme behindert ist (er tankt normalerweise nur Super, das heißt zuckerhaltigen Blütennektar), verfällt er in eine Starre, um seinen Stoffwechsel zu verringern und Treibstoff zu sparen. Aber nicht nur sein Energieverbrauch ist erstaunlich, sondern auch sein glitzerndes Gefieder, das das Sonnenlicht wie ein Prisma in einzelne Farben aufbricht.

Die Suche nach den spärlichen Blüten im endlosen Grün des tropischen Regenwaldes ist sein größtest Problem. Glücklicherweise leuchten die Blüten in bunten Farben und erleichtern ihm so die Arbeit. Es ist deshalb anzunehmen, daß der Kolibri farbig sieht. Viele Pflanzen verlassen sich ausschließlich bei ihrer Verbreitung auf den winzigen Vogel, der sie bestäubt. Einige Milbenarten, die in den Blüten wohnen, benutzen ihn außerdem als Luftaxi, um große Entfernungen zu überbrücken. Während er seinen kleinen Rüssel in die Blüte steckt, wandern die Schwarzfahrer in seine Nasenlöcher und freuen sich auf den kostenlosen Überflug. Die einzelnen Kolibriarten unterscheiden sich deutlich in der Länge ihrer Schnabels, der eine perfekte Anpassung an bestimmte Blütenformen darstellt. Als Wissenschaftler die in Südamerika beheimatete Trompetenblüte, deren Name auf ihr Aussehen schließen läßt, entdeckten, vermuteten sie einen außergewöhnlichen Bestäuber. Es ist der *Schwertschnabelkolibri*, der über den allerlängsten Schnabel aller Kolibris verfügt und sich so seinen Lebensunterhalt sichert. Er ist ein Paradebeispiel für die *perfekte Symbiose* zwischen Pflanzen- und Tierwelt und die eleganteste und faszinierendste Form der Energieverschwendung.

Die Lebenszeit von Tieren läßt sich experimentell verlängern. So wurde im Frühjahr 1994 berichtet, daß Fliegen um etwa 40 % länger leben, wenn man in ihren Zellen gleichzeitig den Gehalt an Superoxid-Dismutase und Katalase erhöht. Jüngste Untersuchungen zeigen, daß Mäuse und Ratten 30 bis 60 % länger leben, wenn ihr Kalorienverbrauch reduziert wird. Reptilien, wie Krokodile, schaffen beispielsweise durch einen deutlich langsameren Stoffwechsel, daß sie weit älter als die hektischen Säugetiere werden. Außerdem benötigen sie dadurch nur einmal in 2 Jahren etwas zu fressen.

Wenn ein so hoher Energieverbrauch das Leben verkürzt, warum hat sich in der Natur diese Verschwendung überhaupt herausgebildet?

Nun, weil Energiesparen das Leben kosten kann. Tiere mit langsamem Stoffwechsel sind langsam. Und das nutzen andere Tiere aus, die schneller sind. Die Tiere sind also eigentlich nur so schnell, wie sie sein müssen, um zu überleben. Der Mensch könnte sich dieses Wissen in der Raumfahrttechnik zu Nutze machen, indem er seine biologische Uhr durch Einfrieren zum Stillstand bringen könnte. Vielleicht kann man in der Zukunft tatsächlich irgendwann Menschen einfrieren und nach 50 oder 500 Jahren wieder zum Leben erwecken. Genügend Literatur und Filme zu diesem Thema gibt es ja schon.

Mein Tip: Werden Sie ruhiger, dann leben Sie länger. Das ist wissenschaftlich erwiesen.

Freie Radikale

[135]Seit Beginn des 20. Jahrhunderts ist bekannt, daß die Lebenszeit verschiedener Säugetierspezies umgekehrt proportional dem Sauerstoffverbrauch pro Einheit Körpergewicht ist. In den letzten Jahren fand man heraus, daß Langlebigkeit einer Spezies mit einer geringen Sauerstoffradikalproduktion einhergeht.

Ist deshalb Sport Mord?

Wenn wir Sport treiben, reagiert der Körper auf den steigenden Energiebedarf mit erhöhtem Sauerstoffverbrauch und erhöhter ATP-Produktion in den Mitochondrien. Man findet klare Anzeichen für eine generelle oxidative Belastung des Körpers während und nach sportlicher Betätigung. Da mitochondrialer Sauerstoffverbrauch mit der Bildung von Sauerstoffradikalen einhergeht, sollte Sport zu einer erhöhten oxidativen Belastung der mitochondrialen DNA und damit zu einem vorzeitigen Altern führen. Untersuchungen an Tieren und mit Zellkulturen legen nahe, daß ***mäßige und vorübergehende oxidative Belastung beim Menschen die Lebenszeit verlängert*** und

---

[135] Gemäß eines Artikels von Dr. Christoph Richter

das Auftreten der das Altern begleitenden Krankheiten hinaus-
zögert.
Prinzipiell scheinen im Laufe des Lebens unsere Zellen un-
barmherzig durch Radikale zerstört zu werden. Während in
jungen Jahren, die Radikale vom Körper sehr gut eingefangen
werden, bevor sie Schaden anrichten können, läßt die Bekämpfung der Radikale später im Leben nach. Freie Radikale
werden für die Parkinson-Krankheit verantwortlich gemacht, bei
der bestimmte Zellen geschädigt werden. Forscher meinen,
daß die Bekämpfung der Radikale über ein Gen gesteuert wird.

Telomere - unsere Lebensuhr

Was die Entschlüsselung des menschlichen Gen-Codes so
schwierig macht, ist die Tatsache, daß prinzipiell jede Zelle
über dieselbe DNS verfügt. Prinzipiell könnte deshalb aus einer
Hautzelle bei entsprechender Aktivierung auch eine Zahn- oder
eine Haarzelle entstehen. Die eigentliche Information ist
scheinbar in einer schier unüberschaubaren Datenmenge versteckt, die selbst Großrechner Kopfzerbrechen bereitet. Das
Verhältnis von Information zu Daten scheint gleich Null. Die
zentrale Frage des Lebens ist deshalb:

Wieso muß eine einzelne Zelle über alles[136] Bescheid wissen?

Nun, weil sie ein Teil des Teils ist, der anfangs alles war! [137]

Forscher haben beobachtet, daß sich bei der Zellteilung, die
Chromosomenenden (Telomere) mit der Zeit verkürzen. Dies
scheint ein eingebauter Mechanismus zu sein, der unsere Lebenszeit begrenzt. Das Kopieren der Zelle ist genetisch bedingt
fehlerhaft und führt im Alter dazu, daß die Zellen nicht mehr
richtig funktionieren bzw. absterben.

---

[136] (den ganzen Menschen)
[137] frei nach Goethe

Wie bei einem Videoband, dessen Kopie kopiert wird, wird die Qualität bei jedem Kopiervorgang bis zur Unbrauchbarkeit stetig schlechter. Daß Kopieren aber auch ohne Qualitätseinbußen funktionieren kann, beweist uns die Digitaltechnik. Der Vorteil bei der digitalen Übertragung liegt darin, daß man das Original nicht von der Kopie unterscheiden kann. So kann eine Musik CD ohne Qualitätseinbußen kopiert werden, was die CD-Industrie mit großer Sorge erfüllt. Es ist sogar möglich, ohne Qualitätseinbußen die Musik von irgendeinem Server der Welt über das Internet runterzukopieren, was die CD-Industrie nahezu in den Wahnsinn treibt.

Es gibt eine seltene Krankheit, die Progerie, die durch einen genetischen Fehler Kinder bereits im Babyalter sehr schnell altern läßt. Bei diesen Kindern sind die Telomere von Geburt an zu kurz. Man hofft nun, daß man durch das Enzym *Telemerase* diese Kopierfehler nachträglich reparieren kann, so daß die Zellteilung bis ins hohe Alter funktioniert. Dies wäre dann der erste Schritt unendliches Leben zu ermöglichen. Von der Petrischale zur echten Anwendung beim Menschen ist jedoch noch ein langer Weg. Jedoch Zellen, die sich unendlich oft teilen, bezeichnet man als Krebs. Die Gefahr ist also, daß das Enzym *Telemerase* Krebs verursacht, anstatt uns ewiges Leben zu schenken.

Der Alterungsprozeß beim Menschen ist ein komplexer, nicht linearer Vorgang. Forscher halten es für vorstellbar, durch Manipulation der Gene, den Alterungsprozeß zu verlangsamen oder vielleicht sogar umzukehren. Denn bei weißen Mäusen wurde die erstaunliche Fähigkeit beobachtet, sich selbst zu regenerieren. Stanzt man ihnen Löcher in die Ohren, was ihnen nicht weh tut, dann wachsen diese Löcher ohne Narbenbildung wieder zu. Sie können selbst ihre Wirbelsäule regenerieren, wenn man ein Stück davon entfernt, was den Mäusen bestimmt weh tut.

Es gibt auch beim Menschen Organe, die sich selbst regenerieren. Die Haut bildet sich beispielsweise ständig neu. Die Le-
ber regeneriert sich, selbst wenn von ihr 70% entfernt werden.
Die Lungen eines Rauchers haben sich nach 10 Jahren völlig
regeneriert, und selbst das Gehirn regeneriert sich ein Leben
lang. Forscher halten es für möglich, daß sich in Zukunft alle
unsere Organe regenerieren lassen. Stellen Sie sich vor, Ihnen
würden dauernd die Zähne nachwachsen, wie es bei Haien der
Fall ist (natürlich nicht mehrreihig).

Ewiges Leben ist von der Natur nicht gewünscht.

Die *Erhaltung der Art* mit einer einhergehenden stetigen Weiterentwicklung und Anpassung an die Umgebung war in den
letzten Millionen Jahren wichtiger, als ein langes Leben des
Individuums.

Fazit
**Der Alterungsprozeß ist genetisch vorbestimmt und wird
von äußeren Umständen beeinflußt!**

Der Massendefekt – Ups, die Masse ist weg!

"Hier enden für jetzt meine Versuche, ihre Resultate sind negativ. Sie erschüttern aber das starke Gefühl in mir nicht, daß eine Beziehung zwischen Schwerkraft und Elektrizität vorhanden ist, obgleich die Experimente bis jetzt nicht bewiesen haben, daß es so ist." [138]

Als am 8. Mai 1794 28 Angeklagte zum Tode verurteilt wurden, fragte einer von ihnen, ob man ihm einen letzten Wunsch gestatte. Er müsse noch ein paar wissenschaftliche Arbeiten beenden. Doch die Republik brauchte keine Wissenschaftler. Antoine Laurent Lavoisier, der den *Erhaltungsatz der Masse* gefunden hatte, verlor an diesem Tage am Place de la Concorde seinen Kopf.

Der begabte Gelehrte hatte sich bereits mit 23 eine Goldmedaille für ein Beleuchtungssystem für eine Großstadt von der Akademie der Wissenschaften verdient. Mit 29 hatte er gezeigt, daß bei der Verbrennung nichts verloren ginge, sondern nur umgewandelt werde. Bei der Verbrennung wird offensichtlich Energie in Form von Wärme frei. Hatte man bisher an einen *Feuerstoff* geglaubt, so zeigte Lavoisier, daß bei der Verbrennung Sauerstoff gebunden werde. Diese führe dazu, daß der verbrannte Stoff nach der Verbrennung mehr wiege als zuvor.

Masse entspricht Energie. Jedes Gramm entspricht 26 Millionen Kilowattstunden. Wenn Protonen und Neutronen fusionieren, werden sie insgesamt leichter, weil ein Teil ihrer Energie abgestrahlt wird. Da Kernmassen sehr genau bestimmbar sind, kann aus dem Massendefekt die Bindungsenergie berechnet werden.

---

[138] Michael Faraday nach seinem jahrelangen Bemühen die Gravitation aus dem Elektromagnetismus zu erklären. Später versuchten sich Einstein und Heisenberg an der *einheitlichen Feldtheorie*.

Für den Massendefekt gilt:

$$\Delta m = Z\, m_p + N\, m_n - m_K$$

Δm	Massendefekt	m_K	Masse des vollständigen Kerns
m_p	Masse eines Protons	Z	Zahl der Protonen
m_n	Masse eines Neutrons	N	Zahl der Neutronen

Die Masse eines Atomkerns ist etwas kleiner als die Summe der Masse seiner Elementarteilchen.

Bild: Ein Proton und ein Neutron
wiegen zusammen weniger,
wenn sie fusioniert sind.

Deuteron (schwerer Wasserstoff, der im Kern ein Proton und ein Neutron besitzt) müßte beispielsweise einen Massenwert von 2,01594 tragen; der Massenwert beträgt tatsächlich jedoch nur 2,01354. Der Rest ist in Energie umgewandelte Masse. Der Massenwert eines Atoms wird auf die Masse eines zwölftel Kohlenstoffatoms bezogen. Die Masse ergibt sich also, indem man den Massenwert mit $1,660531 * 10^{-27}$ kg multipliziert. Aus dem Massendefekt läßt sich deshalb nach der berühmten Formel der Relativitätstheorie die Bindungsenergie berechnen.

$$E_B = \Delta m\, c_0^{\,2}$$

E_B	Bindungsenergie
Δm	Massendefekt
c_0	Lichtgeschwindigkeit im Vakuum

Bei der Fusion von Atomkernen wird Energie frei. Tatsächlich verliert die Sonne jeden Tag eine große Menge an Masse durch reine Abstrahlung von Licht. **In jeder Sekunde** wandelt sie 597 Millionen Tonnen Wasserstoff in 593 Millionen Tonnen Helium. Der Rest von 4 Millionen Tonnen Masse wird als elektromagnetische Strahlung in den Weltraum abgegeben. Bei der Verschmelzung von schwerem Wasserstoff zu Helium wird aus Masse Energie erzeugt.

$$^2_1H + {}^2_1H => {}^3_2He + {}^1_0n + 3{,}2\ \text{MeV}$$

Zur Erklärung der Indizes:

$$^A_Z\text{Element}$$

A   Massenzahl, die die Zahl der Protonen + Neutronen angibt
Z   Ordnungszahl, die die Zahl der Protonen bzw. Elektronen angibt

Masse ist gespeicherte Energie. Materie besitzt Masse und damit Energie. Der Bau der ersten Atombombe gab Einstein auf tragische Weise recht. Die Atomexplosion in Hirischima verbrauchte nicht mehr als 1 Gramm Masse.

Fazit
Die Sonne verliert ständig an Masse durch Abstrahlung von Licht!

Mehr Masse durch Geschwindigkeit

„Wenn die Lichtgeschwindigkeit auch nur ein bißchen von der Geschwindigkeit der Lichtquelle abhängig ist, dann ist meine ganze Relativitätstheorie und Gravitationstheorie falsch." [139]

Jede Materie besitzt Masse. Die Masse eines Körpers ist ein Maß für seine Energie.

Sie äußert sich:

a.) in Form eines Schwerefeldes (Gravitation)
b.) in Form von Trägheit

Einstein folgerte, daß beide Eigenschaften von Masse nicht zu unterscheiden seien und baute auf dieser Vorstellung, dem sogenannten **Äquivalenzprinzip**, die *Allgemeine Relativitäts-theorie* auf.

Die Äquivalenz von schwerer und träger Masse kann man sich leicht klar machen, wenn man in einem Flugsimulator sitzt. Durch das ruckartige Kippen der Fahrgastkabine und die visu-elle Täuschung über eine Kinoleinwand wird der Eindruck von Beschleunigung und abrupten Bremsen nahezu perfekt vorge-täuscht.

Bild: Ein Flugsimulator täuscht eine Bewegung in der Raum-Zeit vor.

---

[139] Albert Einstein 1913 in einem Brief

Das Grundprinzip der Relativitätstheorie geht davon aus, daß
Lichtgeschwindigkeit die höchste erreichbare Geschwindigkeit
ist, und zwar auch, wenn man sich in einem System befindet,
das selbst schon eine Geschwindigkeit besitzt, nach dem Motto
Lichtgeschwindigkeit läßt sich nicht überlisten!

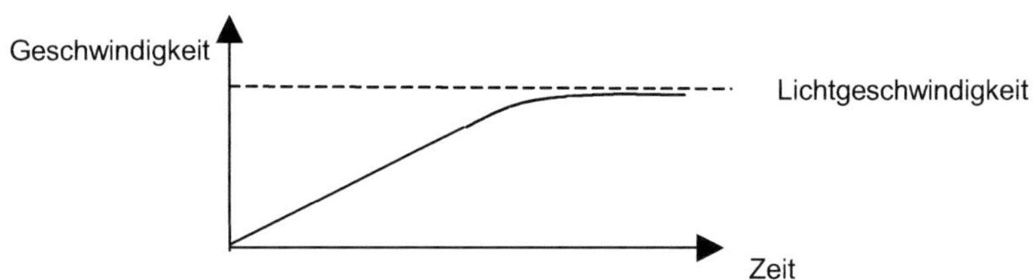

Bild: Lichtgeschwindigkeit ist die höchste zu erreichende Geschwindigkeit. Der relativistische Massenzuwachs wirkt wie eine Bremse, die umso stärker wirkt, je mehr sich
ein System Lichtgeschwindigkeit nähert. Bei Lichtgeschwindigkeit würde selbst ein
Elektron unendlich schwer.

Diese Annahme führt logisch auch zu der Erkenntnis, daß es
keine unendlich starren Körper gibt. Zieht man an dem Vor-
derteil eines Stabes, so bewegt sich sein Hinterteil *Länge des
Stabes / Lichtgeschwindigkeit* später.

Gemäß Relativitätstheorie gibt es ***keine unendlich schnellen***
Signale. Bereits 1901, also 4 Jahre bevor Einstein seine *Spezielle Relativitätstheorie* veröffentlichte, hatte der Wissenschaftler Walter Kaufmann entdeckt, daß Elektronen in Bewegung mehr Masse als in Ruhe besitzen, und zwar ohne Kenntnis der *Speziellen Relativitätstheorie*.

Elektronengeschwindigkeit in km/s	Elektronenmasse in g
$18,8 \times 10^2$	$9,1 \times 10^{-28}$
$18,7 \times 10^3$	$9,12 \times 10^{-28}$
$16,5 \times 10^4$	$10,9 \times 10^{-28}$
$29,7 \times 10^4$	$64,3 \times 10^{-28}$
Lichtgeschwindigkeit	Unendlich

Tabelle: relativistischer Massenzuwachs

Kaufmann bestimmte die Elektronenmasse nach der Parabelmethode. Frei fliegende Elektronen werden über ein elektrisches Feld nach oben und mittels eines parallel angelegten magnetischen Feldes nach außen abgelenkt, so daß die Elektronen eine Parabel beschreiben, aus der die Elektronenmasse berechnet werden kann. Der Versuch zeigte, daß die Elektronen bei **größerer** Geschwindigkeit eine nicht erwartete **geringere** Ablenkung erfahren.

Sehr verdächtig!

Kaufmann folgerte, daß sich das Verhältnis zwischen Elektronenladung und Masse verkleinert haben müßte und schrieb dies einem Zuwachs an Masse zu, da er davon ausging, daß die elektrische Ladung konstant geblieben sei.

Relativistischer Massenzuwachs nach Kaufmann

$$m_e = m_0 \, \frac{3}{4\beta} \left[\frac{1 + \beta^2}{2\beta} \, \ln \frac{1 + \beta}{1 - \beta} \right] \qquad \beta = \frac{v}{c}$$

m_e	Masse eines Elektrons, abhängig von der Geschwindigkeit v
m_0	Ruhemasse eines Elektrons
v	Geschwindigkeit des Teilchens
c	Lichtgeschwindigkeit

Einstein meinte diesen Massenzuwachs von einem *größeren Ganzen* ableiten zu können und setzte sich mit Hilfe von Max Planck, der seinen großen Einfluß geltend machte, durch.

Relativistischer Massenzuwachs nach Einstein

$$m = \frac{m_0}{\sqrt{1 - \beta^2}}$$

m	Masse eines Teilchen im bewegten System
m_0	Ruhemasse eines Teilchens
v	Geschwindigkeit des Teilchens
c	Lichtgeschwindigkeit
ß	v/c

Die Abweichungen von der Theorie zur Praxis konnte Einstein nicht erklären. Deshalb versuchte Kaufmann 1906 die Spezielle Relativitätstheorie sogar zu widerlegen. Planck meinte jedoch, daß Kaufmann einige unzulässige Vereinfachungen gemacht habe, so daß Kaufmanns Theorie nie wirkliche Beachtung fand. In den meisten Büchern wird Kaufmann nicht mal erwähnt.

Die mathematische Herleitung des relativistischen Massenzuwaches scheint mir skurril, aber schön handlich. Nur unter der Bedingung, daß die Formel als Näherung an die Wirklichkeit zu sehen ist, bitte ich alles weitere zu verstehen.

Wird die Masse größer, weil sich die Zeit dehnt oder dehnt sich etwa die Zeit, weil die Masse größer wird?

Die Microsoft Encarta behauptet, Einstein hätte die Verlangsamung einer Uhr vorausgesagt. In Wirklichkeit war es Kaufmann, der den relativistischen Massenzuwachs feststellte, aber nicht erklären konnte.

Kann Einstein die Zeitdilatation erklären?

Ist die Geschwindigkeit des Lichts wirklich für jeden Beobachter gleich, oder ist die Frequenz und damit auch die Energie eines Lichtstrahls für einen sich auf den Lichtstrahl zu bewegenden Beobachter größer?

Warum kann man über den Doppler-Effekt erfolgreich Radarfallen bauen, wenn die Geschwindigkeit für beide Beobachter gleich ist. Ist die Geschwindigkeit für Licht für einen Beobachter etwa doch gleicher?

Ich kann nicht glauben, daß der Massenzuwachs eines Körpers über einen so großen Geschwindigkeitsbereich, nämlich Null bis Lichtgeschwindigkeit, einer doch recht einfachen Formel folgt. Selbst die Änderung des elektrischen Widerstandes mit der Temperatur ist schwieriger. Deshalb ist die Formel für den relativistischen Massenzuwachs zwar qualitativ bestimmt richtig, quantitativ jedoch höchst *zweifelhaft*.

Prinzipiell gilt: Wächst die Masse eines Körpers, dann wächst auch seine Trägheit. Je träger ein Körper ist, desto langsamer ist er auch. Selbst ein Elektron mit einer winzigen Masse soll unendlich schwer werden, wenn es Lichtgeschwindigkeit erreicht.

Ein Teilchen verdoppelt seine Masse, wenn es sich mit 87% Lichtgeschwindigkeit bewegt. Die Relativitätstheorie behauptet, daß die Lichtgeschwindigkeit von Teilchen mit einer Ruhemasse größer 0 nicht zu erreichen ist, weil diese dann unendlich schwer würden.

Das Licht selbst besteht aus Teilchen ohne Ruhemasse.

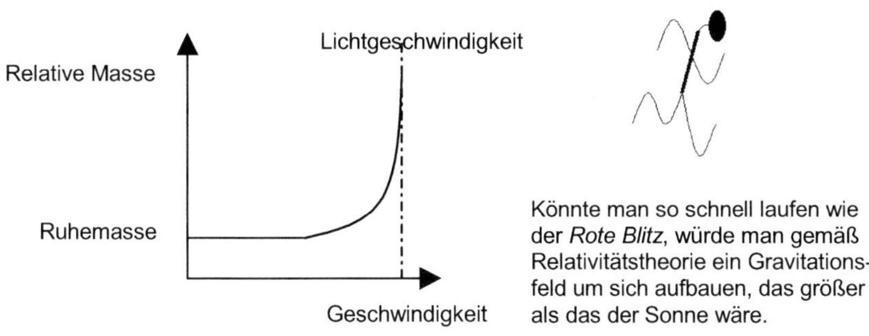

Bild: Der relativistische Massenzuwachs

Was würde wohl mit einem Raumschiff passieren, das in den Sog eines Schwarzen Lochs geriete, dessen Gravitationskraft so groß ist, daß selbst Licht nicht entkommt? Würde es einfach zu Licht zerstrahlen?

Es gibt Physiker, die behaupten, daß aufgrund der Zeitdehnung am Rand von Schwarzen Löchern das Bild eines Raumschiffes unendlich lange gefangen wäre. Auf der anderen Seite würde durch die enorme Gravitation das Raumschiff wie ein Gummiband auseinandergezogen werden. Welches Bild soll da zum Schluß gespeichert sein?

Der relativistische Massenzuwachs wirkte sich auch bei den Elektronen der Atomhülle aus, die angeblich auf elliptischen Bahnen um den Atomkern kreisen und führt zu Energieschwankungen. Denn die Geschwindigkeit der Elektronen um den Atomkern soll genau wie die Geschwindigkeit der Erde, die um die Sonne kreist, nicht konstant sein.

Fazit
In der Ruhe liegt die Kraft. Bei Lichtgeschwindigkeit nützt alle Kraft nichts!

Die Zeitdilatation – Die Dehnung der Zeit

"Eine wirklich gute Idee erkennt man daran, daß ihre Verwirklichung von vorne herein ausgeschlossen erscheint." [140]

Während man im normalen Sprachgebrauch unter *Zeit* „Vergangenheit", „Gegenwart" und „Zukunft" versteht, meint *Zeit* im physikalischen Sinn einfach die *Dauer eines physikalischen Vorganges*. Unter *Zeitdilatation* versteht man die relativistische Dehnung der Zeitdauer physikalischer Vorgänge, die mit dem relativistischen Zuwachs an Masse einhergeht. Da die Messung der Zeit nur indirekt über die Dauer physikalischer Vorgänge durchgeführt werden kann, wäre es richtiger, von einer *Verlangsamung physikalischer Vorgänge* zu sprechen.

Das Verwirrende dabei ist, daß die Verlangsamung aller physikalischen Vorgänge lokal nicht meßbar sein soll, weil alle Uhren auch langsamer gehen. Man merkt also nicht, daß alles langsamer läuft, weil das Meßinstrument Uhr demselben Effekt unterworfen ist.

Stellen sie sich vor, sie befänden sich in einem Zug, der sich mit annähernder Lichtgeschwindigkeit bewegte. Ihre relativistische Körpermasse und damit auch ihre Trägheit wären stark gestiegen. Dadurch wäre Bewegen kaum mehr möglich. Jede Ihrer Bewegungen wäre aufgrund der größeren Trägheit nur mit großer Mühe durchzuführen und somit langsamer, so ähnlich als bewegten Sie sich unter Wasser.

Das Leben eines Astronauten in einem hyperschnellen Raumschiff wäre ein Leben in Zeitlupe.

Die Systeme, in denen die physikalischen Vorgänge betrachtet werden, heißen *Inertialsysteme* oder *Inertial Frames of Refe-*

---

[140] Zitat Albert Einstein

rence und weisen darauf hin, daß jedes System eine von der Geschwindigkeit abhängige Trägheit besitzt. Einstein schrieb hierüber einen Aufsatz mit dem Titel: *„Ist die Trägheit eines Körpers von seinem Energieinhalt abhängig?"* und gab für die *Zeitdilatation* folgende Formel an:

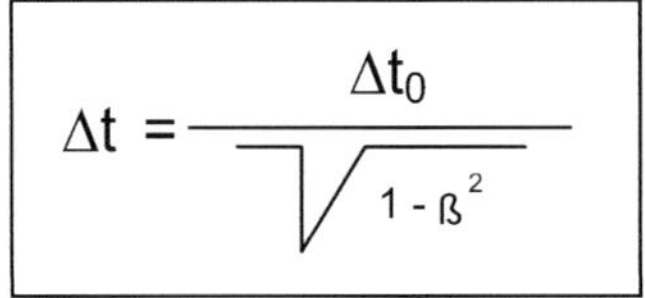

Δt Zeitdauer im bewegten System
Δt_0 Zeitdauer im ruhenden System
v   Geschwindigkeit des Körpers
c   Lichtgeschwindigkeit
ß   v/c

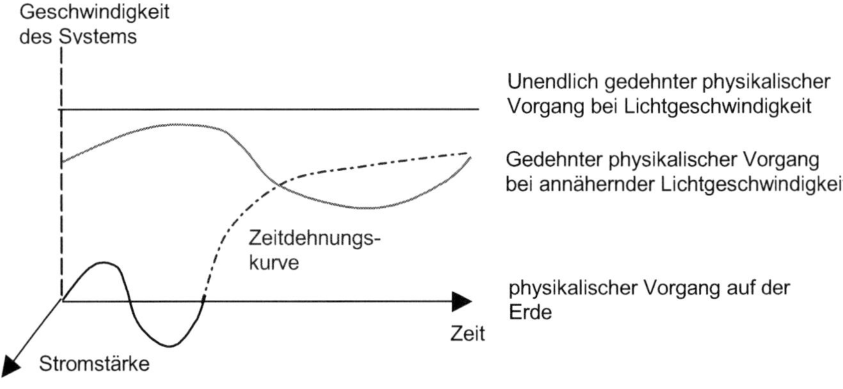

Bild: Verlangsamung physikalischer Vorgänge

Die Zeitdehnungskurve stellt dar, wie physikalische Vorgänge mit wachsender Geschwindigkeit des Systems, in dem sie ablaufen, gedehnt bzw. verlangsamt werden. Setzt man in der Formel für die Geschwindigkeit v Null ein, dann ist der Nenner 1 und die Zeitdauer t entspricht t_0. Setzt man in der Formel für die Geschwindigkeit v die Lichtgeschwindigkeit c ein, dann ist der Nenner 0 und t wird unendlich. Sie ist der Formel, die den relativistischen Massenzuwachs beschreibt, sehr ähnlich.

Nun, das ist kein Zufall.

Denn Masse und die Dauer von physikalischen Vorgängen
hängen ja zusammen.

$$\boxed{\text{Kraft} \ = \text{Masse x} \ \ \text{Beschleunigung}}$$

Wächst die Masse, muß bei konstanter Kraft die Beschleunigung kleiner werden und physikalische Vorgänge dauern automatisch länger. Die Dauer von physikalischen Vorgängen
verlangsamt sich um den Faktor 2 bei etwa 87% Lichtgeschwindigkeit. Reist ein Zwilling beispielsweise mit 87%
Lichtgeschwindigkeit durch das Universum und kehrt zur
Erde zurück, so wäre der zurückgebliebene Zwilling doppelt so
schnell gealtert.

**Die Zeitdehnung hat jedoch nichts mit Zeitgewinnung zu
tun. Stattdessen verlangsamen sich alle physikalischen
Vorgänge, wie beispielsweise auch der elektrische Strom.**

Einstein hatte erkannt, daß die lineare Kraft-Gleichung nach
Newton nicht beliebig extrapoliert werden kann, denn er
glaubte intuitiv, daß nichts schneller als das Licht sein könne.
Mathematisch verhindern dieses Speedlimit negative Zahlen
unter der Quadratwurzel innerhalb der Lorentz-Transformation.
Ansonsten müßte man imaginäre Zeiten annehmen und diesen
wiederum eine Bedeutung geben, was Physiker wie Stephen
Hawking tatsächlich auch tun. Einstein, jedoch, glaubte niemals an imaginäre Zeiten.

Die besonders bei den Mathematikern beliebten linearen Gleichungen, weil einfach lösbar, gelten in der ganzen Physik nur
für kleine Bereiche. In der Regel machen sich bei der Extrapo-
lation einer Gleichung Störeffekte bemerkbar, bis plötzlich das
System zusammenbricht. So wie ein dünner Draht bei einer
bestimmten Stromstärke plötzlich zu glühen beginnt. Von nun
an verstärkt ein geringfügiges Erhöhen des Stromes das Glü-

hen drastisch, bis er plötzlich zerreißt. Aus diesem Grund arbeitet man in der Elektrotechnik intensiv mit Kennlinien, die mathematisch schwierig beschreibbare Komponenten, wie beispielsweise Transistoren, graphisch bei verschiedenen Stromstärken und Temperaturen darstellen. Eine Verlangsamung des elektrischen Stroms bedeutet, daß die Stromstärke abnimmt, weil sich der elektrische Widerstand durch den Massenzuwachs der Elektronen erhöht.

Die Mutter aller Formeln der Elektrotechnik[141] definiert den elektrischen Strom als:

$$I = \frac{Q}{\Delta t}$$

I	Stromstärke
Q	Ladung
Δt	Zeitdauer

Der Strom sinkt um denselben Faktor, um den die Zeit sich dehnt. Für die elektrische Arbeit eines elektrischen Stromkreises gilt:

$$W_{el} = U \, I \, \Delta t$$

W_{el}	elektrische Arbeit
U	Spannung (Elektromagnetische Kraft)
I	Stromstärke
Δt	Zeitdauer

Da die elektrische Arbeit gemäß Energieerhaltungssatz im ruhenden System genauso groß sein muß, wie im bewegten System, muß im bewegten System weniger Strom fließen, weil sich die Zeit dehnt oder vielmehr, weil sich die Dauer des physikalischen Vorganges vergrößert. Die Elektronen[142] im bewegten System sind träger, weshalb ihre Beweglichkeit abnimmt, wodurch die Stromstärke sinkt. Der Strom nimmt also um denselben Faktor ab, wie sich die Zeit dehnt, bzw. wie die Masse der Elektronen zunimmt. Ein Birnchen würde deshalb

---

[141] Seite 1 meines Taschenbuches der Elektrotechnik mit über 700 Seiten
[142] Elektronen fließen von − nach +, also entgegen der angenommenen Stromrichtung.

für einen außenstehenden Beobachter schwächer leuchten, weil ja weniger Leistung (P=U I) verbraucht wird. Der lokale Beobachter soll jedoch von dem schwächeren Licht nichts merken.

Kaum vorzustellen!

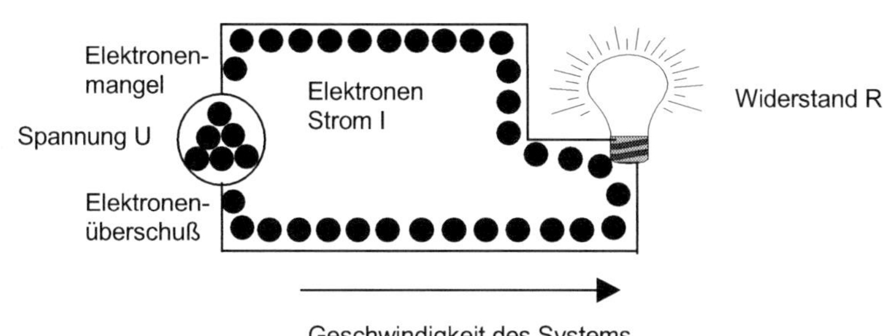

Ein Kondensator würde sich in dem hyperschnellen Raumschiff nur halb aufladen, und man könnte anhand der kleineren Spannung die Zeitdehnung nachweisen, sobald das Raumschiff auf die Erde zurückgekehrt ist.

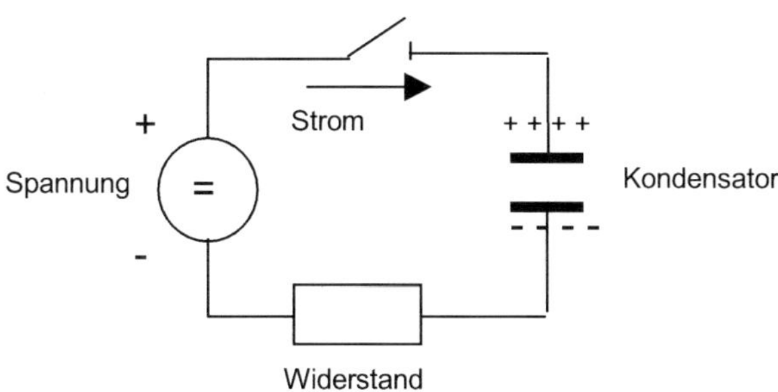

Bild: Ladung eines Kondensators

Denn eine Sekunde könnte man auch als die Zeitdauer definieren, die vergeht, bis ein Kondensator mit der Ladung von 1 Coulomb bei 1 Ampere Stromstärke geladen ist. Ein Coulomb entspricht wiederum der Ladung von $6{,}2 *10^{18}$ Elektronen.

$$1 \text{ Sekunde} = \frac{1 \text{ Coulomb}}{1 \text{ Ampere}}$$

Da die Ladung quantisiert ist, ist es die Zeit auch!
Fließt weniger Strom, dann dehnt sich die Zeit, bzw. das, was wir für eine Sekunde halten. Für die Frequenz physikalischer Vorgänge gilt:

$$f = \frac{1}{T}$$

f	Frequenz
T	Dauer einer vollständigen Schwingung

$$f = \frac{1}{T_0} \sqrt{1 - \beta^2}$$

$$f = f_0 \sqrt{1 - \beta^2}$$

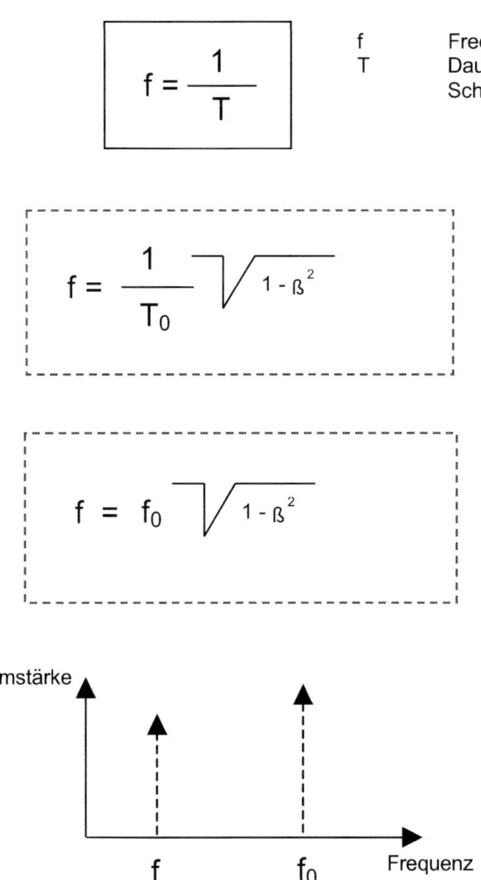

Bild: Frequenzverschiebung gemäß Relativitätstheorie

Die Frage ist, ob die Änderung des Stromes oder die Frequenzverschiebung nicht doch irgendwie lokal meßbar sind?

Wenn ja, dann wäre die physikalische Gleichwertigkeit der Inertialsysteme widerlegt. Dazu im Kapitel *„Der relative Widerstand"* jedoch mehr. Der Vollständigkeit halber sei erwähnt, daß sich gemäß *Spezieller Relativitätstheorie* auch die Länge um denselben Faktor verkürzt, um den sich die Zeit dehnt, jedoch nur in Bewegungsrichtung.

Durch diese 3er Konstellation:

Erhöhung der Masse
Dehnung der Zeit
Verkürzung der Länge

soll es möglich sein, daß ein sich mit nahezu Lichtgeschwindigkeit bewegender lokaler und ein ruhender außenstehender Beobachter für die Geschwindigkeit eines Teilchens immer denselben Wert messen.

Zum Verdauen: Während für den außenstehenden Bebachter die Elektronen in dem Inertialsystem zu stehen scheinen, meint der lokale Beobachter, die Elektronen haben die gewohnte Geschwindigkeit. Dadurch soll es wiederum möglich sein, sich mit annähernder Lichtgeschwindigkeit zu bewegen, ohne daß man davon etwas bemerkt.

Fazit
Die Zeitdehnung hat nichts mit Zeitgewinnung zu tun, sondern meint die Verlangsamung physikalischer Vorgänge augrund des relativistischen Massenzuwachses, von dem man lokal nichts merken soll!

Länger leben auf schweren Planeten

"Zwei Dinge sind zu unserer Arbeit nötig: Unermüdliche Ausdauer und die Bereitschaft, etwas, in das man viel Zeit und Arbeit gesteckt hat, wieder wegzuwerfen." [143]

Gemäß Allgemeiner Relativitätstheorie wird zwar nach oben hin die Luft dünner, die *Zeit wird aber dicker* (gestaucht).
Man kann nachweisen, daß Atomuhren in den Bergen schneller laufen, als im Tal, und zwar um ca. 10^{-13} Sekunden pro Kilometer Höhenunterschied. Die Formel für diesen Effekt gemäß *Allgemeiner Relativitätstheorie* lautet:

$$\Delta t_g = \frac{g\,H}{c^2}\, t$$

$\Delta\, t_g$	Zeitverkürzung bei konstantem g
g	Erdbeschleunigung
H	Höhe
T	Zeitdauer auf der Erdoberfläche
c	Lichtgeschwindigkeit

Setzt man in die Gleichung für die Höhe „*H*" 1000 Meter ein, so erhält man die bereits erwähnten 1, 09 10^{-13} Sekunden. Das Extrapolieren der Formel auf größere Höhen wird schnell unzulässig, weil die Erdbeschleunigung mit der Höhe stark abnimmt. Bei extrem großen Höhen konvergierte die Erdbeschleunigung „g" gegen 0 und die Höhe „H" gegen unendlich. Das ist mathematisch nicht definiert.

Ort	Erdbeschleunigung in m/s^2
Pol	9,83
Äquator	9,78
100 km Höhe	9,5
Mondentfernung	0

Tabelle: Erdbeschleunigung bei bestimmten Abständen vom Erdmittelpunkt

---

[143] Zitat Albert Einstein

Der Gravitationseffekt, auf den diese Zeitverkürzung eigentlich zurückzuführen sein sollte, wird bei der Erklärung der Formel zudem als *konstant* vorausgesetzt. ***Alleine die Höhe***, also die ***potentielle Energie*** soll die Zeitverkürzung hervorrufen. Dazu stellt man sich das Photon wie einen Tennisball vor, der mit der Höhe an potentieller Energie gewinnt. Mehr Energie bedeutet im Fall von Photonen eine höhere Frequenz.

Auf schweren Planeten dauert theoretisch das Leben länger. Allerdings soll man von dieser Dehnung der Zeit nichts merken. Das verhält sich so ähnlich, wie der regionale Tausch von Reis in Gold. Da die Erdanziehungskraft abhängig vom Ort ist, wiegt eine bestimmte Menge Gold am Nordpol mehr als am Äquator, weil die Erde durch ihre Rotation am Äquator ausgebeult ist. Da aber der Reis auch entsprechend mehr oder weniger wiegt, ist der Tausch immer gerecht. Problematisch wird das erst, wenn man Gold in Geld umtauscht, da Geld ja nicht nach Gewicht bemessen wird, sondern eine vom Ort unabhängige Maßeinheit ist.

Wenn Sie glauben, daß dieses Beispiel weit hergeholt ist, dann fragen Sie einmal einen Uraneinkäufer, wie genau er es mit der Erdanziehungskraft nimmt. Ein Kilogramm Uran kostet am Südpol nämlich mehr als am Äquator, wenn man das Gewicht einfach durch Wiegen bestimmen würde.

In Schwarzen Löchern, deren Masse unendlich groß sein soll, soll die Zeit stillstehen. Ein Schwarzes Loch verbiegt die Raum-Zeit bis ins Unendliche. Die Wissenschaft nennt das *Singularität*. Praktisch ist ein Leben auf schweren Planeten unmöglich.

Es spricht viel dafür, daß gerade die verhältnismäßig kleine Masse unserer Erde den blauen Planeten und das Leben überhaupt erst möglich gemacht hat. Entscheidend war natürlich auch der optimale Abstand zur Sonne, sprich die Temperatur und die stoffliche Zusammensetzung der Erde. Über Milli-

arden von Jahren konnte sich durch das feine Gleichgewicht
von Gravitation und elektromagnetischer Kraft eine Atmosphäre bilden und sich das Leben entwickeln. Wäre die Masse der
Erde größer gewesen, hätte die Gravitation die Oberhand gewonnen und die Entwicklung von Leben verhindert.

Religiöse Menschen würden sagen, die Schwerkraft ist das
Böse[144] und die elektromagnetische Kraft das Gute. Beide
Kräfte ringen seit Urzeiten um die Macht. Allerdings sieht es
derzeit so aus, als ob die Schwerkraft in jedem Fall siegen
wird. Es sei denn, den Menschen fällt vorher etwas sehr Intelligentes ein.

Die optimalen Lebensbedingungen auf der Erde basieren auf
einer Zufälligkeit im Universum, die dadurch entstanden ist,
daß sich Milliarden von Galaxien gemäß Chaosprinzip gebildet
haben. Prinzipiell kann man gemäß Chaosprinzip davon ausgehen, daß jede nur denkbare Konstellation durch die Riesen-
anzahl von Sonnensystemen auch existiert. Genauso wie Sie
davon ausgehen können, daß es auf der Welt Menschen gibt,
die Ihnen sehr ähnlich sehen, obwohl niemand genetisch identisch mit Ihnen sein wird. Eine genetische Kopie ist einfach zu
unwahrscheinlich, obwohl theoretisch denkbar.

Diese Denkweise läßt auch Wissenschaftler glauben, daß es
möglich ist, daß es weitere Planeten im Universum gibt, auf
denen ähnliche Lebensbedingungen wie auf der Erde herrschen. Allerdings wird die Suche nach solchen menschen-
freundlichen Planeten schwieriger als die Suche nach einem
bestimmten Sandkorn in der Sahara.

Die idealistische Vorstellung, alles würde zum Ermittelpunkt
gezogen, ist übrigens falsch. In der Nähe von Bergen und we-

---

[144] Wenn man etwas Mystik in die Sache bringt, wird es doch gleich viel
   interessanter.

gen den Inhomogenitäten der Erde kann ein Lot auch mal leicht schräg zeigen.

Daß das Schwerefeld physikalische Vorgänge beeinflußt, steht außer Frage. So ist die Erdbeschleunigung an den Polen am größten, weil die Erde an den Polen abgeplättet ist. Sie hat dort durch die Rotation nur einen Radius von 6357 km im Gegensatz zu 6378 km am Äquator. Außerdem muß die durch die Rotation der Erde verursachte Zentrifugalkraft, die der Gravitation entgegenwirkt, berücksichtigt werden. Der Effekt ist sehr gering und deshalb kaum spürbar. Er wirkt sich jedoch beispielsweise auf die Schwingungsdauer eines Pendels aus. Die Schwingungsdauer[145] eines idealen (mathematischen) Pendels auf der Erde berechnet sich nach :

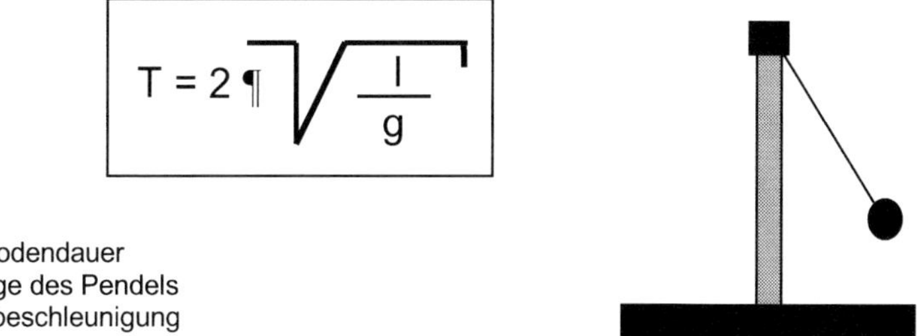

$$T = 2\pi \sqrt{\frac{l}{g}}$$

T	Periodendauer
l	Länge des Pendels
g	Fallbeschleunigung

Bild: Eine klassische Penduhr widersetzt sich der Relativitätstheorie. Die Schwingung ist unabhängig von der Masse und umso schneller, je stärker die Gravitation ist.

Da die Fallbeschleunigung auf dem Mond nur $^1/_6$ die der Erde entspricht, erscheint gemäß mechanischer Pendeluhr eine Sekunde auf der Erde um den Faktor 2,5 auf dem Mond gedehnt. Das widerspricht natürlich unseren Erwartungen, da auf dem leichteren Mond gemäß *Allgemeiner Relativitätstheorie* alles schneller gehen müßte.

Was stimmt denn nun?

---

[145] Die Formel gilt für kleine Amplituden eines Fadenpendels

Gemäß Pendeluhr müßten Astronauten doch auf dem Mond mit weniger als halber Geschwindigkeit altern. Eine Eintagsfliege könnte auf dem Mond vielleicht mehr als doppelt so lang leben. Das wäre doch ein Experiment wert!

... oder ist etwa Uhr nicht gleich Uhr?

Echte Relativisten erklären, daß die Zeit nicht nur relativ ist, sondern, daß es auch nur **eine Art Uhr** geben soll, die diese *relative Zeit* richtig anzeigt, nämlich die Atomuhr, die zu Zeiten Einsteins noch gar nicht erfunden war.

Es gilt folglich: Uhren, die sich der Relativitätstheorie widersetzen, sind keine richtigen Uhren![146]

Es ist klar, daß die Schwingungsdauer dort am größten ist, wo die Erdbeschleunigung am kleinsten ist. Im Weltraum ist die Schwingungsdauer unendlich. An dieser Stelle gelingt übrigens *mittels gesundem Menschenverstand* die Division durch Null. Eine Erdbeschleunigung von Null bedeutet einfach, daß das Pendel zu schwingen aufhört. Daß man mathematisch von einer *unendlichen Schwingungsdauer* spricht, macht klar, wie weit Mathematik und *„normale"* Sprache auseinanderliegen. Die Schwingungsdauer des mathematischen Pendels ist unabhängig von der Masse der Pendelkugel. Würde sich der Pendelfaden um denselben Betrag verlängern, um den sich die Schwerkraft erhöht, hätte man *eine Uhr, die völlig unabhängig von der Raum-Zeit* arbeitet. Der Pendelfaden müßte hierzu einfach aus einem gummiähnlichen Material bestehen.

Die Ente ist der *perfekte Generalist*. Sie watschelt auf dem Land, paddelt im Wasser und flattert in der Luft. Aber irgendwie kann sie nichts von alledem besonders gut. Die *meiste Zeit* ist sie eifrig am Ruddern, aber niemand merkt etwas davon. [147]

---

[146] Pendel- und Sanduhren widersetzen sich der modernen Physik.
[147] Änlichkeiten mit dem Autor sind *rein zufällig*.

Die Biene stellt mit ihrer Flugkunst versierte Flugzeug-Ingenieure vor ein Rätsel. Nach ihren Berechnungen dürfte die Biene nicht mal einen Hopser machen. Die *aerodynamische Flugkatastrophe* ist trotzdem ein perfekter und schneller Flieger, dessen komplizierte Flügelbewegung bis zu Tausend mal in der Sekunde eine Acht beschreibt und über ein perfektes Navigationssystem verfügt. Größere Flieger sind da weit langsamer. Den langsamsten Flügelschlag vollbringen Geier, die nicht öfter als einmal pro Sekunde mit den Flügeln schlagen. Natürlich gibt es auch Segler, die aber stark abhängig von Aufwinden sind.

Bild: Tyrannosaurus Rex. Kein fleischfressendes Säugetier wurde je so groß wie T-Rex, der vor 70 Millionen Jahren lebte und etwa 15 Meter lang und sechs Meter hoch wurde. Sein Gewicht betrug bis zu 8 Tonnen und T-Rex war wohl auch nicht viel schneller als ein Elefant. Aber bei der schrecklichen Echse handelte es sich wohl um einen Aasfresser, der nur gelegentlich tötete.

Unbeirrt von dem Erfolg der Gebrüder Wright, die am 17. Dezember 1903 zum ersten Mal in der Geschichte der Menschheit fast 1 Minute geflogen waren, hielten die meisten Mathematiker *Flugzeuge für ein Ding der Unmöglichkeit* und konnten dies natürlich auch mathematisch beweisen. Sie hatten mit den enormen Auftriebskräften eines schrägstehenden Flügels einfach nicht gerechnet.

Als der englische Flugkadett Frank Whittle im zarten Alter von 23 etwa 30 Jahre später ein Patent für ein Jetflugzeug einreichte, und es der Royal Air Force vorlegte, war die Begeisterung erbärmlich:

„Das funktioniert nie!", teilte ihm die Royal Air Force lapidar mit.

Frank Whittle, obwohl einer der besten Piloten, die die Royal Airforce je ausgebildet hatte, verfügte über keine akademische Ausbildung. Deshalb würde er nach Cambridge gehen. Als ordentlicher Ingenieur würde seine Idee mehr Beachtung finden, da war er sich sicher.

Nun wurde die Royal Airforce unsicher. Whittle hatte in Cambridge mehrere Professoren für sich gewonnen. Schließlich bekam der angehende Flugzeugingenieur die Erlaubnis unter höchster Geheimhaltungsstufe sein geliebtes Jetflugzeug zu bauen. Seine Frau war über den Eifer ihres Ehemanns, dessen Idee die ganze Flugzeug-Industrie revolutionieren sollte, gar nicht erfreut. Seine Gesundheit und das Familienleben litten stark unter dem Streß, verursacht durch die enormen technischen Schwierigkeiten, mit denen er sich täglich rumschlug. Mehr als einmal riskierte er Kopf und Kragen, als ihm eine Turbine explodierte. Finanzielle Sorgen kamen hinzu. Kaputte Teile mußten irgendwie wiederverwendet werden, weil für neue kein Geld da war.

Als später Rolls Royce Whittle's Idee kaufte, um für die Royal Air Force die Triebwerke mit hohem Gewinn zu bauen, bekam er nicht einmal einen Job angeboten. Zu eigenwillig sei der Flugzeug-Ingenieur. Whittles Intelligenz und Durchsetzungspotential erschienen geradezu bedrohlich für das etablierte

Management. Schließlich wurde ihm von der Royal Air Force
sogar verboten, das Triebwerk zu bauen, das er erfunden hatte. Als Dankeschön bekam er 100.000 Pfund Sterling in bar,
was seinen Schmerz etwas linderte. 1948 wurde er sogar zum
Ritter geschlagen.

Die Erfahrung auf der Erde zeigt uns, daß insbesondere fliegende Lebewesen eine bestimmte kritische Masse nicht überschreiten können. Die größten Lebewesen leben im Wasser.
Wale, die stranden, werden unter ihrem eigenen Gewicht, erdrückt. *Gigantismus* bezeichnet Tiere mit einem Gewicht von
mehr als 1 Tonne Gewicht. Die Giganten von heute umfassen
Elefanten, Nashörner, Nilpferde und Giraffen. In der Jurazeit
vor mehr als 200 Millionen Jahren war Gigantismus ein weit
verbreitetes Merkmal. Dinosaurier[148] konnten damals bis zu 50
Tonnen wiegen. Einige wenige sogar 100 Tonnen, was etwa
100 Mittelklassewagen und der zur Zeit größten Wale entspricht. Elefanten wiegen heute bis zu 10 Tonnen. Fleischfressende Säugetiere haben jedoch niemals mehr als 1 Tonne gewogen.

Neuste wissenschaftliche Erkenntnisse widersprechen dem
Bild, das wir uns von T-Rex gemacht haben und in Filmen wie
„Jurassic Park" gepflegt wird. Denn T-Rex, das angeblich gefürchteste Raubtier, das je auf der Erde existierte, konnte sich
das *schnelle und gefährliche* Leben eines Jägers nicht leisten.

**Die schreckliche Echse T-Rex war wahrscheinlich gar
nicht so schrecklich!**

Um jeden Preis mußte er einen Sturz vermeiden, den er mit
seinen verkümmerten Vorderarmen, die im krassen Widerspruch zu seinen extrem starken Beinen stehen, nicht hätte
abfangen können. Sein Kopf wäre brachial aufgeschlagen und
seine eigene Masse hätte ihm irreparabel den Kiefer gebro-

---

[148] Dinosaurier heißt übersetzt: „Schreckliche Echse"

chen. Das Leben von T-Rex war wohl eher das eines **gemäßigten Aasfressers**, der ab und an mal kleinere lebendige Tiere fraß, die ihm zufällig über den Weg liefen oder, verursacht durch eine Verletzung oder hohem Alter, nicht schnell genug weglaufen konnten. Seine langen gewaltigen Oberschenkel waren zu lang für einen schnellen Läufer, aber ideal für langsames bedächtiges und energiesparendes Gehen. Seine gewaltige Größe und sein furchterregendes Gebiß schützen ihn vor anderen Raubtieren.

Große Tiere sind generell sicherer vor Raubtieren. Elefanten sind vor Raubtierangriffen geradezu immun. Außerdem erreichen Sie durch ihre Größe Früchte, die für kleinere Tiere unerreichbar sind. Ihr gigantischer Verdauungstrakt kommt auch mit schwer verdaulichen Pflanzen zurecht. Große Tiere müssen relativ zu ihrem Körpergewicht auch nicht soviel Nahrung aufnehmen. Während Elefanten nur etwa 5% ihres Körpergewichts an Nahrung zu sich nehmen, müssen Spitzmäuse mehr als ihr eigens Gewicht jeden Tag verfuttern.

Auf der anderen Seite macht die Größe träge. So erreichen Elefanten kaum eine größere Geschwindigkeit als 40km/h und selbst ein *kleiner Hopser* ist für die Dickhäuter nicht mehr als ein wunderschöner Traum. Großen Tieren ist es nicht möglich, sich in den Boden zu graben, auf Bäume zu klettern oder gar zu fliegen. Vögel können nur eine bestimmte Größe erreichen. Je größer die Flügelspannweite, desto langsamer die Flügelbewegung. Der größte bekannte Flugsaurier hatte die Größe einer DC-3. Seine Spannweite betrug 12 Meter.

Kleine Insekten können leicht ein vielfaches ihres Körpergewichtes transportieren, während Menschen mit ihrem eigenen schon Probleme haben. Eine Wanze kann leicht nach einer Blutmahlzeit das siebenfache Gewicht zulegen. Ein Floh erreicht beim Sprung eine Beschleunigung wie eine Rakete, und wenn ein Mensch im Verhältnis zu seiner Größe so hoch springen könnte wie ein Floh, dann könnte er leicht über den Kölner

Dom springen. Im kleinen Maßstab ist eine Leichtbauweise möglich, die im großen Maßstab nicht mehr funktioniert. Insekten verzichten auf ein schweres Knochenskelett. Ein Schlüssel für die Betrachtung, daß Lebewesen nur eine bestimmte kritische Masse auf der Erde erreichen können, ist die Formel für kinetische Energie, die diesen Effekt erklärt.

$$E_{Kin} = 0{,}5\ m\,v^2$$

E_{Kin}	Kinetische Energie
m	Masse
v	Geschwindigkeit

Je größer die Masse eines Fahrzeugs, desto größer das Problem der Stabilität und umso größer die benötigte kinetische Energie[149]. Richtig Energie sparen kann man nur, wenn man Masse und Geschwindigkeit klein hält, denn die notwendige kinetische Energie wächst quadratisch mit der Geschwindigkeit. Die Concorde benötigt für die doppelte Fluggeschwindigkeit eines normalen Airliners die vierfache Menge an Energie, also in diesem speziellen Fall Kerosin.

Das schnellste auf Land lebende Tier ist der Gepard. Bei einem Gewicht von 45kg erreicht er die Beschleunigung eines Porsche. In weniger als 3 Sekunden erreicht er aus dem Stand 100 km/h, wobei ihn seine Wirbelsäule wie eine gewaltige Feder nach vorne treibt. Seine Pulsfrequenz steigt bei solch einem Spurt auf 250 Schläge und seine Atemfrequenz erreicht 200 Atemzüge pro Minute. Mit einem Satz überwindet er bis zu 10 Meter. Er ist damit etwa 3 mal schneller als ein Mensch auf der Flucht. Einmal aufgebrachte Energie kann nicht wieder zurückgewonnen werden, sondern geht beim Bremsen als Wärme verloren. Schließlich muß man alles, was man beschleunigt hat, auch wieder anhalten. Einen Zug anzuhalten, ist trotz der modernen berührungslosen Wirbelstrombremsen eine Sache

---

[149] Bewegungsenergie

von Kilometern. Bei einem Schiff ist ein Wendemanöver bei voller Fahrt eine Sache von Stunden.

Der Gepard ist ein Spezialist, wenn es ums Laufen geht. Dafür sind andere Fähigkeiten stark unterentwickelt. Hat der Gepard seine Beute erlegt, muß er sie hastig fressen. Denn ein, wenn auch vergleichsweise träger Löwe, kann ihm leicht seine Beute streitig machen. Ein Löwe bringt leicht 200 kg auf die Waage. Der König der Savanne setzt mehr auf Masse als auf Geschwindigkeit und fährt dabei recht gut. Das Jagen im Rudel ist nicht so mühsam wie das Jagen als Einzelgänger.

Einstein meinte, daß es keinen Unterschied machen würde, ob sich ein Raumschiff auf die Sonne zubewegt oder die Sonne auf das Raumschiff. In beiden Fällen wäre die Relativgeschwindigkeit gleich. Tatsächlich macht es einen großen Unterschied, weil natürlich ein Körper mit großer Masse bei einer bestimmten Geschwindigkeit eine viel größere kinetische Energie und einen stärkeren Impuls[150] besitzt. Stößt ein schwerer Lastwagen mit 15 km/h auf ein stehendes Fahrrad, sind die Folgen weit schwerer für den Fahrradfahrer, als wenn der Fahrradfahrer mit 15 km/h auf einen stehenden Lastwagen prallt. Das liegt einfach daran, weil im letzteren Fall, weniger kinetische Energie vernichtet werden muß. Auch der Ausgang des Unfalls wäre verschieden. Während im ersten Fall der Lastwagen nahezu ungebremst weiterfahren wird, wird im zweiten Fall das Fahrrad abrupt stehen bleiben, weil der Impuls des Fahrrads nicht ausreicht, um den Lastwagen anzuschubsen.

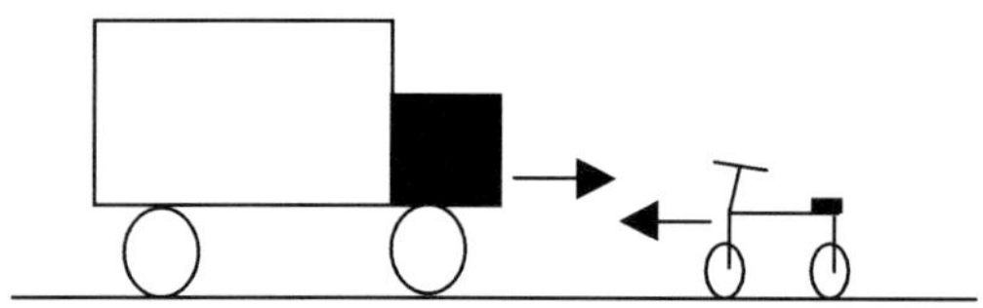

Für den Fahrradfahrer sind die Überlebenschancen viel größer, wenn er mit 15 km/h auf den Lastwagen fährt als umgekehrt. Der Ausgang des Unfalls ist umso ungewisser, je gleicher die Masse beider Fahrzeuge ist.

Bild: Zwei Inertialsysteme verschiedener Masse bewegen sich aufeinander zu.

---

[150] Impuls = Masse x Geschwindigkeit

Einstein betrachtet bei der *Speziellen Relativitätstheorie* nur das *aneinander Vorbeifliegen* und nicht den *Zusammenstoß von Inertialsystemen*. Nach einem Zusammenstoß ist klar, wer sich auf wenn zu bewegt hat, wenn die Massen stark unterschiedlich sind. Jedoch, je gleicher die Massen beider Inertialsysteme sind, desto ungewisser ist der Ausgang des Zusammenstoßes. Die Formel für kinetische Energie gilt übrigens nur für *kleine Geschwindigkeiten*, also klassische Bedingungen.

Allgemein gilt:

$$E = m_0\, c^2 + \frac{m_0\, v^2}{2} + \frac{3\, m_0 v^4}{8\, c^2} + \dots$$

E	Energie eines Körpers der Geschwindigkeit v	v	Geschwindigkeit des Körpers
m_0	Ruhemasse des Körpers	c	Lichtgeschwindigkeit

Die Definition von absoluter Ruhe ist einfach:

Ein Körper befindet sich in absoluter Ruhe, wenn seine kinetische Energie Null ist.

Das größte bekannte Lebewesen ist übrigens ein unbeweglicher Pilz.

Fazit
Die *Allgemeiner Relativitätstheorie* gilt nur für Atomuhren, nicht für Pendel- oder Sanduhren!

Wurmlöcher und Zeitschleifen

„Seit die Mathematiker über die Relativitätstheorie hergefallen sind, verstehe ich sie selbst nicht mehr." [151]

Wenn Sie einen Stein auf der Erde nach oben werfen, kommt er in der Regel nach einer bestimmten Zeit wieder herunter. Wird der Stein allerdings mit solch einer Wucht nach oben geschleudert, daß er dem Gravitationsfeld der Erde entkommen kann, kehrt er niemals zurück. Je größer die Masse eines Planeten ist, desto stärker sein Gravitationsfeld. Das Gravitationsfeld des viel leichteren Erd-Mondes, beispielsweise, beträgt nur 1/6tel des Gravitationsfeldes der Erde. Das Gravitationsfeld der Sonne ist gigantisch und hält selbst Riesenplaneten wie Jupiter in riesiger Entfernung auf einer Umlaufbahn gefangen.

Ein Objekt, das von einem Stern entfliehen will, muß eine bestimmte Fluchtgeschwindigkeit erreichen. Auf der Erde beträgt sie etwa 11 km/sec (ca. 40.000 km/h). Wenn die Oberflächenschwerkraft so groß ist, daß die Fluchtgeschwindigkeit Lichtgeschwindigkeit überschreitet, bezeichnet man den Stern als *Schwarzes Loch*. Nichts kann solch einem Schwarzen Loch mehr entfliehen.

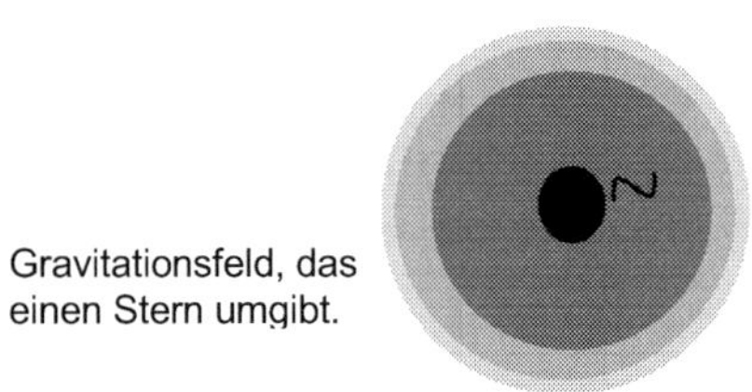

Gravitationsfeld, das einen Stern umgibt.

Ein Photon versucht dem Gravitationsfeld eines Schwarzen Lochs zu entkommen. Dabei wird ihm Energie entzogen, was man als Rotverschiebung messen kann. Das Licht würde das Schwarze Loch in allen Regenbogenfarben umgeben.

Bild: Ab einer bestimmten Dichte, wird die Oberflächenschwerkraft eines Sterns zu hoch, so daß selbst Licht nicht entkommt.

---

[151] Zitat Albert Einstein

Der Radius eines Sterns, ab dem er zum Schwarzen Loch
wird, nennt man *Schwarzschildradius*. Karl Schwarschild hatte
1916 während eines Fronteinsatzes im Ersten Weltkrieg die
Allgemeine Relativitätstheorie durchgerechnet und eine faszinierende Lösung gefunden. Doch Schwarzschild war durch die
wochenlangen Einsätze im nassen und kalten Schützengraben
krank geworden und sollte noch im selben Jahr sterben. Der
Schwarzschildradius für einen Stern mit Sonnenmasse beträgt
etwa 3 km. Ein Teelöffel dieser hochverdichteten Masse würde
soviel wie der Mount Everest wiegen. Um aus der Erde ein
Schwarzes Loch zu machen, müßte man sie auf weniger als 2
Zentimeter Durchmesser zusammenquetschen.

Die Massenanziehungskraft läßt mit dem Quadrat der Entfernung nach. Dementsprechend zieht die Schwerkraft der Erde
an unseren Füßen stärker als an unseren Haaren. Die geringe
Wirkung der Schwerkraft und die relativ kleine Größe der Menschen resultieren jedoch in einem nicht spürbaren Effekt, der
etwa dem Versuch einer Ameise entspricht, uns aus dem Bett
zu zerren. Anders sieht das in astronomischen Größen aus. Da
der Mond an der zugewandten Seite der Erde mehr zieht, als
an der abgewandten Seite, wechseln alle 6 Stunden Ebbe und
Flut. Erstaunlicher Weise ist der Effekt von Ebbe und Flut aber
nicht nur auf der dem Mond zugewandten Seite zu beobachten, sondern auch auf der dem Mond abgewandten Seite.
Denn der gemeinsame Schwerpunkt des Erde-Mond-Rota-
tionssystems liegt weit außerhalb des Erdmittelpunktes.

Während der Mond auf der einen Seite zieht,
die Zentrifugalkraft auf der anderen schiebt!

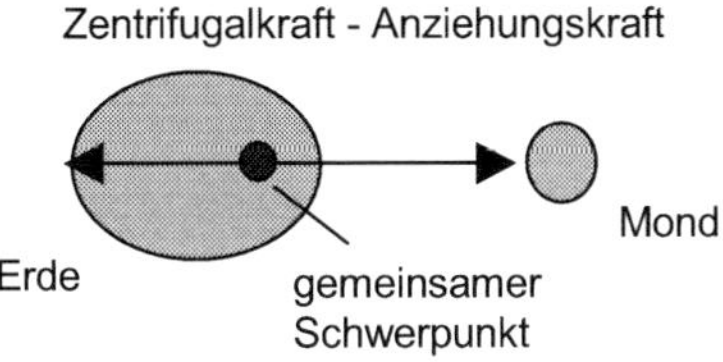

Bild: Der Mond löst auf beiden Seiten der Erde gleichzeitig Flut aus.

Der Gezeiten-Effekt ist den meisten wohl bekannt. Auf Sternen mit hoher Masse ist der *Gezeiten-Effekt* natürlich viel stärker, und zwar stärker als die elektromagnetischen Kräfte, die die Moleküle zusammenhalten. Astronauten, die beispielsweise zu nahe an Neutronensterne vorbeiflögen, würden in 5000 Kilometern Entfernung förmlich zerrissen.

In der Nähe von Schwarzen Löchern müßte alles förmlich in seine Elementarteilchen zerrissen werden. Elementarteilchen größerer Masse müßten wesentlich stärker angezogen werden als leichtere, so daß es zu einer Konzentration von schweren Elementarteilchen im Inneren eines Schwarzen Lochs kommen müßte.

Gravitationsfelder krümmen gemäß *Allgemeiner Relativitäts-theorie* die Raum-Zeit. Sterne, die verglüht sind, schrumpfen in sich zusammen. Ihre Masse wird dichter und dichter. Diese Verdichtung erhöht ihre Oberflächenschwerkraft, da die Gravitation mit geringer werdendem Radius quadratisch zunimmt. Da Photonen aufgrund ihrer Energie eine Masse besitzen, werden auch sie von dem Gravitationsfeld eines großen Sterns beeinflußt. Gemäß Allgemeiner Relativitätstheorie kann das Gravitationsfeld Photonen zwar nicht bremsen, aber es kann ihnen Energie entziehen. Das Schwarze Loch wäre sozusagen von einem leider *unsichtbaren* Regenbogen umgeben. Diese Rotverschiebung konnte übrigens bei Sternen mit hoher Oberflächenschwerkraft wie Sirius B nachgewiesen werden. Vielleicht werden aber nicht die Photonen gebremst, sondern nur die Elektronen, die sie abstrahlen.

Albert Einstein konnte mit seinem Mitarbeiter Nathan Rosen spezifische Lösungen der Einsteinschen Feldgleichung angeben, die eine Art Durchtunnelung der Raum-Zeit beschreiben. Solch ein Tunnel wird als Wurmloch oder *Einstein-Rosen-Brücke* bezeichnet. Deshalb soll ein Schwarzes Loch, wenn es rotiert oder Ladung besitzt, gemäß Relativitätstheorie ein *Tor in die Vergangenheit* darstellen.

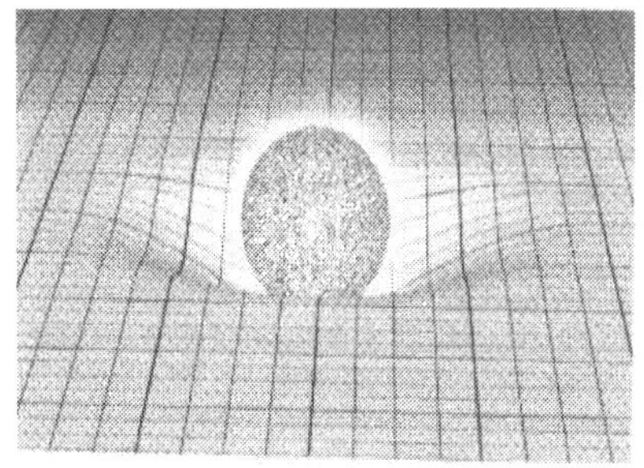 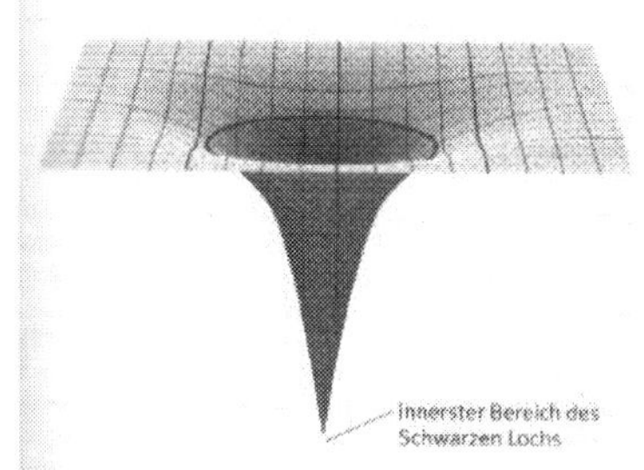

Bild: Die Raum-Zeit kann gemäß <Allgemeiner Relativitätstheorie> durch Massen bis in die Unendlichkeit gekrümmt werden.

Diese Vorstellung ist Grundlage für viele Science Fiction Filme. Man stellt sich vor, durch solche Wurmlöcher schneller in andere Regionen des Universums gelangen zu können. Sie sollen sozusagen Abkürzungen im Universum ermöglichen. Diese Tore zu anderen Regionen des Universums sind jedoch gemäß *Allgemeiner Relativitätstheorie* nur extrem kurze Zeit geöffnet. Zu kurz für ein Raumschiff, das ohnehin bei Annäherung an das Wurmloch zu reiner Energie zerstrahlen würde. Gemäß Relativitätstheorie krümmen Massen Raum und Zeit, so wie eine Eisenkugel auf einem Trampolin deutlich einsinkt. [152]

Diese Verbiegungen sollen so stark werden können, daß sich ein Masseteilchen praktisch auf einer Kreisbahn bewegt. Ein Masseteilchen könnte auf diese Weise in seiner eigenen Vergangenheit auftauchen. Diese Raum-Zeit-Verbiegungen nennt man Zeitschleifen. Sie fragen sich vielleicht, wie Sie sich diese 4-dimensionalen Raum-Zeit-Verbiegungen vorstellen können?

Na, halt rein mathematisch!

Was soll denn da wohin verbunden sein?
Was soll gegen was verbogen sein?

---

[152] Die Bilder stammen aus dem Buch: <Das elegante Universum>.

Wenn man über Abkürzungen im Universum spricht, setzt man
ja voraus, daß man die eigentlichen Wege und damit die
Struktur des Universums kennt, und das kann nun wirklich
niemand behaupten.

Für mich ist es durchaus vorstellbar, daß elektromagnetische
Wellen im Bereich großer Massen eine geringere Ausbrei-
tungsgeschwindigkei aufweisen, weil große Massen den Universums-Äther stark verdichten könnten.

Der britische Physiker Christos Tsagas von der Universität
Portsmouth meint, daß Magnetfelder der Raumkrümmung
entgegenwirken[153]. Metallischen Drähten in einem Sofa vergleichbar, die das allzu starke Einsinken beim Sitzen verhindern. Erst durch die Wechselwirkung der beiden Effekte <Gra-
vitation und Magnetfeld> bilde sich die endgültige Krümmung
des Raumes aus. Sollten bei der Entstehung des Universums
starke Magnetfelder zugegen gewesen sein, müssen die Kosmologen ihre Berechnungen noch einmal überdenken, sagt
Tsagas.

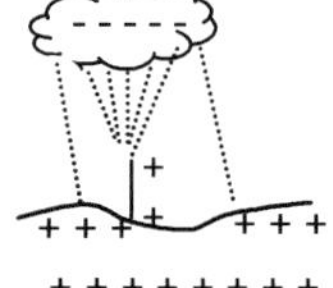
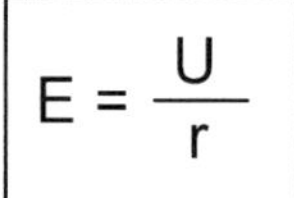

$$E = \frac{U}{r}$$

E   elektrische Feldstärke
U   Spannung
r   Krümmungsradius

Bild: An gekrümmten Oberflächen konzentriert sich die Ladung, so daß die
elektrische Feldstärke an diesen Punkten stärker ist als in der Umgebung.
Dieser Effekt wird bei Blitzableitern ausgenutzt. Bei einer Entladung kommt es
oft wegen der abrupten und starken Entladung zu einem Lichtblitz.

Die Feldstärke ist bei geladenen Körpern umgekehrt proportional zum Krümmungsradius. Dies führt zu plötzlichen Entladun-
gen an stark gekrümmten Stellen. Dies ist als *Spitzeneffekt*
bekannt und leicht beobachtbar, wenn man sich nach einer

---

[153] Spiegel Juni 2001

längeren Autofahrt elektrisch aufgeladenen hat und über seinen Schlüssel mit einem Lichtblitz am Garagentor entlädt.

Kurz: Je kleiner ein geladener Körper, desto größer die von im ausgehende elektrische Feldstärke.

Die elektromagnetische Kraft wirkt der Raumkrümmung entgegen und begrenzt die Größe von Schwarzen Löchern!

Denn die elektromagnetische Kraft und die Gravitation sind das Yin und Yang[154] des Universums. Wahrscheinlich wird selbst das Magnetfeld eines Dauermagneten durch die Effekte der *Speziellen Relativitätstheorie* beeinflußt. Denn Träger des Magnetismus sind die Elektronen eines Atoms, die sich wie die Erde um ihre eigene Achse rotieren und dadurch einen bestimmten Spin besitzen. Wird die Masse der Elektronen größer, wird die Rotationsgeschwindigkeit der Elektronen und damit auch der von den Elektronen ausgehende Magnetismus geringer.

Fazit
Wurmlöcher stellen gemäß *Allgemeiner Relativitätstheorie* Abkürzungen im Universum dar! Zeitschleifen sollen Wege in die Vergangenheit sein!

---

[154] Yin und Yang bezeichnen die weibliche und männliche Urkraft in der chinesischen Philosophie.

Rotierende Inertialsysteme

Mal angenommen...

Sie sitzen am Steuer eines Autos und halten eine konstante Geschwindigkeit. Auf Ihrer linken Seite befindet sich ein Abhang. Auf Ihrer rechten Seite befindet sich ein Lastwagen der Feuerwehr und fährt Ihre gleiche Geschwindigkeit. Vor Ihnen reitet ein Schwein, das eindeutig größer ist als Ihr Auto. Hinter Ihnen verfolgt Sie ein Hubschrauber auf Bodenhöhe. Das Schwein und der Hubschrauber haben ebenfalls Ihre Geschwindigkeit.

Was unternehmen Sie, um anzuhalten?

Nun, vielleicht steigen Sie einfach ab, vom Kinderkarussell und spielen etwas anderes!

Wenn es eine Kraft gibt, die der Schwerkraft entgegenwirken kann, dann ist es die *Kraft der Bewegung*. Der *Kraft der absoluten Ruhe* steht *die Kraft der Bewegung* entgegen. Potentielle Energie läßt sich vollständig in kinetische Energie umwandeln und umgekehrt. Analog hierzu läßt sich elektrische Energie vollständig in magnetische Energie umwandeln und umgekehrt. Mit dem gleichen Recht, mit dem man elektrische und magnetische Kraft als elektromagnetische Kraft zusammenfasst, müßte man die Gravitation, mit der Kraft der Dynamik zusammenfassen dürfen.

Ich würde sie *statisch-dynamische Kraft* nennen.

Niemand wundert sich darüber, daß Elektronen ein magnetisches Feld aufbauen, wenn sie ihr elektrisches Potential abbauen. Warum soll man sich dann darüber wundern, daß Teilchen ein Energiefeld aufbauen, wenn sie ihr Gravitationspotential abbauen?

Daß dieses Energiefeld sehr schwach ist, hängt damit zusammen, daß die Gravitation prinzipiell sehr schwach ist. Im Gegensatz zu den Elementarkräften bzw. den Wechselwirkungen gibt es auch sogenannte Scheinkräfte. Das sind Kräfte, die erst durch die Bewegung entstehen und vom Standpunkt des Beobachters abhängen. Zu den Scheinkräften gehören ganz allgemein alle Trägheitskräfte. Sie machen sich erst bemerkbar, wenn man versucht, den Bewegungszustand eines Körpers zu ändern. Unsere Galaxie ist ja bekanntermaßen ein rotierender Spiralnebel. Betrachtet man nun jede Galaxie als *Inertialsystem*, könnte man gemäß *Relativitätstheorie* zum Schluß kommen, daß die lokalen Galaxie-Beobachter nichts von der Rotationsgeschwindigkeit ihres *Inertialsystems* merken. Die Corioliskraft, jedoch, ist die Kraft, die auf einen Körper wirkt, der sich auf einer drehenden Scheibe radial bewegt. Auf solch einen Körper wirkt eine seitliche Kraft.

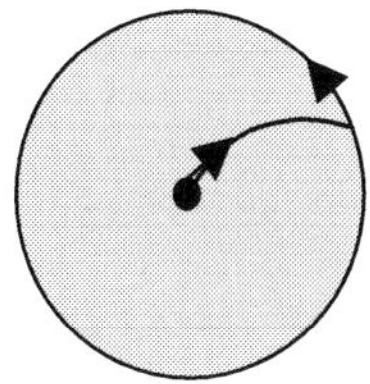

Bild: Die Corioliskraft wirkt auf einen lokalen Beobachter der sich geradlinig auf einer rotierenden Scheibe bewegt. Der rechte Schuh würde sich stärker abnutzen wie sein linker.

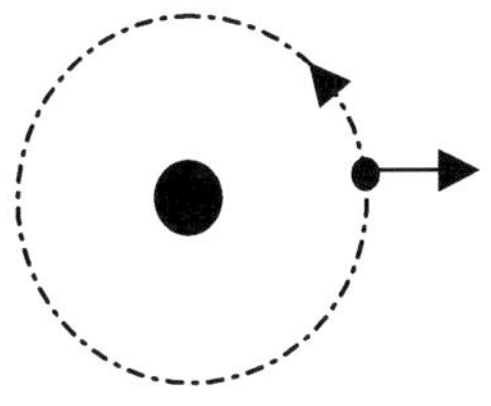

Bild: Die Zentrifugalkraft wirkt auf einen lokalen Beobachter, der sich auf einer gekrümmten Bahn bewegt. Man merkt die Zentrifugalkraft an dem schmerzenden Arm, mit dem man sich abstützt.

Ein Effekt, der das Wasser im Norden links und im Süden rechts herum ablaufen läßt und auch der Deutschen Bahn zu schaffen macht. Die Schienen werden durch die Rotation der Erde nämlich ungleichmäßig abgefahren, bewegen sich die Züge von Norden nach Süden oder umgekehrt. Fahren die Züge von Osten nach Westen oder umgekehrt, bekommen sie es mit der Zentrifugalkraft der Erde zu tun, die am Äquator am größten ist.

Wirkt die Corioliskraft etwa auch auf Lichteilchen?

Dieser Versuch stellte eine weitere Möglichkeit da, die Relativitätstheorie zu widerlegen. Die Lichtquanten können nämlich nicht wissen, daß sich das Inertialsystem bewegt und fliegen einfach geradeaus, während sich der Drehteller unter dem Lichtstrahl wegbewegt. Für einen lokalen Beobachter erschiene der Lichtstrahl entgegen der Drehrichtung gekrümmt.

Gemäß *Spezieller Relativitätstheorie* soll man nicht sagen können, mit welcher Geschwindigkeit man im Universum unterwegs ist und gemäß *Allgemeiner Relativitätstheorie* nicht, ob man geradeaus fliegt. Die Coriolis- und die Zentrifugalkraft lassen einem bewegten Beobachter keinen Zweifel darüber, daß er sich in einem rotierenden Inertialsystem bewegt.

Er merkt es an den einseitig abgelaufenen Schuhen!

Über die Zentrifugalkraft läßt sich leicht feststellen, ob man sich in gerader oder gekrümmten Richtung durchs Universum bewegt. Die Coriolis- und die Zentrifugalkraft sagen einem Beobachter, ob das Inertialsystem rotiert und der Doppler-Effekt, welche Geschwindigkeit er hat.

Reichen diese Meßmethoden zur Selbstfindung nicht aus?

Der *ruhende Beobachter*, auf den man sich in der Relativitätstheorie bezieht, ist ein Widerspruch in sich. Denn es soll ja unmöglich sein, zu wissen, ob ein Beobachter in Ruhe ist oder nicht. Und was überhaupt ist eine Ruhemasse, wenn man nicht weiß, ob ein Beobachter ruht oder nicht. Eigentlich dürfte es den Begriff der *Ruhe* in der Relativitätstheorie überhaupt nicht geben, da sie nur ein Spezialfall der Geschwindigkeit eines Inertialsystems darstellt, nämlich 0 m/sec.

Teilchen können über ihre Geschwindigkeit eine Gegenkraft zur Gravitation entwickeln. Die Zentrifugalkraft ist es, die die

Planeten auf ihrer Umlaufbahn hält. Sie ist mindestens genauso obskur wie die Gravitation selbst. Denn woher weiß der Planet, daß er einen Bogen fliegt?

Newton bewies über seinen berühmten Eimerversuch, die Absolutheit des rotierenden Inertialsystems. In einem rotierenden Eimer steigt das Wasser an den Wänden nach oben. Das Wasser weiß also über die Rotation des Inertialsystems Eimer irgendwie Bescheid.

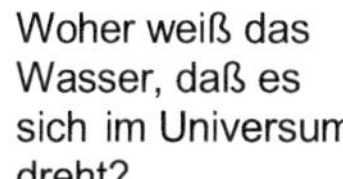

Woher weiß das Wasser, daß es sich im Universum dreht?

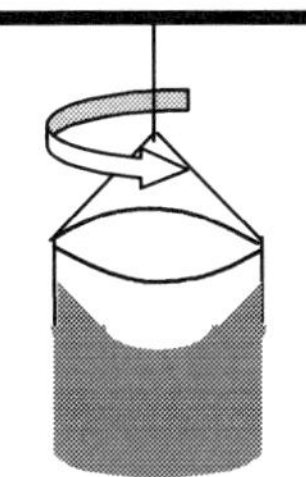

Bild: Im legendären Eimerversuch bewies Newton die Absolutheit eines rotierenden Inertialsystems. Das Wasser steigt in Abhängigeit zur Rotationsfrequenz des Eimers an den Wänden nach oben.

Streift ein Raumschiff das Gravitationsfeld eines Neutronensterns, das die Richtung des Raumschiffes ändert, dann wirkt auf das Raumschiff die Zentrifugalkraft. Ein Astronaut würde wie ein Formel I Pilot in der Kurve vom Neutronenstern weg in die Sitze gedrückt. Könnte der Astronaut seine Transversal-Geschwindigkeit erhöhen, würde er der Schwerkraft des Neutronensterns entkommen können. Astronauten benutzen die Zentrifugalkraft auch, um ein künstliches Schwerefeld in ihrer Raumstation zu erzeugen. Die Gravitationsfelder der Planeten werden gerne benutzt, um Raumsonden kostenlos einen zusätzliche Schubs zum nächsten Planeten zu verabreichen.

Was für die Rotation gilt, soll für die geradlinige Bewegung, gemäß *Spezieller Relativitätstheorie*, allerdings nicht gelten. Denn der lokale Beobachter soll gemäß Relativitätsprinzip nichts von der Geschwindigkeit des Inertialsystems merken können.

Für Elektronen, die sich mit hoher Geschwindigkeit hin und her bewegen, also mit einer hohen Frequenz, ist der Widerstand einer Leitung scheinbar höher. Man spricht vom *Scheinwiderstand*. Die Magnetfelder der Elektronen erzeugen gleichzeitig Wirbelströme, die den sogenannten Skin-Effekt hervorrufen.

Der elektrische Strom fließt nur noch an der Oberfläche des Leiters und erfährt dadurch auch einen erhöhten Wirkwiderstand. Der Widerstand einer Leitung ist also aus Sicht eines ruhenden Elektrons anders, als für ein bewegtes Elektron. Je höher die Geschwindigkeit des Elektrons und je öfters der Richtungswechsel, desto stärker die Scheinkräfte, die auf das Elektron wirken.

Fazit
Die natürlichste Richtung im Universum ist die Gerade. Die Ruhe ist der natürlichste Zustand eines Körpers im Universum!

Die Zeitbarriere

"Wenn man alle Gesetze studieren wollte, so hätte man gar keine Zeit, sie zu übertreten."[155]

Gemäß Relativitätstheorie verlangsamen sich physikalische Vorgänge mit wachsender Geschwindigkeit, um bei Lichtgeschwindigkeit zum Stillstand zu kommen. Beim Überschreiten der Lichtgeschwindigkeit müßten sich physikalische Vorgänge umkehren und theoretisch rückwärts laufen.

Eine Schlußfolgerung, die Einstein ausgeschlossen hatte, weil er davon ausging, daß Lichtgeschwindigkeit nicht zu überschreiten sei. Durch diese Einschränkung implementierte Einstein den im nächsten Kapitel genauer beschriebenen *Zeitpfeil* in seine Theorie. Die Elektronen müßten, wie im Kapitel *„Die Zeitdilatation"* dargestellt, in umgekehrter Richtung fließen, also nicht wie gewohnt von minus nach plus, sondern von plus nach minus, es sei den die Quellen-Spannung würde sich bei Lichtgeschwindigkeit auch umkehren.

Unvorstellbar!

Man hat über Atomuhrmessungen nachgewiesen, daß Atomuhren in mit Hochgeschwindigkeit fliegenden Jets langsamer laufen. Dementsprechend ist der Zeitstillstand, wenn der Jet Lichtgeschwindigkeit erreicht, die logische Schlußfolgerung. Da der Jet jedoch wegen des relativistischen Massenzuwachses nie Lichtgeschwindigkeit erreichen kann, tritt der Zeitstillstand für einen Körper mit Ruhemasse nie ein. Obwohl die Zeit gemäß Relativitätstheorie theoretisch stillstehen kann, kann sie nicht unendlich schnell vergehen. Die Zeit hat nach unten eine Grenze, denn physikalische Vorgänge benötigen in jedem Sy-

---

[155] Zitat Johann Wolfgang von Goethe

stem eine Mindestdauer. Wenn man die Zeitumkehr bei Überlichtgeschwindigkeit in Betracht zieht, fragt man sich natürlich, was mit der Zeit bei doppelter Lichtgeschwindigkeit passiert.

Kehrt sich die Zeit bei doppelter Lichtgeschwindigkeit erneut um, oder was passiert dann?

Schließlich können physikalische Vorgänge auch in umgekehrter Richtung nicht unendlich schnell vergehen.

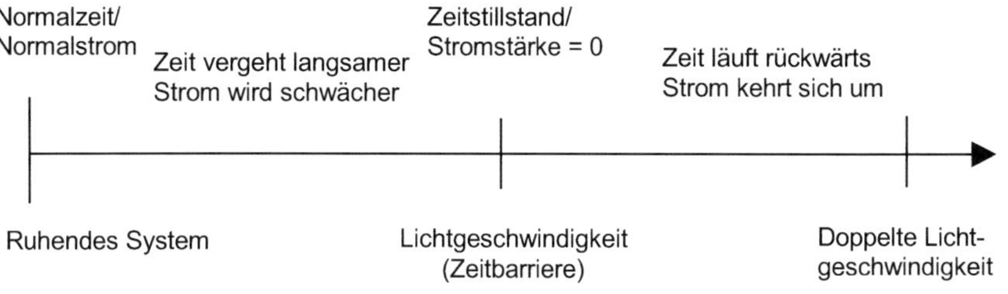

Bild: Gemäß Relativitätstheorie läuft die Zeit bei Überlichtgeschwindigkeit rückwärts.

Sogenannte *Tachyonen* sind Teilchen, die sich immer jenseits der Zeitbarriere aufhalten. Für sie soll die Zeit rückwärts laufen. Die sich mit Überlichtgeschwindigkeit bewegenden Teilchen sind auch gemäß Relativitätstheorie erlaubt, wenn sie nur jenseits der Zeitbarriere bleiben.

Mich erinnert die ganze Geschichte an meine Bundeswehrzeit, als ein Feldwebel uns zurief: „Wenn ihr noch langsamer marschiert, geht ihr rückwärts!".

Fazit
Sich mit Überlichtgeschwindigkeit zu bewegen, würde gemäß *Relativitätstheorie* bedeuten, die Zeit zurückzudrehen oder den Strom in umgekehrter Richtung fließen zu lassen!

Zeitreisen

„Der intelligente Mensch ändert seine Meinung!"

Der Quizmaster hält 3 Briefumschläge in der Hand. Nur in einem befindet sich ein toller Gewinn. Er fragt den Kandidaten: "Umschlag 1, 2 oder 3?"
Der Kandidat entscheidet sich zögerlich für Umschlag 1.
Daraufhin öffnet der Quizmaster Umschlag 3, in dem sich eine Niete befindet und bietet dem Kandidaten an, noch einmal zu wechseln.

Was soll der Kandidat bloß tun?

Als der Kandidat sich für Umschlag 1 entschieden hatte, betrug seine Gewinnschance ⅓ .Spontan könnte man meinen, daß seine Gewinnchance auf geheimnisvolle Weise auf ½ angewachsen ist, wenn er sich nun noch einmal „frei" entschiede.

Aber ist die zweite Entscheidung wirklich frei?

Obwohl sich über die Frage schon Mathematikprofessoren zerstritten haben, behaupte ich, daß es günstiger für den Kandidaten wäre, noch einmal zu wechseln. Denn die zusätzliche Information verbessert seine Gewinnchancen, wenn er sie nützt. Der Gewinn lag mit einer Wahrscheinlichkeit zu ⅔ in den nicht gewählten Umschlägen 2 oder 3. Der Wechsel bedeutet, daß der Kandidat den Umschlag in der Gruppe mit der größeren Gewinnchance wählen darf. Falls Sie es nicht glauben, stellen Sie sich einfach vor, der Quizmaster hätte dem Kandidaten 10 Umschläge angeboten und nur ein Briefumschlag enthielte einen Gewinn. Entscheidet sich der Kandidat für einen Briefumschlag, so betrüge seine Gewinnchance $^1/_{10}$. Öffnete der Quizmaster nun einen Briefumschlag nach dem anderen von denen, die der Kandidat nicht mochte, bis nur noch ein Briefumschlag übrig wäre, und erlaubte er dem Kandidat beim

letzten doch noch einmal zu wechseln, so wäre seine Gewinnchance $^9/_{10}$, wenn der Kandidat es dann auch täte. Das Rätsel
ist ein praktisches Beispiel dafür, wie sich durch Information
aus der Vergangenheit die Ordnung vergrößert und auf die Berechnung wahrscheinlicher Ereignisse in der Zukunft auswirken
kann.

Gemäß *Relativitätstheorie* ist *Zeit symmetrisch* und kann demnach auch rückwärts laufen. Der gesunde Menschenverstand sagt uns jedoch, daß das *Zurückdrehen der Zeit*
nicht möglich ist. Warum kann man eigentlich in der Zeit nicht
zurückgehen?

Einleuchtend kann man dies über das Großvaterparadoxon
erklären, das in vielen Science-Fiction-Filmen wie *Zurück in die
Zukunft* dargestellt wird. In der Vergangenheit könnte man
nämlich die eigene Geburt und damit die Reise selbst verhindern, was paradox erscheint. Unsere Vorstellung von Zeit ist
eine Einbahnstraße, denn Zeit ist asymmetrisch. Mit der Zeit ist
es wie beim Formel I Rennen. Es gibt nur eine Richtung, nämlich nach vorne. Ereignisse, die einmal passiert sind, scheinen
nicht mehr rückgängig gemacht werden zu können. Der zweite
Hauptsatz der Thermodynamik postuliert, daß die Entropie (die
Unordnung) unaufhaltsam mit der Zeit wächst. Die Unordnung
ist wahrscheinlicher als die Ordnung, und die Natur strebt immer den wahrscheinlichsten Zustand an. Physikalische Vorgänge haben eine Richtung, die wir als Zeit begreifen. Physiker
sprechen in diesem Zusammenhang vom Zeitpfeil. Eine Vase,
die zu Boden gefallen und in tausend Splitter zersprungen ist,
setzt sich nicht von alleine wieder in ihren Ursprungszustand
zusammen. Wissenschaftler haben bewiesen, daß sich Kaonen (Elementarteilchen, die aus zwei Quarks bestehen) selte-
ner in Antikaonen verwandeln, als umgekehrt Antikaonen in
Kaonen. Quantentheoretisch erklärt man viele Effekte über sogenannte Symmetrieverletzungen. So kann auch der Energieerhaltungssatz für eine sehr kurze Zeit außer Kraft gesetzt
werden. Wenn Materie stabil entstehen soll, muß die Zeitsym-

metrie gebrochen werden, weil sich sonst Materie und Antimaterie sofort wieder vernichten würden. Forscher haben mittlerweile die direkte CP-Verletzung nachgewiesen. Mit CP-Verletzung bezeichnen Physiker die Asymmetrie eines Elementarteilchens zu dessen Antiteilchen. Beide können aus einer Mischung von Quarks und Anti-Quarks zu ungleichen Anteilen bestehen.

Dies macht die Vorstellung, es könnte ein aus Antimaterie bestehendes Paralleluniversum mit genau den gleichen Eigenschaften geben, zunichte. Denn dieses Paralleluniversum müßte nicht unbedingt symmetrisch zu unserem sein. Trotzdem halten auch Physiker von bekannten Instituten, zumindest theoretisch, Reisen in die Vergangenheit für möglich.

Bei Zeitreisen gibt es 3 Varianten:

Universelle Umkehrung der Zeit

Bei der universellen Umkehrung der Zeit, wie sie bei der Deflation des Universums auftreten soll, vergrößert sich auf wundersame Weise die Ordnung und der Zeitpfeil kehrt sich damit um. Die Vorstellung bei einer Deflation des Universums würde alles wie in einem Film rückwärts laufen, ist unsinnig, denn anders als beim Film würde die Umkehrung nicht zwangsläufig symmetrisch sein.

Zweifelhaft ist auch, ob wirklich alle Energie zurückgezogen werden würde, oder, ob nicht nachher etwas fehlte. Beispielsweise Licht, das schon weit außer Reichweite alle Gravitationskräfte wäre. Die Energiebilanz ginge nicht auf.

Reisen in die eigene Vergangenheit

Zeitreisen in die eigene Vergangenheit haben eine ganz andere Dimension. Denn hier muß ja ein und dasselbe Raum-Zeit-System mehrfach parallel existieren können. Eine einzelne

Person reist zurück zu einem Zeitpunkt größerer Ordnung und hat damit, ohne viel Energieaufwendung, universell aufgeräumt. Demzufolge ist eine Zeitmaschine ein *Perpetuum Mobile klassischer Art* und allein deshalb schon unmöglich. Der umgekehrte Fall, die Reise in die Zukunft, ist noch abwegiger, da man zu einem Zeitpunkt reist, der noch in der Wahrscheinlichkeit aller möglichen Zustände liegt und damit nicht existiert.

Reisen in ein anderes Raum-Zeit-System

Reisen in ein anderes Raum-Zeit-System sind direkt denkbar und werden über das Zwillingspardoxon eindrucksvoll beschrieben. Bei diesen Reisen handelt es sich aber nicht um echte Zeitreisen, denn gemäß *Relativitätstheorie* müßten Sie nur auf einen Berg klettern oder in einem Flugzeug fliegen, um in ein anderes Raum-Zeit-System zu gelangen. Der ***Gedankensprung***, man würde bei Überlichtgeschwindigkeit in der Zeit zurückgehen, wird gemäß Relativitätstheorie ausgeschlossen. Man brauchte hierfür unendlich viel Energie. Auch Zeitreisen durch Schwarze Löcher sind reine mathematische Spielereien, deren physikalische Brauchbarkeit niemand versteht.

Zusammenfassung

Die idealistische Vorstellung, physikalische Vorgänge ließen sich umkehren, ist **prinzipiell** falsch. **Jede Schwingung eines Pendels ist universell individuell** und nicht mehr rückgängig zu machen. Letztendlich handelt es sich bei Zeitreisen um Phantasien ohne echte wissenschaftliche Grundlage, mit denen aber anscheinend eine Menge Geld verdient werden kann, und zwar nicht nur im Kino. Nur allzu gerne hegt man den Gedanken, in der Zeit rückwärst gehen zu können. Die Natur jedoch, erlaubt leider keine Reisen in die Vergangenheit.

Fazit
Zeit ist asymmetrisch und damit eine Einbahnstraße!

Die Reise zu anderen Welten

„Bei der Eroberung des Weltraums sind zwei Probleme zu lösen: die Schwerkraft und der Papierkrieg. Mit der Schwerkraft wären wir fertig geworden."[156]

Das Ausbrennen der Sonne wird die Menschheit vor das gewaltigste Problem stellen, das sie je hatte. Die einzige Rettung wird einmal darin bestehen, ein oder mehrere Raumschiffe zu bauen und ins Universum zu fliehen, bevor die Sonne zum *Roten Riesen* angewachsen ist und die Erde in ihren Sog reißt.

Die *Arche Noah* würde wahr.

Ein Raumschiff ist ein Flugkörper, der im Gegensatz zum Flugzeug keine Atmosphäre benötigt und alle zum Antrieb benötigten Mittel mit sich führt. Das Triebwerk erzeugt den Vorwärtsschub des Raumschiffes. Um dem Schwerefeld der Erde zu entkommen muß ein Raumschiff eine Fluchtgeschwindigkeit von mehr als 11,2 km/sec bzw. 40.000 km/h (2. kosmische Geschwindigkeit) erreichen. Zwischen 7,9 (1. kosmische Geschwindigkeit) und 11,2 km/sec gelangt der Flugkörper auf eine elliptische Bahn um die Erde. Den Flugkörper bezeichnet man dann als Satellit, was lateinisch für Leibwächter ist. Die Zentrifugalkraft, die auf den Satelliten durch seine Kreisbewegung wirkt, befindet sich im Gleichgewicht mit der Schwerkraft der Erde.

Ein Satellit fliegt in 36.000 km Höhe mit einer Geschwindigkeit von etwa 3 km/sec (10800 km/h). Für eine Umkreisung benötigt er 24 Stunden, so daß der Eindruck entsteht, er stehe immer an derselben Stelle über dem Äquator, was man als *geostationäre Umlaufbahn* bezeichnet. Bei Raumflugmissionen, die über die Satellitenbahn hinausführen, wird das Raum-

---

[156] Zitat Wernher von Braun, Pionier der Weltraumforschung

schiff normalerweise erst in eine Satellitenbahn gebracht, von wo aus dann die letzte Stufe des Triebwerks gezündet wird. Durch diese Vorgehensweise ist die Steuerung des Raumschiffes einfacher. Die Reise zu anderen Welten stellt uns nicht nur zeitlich vor Probleme, sondern auch antriebsmäßig. Prinzipiell braucht ein Raumschiff zwar keine Energie mehr aufzuwenden, wenn es sich erst einmal mit einer Geschwindigkeit im Universum bewegt, weil es zumindest bei kleinen Geschwindigkeiten *scheinbar keinen Widerstand* gibt, aber jede Richtungsänderung oder gar Beschleunigung, um den Gravitationsfeldern von Sternen zu entkommen, sind mit einem Verlust an Masse verbunden.

Raumschiffe funktionieren nämlich nach dem Rückstoßprinzip. Damit sich ein Raumschiff nach vorne bewegen kann, muß es Masse mit möglichst hoher Geschwindigkeit nach hinten loswerden. Das können Sie leicht selbst ausprobieren, indem Sie sich auf ein leichtes Rollbrett stellen und einen schweren Ball von sich wegwerfen. Masse ist im Universum aber sehr rar. Es gibt nämlich unheimlich wenig Masse im Verhältnis zur Größe der Entfernungen zwischen den Planeten. Die Kraft für den Rückstoß ist definiert als der Differentialquotient des Impulses (Masse x Geschwindigkeit) nach der Zeit.

$$F = \frac{d(mv)}{dt}$$

F	Kraft
m	Masse
v	Geschwindigkeit
t	Zeitdauer

Die Reisedauer zu anderen Galaxien würde mehrere Millionen Lichtjahre dauern. Das bedeutet, daß man mehrere Millionen Jahre auf der Reise wäre, könnte man sich mit Lichtgeschwindigkeit bewegen. Erschwerend kommt hinzu, daß Raumschiffe eigentlich „lahme Enten" sind, denn sie erreichen derzeit nicht mal 0,01% der Lichtgeschwindigkeit. Das ist der Hauptgrund dafür, warum die Relativitätstheorie kaum Beachtung findet. Man kommt einfach zu schwer in ihren Wirkungsbereich.

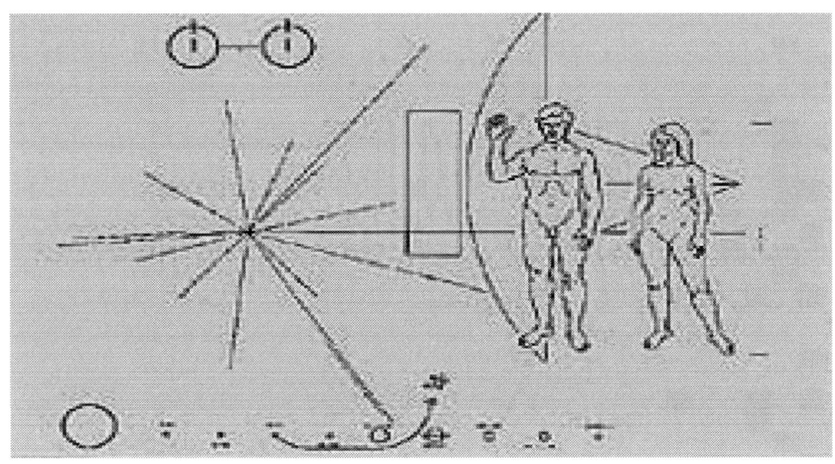

Bild: Die Plakette der Pioneer 10 -Sonde, die vor 30 Jahtren als Flaschenpost ins Universum geschickt wurde, erzählt von den Menschen, die in einem Sonnensystem mit 9 Planeten leben. Hoffentlich wird die Nachricht nicht falsch verstanden.

Um dem Masseproblem zu entgehen, könnte der aus der Fernsehserie *Raumschiff Enterprise* bekannt gewordene Warp-Antrieb Verwendung finden, der als Treibstoff Materie und Antimaterie verbrennt. Bei der Energie, die durch die Verstrahlung von Materie und Antimaterie erreicht werden kann, handelt es sich um Gammastrahlung, die mit Lichtgeschwindigkeit nach hinten ausgestoßen werden würde, und sie wäre so enorm, daß man mit einem Gramm Antimaterie zum Mars gelangen könnte. Die Masse eines Regentropfens würde hierfür ausreichen. Derzeit ist der Warp-Antrieb aber reine Science Fiction. In der bekannten Fernseh- bzw. Kino-Saga, die meine *Jugendzeit* begleitet hat, kann *Raumschiff Enterprise* sogar Überlichtgeschwindigkeit erreichen. Denn schon 1 Warp[157] bedeutet Lichtgeschwindigkeit, Raumschiff Enterprise schafft aber leicht ein paar Warp. Angeblich gibt es aber auch für Raumschiff *Enterprise* eine Geschwindigkeitsbegrenzung, die bei 10 Warp

---

[157] Das Wort „Warp" bezieht sich eigentlich auf die Verzerrung der Raum-Zeit, durch die Raumschiff Enterprise durchs Universum saust.

liegt. Die Umrechnungsformel von Warps in das Mehrfache von Lichtgeschwindigkeit ist nicht so einfach.

Völlig ungeklärt ist, wie Raumschiff Enterprise die *künstliche Schwerkraft* im Raumschiff erzeugt, ohne die ein Mensch nicht weiß, was oben und unten ist. Die einzige Lösungsmöglichkeit hierfür erscheint über eine Rotation der Aufenthaltsräume innerhalb des Raumschiffes, Schwerkraft zu erzeugen. Die Raumfahrer befänden sich im Inneren einer Kugel, die innerhalb des Raumschiffes mit konstanter Geschwindigkeit rotierte. Durch das Fehlen von Schwerkraft bilden sich schnell die Muskeln eines Menschen zurück und der Raumfahrer bekommt gesundliche Probleme, mal ganz abgesehen davon, daß die Arbeit in der Schwerelosigkeit äußerst mühselig ist.

Gemäß Relativitätstheorie ist dieses Gefährt natürlich unmöglich. Die Kinosendung benötigt aber ein Gefährt, was wahnsinnig schnell ist, sonst hätte der ganze Film ja keinen Sinn.
Im Film *Contact* reicht selbst Warp 10 nicht aus. Deshalb benutzt man ein Wurmloch. Damit gelangt man ja praktisch zeitlos an andere Orte des Universums. Wie man dabei sein Ziel ansteuert, bleibt allerdings in allen Filmen unklar.

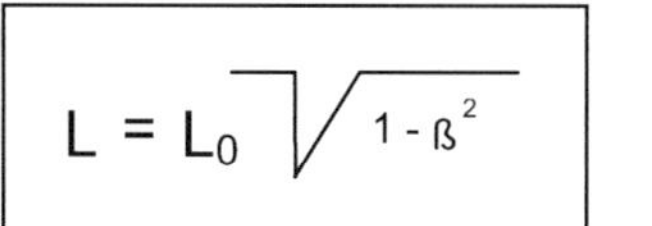

$$L = L_0 \sqrt{1 - \beta^2}$$

$$\beta = v/c$$

L	Länge im bewegten System	v	Geschwindigkeit des Systems
L_0	Länge im ruhenden System	c	Lichtgeschwindigkeit

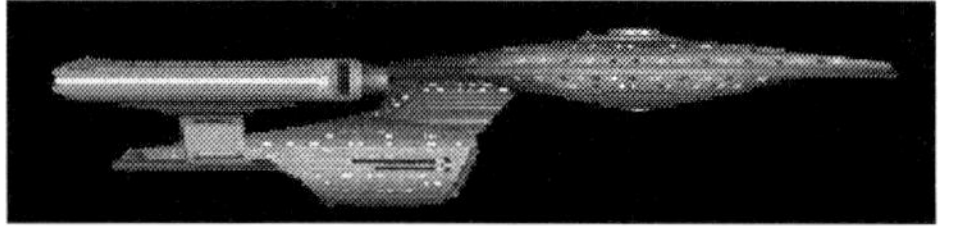

In Ruhe

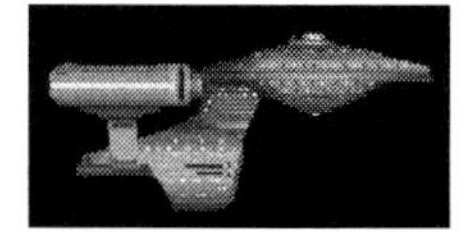

Bei 90% Lichtgeschwindigkeit

Bild: Raumschiff Enterprise wird bei annähernder Lichtgeschwindigkeit, gemäß <Spezieller Relativitätstheorie> in Bewegungsrichtung deutlich gestaucht.

Bei der Erklärung der Längenkontraktion kommen die Physiker richtig ins Schleudern. Denn selbst die überzeugtesten Relativisten können sich nicht vorstellen, daß **ovale Räder** genauso gut rollen, wie runde. So soll sich seit den letzten 50 Jahren die Vorstellung durchgesetzt haben, daß es sich bei der Längenkontraktion **nicht** um eine **mechanische Kontraktion** handelt.

Gemäß *Spezieller Relativitätstheorie* würde sich mit wachsender Geschwindigkeit die Länge des Raumschiffes in Bewegungsrichtung verkürzen. Zumindest mathematisch erklärt sich das dadurch, daß c = Weg/Zeit ist. Da c konstant ist, muß sich die Länge um denselben Faktor verkürzen, um den sich die Zeit dehnt.

Bei der Längenkontraktion handelt es sich nicht etwa um eine optische Täuschung. Nein, ganz im Gegenteil. Allerdings soll man lokal, also im Raumschiff, nichts davon bemerken, daß sich das Raumschiff in Bewegungsrichtung verkürzt hat. Wie der ruhende Beobachter auf der Erde diese Längenverkürzung beobachten will, bleibt schleierhaft. Wollte ein Beobachter auf der Erde von dem vorbeifliegenden Raumschiff ein Foto schießen, gerade in dem Moment, als es sich über ihm befindet, könnte er beispielsweise eine Belichtungszeit von weniger als eine tausendstel Millisekunde einstellen. Dennoch würde das Raumschiff in dieser Zeit fast 300 Meter zurücklegen und erschiene deshalb auf dem Foto um diese Länge gestreckt. Das Raumschiff stellte sich folglich auf dem **Bild nicht verkürzt, sondern verschmiert und in die Länge gezogen** dar. Zusätzlich erschiene es gedreht und diese Beobachtung beruhte tatsächlich *mutatis mutandis*[158] auf Gegenseitigkeit.

Ursprünglich hatte Lorentz, die Längenkontraktion benutzt, um seine Vorstellung eines Äthers zu retten. Einstein, jedoch, benutzte die Längenkontraktion, um die Nicht-Existenz eines Äthers zu beweisen.

---

[158] Mit den notwendigen Abänderungen

Lorentz, der 1902 für seine Verdienste um die Physik den Nobelpreis bekam, schrieb 1895 hierzu:

*"So befremdend die Hypothese auch auf den ersten Blick erscheinen mag, man wird dennoch zugeben müssen, daß sie gar nicht so fern liegt, sobald man annimmt, daß auch die Molekularkräfte, ähnlich wie wir es gegenwärtig von den elektrischen und magnetischen Kräften bestimmt behaupten können, durch den **Äther vermittelt** werden."*

Bild: Lorentz-kontrahiertes Raum-Zeit-Rad. Ein rotierender Körper soll sich gemäß Längenkontraktion in Bewegungsrichtung verkürzen.

Prinzipiell müßten sich auch Elektronen bei annähernder Lichtgeschwindigkeit verformen. Als Beweis für die Längenkontraktion führt man ein erhöhtes Ionisierungsvermögen der Elektronen nach vorherigem starken Abfall bei hohen Geschwindigkeiten an oder die berühmten Myonen, die es bei hohen Geschwindigkeiten trotz extrem kurzer Zerfallzeiten dennoch bis zu Erdoberfläche schaffen, obwohl sie eigentlich nicht weiter als 450 Meter kommen dürften. Mich überzeugen die Beweise nicht, Sie etwa ?

Relativistisch betrachtet, muß beim Impuls natürlich auch der relativistische Massenzuwachs berücksichtigt werden.

$$F_r = \frac{d}{dt}\left[\frac{m_0\, v}{\sqrt{1-\beta^2}}\right] \qquad \beta = v/c$$

F_r	relativistische Impulskraft	v	Geschwindigkeit des Systems
m_0	Masse im ruhenden System	c	Lichtgeschwindigkeit

Das Produkt aus Kraft und Weg ist Arbeit bzw. Energie. Integriert man das Produkt der *relativistischen Impulskraft* F_r über den Weg, erhält man die Formel, die *die Welt verändert*[159] *hat.*

$$\Delta E = \int_0^s F(v)\, ds = (m_v - m_0)\, c^2$$

ΔE	Energiezuwachs eines Körpers mit der Geschwindigkeit v	s	Weg
		m_0	Ruhemasse eines Körpers
$F(v)$	relativistische Impulskraft	m_v	Masse eines Körpers der Geschwindigkeit v

Es gibt Physiker, die behaupten, daß eine Reise zu anderen Galaxien zeitlich kein Problem darstellen würde, wenn man mit annähernder Lichtgeschwindigkeit reisen könnte, weil man bei annähernder Lichtgeschwindigkeit kaum altert. Mit dieser Vorstellung möchte ich im Kapitel *„Der Stillstand der Gedanken"* jedoch aufräumen.

Fazit
Die Reise zu anderen Welten ist ein Problem des Massenverlustes!

---

[159] Am meisten hat sie die Welt in Hiroschima verändert, als 1945 zum *„krönenden Abschluß"* des 2. Weltkrieges die erste Atombombe im Krieg eingesetzt wurde und auf einen Schlag 130.000 Menschen tötete oder verletzte.

Die Lebenszeit eines Glühbirnchens

„Wer das Unmögliche nicht versucht, wird das Mögliche nie erreichen!"[160]

Die offensichtlich nur *rudimentär ausgebildete Vorstellungskraft* hochbegabter Wissenschaftler ist höchst erstaunlich. So konnte sich Heinrich Hertz eine sinnvolle Anwendung der von ihm nachgewiesenen elektromagnetischen Wellen nicht vorstellen und Albert Einstein glaubte bis 1939 nicht an eine mögliche Nutzung der Kernkraft. Niels Bohr konnte 1937 noch 15 Gründe aufzählen, warum die Kernenergie niemals praktische Anwendung finden könnte. So hielten damals auch die meisten Physiker und Elektro-Ingenieure Edisons Vorhaben, eine Glühbirne zu bauen, für eine *„völlig idiotische Idee"*. Als Edison schließlich seine Glühbirne präsentieren wollte, stieß er auf großes *Desinteresse und Argwohn*. Wilhelm Siemens kommentierte Edisons Erfolg, an den er nicht glauben konnte, folgendermaßen:

"Diese sensationellen Nachrichten sind als nutzlos für die Wissenschaft und schädlich für ihren wahren Fortschritt entschieden zu tadeln."

Bild: Eine Glühbirne besteht üblicherweise aus einem mit einem Gas gefüllten Glaskolben und einem sehr dünnen Draht, der ab einer bestimmten Stromstärke zu glühen beginnt.

Edison hatte es erstmals geschafft, eine Glühbirne 13 stundenlang durchgehend brennen zu lassen. Die Lebenszeit eines handelsüblichen Glühbirnchens beträgt heute etwa 1000 Stunden und hängt exponentiell von dem Strom ab, der es zum

---

[160] Chinesisches Sprichwort

Leuchten bringt. Russische und ungarische Glühbirnen leuchteten schon immer länger, und die chinesische Birne hält heute noch 5000 Stunden. Der Erfinder Dieter Binninger entwickelte sogar eine Glühbirne, die 150.000 Stunden halten sollte. Eine neue Form des Glühdrahtes, ein mit Edelgas gefüllter Glaskolben sowie eine Diode, die als Dimmer diente, sollten *das Unmögliche* möglich machen. Leider stürzte der Glühbirnen-Revoluzzer[161] 1991 kurz nachdem er sein Angebot abgegeben hatte mit dem Flugzeug ab.

Der aus Wolfram bestehende Glühdraht, beginnt erst bei etwa 2500 °C zu leuchten und erreicht bestenfalls einen recht bescheidenen Wirkungsgrad von 4%, weil die meiste Energie als Wärmestrahlung, also für uns unsichtbar, verloren geht. Die Wolfram-Atome verdampfen bei hoher Temperatur und lagern sich dann an der Innenseite des Glaskolbens ab, bis der Glühdraht an einer dünn gewordenen Stelle zerreißt.

Spektrum   Lebenszeit

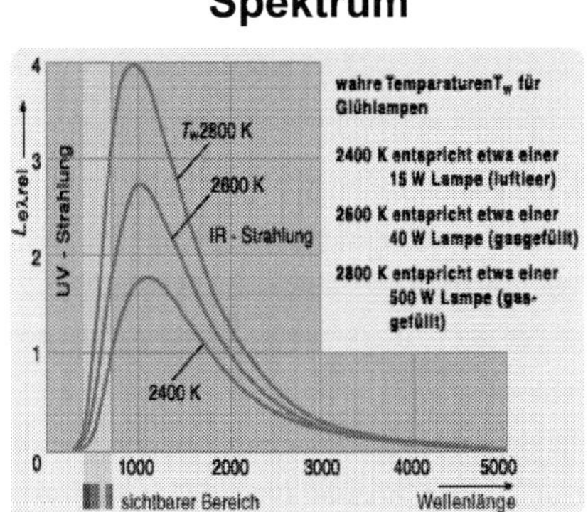

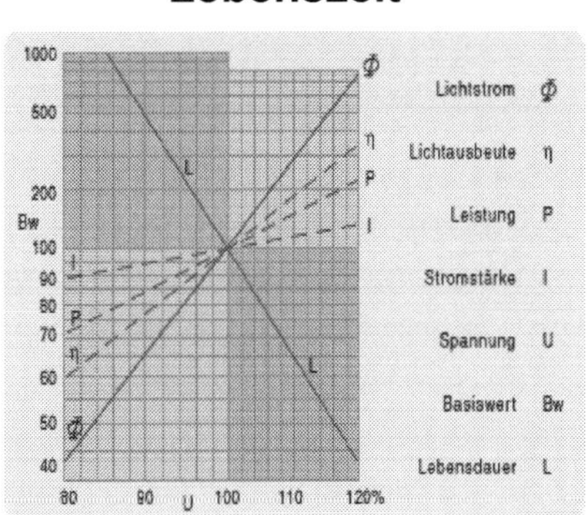

Bild: Beispielhaftes Spektrum und Lebenszeit eines Glühbirnchens

Eine Reduzierung des Stroms um 5% kann die Lebensdauer eines Glühbirnchens leicht verdoppeln. Als unerwünschten Nebeneffekt wird der Wirkungsgrad noch viel schlechter, als er

---

[161] Die Zeit 33/1999

ohnehin schon ist, denn die Lichtausbeute sinkt auch exponentiell. Am längsten hält ein Glühbirnchen natürlich, wenn es gar nicht leuchtet, also nur so wenig Strom fließt, daß der Glühdraht kaum erhitzt wird. Die Lebenszeit eines Glühbirnchen in einem hyperschnellen Raumschiff würde sich drastisch erhöhen, denn die hohe Geschwindigkeit dehnt die Zeit und senkt die Stromstärke.

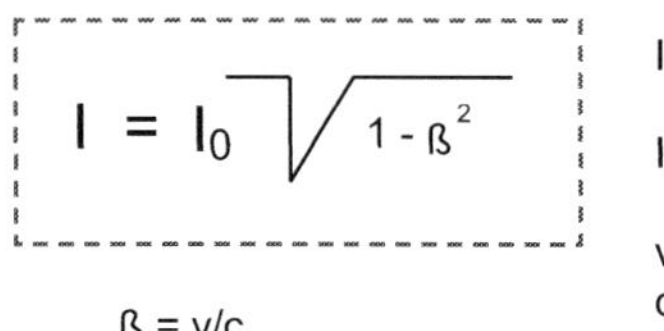

$$I = I_0 \sqrt{1 - \beta^2}$$

$$\beta = v/c$$

I	Stromstärke im bewegten System
I_0	Stromstärke im ruhenden System
v	Geschwindigkeit des Systems
c	Lichtgeschwindigkeit

Das Zwillingsparadoxon scheint sich beim Glühbirnchen exponentiell auszuwirken, denn eine Zeitdehnung um den Faktor 2 würde bedeuten, daß nur noch die Hälfte des Stroms fließt. Bei solch einer geringen Stromstärke hält ein Glühbirnchen ewig!

Das Gesetz der physikalischen Gleichwertigkeit der Inertialsysteme wird beim Glühbirnchen jedoch gebrochen, denn ein lokaler Beobachter würde sicherlich bemerken, wenn das Glühbirnchen nicht mehr leuchtet. Physikalische Vorgänge lassen sich nicht beliebig verlangsamen. Das stellen Sie schon fest, wenn Sie versuchen, langsam einen Nagel in die Wand zu schlagen oder langsam Holz zu hacken.

Das Zwillingsparadoxon ist ein *Dilemma der Speziellen Relativitätstheorie*. Es widerlegt die Gleichwertigkeit der Inertialsysteme, an die der Erfinder des Zwillingsparadoxons wohl selbst nicht glaubte. Die Relativitätstheorie malt ein zu einfaches Bild von der Wirklichkeit. Die Welt ist leider komplizierter!

Fazit:
Die Lebenszeit hängt nicht linear anti-proportional mit der Dauer physikalischer Vorgänge zusammen!

Der Stillstand der Gedanken

„Wer will was Lebendiges erkennen und beschreiben,
Sucht erst den Geist herauszutreiben,
dann hat er die Teile in seiner Hand,
Fehlt leider! Nur das geistige Band" [162]

Der Mensch versucht mit allen Mitteln seine Temperatur zwischen 36 bis 38°C zu halten. Wenige Grad darüber oder darunter können den Tod bedeuten. Die Temperatur hat mehr Einfluß auf unser Leben als alles andere. Es ist bekannt, daß Kinder, die im Winter in einen zugefrorenen See eingebrochen waren, selbst nach 30 Minuten unter Wasser, wiederbelebt werden konnten. Der plötzliche Kälteschock hat für sie die Zeit angehalten. Viele Tiere können durch einen Winterschlaf ihren Stoffwechsel so verlangsamen, daß ihre Energie für den ganzen Winter reicht. Auch der Mensch verlangsamt seinen Stoffwechsel im Schlaf. Wir sind dann sozusagen im Stand-By-Mode. Der Ruhepuls beträgt normalerweise 60 Herzschläge pro Minute, während man nach dem Aufstehen schnell auf 80 Herzschläge pro Minute kommt. In Afrika gibt es Lungenfische, die sich in der Trockenzeit aus Mangel an dem kühlen Naß in den Schlamm wühlen und dort mehrere Jahre auf den nächsten Regen warten, um dann bei der nächsten Überschwemmung in ihren See zurückzukehren.

Am einfachsten, Generationen zu überleben, ohne dabei selbst zu altern, ist wohl das Einfrieren. Daß das funktioniert, beweisen uns schon jetzt Tiere, wie beispielsweise nordamerikanische Schildkröten und die kanadische Strumpfbandnatter und insbesondere Insekten, wie Fliegen, die über den Winter von der Kälte eingefroren werden. Im Gegensatz zu Tieren, die nur einen Winterschlaf machen, hört bei den Schildkröten sogar

---

[162] Als Mephisto einem Schüler die wissenschaftliche Methodik erklärt.

das Herz auf zu schlagen. Tiere, die den Einfriertrick beherrschen, produzieren ihr eigenes Frostschutzmittel. Dabei handelt es sich um eine konzentrierte Zuckerlösung im Blut.

Unschlagbar, was das Überleben durch Einfrieren betrifft, sind allerdings Bakterien und Pilze. Sie überleben Jahrtausende, um bei Wärme wieder aktiv zu werden. Pilzsporen können sogar in den kalten Weltraum vordringen. Vielleicht sind es einmal Pilzsporen, die anderen Planeten im Universum von dem Leben auf der Erde berichten.

In Amerika lassen sich Menschen nach ihrem Tod einfrieren, weil sie glauben, man könnte sie irgendwann wieder ins Leben erwecken. Einige lassen auch nur ihren Kopf einfrieren, weil sie glauben, daß in der Zukunft die Bereitstellung eines neuen Körpers kein Problem darstellen wird. Und außerdem ist es viel billiger nur den Kopf einzufrieren.

Die Zeitdehnung gemäß Relativitätstheorie ist einer Art *Einfrierung aller physikalischen Vorgänge* sehr ähnlich. Jedoch, es scheint, als hänge die Zeit mehr von der Umgebungstemperatur als von der Geschwindigkeit, mit der wir uns durch das Universum bewegen, ab.

Das menschliche Hirn besteht aus Milliarden von Nervenzellen, deren Energie ausreichen würde, um eine Glühbirne zum Brennen zu bringen. Die Nervenstrukturen sind weit komplexer als das Telefonnetz von New York. Bei unserem Nervensystem handelt es sich um ein komplexes Kommunikationsnetz, das unser Hirn mit allen Sinneszellen und Muskeln verbindet. Für die Weiterleitung von Informationen in unserem Nervensystem, wie sie durch die Neurophysiologie erklärt wird, sind unsere Nervenzellen verantwortlich.

Innerhalb einer Nervenzelle wird die Information elektrisch, also als elektrischer Strom, mit etwa 400 km/h und von Nervenzelle zu Nervenzelle chemisch über sogenannte Neurotransmitter übertragen. Das Gehirn wertet den zeitlichen Unterschied und die Stärke der Impulse aus. Die Übermittlung einer Information ist ein sehr komplizierter und erstaunlicher Vorgang. Eine Nervenzelle, die als primäre Sinneszelle bezeichnet wird, funktioniert wie eine Batterie. Das Spannungspotential zwischen Außen- und Innenbereich von 40-80mV läßt sich über einen Voltmeter sogar messen.

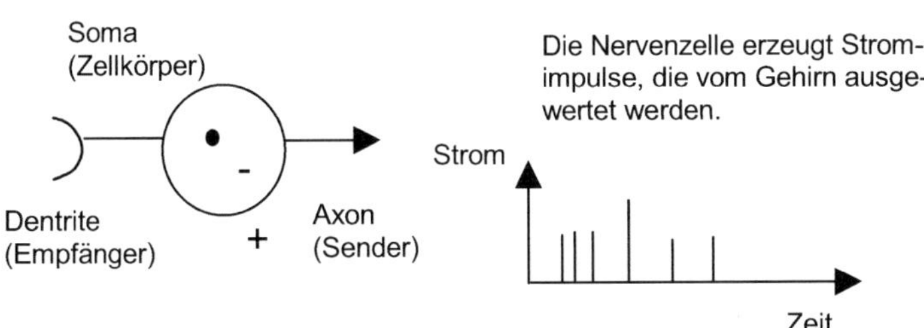

Bild: Eine Nervenzelle funktioniert wie eine Batterie

Nachdem spezielle Sinneszellen, die auf Schall, Temperatur, Geruchs- und Geschmackstoffe oder Druck reagieren, einen Impuls erhalten haben, wird diese Information über die Nervenzellen weitergeleitet. Das Empfangsteil, die Dentrite, der Nervenzelle empfängt die Information und leitet sie über das sogenannte Axon an eine anderer Nervenzelle oder einen Muskel weiter. Die Dentrite steuert die Poren und Kanäle der Zellmembran und damit auch den Strom, der als Signal über das Axon weitergeleitet wird.

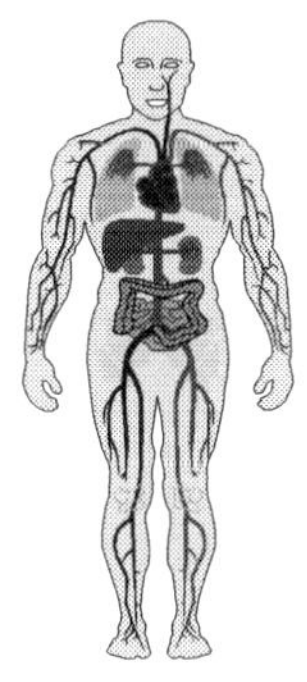

Elektrische Felder können zu Unwohlsein führen. Elektrische Felder, die durch die Luftreibung beim Fahren in Autos entstehen, werden deshalb gerne über Kupferbänder abgeleitet.

Die starken elektromagnetischen Felder, die von großen Unwettern hervorgerufen werden, können Kopfschmerzen verursachen. Das ist wissenschaftlich erwiesen.

Das Phänomen von Geisterhäusern wird damit erklärt, daß starke elektromagnetische Felder Halluzinationen hervorrufen können.

Bild: Bei annähernder Lichtgeschwindigkeit wird alles langsamer.

Eine Nervenzelle ist normalerweise elektrisch negativ geladen, weil die Zellmembran auf der einen Seite die elektrisch positiv geladenen Kalium-Ione durchläßt, während große elektrisch negativ geladene Moleküle zurückgehalten werden. Soll ein Impuls übertragen werden, wandern positiv geladene Kalium-Ione in die Nervenzelle, was sie elektrisch neutralisiert. Ab einem bestimmten Punkt wird die Zellmembran für positiv geladene Natrium-Ione durchlässig, so daß die Zelle plötzlich elektrisch positiv geladen ist.

Man bezeichnet dies als *Aktionspotenzial*!

Dieses elektrische Signal aktiviert dann die sogenannten Neurotransmitter, die über das Axon abgeschickt werden und sich an die nächste Nervenzelle binden, die wiederum ein Aktionspotenzial aufbaut. Das Spannungspotenzial einer Nervenzelle wird ständig wieder neu aufgebaut. Der in uns fließende Strom kann heute ohne Probleme nachgewiesen werden. Unser Gehirnstrom, beispielsweise, erzeugt ein, wenn auch sehr schwaches Magnetfeld, das über supraleitende Detektoren, sogenannte Squids, gemessen werden kann.

Bild: In den Sehsinneszellen befindet sich ein rötlicher Farbstoff, der Sehpurpur (Rhodopsin). Fällt ein Lichtimpuls auf das 11-cis-Retinal, sendet es einen elektrischen Impuls an die Nervenzellen, welche diesen an das Gehirn weiterleiten. Dabei zerfällt das 11-cis-Retinal innerhalb einer Tausendstel Sekunde in das Zwischenprodukt Opsin und in ein langestrecktes Molekül (All-trans-Retinal). Die Rückverwandlung (Retinal-Isomerase) in das ursprüngliche Retinal erfolgt langsam in mehreren Schritten und kann bis zu einer halben Stunde dauern. Aus diesem Grunde wird man geblendet, wenn man schnell von einem dunklen Raum in einen hellen gelangt.

Dadurch ist leicht verständlich, wieso Lebewesen auf elektromagnetische Felder so empfindlich reagieren bzw. warum starke elektromagnetische Felder uns stören. Es ist bekannt, daß Vögel und Wale sich am Magnetfeld der Erde orientieren können. Haie können über ihren elektromagnetischen Wahrnehmungssinn jede Beute aufspüren, weil jeder Herzschlag ihres Opfers elektromagnetische Wellen abstrahlt.

In den vorherigen Kapiteln habe ich gezeigt, daß der elektrische Strom mit wachsender Geschwindigkeit des Systems abnimmt. Bei Lichtgeschwindigkeit würde überhaupt kein Strom mehr fließen. Ohne elektrischen Strom ist aber auch Denken und Fühlen nicht mehr möglich. Bei Überschreiten der Lichtgeschwindigkeit kehrte sich, gemäß Relativitätstheorie, unser Denken und Fühlen sogar um.

Eine Verlangsamung aller physikalischen Vorgänge, wie der Blutfluß müsste doch eine deutliche Reduzierung der Körpertemperatur zur Folge haben?

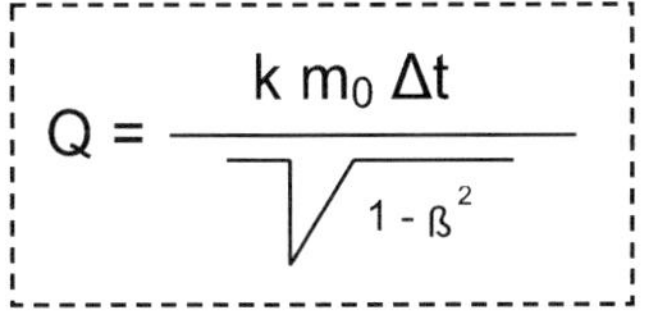

$$Q = \frac{k\, m_0\, \Delta t}{\sqrt{1 - \beta^2}}$$

Q	Wärmemenge
k	spezifische Wärmekapazität
m_0	Ruhemasse des Körpers
Δt	Temperaturdifferenz
v	Geschwindigkeit des Systems
c	Lichtgeschwindigkeit
ß	v/c

Die Wärmeenergie ist eine spezielle Form der kinetischen Energie. Wenn sich alles verlangsamt, dann wohl auch das Schwingen der Atome. Bei Lichtgeschwindigkeit schwingt gar nichts mehr und das bedeutet *ultimative Kälte*. Prinzipiell ist die zur Erwärmung eines Körpers notwendige Wärmemenge nämlich proportional zur Masse. Ein Mensch würde sich bei annähernder Lichtgeschwindigkeit die Seele aus dem Leib frieren. Es ist deshalb anzunehmen, daß der menschliche Geist diese *Temperaturverringerung* wahrnehmen und reagieren würde.

Das Herz müßte mehr Kraft aufwenden, um den gewohnten Blutfluß zu halten.

Schwarze Löcher, deren Masse riesig ist, sind furchtbar kalt. Ihre Temperatur beträgt nur Millionstel Grad über dem absoluten Nullpunkt. Das Zwillingsparadoxon vernachlässigt den Energieerhaltungssatz. Der aus dem Universum zurückgekehrte jüngere Bruder wäre tiefgefroren. Natürlich verringert sich auch das Volumen eines Körpers bei tiefen Temperaturen, allerdings in allen Richtungen und nicht nur in einer und auch nicht in dem von der Relativitätstheorie vorausgesagten Maß.

Beim Zwillingsparadoxon kommen die meisten Physiker in größte Erklärungsschwierigkeiten. Denn eigentlich sind ja beide Inertialsysteme physikalisch gleichwertig und jeder Bruder hätte also prinzipiell das gleiche Recht zu behaupten, daß für den anderen Bruder die Zeit langsamer abgelaufen ist. Es wird dann erklärt, daß auf den Bruder in dem hyperschnellen Raumschiff Beschleunigungskräfte gewirkt hätten, die die beiden Systeme aus dem physikalischen Gleichgewicht bringen würden.

Nur, die *Allgemeine Relativitätstheorie* behauptet doch, daß das Relativitätsprinzip auch für beschleunigte Systeme gilt. Außerdem müßten sich doch die Beschleunigungskräfte insgesamt aufheben?

Irgendwie scheint beim Zwillingsparadoxon die Mathematik der *Speziellen Relativitätstheorie* zu versagen. Herbert Dingle, Professor für Naturphilosophie, kommentierte 1956 in einer Antwort auf einen Vortrag von Professor Crocco, Präsident der Gesellschaft für Raketentechnik :

"Es stellt sich der unglaubliche Zustand ein, daß ausgezeichnete Physiker – Männer, die hohe Posten an Universitäten und Forschungslabors innehaben - die Relativitätstheorie so voll-

ständig mißverstehen, daß sie tatsächlich an diese fantasti-
schen Konsequenzen glauben."[163]

Professor Dingle, galt bis zum Zeitpunkt seiner Kritik, als Experte auf dem Gebiet der Relativitätstheorie. 1921 veröffentlichte er das Buch *„Relativity for All"*, das in Amerika und England viele Jahre als Lehrbuch an Universitäten verwendet wurde. Für die *„Encyclopedia Britannica"* schrieb er den Beitrag zur Relativitätstheorie.

Erst 1955, als er sich zu den *Widersprüchen des Zwillingsparadoxon* äußern sollte, sagte er:

„Nach der Speziellen Relativitätstheorie zeigen zwei identische, sich im Verhältnis zueinander in gleichförmiger Bewegung befindliche Uhren A und B eine andere Zeit an. Da die Situation völlig symmetrisch ist, folgt daraus, daß, wenn die Uhr A im Verhältnis zu B vorgeht, auch B im Hinblick auf A vorgehen muß. Da dies unmöglich ist, muß die Theorie falsch sein."

Als der vom Glauben abgefallene Professor 1962 seine Kritik sogar in der bekannten Wissenschaftszeitung *„Nature"* veröffentlichte, wurde ihm wie Galileo Galilei *„Ketzerei"* vorgeworfen und der Prozeß gemacht. Von nun an war er kein Experte mehr für die Relativitätstheorie, sondern gehörte zu denen, die die Paradoxien der Relativitätstheorie halt nicht verstanden haben.

Ähnliche Erfahrungen machte Dr. Hillman, der glaubt einem der *größten Irrtümer der Biologie* auf der Spur zu sein. Nach seiner Promotion in Medizin, befaßte er sich auch mit Physiologie, Neurophysiologie, Biophysik und Biochemie. Nach jahrelanger Tätigkeit in Forschung und Lehre wurde er 1970 Direktor des *Unity Laboratory of Applied Neurobiology*.

---

[163] Aus dem Buch: „Raum Zeit Relativität"

Dr. Hillmann glaubt, daß der Aufbau einer Zelle, wie er durch das Elektronenmikroskop sichtbar wird, eine *Illusion* ist und mit der komplizierten Präparation des Gewebes zusammenhängt. Auf diesen Sachverhalt war er bei Experimenten *rein zufällig* gestoßen, als er Gewebe untersuchte, daß sich bei *Lichtein-strahlung* veränderte und deshalb dunkel gelagert werden mußte, obwohl niemand hierfür eine Erklärung hatte.

Optische Täuschungen verursachten schon die ersten Mikroskope im Jahre 1642, die nicht mehr als bessere Vergrößerungsgläser und bis 1840 deshalb nur von geringem Nutzen waren.

1932 wurde das erste Elektronenmikroskop präsentiert, das fortan unsere Vorstellung über den Aufbau einer Zelle revolutionieren sollte, denn das Normallichtmikroskop konnte nur Objekte sichtbar machen, die nicht viel kleiner als die Wellenlänge des sichtbaren Lichts waren. Das Elektronenmikroskop ist noch 100mal schärfer. Unabhängig von der Schärfe des Elektronenmikroskops, jedoch, muß das Zellgewebe präpariert und eingefärbt werden. Die *Wechselwirkungen* und *Veränderungen des Zellgewebes*, die mit dieser Präparation einhergehen, sind *weitestgehend unbekannt*.

Nach Dr. Hillman entspricht der Aufbau einer Zelle der, wie sie bereits 1898 akzeptiert war. Den **trägen Forstschritt** in der Medizin, wie die Unmöglichkeit *Krebs* oder *AIDS* zu besiegen, obwohl seit Jahrzehnten intensiv in dieser Richtung geforscht wird, stehe in direktem Zusammenhang mit unserer *falschen Vorstellung von der Zelle* sowie einer falschen Vorgehensweise bei der Untersuchung von Zellgewebe.

Statt die *lebende Zelle* zu untersuchen, ziehe man *die Tote* vor.

Fazit
Bei Lichtgeschwindigkeit hören wir auf zu denken, wenn wir nicht schon vorher erfroren sind!

Der relative Widerstand

„Es ist nicht genug, zu wissen, man muß auch anwenden;
es ist nicht genug, zu wollen, man muß auch tun." [164]

Querdenken ist gefordert!

Die folgende Frage, wurde in einer Physikprüfung, an der Universität von Kopenhagen gestellt:

"Beschreiben Sie, wie man die Höhe eines Wolkenkratzers mit einem Barometer feststellt."

Ein Kursteilnehmer antwortete: „Sie binden ein langes Stück Schnur an den Ansatz des Barometers, senken dann das Barometer vom Dach des Wolkenkratzers zum Boden. Die Länge der Schnur plus die Länge des Barometers entspricht der Höhe des Gebäudes."

Diese in hohem Grade originelle Antwort entrüstete den Prüfer dermaßen, daß der Kursteilnehmer sofort entlassen wurde. Dieser appellierte an seine Grundrechte, mit der Begründung daß seine Antwort unbestreitbar korrekt war, und die Universität ernannte einen unabhängigen Schiedsrichter, um den Fall zu entscheiden. Der Schiedsrichter urteilte, daß die Antwort in der Tat korrekt war, aber kein wahrnehmbares Wissen von Physik zeige. Um das Problem zu lösen, wurde entschieden den Kursteilnehmer nochmals hereinzubitten und ihm sechs Minuten zuzugestehen, in denen er eine mündliche Antwort geben konnte, die mindestens eine minimale Vertrautheit mit den Grundprinzipien von Physik zeigte.

---

[164] Zitat Johann Wolfgang von Goethe

Für fünf Minuten saß der Kursteilnehmer still, den Kopf nach vorne, in Gedanken versunken. Der Schiedsrichter erinnerte ihn, daß die Zeit lief, worauf der Kursteilnehmer antwortete, daß er einige extrem relevante Antworten hatte, aber sich nicht entscheiden könnte, welche er verwenden sollte. Als ihm geraten wurde, sich zu beeilen, antwortete er wie folgt:

"Erstens könnten Sie das Barometer bis zum Dach des Wolkenkratzers nehmen, es über den Rand fallen lassen und die Zeit messen, die es braucht, um den Boden zu erreichen. Die Höhe des Gebäudes kann mit der Formel H= 0.5g x t im Quadrat berechnet werden. Das Barometer wäre allerdings dahin!

Oder, falls die Sonne scheint, könnten Sie die Höhe des Barometers messen, es hochstellen und die Länge seines Schattens messen. Dann messen Sie die Länge des Schattens des Wolkenkratzers, anschließend ist es eine einfache Sache, anhand der proportionalen Arithmetik die Höhe des Wolkenkratzers zu berechnen.

Wenn Sie aber in einem hohem Grade wissenschaftlich sein wollten, könnten Sie ein kurzes Stück Schnur an das Barometer binden, und es schwingen lassen wie ein Pendel, zuerst auf dem Boden und dann auf dem Dach des Wolkenkratzers. Die Höhe entspricht der Abweichung der gravitationalen Wiederherstellungskraft T=2 pi im Quadrat (l/g).

Oder, wenn der Wolkenkratzer eine äußere Nottreppe besitzt, würde es am einfachsten gehen da hinauf zu steigen, die Höhe des Wolkenkratzers in Barometerlängen abzuhaken und oben zusammenzählen.

Wenn Sie aber bloß eine langweilige und orthodoxe Lösung wünschen, dann können Sie selbstverständlich das Barometer benutzen, um den Luftdruck auf dem Dach des Wolkenkratzers und auf dem Grund zu messen und der Unterschied bezüglich

*der Millibare umzuwandeln, um die Höhe des Gebäudes zu
berechnen.*

*Aber, da wir ständig aufgefordert werden die Unabhängigkeit
des Verstandes zu üben und wissenschaftliche Methoden anzuwenden, würde es ohne Zweifel viel einfacher sein,
an der Tür des Hausmeisters zu klopfen und ihm zu sagen:
Wenn Sie ein nettes neues Barometer möchten, gebe ich Ihnen dieses hier, vorausgesetzt Sie sagen mir die Höhe dieses
Wolkenkratzers."*

**Der Kursteilnehmer war Niels Bohr, der erste Däne, der
den Nobelpreis für Physik gewann!**

Bohr hatte die Idee, mir einem Barometer, der üblicherweise
zum Messen des Luftdrucks benutzt wird, die Höhe zu bestimmen, anscheinend nicht besonders gemocht.

Die Theorie über den relativen elektrischen Widerstand habe
ich entwickelt, um die Relativitätstheorie bildlich darstellbar und
experimentell auf einfache Weise überprüfbar zu machen. Obwohl Einstein ein schlechter Schüler und kein überdurch-
schnittlich begabter Mathematiker war, hat seine Relativitätstheorie den Ruf eines *„Buches mit sieben Siegeln".*

Tatsächlich bestand er sein Diplom als Fachlehrer für Mathematik und Physik am Eidgenössischen Polytechnikum in Zürich
nur knapp mit 4,91 während seine spätere Frau Mileva mit 4,0
durchfiel.[165]. Einstein war in all den Jahren seinen Lehrern
durch seine aufsässige Art eher negativ aufgefallen, und er
verdankte es seinem Freund Grossmann, daß er das Studium
schaffte und schließlich eine Stelle als *„Technischer Experte
dritter Klasse"* im Patentamt Bern bekommen sollte.

---

[165] Mileva fiel insgesamt zweimal durch und gab es schließlich auf. Sie hatte
andere Sorgen. Sie war schwanger und unverheiratet.

Trotzdem ist oft zu hören, daß nur wenige Menschen auf der Welt die Theorie des geistigen Genies verstanden haben. Im übrigen zeichnet sich eine gute Theorie nicht dadurch aus, daß sie kaum zu verstehen ist.

Tatsächlich ist die Mathematik von dem Nobelpreisträger Lorentz (Lorentz-Transformation) bereits im *Jahre 1895* entwickelt worden, als er eine Erklärung dafür suchte, warum das bekannte Michelson-Morley-Experiment, über das die absolute Geschwindigkeit der Erde zum Äther nachgewiesen werden sollte, gescheitert war. Einstein verwand dieselbe Gleichung, allerdings mit entgegengesetzter Intention, rund 10 Jahre später. Einsteins Stärke war angeblich *die Intuition*, nicht die Mathematik. Auch sprachlich war er kein Wunderkind. Erst spät lernte er als Kind sprechen und sein Englisch war nach 20 Jahren Aufenthalt in Amerika immer noch fürchterlich. Die mathematischen Fähigkeiten des Genies waren bescheiden.

Einstein war ein Maler, der nicht gut im Zeichnen war.

Am 14. 1. 1908 schreibt er an Arnold Somerfeld:

"Infolge meines glücklichen Einfalles, das Relativitätsprinzip in die Physik einzuführen, überschätzen Sie (und andere) meine wissenschaftlichen Fähigkeiten außerordentlich, so daß es mir etwas unheimlich dabei wird. Ich will Ihnen nicht mit einer Selbstkritik kommen; Selbstkritiken taugen selten etwas, und sind ja für andere auch wertlos. Aber ich versichere Ihnen, daß ich, wenn ich in München wäre und Zeit hätte, mich in Ihr Kolleg setzen würde, um meine mathematisch-physikalischen Kenntnisse zu vervollständigen. - Zuerst nun die Frage, ob ich die relativitätstheoretische Behandlung z. B. der Mechanik des Elektrons für eine endgültige halte. Nein, gewiß nicht. Auch mir scheint es, daß eine physikalische Theorie nur dann befriedigen kann, wenn sie aus elementaren Grundlagen ihre Gebilde zusammensetzt. Die Relativitätstheorie ist ebensowenig end-

gültig befriedigend, wie es z. B. die klassische Thermodynamik war, bevor Boltzmann die Entropie als Wahrscheinlichkeit gedeutet hatte. Wenn uns nicht das Michelson-Morley'sche Experiment in die größte Verlegenheit gebracht hätte, hätte niemand die Relativitätstheorie als eine (halbe) Erlösung empfunden. Ich glaube übrigens, daß wir noch weit davon entfernt sind, befriedigende elementare Grundlagen für die elektrischen und mechanischen Vorgänge zu besitzen. Zu dieser pessimistischen Ansicht komme ich hauptsächlich infolge endloser vergeblicher Bemühungen, die zweite universelle Konstante im Planck'schen Strahlungsgesetz in anschaulicher Weise zu deuten. Ich zweifle sogar ernstlich daran, daß man an der Allgemeingültigkeit der Maxwell'schen Gleichungen für den leeren Raum wird festhalten können."

Wie bereits bei der Speziellen Relativitätstheorie, deren mathematische Grundlagen Lorentz ausgearbeitet hatte, half ihm bei der *Allgemeinen Relativitätstheorie* ein Mathematiker, nämlich sein Freund Grossmann. War die Spezielle Relativitätstheorie mathematisch recht einfach zu handhaben gewesen, sollte von nun an das Physik-Genie in die Tiefen der Mathematik, die er bis dahin als *reinen Luxus* angesehen hatte, einsteigen müssen. Die ganze Sache erschien ihm als einzige „Plagerei". „Grossmann, Du must mir helfen", schrieb ihm Einstein. Der frühere Studienkollege, der seinen Freund durchs Studium geschleift hatte, mußte den Nobelpreistrager in Spe erst einmal die Tensorrechnung beibringen, die das Physik-Genie so dringend für seine *Allgemeinen Relativitätstheorie* brauchte. Als auch noch der Mathematiker David Hilbert eine Ableitung der Feldgleichungen völlig unabhängig von Einstein, und vor allen Dingen früher, veröffentlichte, glaubte der Relativist fest, das Rennen verloren zu haben. Doch Hilbert schenkte Einstein den Triumph aus unbekannten Gründen. Auch die Entdeckung des relativistischen Massenzuwaches geht nicht auf Einsteins Konto. Einstein lieferte letztendlich die Theorie dafür, daß es prinzipiell unmöglich sein solle, eine *absolute Geschwindigkeit* im Universum festzustellen. Dieses Postulat jedoch ist gerade am Wanken. Die absolute Geschwindigkeit der Erde soll nämlich über die Hintergrundstrahlung des Universums ermittelt werden können.

Einsteins Vorstellung vom Licht war geradezu genial einfach, **aber nicht neu**. Denn Newton hatte diese Vorstellung auch schon vertreten. Und selbst das Relativitätsprinzip geht auf Newton zurück. Einstein verallgemeinerte nun Newtons Relativitätsprinzip, indem er es auf das Licht anwendete. Hatte Newton also doch recht?

Es solle sich einfach um Teilchen handeln, die sich mit einer konstanten Geschwindigkeit im leeren Raum bewegen. Die Notwendigkeit eines scheinbar nicht existierenden Äthers war ausgeräumt. Diese neue Betrachtungsweise der elektromagnetischen Welle schien der Schlüssel zu einem neuen Verständnis der Welt, nämlich der *Welt der Quanten*. Und sie schien *im ersten Augenblick* so schön einfach! Licht besteht hiernach aus einem Strom von Teilchen, Newton nannte sie Korpuskel, Einstein Photonen. Diese Photonen besitzen keine Ruhemasse. Stattdessen gewinnen sie ihre Masse aus ihrer Frequenz, mit der sie quer zur Bewegungsrichtung schwingen. Und da sich Photonen mit Lichtgeschwindigkeit bewegen, steht für sie die Zeit still!

... und die gleichmäßige Verteilung der elektromagnetischen Kugelwelle ist reiner Zufall?

Im Zeitalter des World Wide Web gewinnen Photonen für die Übertragung von Informationen immer mehr Wichtigkeit. Durch die Übertragung von Informationen mittels Licht können mittlerweile Übertragungsgeschwindigkeiten von Tera Bit/sec (10^{12}) über eine Glasfaser erreicht werden. Die Probleme bei der Verwendung so hoher Übertragungsgeschwindigkeiten zeigen jedoch:

Licht verhält sich wie eine elektromagnetische Welle!

Die elektrischen Grundgrößen

Ursprünglich hatte Einstein seine berühmte Gleichung

$$\text{Elektrizität} = mc^2$$

m Masse
c Lichtgeschwindigkeit

geschrieben. Erst später wurde daraus $E = mc^2$.

Der Zusammenhang

$$W_{el} = Uq = \Delta mc^2$$

W_{el} elektrische Energie
U   Spannung
q   Ladung

ist deshalb gültig und bedeutet, daß ein Elektron beim Durchlaufen einer Spannung, bei dem es ja an Geschwindigkeit zunimmt, auch an Masse gewinnt. Das Grundprinzip der Relativitätstheorie geht davon aus, daß Lichtgeschwindigkeit die höchste erreichbare Geschwindigkeit ist. Fast alle Bücher behaupten, daß die Relativitätstheorie Überlichtgeschwindigkeit nicht ausschließt, nur Einstein selbst glaubte nicht daran. Die Physiker erklären das, indem Sie behaupten, daß sich das Genie Einstein selbst nicht über die Möglichkeiten seiner Relativitätstheorie klar gewesen sei. Als der Mathematiker Kurt Gödel, der in seinem späteren Leben psychiatrisch behandelt werden mußte, weil er offensichtlich zuviel gerechnet hatte und bekannt für seinen *Unvollständigkeitssatz*, nach dem prinzipiell nichts je mit absoluter Sicherheit gesagt werden könne, eine mathematische Lösung in der Relativitätstheorie für eine Reise in die Vergangenheit fand, erschrak Einstein. Denn Einstein hatte geglaubt, daß seine Relativitätstheorie gerade dies ausschloß. Mittlerweile geht man davon aus, daß es sich bei der von Gödel gefundenen Lösung um eine exotische Lösung handelt, die ungültig ist. Hier gilt auf einmal wieder der *gesunde Menschenverstand*, der sonst nicht anwendbar sein soll.

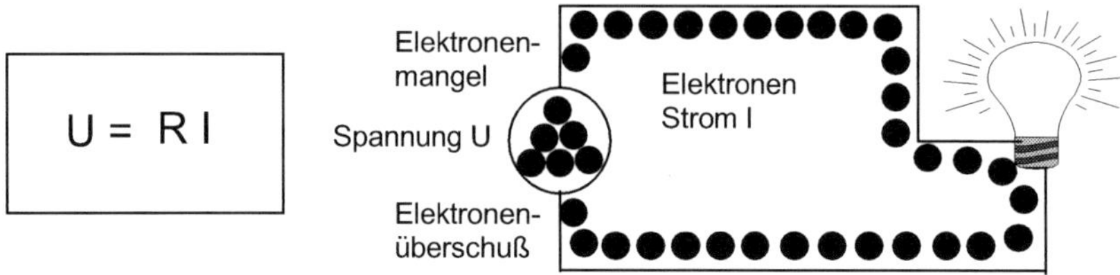

Bild: Der einfache Stromkreis mit Glühbirnchen

Für die folgenden Betrachtungen werden die Effekte der Relativitätstheorie (relativistischer Massenzuwachs, Zeitdilatation) auf die Elektrotechnik mit ihren Grundgrößen (Spannung, Widerstand, Strom) übertragen.

Die Berechnung eines elektrischen Stromkreises mit Birnchen ist sehr einfach. Bei einer Spannung von 10 Volt und einem Widerstand von 1000 Ohm fließen 0,01 Ampere.

Der elektrische Widerstand verhält sich nur in einem bestimmten Bereich linear, denn er wächst mit der Temperatur, der Frequenz **und der Geschwindigkeit**, wie später gezeigt wird.

Denn gemäß Relativitätstheorie verlangsamen sich alle physikalischen Vorgänge in einem System, das sich mit einer Geschwindigkeit bewegt, also auch der Strom.

Eine Verlangsamung des Stroms bedeutet, daß die Stromstärke geringer wird bzw., **daß ein Birnchen schwächer leuchtet**. Ursache für diese Stromminderung ist der erhöhte relative Widerstand. Ein plastisches Beispiel für die Zeitdehnung ist das Zwillingsparadoxon, nach dem ein Zwillingsbruder in einem hyperschnellen Raumschiff im Gegensatz zu seinem Zwillingsbruder auf der Erde, kaum altert, also in derselben Zeit Δt weniger Lebensenergie verbraucht hat. Der Zwillingsbruder im Raumschiff hat jedoch dabei keine Zeit gewonnen. Alle physikalischen Vorgänge im Raumschiff sind nur langsamer abgelaufen.

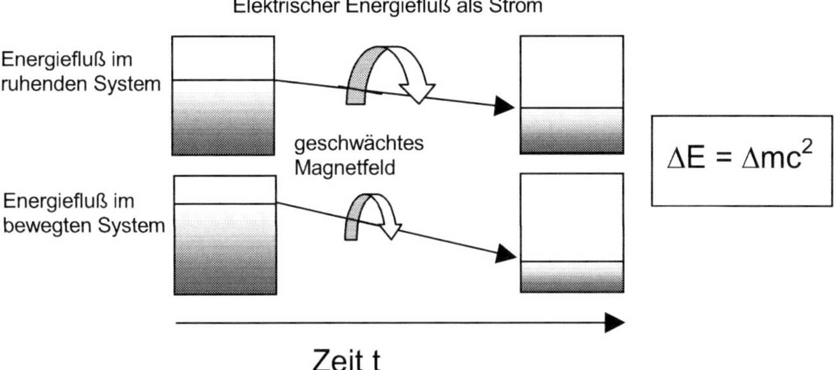

Bild: Der Energiefluß im ruhenden und bewegten System im Vergleich

Die Energieübertragung eines elektrischen Energiespeichers (zum Beispiel: Batterie) auf einen anderen dauert in einem bewegten System relativ zu einem ruhenden System länger. Die Differenz zwischen beiden Energiepotentialen nach einer Zeit Δt wird durch den relativistischen Massenzuwachs der beteiligten Teilchen, der gleichzeitig ein Maß für die Erhöhung der Trägheit des Systems ist, verursacht[166].

$$\Delta E = (m_b - m_0)\, c^2$$

ΔE	Energiezuwachs eines Teilchen zwischen ruhendem und bewegtem Zustand
m_0	Masse eines Teilchen im ruhenden System
m_b	Masse eines Teilchen im bewegten System
c	Lichtgeschwindigkeit

---

[166] Die klassische Formel für kinetische Energie $E_{kin} = 0{,}5\, mv^2$ geht bei hohen Geschwindigkeiten in die relativistische Formel über, wie man mathematisch zeigen kann.

Obwohl für den **lokalen Beobachter** der Strom gleich bleibt,
weil sich für ihn die Zeit um den selben Faktor dehnt, wie der
Strom sinkt, kann die Stromänderung lokal über das von dem
Strom verursachte geschwächte magnetische Feld nachgewiesen werden, weil dieses **ein Maß für die magnetische Energie ist und vom Zeitsystem unabhängig gemessen werden
kann.** Ein Effekt, für den es in der Mechanik keine Analogie
gibt. Da die Energie aufgrund der Zeitdilatation in kleineren
Portionen übertragen wird, ist das magnetische Feld geschwächt. Das geschwächte magnetische Feld wird wiederum
in einem anderen Leiter eine geschwächte Spannung induzie-
ren, die leicht meßbar ist. Denn die magnetische Feldstärke um
einen geradlinigen Leiter ist proportional zum elektrischen
Strom, der sie hervorruft:

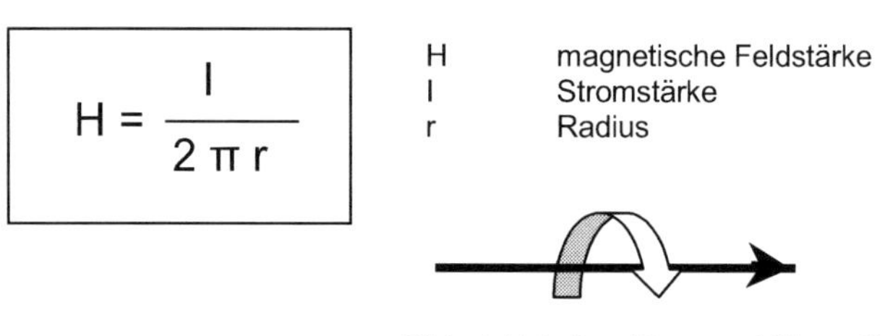

$$H = \frac{I}{2\,\pi\,r}$$

Bild: elektrischer Strom und Magnetfeld

**Bewegt sich ein Raumschiff mit hoher Geschwindigkeit im
Weltraum, so müßte über die Messung der Stromänderung
aufgrund des erhöhten relativen Widerstandes auf die Geschwindigkeit, die diese Stromänderung verursacht hat,
zurückgerechnet werden können.**

Falls dies möglich wäre, könnte man eine Regelschaltung bau-
en, die die lokale Uhr ständig nachregelt, um so die Synchronisation zur Erde zu halten. Eine Möglichkeit wäre, die Stromänderung über den bekannten Hall-Effekt zu messen. Die Hall-
Spannung ist proportional zur Stromstärke. Bei hohen Geschwindigkeiten müßte die Stromstärke und damit auch die
Hall-Spannung sinken. Ein Vorteil hierbei wäre die Einfachheit

der Schaltung, die bei Gleichstrom (Frequenz = 0 Hz) funktioniert.

Eine andere Möglichkeit wäre, die Stromänderung über die Ausgangsspannung eines Übertragers zu messen ($U_{Ausgang} = j\,I_1\,M\,2\,\omega$). Dies hätte gleichzeitig den Vorteil, daß **der Effekt deutlich verstärkt** wird.

1. Durch den erhöhten relativen Widerstand sinkt der Strom, so daß der magnetische Fluß in der Spule abnimmt.
2. Die Frequenz der Spannungsquelle sinkt durch den Effekt der Zeitdehnung (f = 1/T).
3. Durch ein Übertragungsverhältnis ü>1 kann der Effekt der Stromminderung verstärkt werden.

Bei einer Fluggeschwindigkeit von 1000 km/h müßte man ohne Verstärkung Spannungsänderungen im Piko-Bereich (10^{-12}) messen können.

Bei größeren Geschwindigkeiten sind die Spannungsänderungen entsprechend höher. Durch eine geeignete Dimensionierung der Schaltung und ein günstiges Übertragungsverhältnis könnte die Spannungsänderung entsprechend verstärkt werden. Die Messung von kleinsten Spannungen ist heute über Feldeffekttransistoren, die als Verstärker dienen, möglich.

Je höher die Geschwindigkeit, desto einfacher und genauer die Messung!

Ein Hochgeschwindigkeitsmesser auf Basis des relativen elektrischen Widerstandes wäre in der Raumfahrttechnik nutzbar, um die Eigengeschwindigkeit von Raumschiffen und Sonden im materielosen Raum zu messen, da der Geschwindigkeitsmesser **keinerlei Wegmessung** benötigt.

Denn die Stromstärke ist über die Mutter aller Formeln der Elektrotechnik definiert als :

$$I = \frac{Q}{\Delta t}$$

I	Strom
Q	Ladung
Δt	Zeitdauer

Durch Ersetzen der Zeit Δt gemäß Relativitätstheorie (siehe Kapitel *„Die Zeitdilatation"*):

$$\Delta t = \frac{\Delta t_0}{\sqrt{1 - \beta^2}}$$

folgt:

$$I = \frac{Q}{\Delta t_0} \sqrt{1 - \beta^2}$$

$$I = I_0 \sqrt{1 - \beta^2} \qquad \beta = v/c$$

I	Stromstärke im bewegten System	v	Geschwindigkeit des Systems
I_0	Stromstärke im ruhenden System	c	Lichtgeschwindigkeit

Die Stromstärke sinkt um denselben Faktor, um den sich die Zeit dehnt. Für den relativen Widerstand gilt:

$$R = \frac{U}{I}$$

I	Stromstärke
U	Spannung
R	Widerstand

Zu beachten ist, daß die Spannung, also die elektromotorische Kraft, im Gegensatz zur Stromstärke und dem Widerstand sowohl im ruhenden als auch im bewegten System gleich ist und sich deshalb rauskürzt. Die Relativisten sagen, die Spannung ist *invariant*, also unabhängig vom Inertialsystem. Der relative Widerstand erhöht sich also im gleichen Verhältnis, wie sich die Zeit dehnt.

$$R = \frac{R_0}{\sqrt{1 - \mathrm{\ss}^2}} \qquad \mathrm{\ss} = v/c$$

R	Widerstand im bewegten System
R_0	Widerstand im ruhenden System

$$\frac{\Delta t_0}{\Delta t} = \frac{R_0}{R}$$

Der elektrische Widerstand müßte sich um denselben Faktor erhöhen, um den sich die Zeit dehnt. Für die Geschwindigkeit gilt deshalb:

$$v = \sqrt{\left(1 - \frac{I^2}{I_0^2}\right)} \; c$$

Die Geschwindigkeit eines Inertialsystems müßte sich also prinzipiell durch die Messung der Stromstärke in einem Referenzsystem (Erde) und der Messung des zum Referenzsystem bewegten Inertialsystems berechnen lassen. Diese Art der Geschwindigkeitsmessung funktioniert natürlich nur, wenn die Änderung der Stromstärke **lokal meßbar** ist, was gemäß Relativitätstheorie eigentlich nicht möglich sein soll.

Mein Professor für Physik kommentierte:
„Sie sind gut! Sie benutzen die Relativitätstheorie, um zu zeigen, daß die Stromstärke abhängig von der relativen Geschwindigkeit eines Inertialsystems ist und stellen gleichzeitig die Gleichwertigkeit der Inertialsysteme in Frage.“

Das stimmt so nicht.

In Wirklichkeit benutze ich nur den Effekt des *relativistischen Massenzuwachses*, den Einstein ohnehin nicht entdeckt hat.

Jedoch übernehme ich die Vorstellung von Einstein, daß sich der relative Massenzuwachs auf die Trägheit und damit auf die *Dauer aller physikalischen Vorgänge* in einem Inertialsystems auswirken muß!

Die Wahrheit liegt oft in der Mitte!

Meine ***beliebte Parallele*** zum Schall:

Nach dem zweiten Weltkrieg arbeitete man fieberhaft daran, Düsenflugzeuge auf Mach 1[167], also Schallgeschwindigkeit, zu beschleunigen. Das größte Problem dabei war, den erheblich größeren *Luft-Widerstand*, der mit der Geschwindigkeit quadratisch zunimmt, zu überwinden.

---

[167] Nach dem berühmten Physiker Ernst Mach, dessen Arbeit übrigens von Einstein sehr geschätzt wurde.

Wäre solch eine *Widerstandserhöhung* im *luftleeren Raum*
nicht auch denkbar?

Dann stellte sich der *relativistische Massenzuwachs* als *Äther-
widerstand* dar und begründete sich auf der Wechselwikung
zwischen Materie und des sie umgebenden Äthers.

Die Idee, daß die Masse eines Z-Teilchens durch Wechselwirkungen mit seiner Umwelt entsteht, wird durch die Theorie
von Peter Higgs untermauert und ist vielleicht viel fundamentaler als bisher geglaubt.

Die relative Leistung

Die elektrische Arbeit ist gemäß Energieerhaltungssatz im ruhenden als auch im bewegten System gleich, weil sich die Zeit um denselben Faktor dehnt, wie der Strom sinkt.

$$W_{el} = U\,Q = U\ I\ \Delta t$$

W_{el} elektrische Arbeit
U Spannung
Q Ladung
I Stromstärke
Δt Zeitdauer

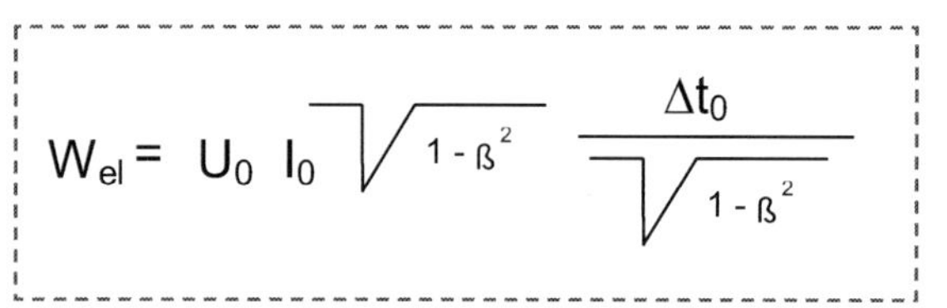

$$W_{el} = U_0\ I_0\ \sqrt{1-\beta^2}\ \ \frac{\Delta t_0}{\sqrt{1-\beta^2}}$$

$\beta = v/c$

W_{el} Elektrische Arbeit im bewegten System
U_0 Elektromotorische Kraft im bewegten System
I_0 Stromstärke im ruhenden System
t_0 Zeitdauer im ruhenden System

Die elektrische Leistung ist definiert als:

$$P_{el} = U\ I$$

P_{el} Elektr. Leistung im beweg. System
U Elektr. Kraft im bewegten System
I Stromstärke im bewegten System

Im bewegten System gilt deshalb:

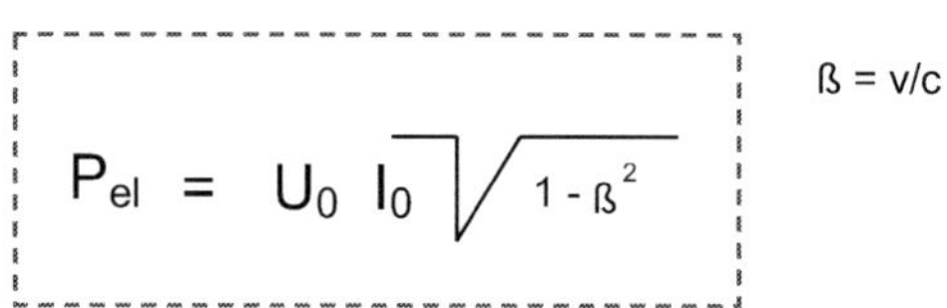

$$P_{el} = U_0\ I_0\ \sqrt{1-\beta^2}$$

$\beta = v/c$

P_{el} Elektrische Leistung im bewegten System

Die elektrische Leistung ist im bewegten System geringer als im ruhenden, weil weniger Strom fließt. Ein Glühbirnchen würde deshalb für einen außenstehenden Beobachter schwächer leuchten.

Der lokale Beobachter soll jedoch von dem schwächeren Leuchten des Glühbirnchens nichts merken, weil er ja, ohne es zu merken, länger wartet, bis alle Photonen sein Auge getroffen haben.

Diese naive Vorstellung von der Zeitdehnung halte ich für unrealistisch.

Inertialsysteme mit Überlichtgeschwindigkeit

Die elektromagnetische Welle erreicht ihre maximale Ausbreitungsgeschwindigkeit als freie Kugelwelle im Vakuum. Sie beträgt dann Lichtgeschwindigkeit. Die Geschwindigkeit auf einer Leitung ist im Normalfall frequenzabhängig und muß für jede Phase (einzelne Frequenz) getrennt berechnet werden. Dabei hängt die Ausbreitungsgeschwindigkeit der elektromagnetischen Welle von den elektrischen und magnetischen Eigenschaften der Leitung ab. Obwohl die klassische Theorie des Elektromagnetismus besagt, daß die elektromagnetische Welle durch die Elektronen im Leiter verursacht werden, meine ich, daß es sich gerade umgekehrt verhält.

Die elektromagnetische Welle ist also, gemäß meiner Vorstellung, die Ursache für die Elektronenbewegung und nicht umgekehrt. [168]

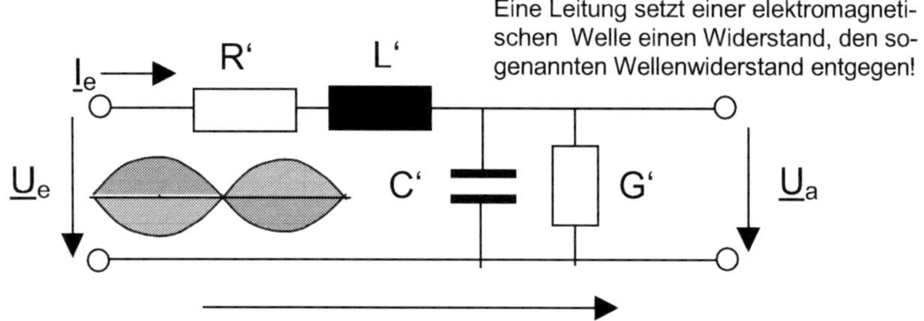

Bild: Quantisiertes Ersatzschaltbild einer Leitung. In Wirklichkeit sind die Leitungsbeläge gleichmäßig auf der Leitung verschmiert. In der Nachrichtentechnik muß jede Leitung mit ihrem Wellenwiderstand abgeschlossen werden, um Reflexionen zu vermeiden.

Allgemeine Leitungsgleichung

Gesamtwelle = hinlaufende Welle plus rücklaufende Welle

$$\underline{U}_x = 0{,}5 \left[(\underline{U}_e + \underline{Z}_L \underline{I}_e)\, e^{-\gamma x} + (\underline{U}_e - \underline{Z}_L \underline{I}_e)\, e^{\gamma x} \right]$$

---

[168] Ich schließe mich hiermit der Meinung des komischen Kauzes Oliver Heaviside an, der diese Meinung bereits Anfang des 20. Jahrhundert vertreten hat.

Die allgemeine Leitungsgleichung ist sehr komplex und besteht
aus den Teilen *hin- und zurücklaufende Welle,* die mit dem
natürlichen Logarithmus schwächer wird. Im Fall der Anpassung, jedoch, also, wenn die Leitung mit ihrem eigenen Wellenwiderstand abgeschlossen ist, vereinfacht sich die Gleichung drastisch, weil es dann keine zurücklaufende Welle gibt.

Obwohl die Leitungsparameter wie Widerstand oder Kapazität
annähernd gleichmäßig auf die Leitung verteilt sind, müssen
wir uns ein vereinfachtes Modell von der Leitung machen, weil
wir nur in **diskreten Bauelementen** denken und rechnen können. Man bedient sich also auch bei der Leitungstheorie einer
quantisierten Modellvorstellung.

Für das Ersatzschaltbild einer Leitung bezieht man sich auf
einen Kilometer Länge. Die Leitungskonstanten werden als
*Widerstandsbelag R', Induktionsbelag L', Kapazitätsbelag C'
und Ableitungsbelag G'* bezeichnet. Aus dem Ersatzschaltbild
ergibt sich der typische *Tiefpaß-Charakter* einer Leitung. Hohe
Frequenzen werden von der Induktivität gedämpft von der Kapazität kurzgeschlossen. Insgesamt gesehen, erinnert das Ersatzschaltbild stark an einen *elektrischen Schwingkreis.* Ab
einer bestimmten Frequenz, der sogenannten Grenzfrequenz,
ist eine Übertragung der elektromagnetischen Welle nicht mehr
möglich.

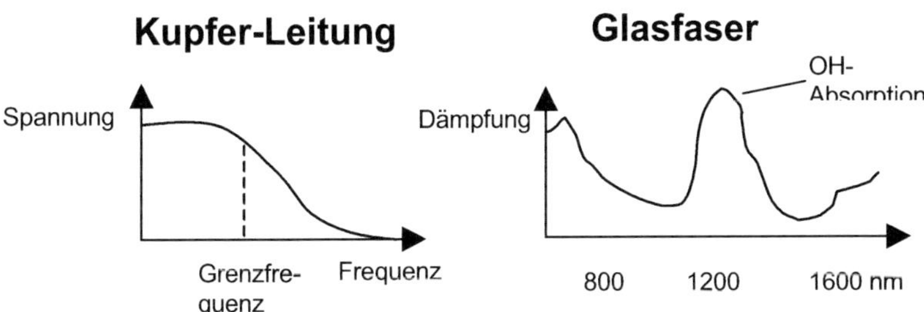

Bild: Jede Leitung ist ein Tiefpaß. Hohe Frequenzen werden auf Kupferleitungen
stark gedämpft, während niedrige Frequenzen nahezu ungedämpft die Leitung
durchwandern. Glasfasern, jedoch, durchwandern elektromagnetische Wellen
selbst bei hohen Frequnezen in bestimmten Frequenzfenstern fast ungedämpft.

In der Hochfrequenztechnik sind es im wesentlichen die Induktivität und die Kapazität, die die Ausbreitungsgeschwindigkeit der elektromagnetischen Welle hemmen. Die Energie schwingt alternierend von der Kapazität zur Induktivität und umgekehrt in Ausbreitungsrichtung.

Das kostet Zeit.

Die Zeit, die die Energie für dieses Hin- und Herschwingen benötigt, ist *frequenzunabhängig*, wenn man von der Vereinfachung ausgeht, daß der ohmsche Widerstand der Leitung vernachlässigt werden kann. Für die Phasengeschwindigkeit von sogenannten verlustlosen Leitungen gilt:

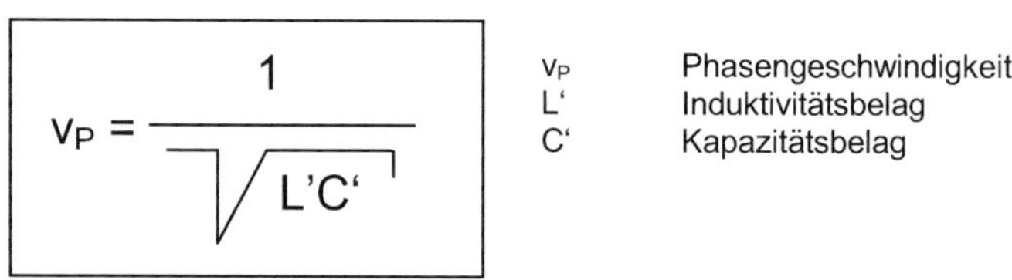

$$v_P = \frac{1}{\sqrt{L'C'}}$$

v_P — Phasengeschwindigkeit
L' — Induktivitätsbelag
C' — Kapazitätsbelag

Es scheint, als paßte sich die elektromagnetische Welle über die Änderung ihrer Wellenlänge an die Eigenschwingfrequenz des Mediums (Leitung), in dem sie sich bewegt, an. Bei Leitungen wird in den Datenblättern der Verkürzungsfaktor der Wellenlänge angegeben, um den die Wellenlänge zur Luft verkürzt ist.

$$\lambda = k\,\lambda_{Luft}$$

λ — Wellenlänge
k — Verkürzungsfaktor

Bei niedrigen Frequenzen und langen Leitungen bremsen im wesentlichen die Kapazität und der Widerstand die elektromagnetische Welle, wie ein mehrstufiger Brunnen das Wasser beim Fließen von einer Stufe zur anderen. Die Induktivität und der Leitwert spielen keine Rolle. Eine vereinfachte Näherungsformel für Fernmeldekabel für die Phasengeschwindigkeit ist:

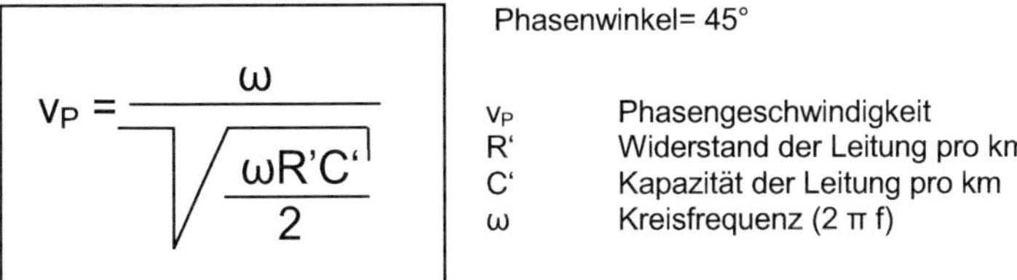

$$v_P = \cfrac{\omega}{\sqrt{\cfrac{\omega R' C'}{2}}}$$

Die Kapazität einer Leitung verschiebt frequenzabhängig den Phasenwinkel zwischen Spannung und Strom. Durch die Phasenverschiebung zwischen Strom und Spannung eilt die Ausgangsspannung der Eingangsspannung nach. Die Phasenverschiebung wird kontinuierlich mit der Länge der Leitung größer. Die Wellenlänge, also die Strecke, die die Welle pro Schwingung zurücklegt, ist also abhängig von den Leitungsparametern.

$$\lambda = \frac{2\pi}{\beta}$$

λ   Wellenlänge
β   Phasenbelag

Bei höheren Frequenzen wird der kapazitive Widerstand und der Phasenwinkel zwischen Spannung und Strom kleiner. Dadurch durchwandern hohe Frequenzen eine Leitung schneller als niedrige Frequenzen.

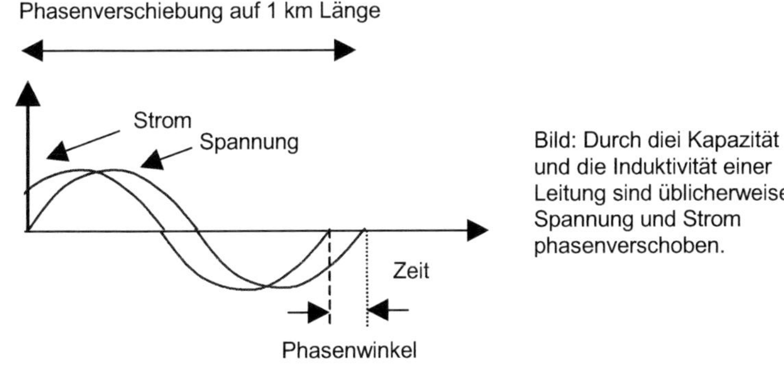

Bild: Durch diei Kapazität und die Induktivität einer Leitung sind üblicherweise Spannung und Strom phasenverschoben.

Mathematisch beschreibbar wird diese *zeitliche Verschiebung* von Strom und Spannung über die Einführung der imaginären Zahlenebene. Die **komplexe Mathematik** ermöglicht die Einbeziehung der 4. Dimension Zeit in die Berechnung. Sie findet deshalb ausgezeichnete Anwendung in der Elektrotechnik, wo ein um 90° gegen die Spannung verschobener Strom nur eine Scheinleistung vortäuscht. Möchte man beispielsweise ausdrücken, daß der Strom I der Spannung um 30° voreilt, so gibt man zusätzlich zum Betrag des Stromes I die zur Spannung relative Phasenverschiebung an:

$$I\, e^{j30°} = 0{,}87\, I + j\, 0{,}5\, I$$

Die tatsächliche **zeitliche Verschiebung** zwischen Strom und Spannung errechnet sich dann aus dem Winkel multipliziert mit der Periodendauer, also dem Kehrwert der Frequenz. Je größer der Phasenunterschied, desto kleiner die Geschwindigkeit der elektromagnetischen Welle.

$$v_P = \frac{2\pi f}{\beta}$$

v_P Phasengeschwindigkeit
f Frequenz
β Phasenbelag

Je länger die Leitung, desto größer wird der zeitliche Unterschied beim Eintreffen verschiedener Phasen am Leitungsende. Die Zeit, die eine Frequenzgruppe für den Durchlauf einer Leitung benötigt, bezeichnet man als *Gruppenlaufzeit*. Dies ist ein Effekt, der Audiospezialisten bekannt und unliebsam ist, da die unterschiedlichen Gruppenlaufzeiten das Hörbild verschlechtern. Die mittlere Durchlaufzeit eine Frequenzgruppe bezeichnet man als *Einschwingzeit*.

$$t_m = \frac{t_g}{2}$$

t_m Einschwingzeit
t_g Gruppenlaufzeit

Die Qualität von Glasfaserleitungen bezüglich ihrer Dispersionseigenschaften wird über das *Bandweiten-Längenprodukt* angegeben. Liegt das Bandweiten-Längenprodukt bei 500 MHz km, heißt das, daß 500 MHz über einen Kilometer bzw. 50 MHz über 10 km übertragen werden können. Letzterer Wert ist aber rein theoretisch, weil bei großen Entfernung auch die Dämpfung des Signals berücksichtigt werden muß.

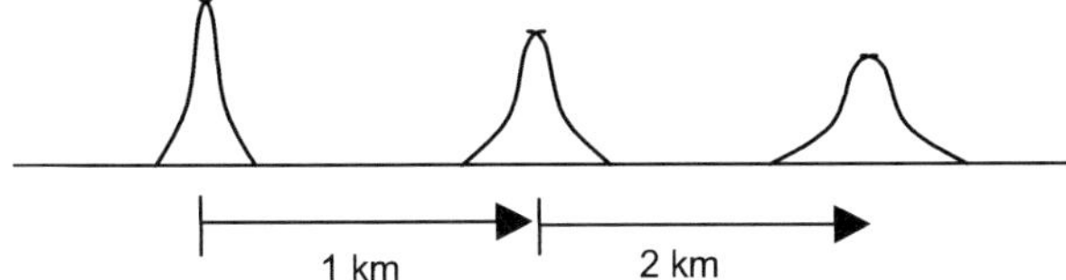

Bild: Signalverzerrung eines Lichtimpulses bei der Übertragung über eine Glasfaser. Der Lichtimpuls wird gedämpft und verbreitert. Diese beiden Effekte begrenzen die Geschwindigkeit, mit der man Lichtimpulse übertragen kann.

Die Geschwindigkeit eines Systems hat auf die Ausbreitungsgeschwindigkeit der elektromagnetischen Welle im Vakuum keinen Einfluß, weil sie im wesentlichen durch die Kapazität und Induktivität des Vakuums bestimmt wird. Das würde die von der Relativitätstheorie geforderte *Konstanz der Lichtgeschwindigkeit* bestätigen.

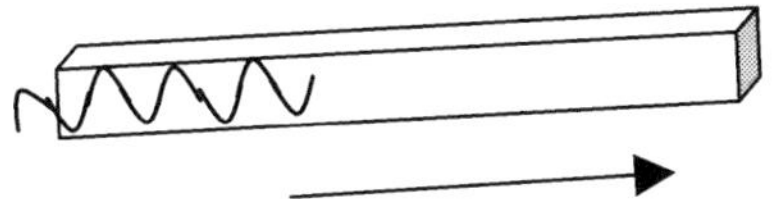

Bild: Ein Glasstab bewegt sich mit nahezu Lichtgeschwindigkeit und fliegt dem Lichtstrahl, der ihn durchwandert, davon. Bei Austritt in den Universums-Äther wird der Lichtstrahl gebrochen.

Wie sieht das jedoch mit der **Ausbreitungsgeschwindigkeit der elektromagnetischen Welle in bewegter Materie** aus, insbesondere, weil ja die Ausbreitungsgeschwindigkeit einer elektromagnetischen Welle in Materie weit geringer als Lichtgeschwindigkeit ist, und die Materie deshalb schneller als die

369

elektromagnetische Welle sein könnte[169]?

Ein sich mit annähernder Lichtgeschwindigkeit bewegender
Glasstab könnte der elektromagnetischen Welle, die sich in
Glas nur mit $^2/_3$ Lichtgeschwindigkeit bewegt, davonfliegen. So
wie Überschallflugzeuge ihrem eigenen Schall überflogen. Die
Geschwindigkeit des Inertialsystems wird mit Sicherheit Dopp-
ler-Effekte[170] hervorrufen!

Nun können Sie einwenden, daß in einem Glasstab niemand
leben kann. Dann stellen Sie sich einfach vor, bei dem Inertialsystem handelte es sich um einen vollständig mit Wasser be-
deckten Planeten, in dem alle Lebewesen leben. Denn in Wasser ist die Lichtgeschwindigkeit auch nicht viel höher als in
Glas.

---

[169] Der Tscherenkow-Effekt beweist, daß Materie-Teilchen Überlichtgeschwindigkeit erreichen können.
[170] Änderung in der Frequenz

Die relative Driftgeschwindigkeit der Elektronen

Die Driftgeschwindigkeit der Elektronen ist gegenüber der Ausbreitungsgeschwindigkeit der elektromagnetischen Welle minimal und beträgt nur wenige mm pro sec. Sie hängt von der
Beweglichkeit der Ladungsträger ab und bestimmt die Stromstärke. Sinkt die Driftgeschwindigkeit, dann sinkt auch der
Strom.

$$I = \frac{Q\,v}{s}$$

I	Stromstärke
Q	Ladung
v	Driftgeschwindigkeit der Teilchen
s	Weg, über den die Geschwindigkeit ermittelt wurde

Die Beweglichkeit der Ladungsträger ist definiert als :

$$u = \frac{v}{E}$$

u	Beweglichkeit
v	Driftgeschwindigkeit der Teilchen
E	Feldstärke

Die Geschwindigkeit der Ladungsträger ist proportional zur
Feldstärke. Befindet sich der Ladungsträger in einem System,
das sich mit hoher Geschwindigkeit bewegt, ist die Gesamtgeschwindigkeit gemäß Relativitätstheorie kleiner als die Summe
beider Geschwindigkeiten.

**In einem System, das sich mit nahezu Lichtgeschwindig-
keit bewegt, scheinen die Elektronen für einen außenstehenden Beobachter stillzustehen. Ihre Driftgeschwindigkeit konvergiert gegen 0.**

Lokal müßte dies über ein stark geschwächtes Magnetfeld
festzustellen sein.

**Schließlich sollten stillstehende Elektronen kein Magnet-
feld erzeugen können!**

$$V_{gesamt} = \frac{V_{System} + V_{Drift}}{1 + \dfrac{V_{System}\, V_{Drift}}{c^2}}$$

V_{gesamt}	Gesamtgeschwindigkeit	V_{Drift}	Driftgeschwindigkeit der Ladungsträger
V_{system}	Geschwindigkeit des bewegten Systems	c	Lichtgeschwindigkeit

Damit ein lokaler Beobachter dieselbe Geschwindigkeit für die Driftgeschwindigkeit der Elektronen mißt, muß sich für ihn die Zeit dehnen und die Länge in Bewegungsrichtung verkürzen.

Glaubt man den Relativisten, erhöht sich durch die Längenverkürzung die Stromdichte[171]. Dadurch erscheint für einen außenstehenden Beobachter der *Leiter plötzlich geladen*, obwohl er im lokalen Inertialsystem eigentlich ungeladen ist, weil sch positive und negative Ladungsträger ausgleichen.

Während die Ladung Q eines Leiters also unabhängig vom Inertialsystem ist, erscheint die Stromdichte über den bekannten Verkürzungsfaktor verändert und der Leiter geladen.

Unglaublich!

---

[171] Die Stromdichte bezeichnet das Verhältnis von Strom zum Leiterquerschnitt (p=I/A).

Die relative Hall-Spannung

1985 bekam Klaus von Klitzing für die Entdeckung des Quanten-Hall-Effekts[172] den Nobelpreis. Bei tiefen Temperaturen ist die Hallspannung sprunghaft.

Wie verhält sich die Hall-Spannung gemäß Relativitätstheorie?

Fließt ein Strom durch ein Halbleiterplättchen, das senkrecht von einem Magnetfeld durchsetzt ist, verschieben sich die Elektronen, so daß eine Spannung, die sogenannte Hall-Spannung quer zur Bewegungsrichtung der Elektronen meßbar ist.

Diese Spannung ist proportional zum Strom.

Kleinste Spannungen sind heute über Feldeffekttransitoren meßbar, so daß der Effekt bei heute zu erreichenden Geschwindigkeiten meßbar würde.

Ursache für die Ablenkung ist die bekannte Lorentz-Kraft, die beispielsweise einen Elektromotor antreibt.

Nach Ersetzen des Stroms I gemäß Relativitätstheorie folgt:

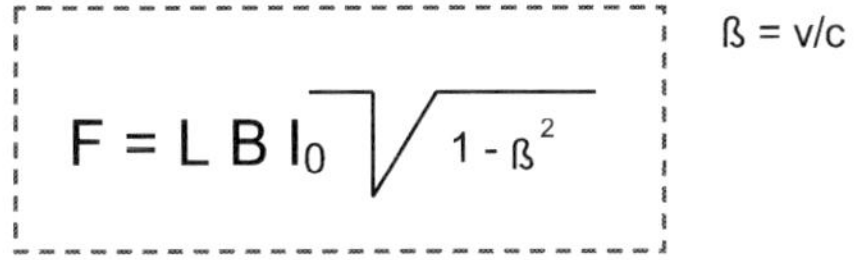

$$F = L\,B\,I_0 \sqrt{1 - \text{ß}^2} \qquad \text{ß} = v/c$$

F   Lorentzkraft
L   Länge des Leiters im Magnetfeld senkrecht zur Bewegungsrichtung
B   Magnetische Induktion
I_0 Stromstärke im ruhenden System

---

[172] Benannt nach dem amerikanischen Physiker Edwin Hall

Ein Elektromotor würde in einem hyperschnellen Raumschiff langsamer laufen, weil die Lorentzkraft schwächer ist. Bei hohen Geschwindigkeiten müßte die Hallspannung geringer sein. Für die Hallspannung gilt:

$$U_{Hall} = R_H \frac{B\, I_0}{d} \sqrt{1 - \beta^2} \qquad \beta = v/c$$

U_{Hall}	Hallspannung	d	Dicke des Blättchens
I_0	Stromstärke im ruhenden System	v	Geschwindigkeit des Systems
R_H	Hall-Konstante (materialabhängig)	c	Lichtgeschwindigkeit
B	Magnetfeld		

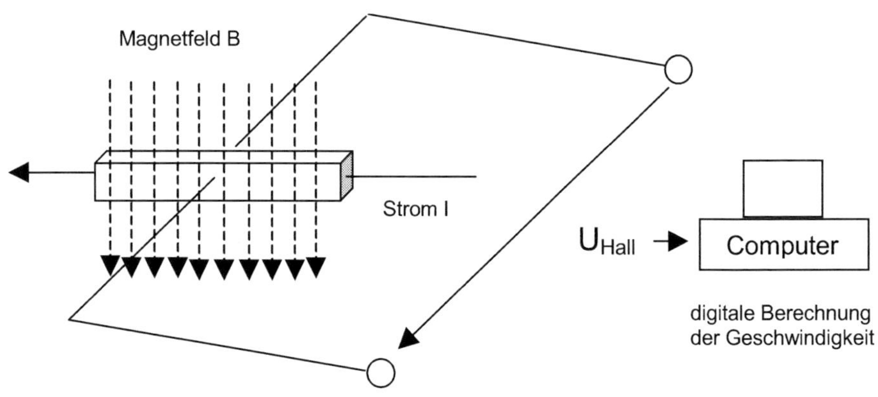

Bild: Der Hochgeschwindigkeitsmesser auf Basis des Hall-Effekts

Für die Geschwindigkeit gilt deshalb:

$$v = \sqrt{\left[1 - \frac{(U_{Hall}\, d)^2}{(R_H\, I_0\, B)^2}\right]}\; c$$

Über eine genaue Messung der Hallspannung in einem sich mit hoher Geschwindigkeit bewegenden System könnte die Relativitätstheorie erneut bestätigt bzw. widerlegt werden.

Die relative Transformatorspannung

Die Ausgangsspannung eines Transformators muß gemäß Relativitätstheorie aufgrund des erhöhten relativen Widerstandes und der niedrigeren relativen Frequenz sinken. Bei der Dimensionierung der Schaltung sollte der Wirkwiderstand R wesentlich größer als der induktive Widerstand der Spule sein. Dadurch wird der Strom nur durch den Wirkwiderstand und nicht durch die Spule bestimmt. Dies wirkt sich günstig auf die relative Änderung der Ausgangsspannung des Transformators aus. Ansonsten erhöht sich der Strom, wenn die Frequenz der Spannungsquelle sinkt. Durch ein Übertragungsverhältnis > 1 wird der Effekt der Stromminderung entsprechend dem Übertragungsverhältnis verstärkt.

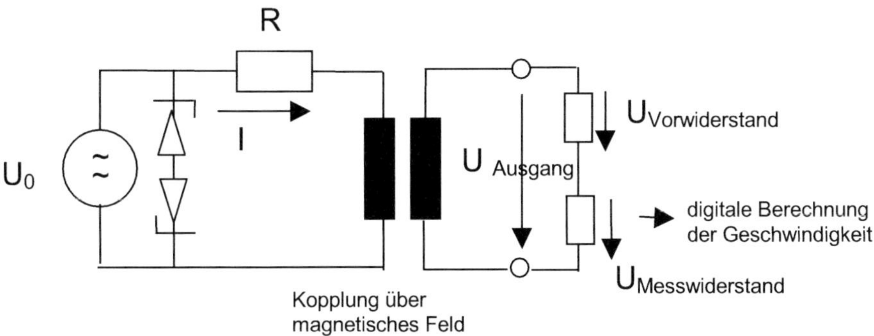

Bild: Der Transformator als Hochgeschwindigkeitsmesser

Für die Ausgangsspannung des Transformators gilt:

$$U_{Ausgang} = j\, I_1\, M\, \omega$$

$U_{Ausgang}$	Ausgangsspannug
I_1	Stromstärke der Primärseite
ω	Kreisfrequenz ($2\,\pi\,f$)
M	Gegeninduktivität

Nach Ersetzen der Zeit Δt und des Stroms I gemäß Relativitätstheorie folgt:

$$U_{Ausg.} = j\, M\, 2\, \pi\, \frac{1}{\Delta t_0}\, \sqrt{1 - \beta^2}\; I_0\, \sqrt{1 - \beta^2}$$

$U_{Ausgang}$	Ausgangsspannug
I_0	Stromstärke im ruhenden System
Δt_0	Periodendauer im ruhenden System
M	Gegeninduktivität
v	Geschwindigkeit des Systems
c	Lichtgeschwindigkeit

Für die Geschwindigkeit gilt deshalb:

$$v = \sqrt{\left(1 - \frac{U_{Ausgang}}{j\, M\, 2\, \pi\, f_0\, I_0}\right)}\; c$$

Die relative Änderung der Spannung ist bei gleicher Geschwindigkeit deutlich höher als die Änderung der Hallspannung.

**Während mit einer Halbierung der Hallspannung erst bei
87% der Lichtgeschwindigkeit zu rechnen ist, tritt beim
Transformator eine Halbierung der Spannung schon bei
71% auf (unter der Voraussetzung, daß sich der Strom I_0
durch die Frequenzänderung nicht verringert, was durch
eine entsprechende Dimensionierung der Schaltung zu
erreichen ist).**

Außerdem ist der absolute Wert der Spannung durch den Ver-
stärkungsfaktor ü, der durch das Verhältnis der Windungszah-
len der Primärwicklung zu dem der Sekundärwicklung (N_1/N_2)
erzielt wird, höher. Trotzdem wäre es notwendig, die Spannung
zu verstärken und zu digitalisieren. Ein Computer kann dann
über die digitalisierte Spannung die Geschwindigkeit berechnen.

Fazit
**Die Effekte der Zeitdilatation müßten sich lokal über ein
geschwächtes elektromagnetisches Feld nachweisen lassen!**

Am Anfang war das Bit

„Geschrieben steht: Im Anfang war das Wort!
Hier stock ich schon! Wer hilft mir weiter fort?
Ich kann das Wort so hoch unmöglich schätzen,
Ich muß es anders übersetzen "… [173]

Als Konrad Zuse kurz vor Beginn des Zweiten Weltkrieges im Wohnzimmer seiner Eltern den Computer[174] erfunden hatte, war an den handlichen Taschenrechner noch nicht zu denken. Der Transistor lag noch in weiter Ferne, und so benutzte der Bauingenieur die ihm vertrauten mechanischen Schalter. Zuse war sein erster Job zu langweilig geworden. Die eintönige Tätigkeit als Statiker bei den Henschel Flugzeugwerken müsse doch zu automatisieren sein, und so machte sich Zuse, besessen wie Edison, an die Arbeit. Zuse arbeitete völlig unabhängig und hatte eine bahnbrechende Idee:

Die Digitalisierung!

Der englische Mathematiker Charles Babbage hatte bereits 100 Jahre zuvor die theoretischen Grundlagen, für die Zuse sich nicht interessierte, ausgearbeitet, jedoch fehlte die praktische Umsetzung. Es wurde oft gefragt, ob Babbages Maschinen funktioniert hätten, wenn sie gebaut worden wären.

Wahrscheinlich eher nicht!

Im Gegensatz zu allen anderen, die krampfhaft am Dezimalsystem festhielten, hatte Zuse auf das Bit gesetzt. Als Ingenieur suchte Zuse nicht die mathematisch perfekte Lösung, sondern

---

[173] Aus Goethes Faust, als der Titelheld das „Neue Testament" übersetzt.
[174] Die Microsoft Encarta 95 kennt Zuse nicht und hält den Mathematiker Babbage für den wahren Erfinder des Computers!

gab sich mit einer "ziemlich richtigen" Lösung zufrieden. Pi war keine unendlich lange Zahl, sondern maximal 3,14.

1938 war Zuses erstes Meisterstück, die Z1, der erste mittels Lochstreifen programmierbare Rechner fertig. Das Ding rüttelete und schüttelte sich zwar noch, aber Zuse hatte sich bewiesen, daß der Rechner prinzipiell funktionierte. Er würde seine Z1 verbessern und die mechanischen Schalter durch Relais ersetzen.

Die binäre Logik erfordert 2 Zustände "0" und "1". Ein Relais könnte zwei Zuständen leicht einnehmen. Entweder war es "offen" oder "geschlossen". Doch so schön die Idee auch war, sie bedeutet mindestens 2000 Relais.

Der reine Wahnsinn!

Außerdem verursachten die Rechenmaschinen einen Heidenlärm und nahmen mehr Raum ein als eine ganze Schulklasse.

Helmut Schreyer, ein Spezialist für Hochfrequenztechnik, der nach dem Krieg aus Frustration eine Professor in Rio de Janeiro annahm, gab ihm einen guten Tip, den er erst für einen Witz seines bekanntermaßen humorvollen Kameraden, gehalten hatte.

Die Röhrentechnik!

Röhren schalteten etwa 1 Millionen mal schneller als mechanische Schalter. Doch jeder, der sich mit Röhren auskannte, sagte ihnen, daß 2000 zusammengeschaltete Röhren, die sie für ihren Rechner brauchten, niemals funtionieren würden. Außerdem wäre der Energieverbrauch gigantisch.

Als ihnen von jeder Seite nur *unverständiges Kopfschütteln* entgegengebracht wurde, faßten die beiden einen festen Entschluß:

Von nun an würden sie sich mit Angaben über die Möglichkeiten, die elektronische Rechner einmal besitzen würden, zurückhalten!

Die Nazis interessierten sich auch nicht für Zuses nächste Rechenmaschinen, die Z2 und Z3, für die Zuse das erste Schachprogramm schreiben sollte und der Krieg hielt Zuse in seinem Bestreben, seinen Rechner zu verbessern, unerfreulicherweise auf. Schreyer konnte ihm auch nicht mehr helfen. So trat das deutsche Computer-Genie praktisch ohne finanzielle Mittel in Wettstreit mit Bletchley Park, der englischen Wissensfabrik, die erfolgreich an der Entschlüsselung der deutschen Enigma arbeitete und der amerikanischen Wissenschaftselite. Seine Computer schusterte er aus herumliegenden Teilen zusammen.

Als die Z4 nach jahrelanger Arbeit endlich fertig war, war auch der Krieg vorüber. Die Entwicklung *des Plankalküls*, der ersten EDV-Programmiersprache der Welt, gehört zu Zuses größten Leistungen. Der Krieg hatte alle Vorgängertypen zerstört, doch die Z4 war ihm geblieben.

Nach Kriegsende interessierten sich die Amerikaner, insbesondere Universitäten und die NASA für das *ratternde Ungetüm*, das eines Tages nicht mehr rechnen wollte. Doch der Fehler war bald gefunden. Es handelte sich um eine Wanze, englisch "Bug". Klar, daß man von nun an, wenn der Rechner ausfiel, jedes Mal an eine Wanze dachte, und das hat sich bis heute nicht geändert.

Ganze 26 Jahre dauerte die Bearbeitung Zuses Patentantrag für die Z3, der 1967 wegen "mangelndem Erfindungsreichtum" von einem Richter endgültig abgelehnt wurde. Schließlich war die Z3 und Zuses Programmiersprache inzwischen völlig veraltet.

Als IBM später den ersten Rechner für den persönlichen Gebrauch baute und die Röhren durch Transitoren ersetzt hatte, machte Big Blue einen milliardenschweren Fehler. Die Computerfabik sicherte sich weder ausreichend die Rechte an der Hardware noch an dem Betriebssystem.

Niemand nahm die Dinger bei IBM wirklich ernst!

Wieder war es ein junger Student[175], der nicht einmal sein Studium abschließen sollte und in der Garage seiner Eltern ein Betriebsystem erfand, das die ganze Welt in Ehrfurcht am Morgen jeden Tages flehentlich zum gemeinsamen Gebet aufruft:

„Windows Unser, im Rechner, geheiligt seien deine Fenster. Dein Crash komme. Dein Wille geschehe, wie in 95 so in 98. Unser tägliches Update gib uns heute. Und vergib uns unsere Linuxpartition, wie auch wir vergeben die Treiberbugs. Und führe uns nicht in den Bluescreen, sondern erlöse uns von DLL-Versionskonflikten. Denn dein ist das RAM und die Festplatte und die CPU-Zeit in Ewigkeit. Alt-F4.“

Fazit
Mit dem Erfolg des Personal Computer hat keiner gerechnet!

---

[175] Der Student ist nun der reichste Mann der Welt: Bill Gates.

Musikalisches Intermezzo mit Lands and Pits

„Die drahtlose Musikbox hat keinen denkbaren kommerziellen Wert. Wer würde für eine Nachricht bezahlen, die zu niemanden direkt gesendet wird?" [176]

Die erstaunlichste Erfindung von Edison war wohl 1877 das Grammophon. Edison wollte eigentlich nur ein Diktiergerät, dessen Nadelbewegung ihn dazu bewog, das ganze als *„Hügel-Tal-Verfahren"* zu bezeichnen, erfinden. Erst 1887 machte Emile Berliner aus dem Phonograph ein Grammophon, das rasch die Welt eroberte.

Jeder wollte eins haben!

Die Aufzeichnung von Musik machte später die Compact Disc genauso so erfolgreich wie ihr Vorgänger, die Schallplatte.

Bild: Die Entwicklung von der klassischen Schallplatte zur modernen Compact Disc ist erstaunlich. Während bei der Schallplatte die Musik analog eingepreßt ist und mechanisch über einen Tonarm abgefahren wird, ist die Musik auf einer Compact Disc in Bits abgepeichert und wird über einen Laser abgetastet.

---

[176] David Sarnoff's Antwort in Rückmeldung zur Investition in das Radio in den 1920ern

Nichts macht den Übergang von der klassischen Nachrichtentechnik zur modernen so deutlich wie der Vergleich von Schallplatte und Compact Disc. Beide Aufzeichnungsverfahren haben jedoch mit dem gleichen Problem zu kämpfen. Ich meine
nicht das Problem, gute Musiker zu finden, sondern, daß sich
die Lesegeschwindigkeit von Information drastisch verringert,
während sich der Tonarm bzw. der Laser nach innen bewegt,
denn es gilt die Formel:.

$$v = \omega \, r$$

v   Umlaufgeschwindikeit
ω   Rotationsfrequenz
r   Radius

Die klassische Lösung bei der Schallplatte speichert einfach
auf den Außenrillen weniger Information als innen. Dadurch
kann die Winkelgeschwindigkeit der Schallplatte konstant bei
33,33 Umdrehungen pro Minute bleiben. Das funktioniert, ver-
schwendet aber Speicherplatz. Der Ausdruck *„Winkelgeschwindigkeit"* ist ohnehin widersprüchlich, ist doch ihre Dimension die einer Frequenz. Besser spräche man deshalb von
einer *Rotationsfrequenz.*

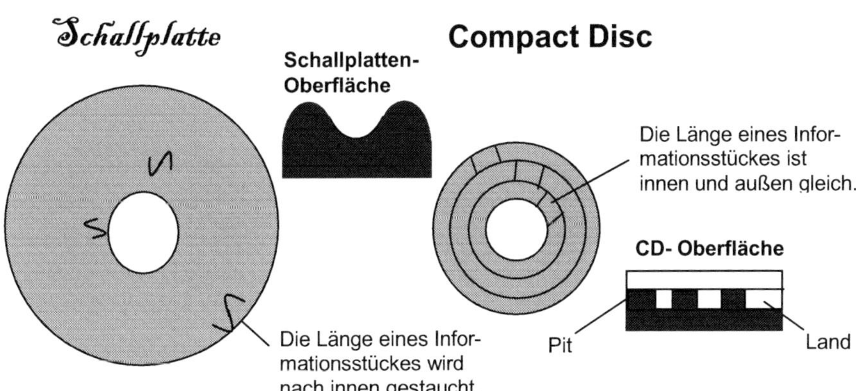

Bild: Bei der klassischen Schallplatte ist im Gegensdatz zur modernen Compact Disk die
Information nach außen gedehnt, weil die Lesegeschwindigkeit mit dem Radius zunimmt.

Die moderne Lösung dieses Problems verwendet eine *variable Rotationsfrequenz*. Die Compact Disc wird umso langsamer je weiter sich der Laser nach außen bewegt. Ihre Geschwindigkeit wird von 500 auf 200 Umdrehungen pro Minute elektronisch heruntergeregelt, während sich der Laser nach außen tastet. Die Imformationsdichte ist also auf der ganzen Compact Disc überall gleich, die Lesegeschwindigkeit deshalb jedoch variabel. Bei der Digitalisierung einer Schallplatte entstehen gewaltige Datenmengen. Leicht kommen 600 Mbyte zusammen.

Entgegen vieler Publikationen *sind Pits nicht gleichbedeutend mit Bits* .Vielmehr symbolisiert der Übergang von einem Pit zu einem Land oder von einem Land zu einem Pit die logische <1>. Eine logische <0> wird als *<kein Übergang>* gespeichert.

Die Verwendung solcher Codierverfahren ist auch im digitalen Mobilfunk sowie in der Netzwerktechnik üblich. Lange Einsfolgen werden so aufgebrochen und die Synchronisation zwischen Sender und Empfänger verbessert.

Fazit:
Die klassische Schallplatte und die moderne Compact Disc kämpfen mit den gleichen Problemen.

Das Informationsquant

„Der Quantensprung ist ein Gedankensprung von Wissenschaftlern, die an einen Zeitsprung glauben." [177]

Bit ist die Abkürzung für Binary Digit, was soviel heißt wie Zweizahl. Ein Bit ist die kleinste Informationseinheit und trägt die einfache Information <Ja> oder <Nein>, <wahr> oder <falsch>, <0> oder <1>. Trotzdem ist es möglich aus dieser kleinsten Einheit *höherwertigere Informationen* zu bilden.

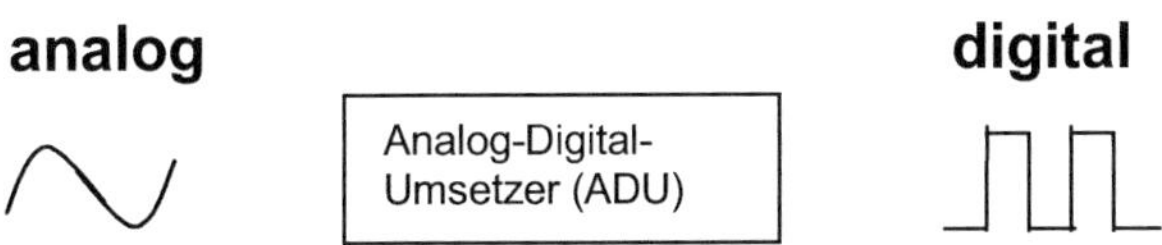

Bild: In der Analogtechnik sind, wie in der klassischen Physik, alle Zustände erlaubt. In der Digitaltechnik gibt es, wie in der Quantentheorie, nur 0 oder 1.

8 Bit ergeben ein Byte. Mit einem Byte können $2^8 = 256$ Zustände und damit das ganze Alphabet mit Zahlen und Sonderzeichen kodiert werden. In der Nachrichtentechnik werden Bits als Spannungsimpulse übertragen. Eine <1> könnte beispielsweise als ein Spannungsimpuls von 1 Volt übertragen werden. In einem Computer werden wiederum diese Spannungsimpulse in Kondensatoren gespeichert und weiterverarbeitet. Ist der Kondensator geladen, so trägt er die Information <1>, im ungeladenen Zustand <0>. Die Natur kennt aber keine Ecken.

„Natura non saltat" [178]

Das erkennt man deutlich, wenn man versucht einen Rechteckimpuls zu erzeugen oder gar über eine Leitung zu übertragen. Rechteckimpulse existieren nur theoretisch. Die Natur schleift

---

[177] Zitat Ralf Steffler
[178] Die Natur macht keine Sprünge

unerbittlich alle Kanten aus Rechteckimpulsen heraus und
macht daraus Nadelimpulse. Denn eine Ecke würde eine unendlich schnelle Änderung bedeuten. Zu diesem Zeitpunkt wäre ein Bit gleichzeitig wahr oder falsch.

Die Elektronen hätten die Zeitbarriere gesprengt.

Das Frequenzspektrum eines solchen Rechteckimpulses,
sprich seine Energieverteilung, wäre unendlich, was nicht möglich ist. Je kürzer das Signal, desto stärker seine Energieverteilung über alle Frequenzen. Das Signal wird um so unschärfer, je kürzer es andauert.

Die Natur wehrt sich unerbittlich gegen unendlich schnelle Änderungen. Werden Elektronen eines Atoms impulsartig angeregt, dann ist das abgestrahlte Licht unscharf, also weiß, weil
es durch die große Energieverteilung nahezu alle Frequenzen
enthält. Will man Licht mit scharfem Spektrum, also Licht einer
bestimmten Farbe erzeugen, muß man die Elektronen über
einen sehr langen Zeitraum sehr periodisch anregen.

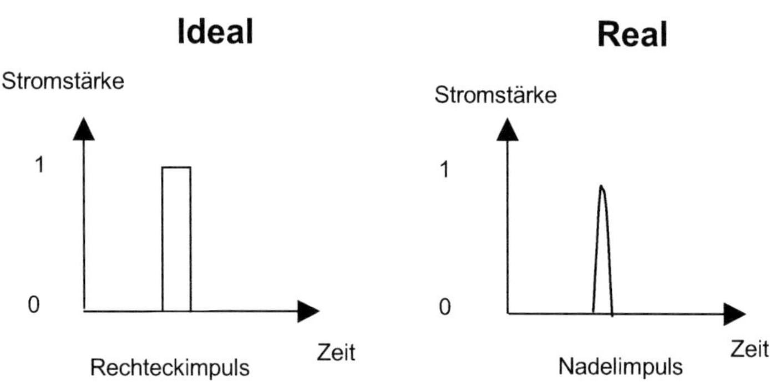

Bild: Idealer und realer Rechteckimpuls. Die Erzeugung von Rechteckimpulsen ist ein *Ding der Unmöglichkeit*.

In der Hochfrequenztechnik werden sogenannte Hohlleiter eingesetzt, in denen sich die elektromagnetische Welle gerichtet
fortbewegt. Ein Hohlleiter besitzt einen metallischen Mantel.

Der Innenraum ist mit Luft gefüllt, weil in Luft die Phasengeschwindigkeit am höchsten ist. Sie stellen den Übergang zwischen galvanischer und optischer Übertragung dar.

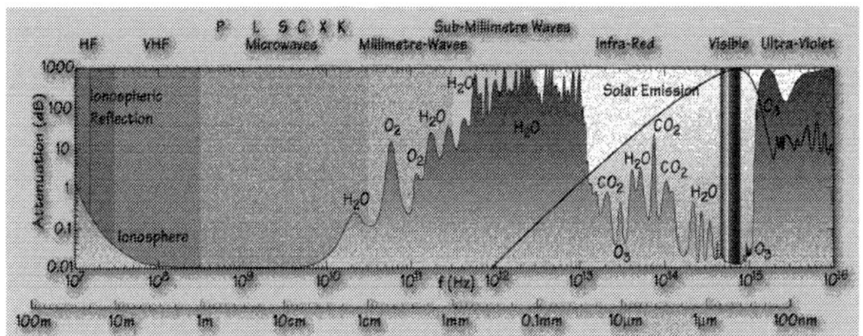

Bild: Dämpfung von elektromagnetischen Wellen in der Atmosphäre über den
ganzen möglichen Frequenzbereich (0 db bedeutet keine, 20 db eine Dämpfung im Verhältnis 1 zu 10). Nur Frequenzen im Mikrowellenbereich und sicht-
bares Licht werden praktisch ungedämpft von der Atmosphäre durchgelassen.

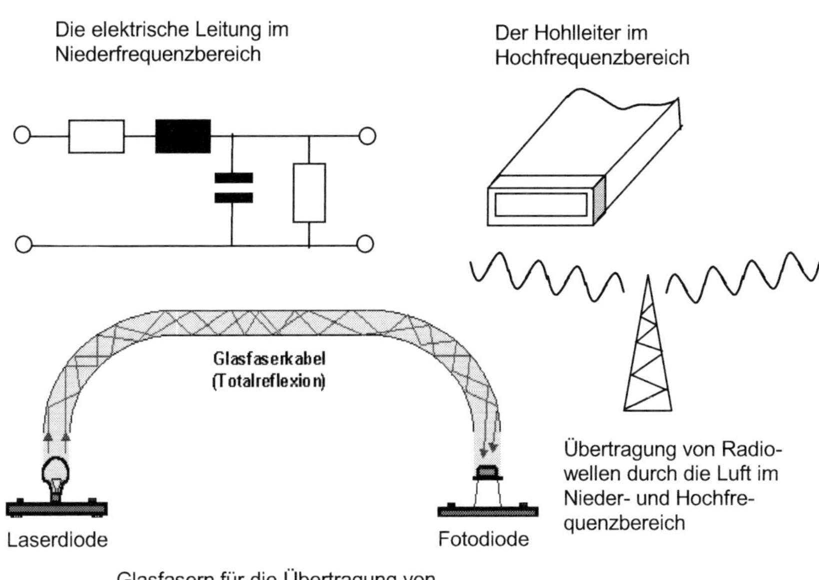

Bild: Elektromagnetische Wellen breiten sich in verschiedenen Medien aus.

Ähnlich wie sich Schallwellen in Röhren gerichtet ausbreiten und so große Entfernungen nahezu ungedämpft überwinden können, weil die Röhre die kugelförmige Verteilung der Energie verhindert, läuft die elektromagnetische Welle wie auf einer Schiene oder eben halt auch in einer Röhre.

Um möglichst hohe Übertragungsgeschwindigkeiten (Gigabit pro Sekunde) zu erreichen, werden Lichtwellenleiter eingesetzt. Die Übertragung von digitalen Lichtimpulsen kann über Laserdioden als Sender und Fotodioden als Empfängersystem realisiert werden. Bei der digitalen Übertragung wird, vereinfacht ausgedrückt, das Licht eingeschaltet, wenn eine <1> übertragen wird und bei einer <0> ausgeschaltet. Wenn Licht in verschiedenen Farben verwendet wird, können über dieselbe Glasfaser sogar mehrere Übertragungskanäle realisiert werden.

Schaltet man Licht impulsartig an und aus, dann verändert sich dessen Farbe. Das Licht wird unscharf. Die Unschärfe kann gemäß *Unschärfetheorie der Nachrichtentechnik* leicht über die Formel

$$\Delta f = \frac{1}{\Delta T_B}$$

Δf	Frequenzunschärfe
ΔT_B	Bitlänge

berechnet werden.

Lichtimpulse haben eine Frequenzunschärfe, die umso größer ist, je kürzer der Impuls andauert. Die Energie eines Photons ist demnach auch *verschmiert*.

$$\Delta W_q = h\,\Delta f$$

ΔW_q	Energieunschärfe eines Lichtquants
h	Plancksches Wirkungsquantum
Δf	Frequenzunschärfe des Lichtquants

Gemäß Quantentheorie wird Energie portionsweise über Energiequanten übertragen. Das kleinste Bit besteht aus einem Photon, einem Lichtteilchen bzw. Lichtquant. Ein Photon überträgt die Information *Licht* oder *kein Licht* und hebt möglicherweise ein Elektron aus einer energieniedrigen Schale auf eine höhere. Von da an ist diese Information im Atom gespeichert.

Die Unschärfe eines Photons gilt natürlich auch für seine Masse und seinen Impuls.

$$\Delta m_q = \frac{h\,\Delta f}{c^2} \qquad \Delta p_q = \frac{h\,\Delta f}{c}$$

Δm_q Massenunschärfe eines Lichtquants

Δp_q Impulsunschärfe eines Lichtquants

Das kleinste Bit der Welt entspricht der Dauer eines Wellenzuges eines Photons maximaler Frequenz bzw. kleinster Wellenlänge, und man kann es als **Informationsquant** verstehen.

Die Länge eines solchen Lichtquants entspricht 10^{-24} sec. Die kleinste Zeiteinheit gemäß Quantentheorie beträgt jedoch 10^{-43} sec. Damit wäre das Spektrum eines solchen Signals 10^{43} Hz breit. Das Spektrum elektromagnetischer Wellen reicht jedoch nur von etwa 10^2 bis 10^{24} Hz.

Wie paßt die kleinste Zeitdauer der Quantentheorie mit dem kleinst möglichen Photon zusammen?

Fazit
Das kleinste Bit ist als Informationsquant zu verstehen und wäre 10^{-24} sec lang!

Baud statt Bit

„Das Telefon hat zu viele ernsthaft zu bedenkende Mängel für ein Kommunikationsmittel. Das Gerät ist von Natur aus von keinem Wert für uns." [179]

Wer nur zwischen <wahr> und <falsch> unterscheiden kann, braucht viel *Zeit*. Die digitale Übertragung von Information scheint die *reine Energie- und Zeitverschwendung* zu sein.

Warum hat sie sich dann durchgesetzt?

Nun, weil ein Computer mit Wahr- und Falschaussagen unheimlich gut umgehen kann und entsprechende Elektronik-Schaltungen einfach und damit kostengünstig zu realisieren sind. Außerdem ist die Sicherheit der Information entscheidend. Würden sie einen Rechner kaufen, der nur in den meisten Fällen richtig rechnet?

Der Mensch erkauft sich eine hohe Sicherheit an Information mit Energie und Zeit und minimiert dadurch alle Unschärfen. Der Vorteil der digitalen Übertragung gegenüber der analogen liegt hauptsächlich darin, daß man bei der digitalen Übertragung die Kopie nicht vom Original unterscheiden kann. Diesen Vorteil bezahlt man mit Bandbreite. Bandbreite hat die Dimension sec^{-1}. Je kürzer ein Signal, desto höher dessen Bandbreitenbedarf. Es ist möglich, den Bandbreitenbedarf zu verringern, indem man pro Takt nicht 1 sondern 2 oder mehr Bits überträgt. Diese Übertragung ist dann jedoch nicht mehr binär, und die zu übertragenden Daten müssen vor dem Senden zwischengespeichert werden. Man gleitet auf diese Weise von der digitalen allmählich in die analoge Informationsübertragung. Man spricht in diesem Fall auch nicht mehr von Übertragungs-

---

[179] Western Union Interne Kurzinformation, 1876

geschwindigkeiten, sondern von Baudraten[180]. Pro Takt werden dann beispielsweise zwei Bit gleichzeitig 00, 01,10 oder 11 übertragen. Mit der Quadratur Amplituden Modulation (QAM) wird bei einer Baudrate von 2400 bit/sec eine Übertragungsgeschwindigkeit von 4800 bit/sec erreicht, weil pro Takt 2 Bits übertragen werden. Die 1024-QAM überträgt sogar 10 Bits gleichzeitig pro Takt.

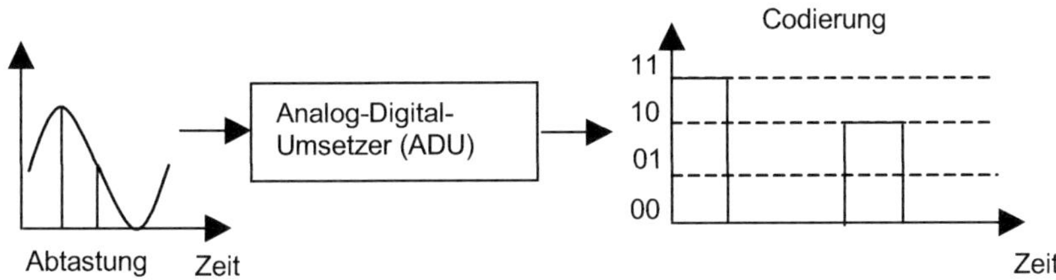

Bild: Digitalisierung eines analogen Signals, beispielsweise Sprache, durch Abtastung. Den dabei gemachten Fehler bezeichnet man als *Quantisierungsrauschen.*

Diese Erhöhung der Übertragungsgeschwindigkeit bekommt man allerdings nicht umsonst. Das Signal-Rauschverhältnis sinkt bei diesen höherwertigen Codierverfahren, was dazu führt, daß die *Bitfehlerwahrscheinlichkeit* steigt. Damit geht der Vorteil der digitalen Übertragung, der *nahezu fehlerfreien Übertragung von Informationen*, verloren.

Eine andere Möglichkeit, die Übertragungsgeschwindigkeit zu erhöhen, ist die Datenmenge durch Kompression zu verringern. Daten können oft leicht um über 50% komprimiert werden, weil viel redundante Information in ihnen steckt. Sie sind sozusagen aufgebläht. Nach der Übertragung werden die Daten einfach wieder dekomprimiert. Der neue MPEG3-Standard ermöglicht beipielsweise die Kompression von Musikdateien um etwa den Faktor 1:12 durch logarithmische Digitalisierung. Die Musik-Information auf einer 650 Mbyte CD läßt sich so auf 55 Mbyte zusammenquetschen. Das Kompressionsverfahren nutzt die Nichtlinearität der menschlichen Hörkurve aus. Das

---

[180] Die Einheit wurde nach dem französischen Ingenieur Jean-Maurice-Emile Baudot benannt.

menschliche Ohr nimmt Lautstärkeunterschiede im unteren
und im hohen Frequenzbereich kaum wahr. Die *gleichmäßige
lineare* Digitalisierung über den ganzen Hörbereich ist also ohnehin unsinnig.

MPEG 3 simuliert softwaretechnisch das menschliche Ohr!

Die logarithmische Kodierung korrigiert das, was man bei der
Aufzeichnug falsch gemacht hat, nämlich *linear über die gesamte Hörkurve digitalisiert* zu haben. Hohe Frequenzen werden geschickt mit weniger Lautstärkestufen kodiert. Statt mit
65536 Stufen (16 Bit), beispielsweise nur mit 256 Stufen (8
Bit). Das spart Bits und verhält sich so ähnlich wie beim Spei-
chern einer Bilddatei. Da kann man ja auch wählen, wieviel
Farbstufen unterscheidbar sein sollen. Wenn man nun auch
noch einstellen könnte, daß Grün eine feinere Farbabstufung
bekäme, als Blau, weil man Blau ohnehin nicht so genau wahr-
nimmt, hätte man *"optisches MPEG3"*.

Da Daten komprimiert werden können, wirft sich natürlich die
Frage auf, wie man den minimalen Informationsgehalt eines
Signals bestimmt. Um Sprache analog zu übertragen, benötigt
man mindestens 3400 Hz Bandbreite, während man im
ISDN[181] Sprache mit 64.000 Hz überträgt. Beim ISDN wird
Sprache nämlich auch linear digitalisiert. Bei einer Mindest-
abtastfrequenz von 8 kHz und einer 8 Bit-Kodierung pro Abta-
stimpuls ergibt sich durch einfache Multiplikation beider Werte
eine Übertragungsrate von 64 kbit/sec. Durch intelligente Ko-
dierungssysteme ist es heute jedoch möglich, Sprache digital
mit etwa der gleichen Bandbreite zu übertragen wie mit analogen Verfahren.

Jean-Baptiste Joseph Baron de Fourier, Sohn eines armen
Schneiders, wurde während der Revolution in Auxerre von Napoleon in den wissenschaftlichen Rat der ägyptischen Expedi-

---

[181] DigitalesTelefonnetz (Integrated Subscriber Digital Network)

tion berufen, wo er abwechselnd Gefangener und Präsident des Revolutionskomitees war. Seinen ausgezeichneten mathematischen Fähigkeiten hat die Nachrichtentechnik die mathematische Zerlegung von Zeitsignalen, die sogenannte *Spektrum-Analyse*, zu verdanken. Diese Methode ist auch umkehrbar, wobei man dann von *Spektrum-Synthese* spricht. Gemäß Fourier-Analyse kann jedes periodische Zeitsignal in eine Reihe von endlichen oder unendlichen harmonischen Schwingungen zerlegt werden. Im Fall einer Rechteckspannung läuft dies auf eine **unendliche** Anzahl von Sinusschwingungen hinaus.

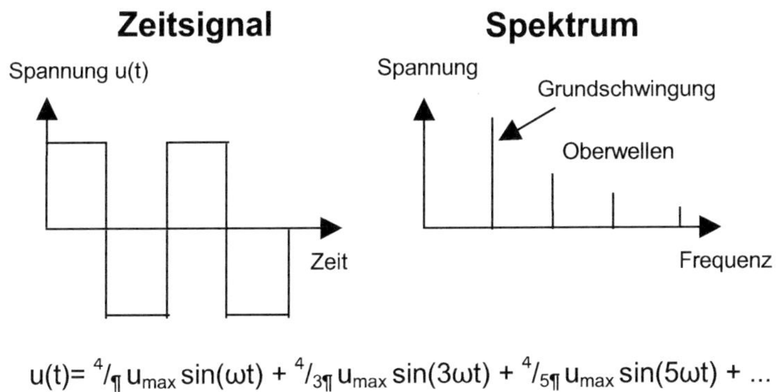

$$u(t) = {}^4/_\pi\, U_{max} \sin(\omega t) + {}^4/_{3\pi}\, U_{max} \sin(3\omega t) + {}^4/_{5\pi}\, U_{max} \sin(5\omega t) + \ldots$$

Bild: Rechtecksignal und sein Spektrum, das aus einer Sinus-Grundschwingung und seinen ungeraden Oberwellen mit abfallender Amplitude besteht.

Die Erzeugung von abrupten Spannungssprüngen scheint ein Ding der Unmöglichkeit.

Falls die Rechteckspannung nur eine begrenzte Zeit andauert, verlieren die Frequenzen zusätzlich sogar ihre Schärfe. Dazu im nächsten Kapitel jedoch mehr.

Fazit
Die Übertragung von Informationen benötigt ein Mindestmaß an Bandbreite, sprich Zeit, unabhängig davon, ob die Information analog oder digital übertragen wird!

Informationen kosten Energie und Zeit

Das Eintreffen physikalischer Ereignisse kann von uns im allgemeinen bei Kenntnis aller Umgebungsparameter mit an Sicherheit grenzender Wahrscheinlichkeit vorausberechnet werden. Bei genauer Betrachtung stellt man jedoch fest, daß immer ein *bißchen Ungewißheit* bleibt. Die Ungewißheit ist umso größer, je kürzer man für einen physikalischen Vorgang in die Vergangenheit schauen kann. Waren die letzten 10 Tage sonnig, ist die Wahrscheinlichkeit, daß der elfte Tag auch heiter werden wird, sehr hoch. Weiß man, daß in den letzten hundert Jahren an dem bestimmten Tag noch nie schlechtes Wetter herrschte, wird dies sehr wahrscheinlich auch im 101 Jahr so sein. Man kann also sagen, daß die Zukunft maßgeblich durch die **Trägheit der Vergangenheit** bestimmt wird.

Um eindeutige Entscheidungen zu treffen, muß die Unschärfe einer Information überwunden werden und das kostet Zeit. Innerhalb der Unschärfe regiert der Zufall. Die Signalunschärfen limitieren die Geschwindigkeit der Entscheidungen. Denn prinzipiell gilt: **je schneller die Entscheidungen, desto größer die Unsicherheit**.

Was zahlt sich im Leben mehr aus, *möglichst schnelle oder möglichst sichere Entscheidungen* zu treffen?

Wer wagt, der gewinnt?

Das eine Extrem ist wohl genauso ungünstig, wie das andere. Hochbezahlte Tormänner der Bundesliga entscheiden sich schon für eine Ecke, bevor der Elfmeter getreten wird. Sie sind

---

[182] Zitat Johann Wolfgang von Goethe

der Meinung, ihre Chance, den Ball zu fangen, ist größer, wenn sie frühzeitig losspringen und setzen dabei voraus, daß der Ball auch in eine Ecke fliegt.

In Experimenten wurde festgestellt, daß das menschliche Hirn Informationen in Zeitfenstern von etwa 30 Millisekunden zusammenfaßt. Verantwortlich hierfür ist unser Kurzzeitgedächtnis. Liegen die Informationen dichter beisammen, können sie zeitlich nicht mehr voneinander getrennt werden. Auch in der Nachrichtentechnik faßt man Informationen als Informationseinheiten, sogenannten Bits, in Zeitfenstern zusammen. Informationen zu erzeugen, bedeutet Ordnung schaffen. Prinzipiell widerstrebt der Natur Ordnung. Deshalb muß man *Energie und Zeit* aufwenden, um Informationen zu erzeugen.

Mit der Zeit wird diese Ordnung wieder in Unordnung verwandelt. Das stellen Sie beispielsweise fest, wenn Sie eine Musikkassette nach Jahren wieder hören möchten.

Wie erzeugt man eigentlich Information?

Eine Atomuhr basiert auf der Tatsache, daß Cäsium-Atome mit einer sehr hohen Genauigkeit Energie absorbieren und wieder abgeben. Informationstechnisch gibt es ist nichts Langweiligeres als eine Atomuhr, denn eine Atomuhr erzeugt eine hochpräzise Schwingung in der keinerlei Information steckt. Auch die Frage, ob die Schwingung mit einer höheren oder kleineren Frequenz abläuft, ist informationstechnisch nicht interessant. Präzise Schwingungen im Hochfrequenzbereich eignen sich in der Nachrichtentechnik vorzüglich als *Trägerfrequenz*. Das Aufschalten von Informationen auf eine Trägerfrequenz nennt man Modulation. Die einfachste Art der Modulation ist das Ein- und Ausschalten einer Trägers und findet in der Digitaltechnik ihre breite Anwendung. In der Digitaltechnik überträgt man Zeichen als achtstellige Bitfolge. Ein „A" wird beispielsweise als <01 00 00 01> Bitfolge übertragen. Diese Information könnte man in eine elektromagnetische Welle pakken, indem man einfach einen Spannungsimpuls bei <1> einschaltet und bei <0> ausschaltet. Dieses Verfahren ist als Amplitudenumtastung[183] allgemein bekannt.

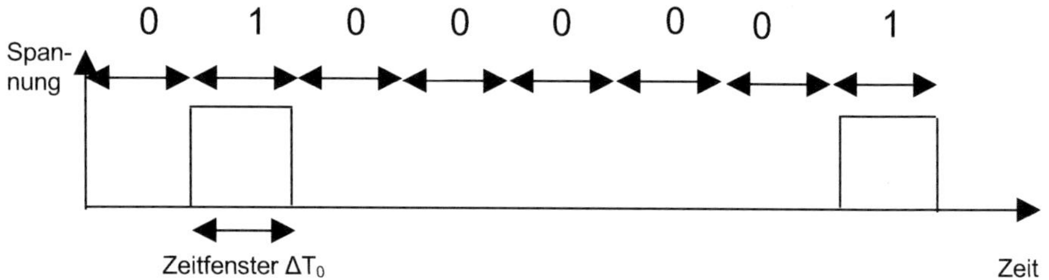

Bild: Übertragung der Bitfolge 01 00 00 01 (A). Jede logische Eins enspricht einem Spannungsimpluls der Dauetr ΔT.

Um einen Rechteckimpuls rekonstruieren zu können, muß gemäß *Niquist-Theorem* mindestens die Grundfrequenz des Rechteck-Impulses, die dem Kehrwert der zweifachen Bitdauer entspricht, übertragen werden. 1000 Bit/sec benötigen 500 Hz Bandbreite. Das ist natürlich ein rein **theoretischer Minimalwert**, der in der Praxis viel größer ist.

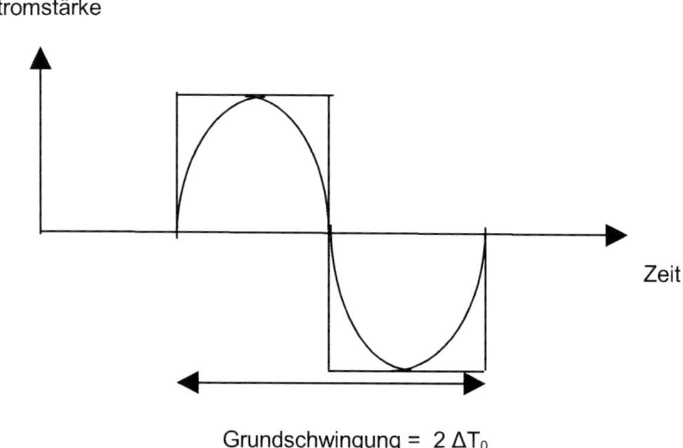

Bild: Ein Rechteckimpuls kann über die Kenntnis seiner Grundschwingung wieder rekonstruiert werden. Deshalb muß mindestens die Grundschwingung eines Rechteckimpulses übertragen werden.

---

[183]Das Verfahren wird im Englischen als Amplitude Shift Keying (ASK) bezeichnet.

Allerdings spielt der Signal-Rauschabstand bei der notwendigen Bandbreite eine große Rolle. Der minimale Signal-Rausch-Abstand für eine betsimmte Datenrate in Bits pro Sekunde kann über das *Shannon-Theorem*[184] berechnet werden. Je größer der Signal-Rauschabstand, desto größer die theoretisch mögliche Datenrate. Das Spektrum eines Rechteck-Impulses kann über die Fourier-Transformation berechnet werden:

$$F(j\omega) = \int_0^T f(t)\, e^{-j\omega t}\, dt$$

$F(j\omega)$	Fourier-Transformation
ω	Kreisfrequenz ($2\pi f$)
t	Zeit
$f(t)$	Zeitfunktion (hier: Rechteckimpuls)

Das Spektrum eines Rechteck-Impulses, der nur eine kurze Zeit ansteht, ist unendlich und genügt der si-Funktion
y= A sin(x)/x:

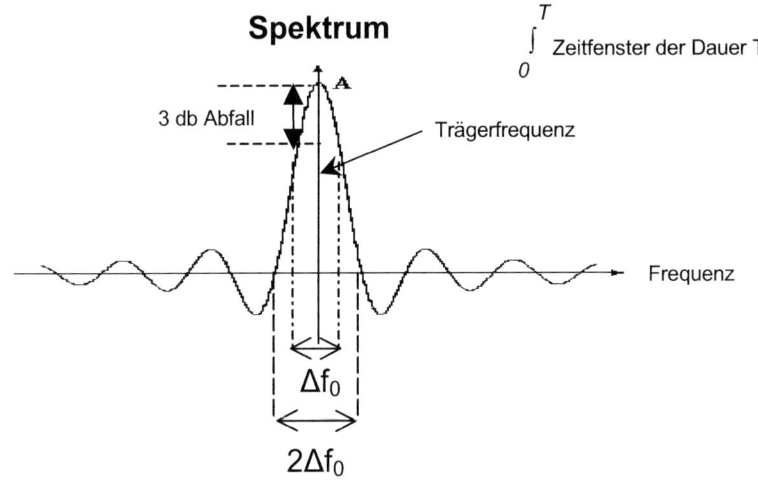

Bild: unendliches Spektrum eines Rechteckimpulses mit minimalem Informationskanal Δf_0

---

[184] Schannon gab eine Formel an, nach der sich die Mindestbandbreite für eine bestimmte Informationsrate in Bits/sec berechnen läßt, wobei auch das Signal-Rausch-Verhältnis berücksichtigt wird.

Das Spektrum ist ein Maß für die Ungewißheit der Information in einem Zeitsignal. Je kürzer das Zeitsignal, desto ungewisser die Information über die Frequenz des Signals.

Das Übertragungsmedium begrenzt den Fluß von Informationen, wie ein Gartenschlauch den Wasserfluß. Genauso wie die Lichtgeschwindigkeit scheinbar eine unüberwindbare Barriere darstellt, so stellt sich auch die Übertragungsgeschwindigkeit von Informationen als endlich dar.

**Dieser Barriere haben wir einen Namen gegeben.
Sie heißt *Zeit*.**

Ein Überschreiten dieser Barriere scheint nicht möglich. Denn die Frequenzunschärfe bzw. die Energieverteilung eines Signals wird größer, je kürzer das Signal angeschaltet (beobachtet) wird. Gemäß der Formel für die Übertragungsgeschwindigkeit kann man leicht erkennen, daß sich die Übertragungsgeschwindigkeit um denselben Faktor reduziert, um den sich die Zeit dehnt. Bei annähernder Lichtgeschwindigkeit ginge die Übertragungsgeschwindigkeit gegen 0.

$$\text{Übertragungsgeschwindigkeit} = \frac{\text{Information}}{\text{Zeitdauer}}$$

Welche Folgen hätte die Dehnung der Zeit, insbesondere wenn zwei Inertialsysteme miteinander kommunizieren möchten?

Die Unschärfe für ein Sinus-Signal, das nur eine kurze Zeit ΔT_0 angeschaltet ist, beträgt:

$$\Delta f_0 = \frac{1}{\Delta T_0}$$

Δf_0 — Frequenzunschärfe im ruhenden System ($f_{02}-f_{01}$)

ΔT_0 — Zeitfenster im ruhenden System ($t_{02}-t_{01}$)

Die streng digitale (binäre) Übertragung von Information benötigt pro Bit 1 Hertz Bandbreite! Diese Formel gilt für alle elektromagnetischen Wellen, also auch für Licht.

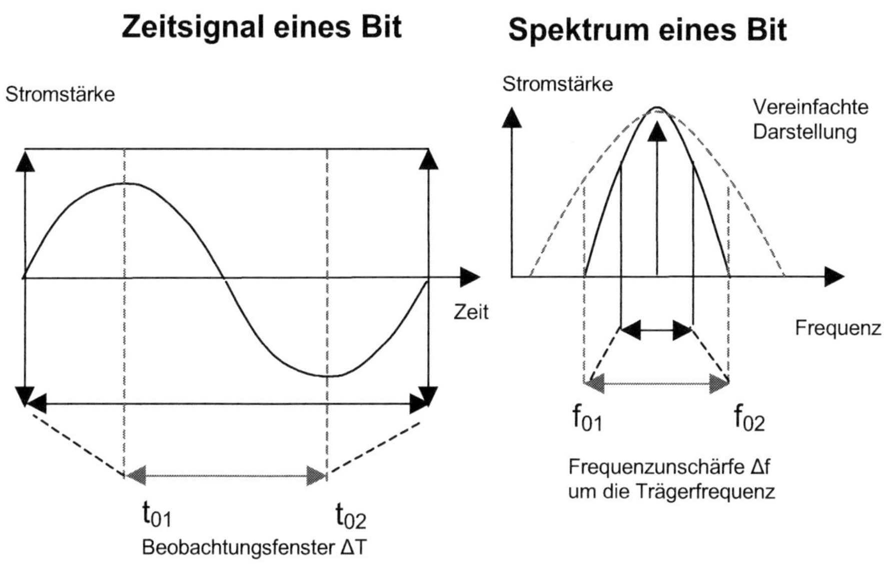

Bild: Zeitsignal und vereinfachtes Spektrum eines einzelnen Bits

Was die *Gruppenlaufzeit* für die galvanische Übertragung ist, das ist die *Dispersion* für die Übertragung von Lichtsignalen. Denn bei Licht stößt man auf das gleiche Problem. Unterschiedliche Wellenlängen haben unterschiedliche Geschwindigkeiten in Glas. Das ist auch der Grund, warum man Licht über ein Prisma in seine Spektralfarben zerlegen kann. Jeder Lichtimpuls besitzt eine gewisse Bandbreite. Licht einer bestimmten Wellenlänge bzw. Frequenz gibt es nur in der Theorie. Selbst Laserlicht ist nicht unendlich scharf. Der Vollständigkeit halber sei erwähnt, daß es auch noch andere Verfahren, wie die Frequenz- oder die Phasenumtastung gibt, um Informationen digital zu übertragen. Für diese Verfahren gilt aber prinzipiell dieselbe Betrachtungsweise, nämlich, daß ein

Impuls nicht unendlich kurz sein kann, weil seine Freqenzun-
schärfe unendlich wäre.

Es gilt also die Regel:

**Je kürzer das Signal, desto größer die Unschärfe bzw. die
Ungewißheit der Information.**

Dieser Effekt ist als *Unschärfetheorie der Nachrichtentechnik*
bekannt. Ein Stromimpuls, der unendlich kurz ist, besitzt ein
unendlich breites Frequenzspektrum. Einen solchen Stromimpuls, der nur theoretisch existiert, bezeichnet man nach dem
berühmten Physiker, der auch das Positron vorhergesagt hat
und, wie bereits Newton, auf dem ehrenwürdigen Laucasianischen Lehrstuhl in Cambridge saß, als *Dirac-Impuls*.

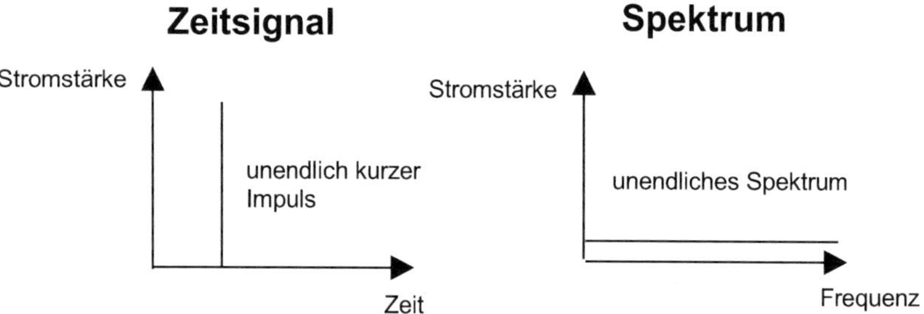

Bild: unendlich kurzer Impuls (Dirac-Impuls) und sein Spektrum.

Daraus folgt, daß für eine scharfe Spektrallinie das Beobachtungsfenster für ein Sinussignal gegen unendlich gedehnt werden muß. Dies soll gemäß Relativitätstheorie einfach möglich
sein, weil man sich ja nur mit annähernder Lichtgeschwindigkeit bewegen müßte. Damit dehnt sich automatisch auch das
Beobachtungsfenster, was wiederum zur Folge hat, daß die
Frequenzunschärfe schwindet. Zur Erinnerung aus dem Kapitel
„Die Zeitdilatation":

$$\Delta f = \Delta f_0 \sqrt{1 - \beta^2}$$

Δf_0 Frequenzunschärfe im
ruhenden System ($f_{02}-f_{01}$)
Δf Frequenzunschärfe im
bewegten System (f_2-f_1)

Für ein beliebiges Raum-Zeit-System gilt:

$$\frac{\Delta f}{\sqrt{1-\beta^2}} = \frac{1}{\Delta T \sqrt{1-\beta^2}}$$

Die Unschärfe beträgt demnach auch gemäß *Spezieller Relativitätstheorie in jedem Inertialsystem*:

$$\Delta f = \frac{1}{\Delta T}$$

Δf — Frequenzunschärfe im bewegten System ($f_2 - f_1$)

ΔT — Zeitfenster im bewegten System ($t_2 - t_1$)

Eine Dehnung der Zeit geht immer mit einer Verringerung der Unschärfe einher. Inertialsysteme sind nicht physikalisch gleichwertig, weil die Unschärfe eines Zeitsignals verschieden wäre. Bei Lichtgeschwindigkeit gibt es keine Unschärfe.

Deshalb gilt:

$$\Delta f = \frac{1}{\Delta T_0} \sqrt{1-\beta^2}$$

Δf — Frequenzunschärfe im bewegten System ($f_{02} - f_{01}$)

ΔT_0 — Zeitfenster im ruhenden System ($f_2 - f_1$)

Würden zwei Inertialsysteme über Funk miteinander kommunizieren, wäre das veränderte Spektrum meßbar und würde entsprechend zu Problemen führen. Denn Signale, die in dem sich mit nahezu Lichtgeschwindigkeit bewegenden Raumschiff gedehnt sind, haben natürlich auch ein anderes Frequenzspektrum, mal abgesehen von dem einhergehenden Doppler-Effekt, der dadurch entsteht, daß das Raumschiff beim Senden ständig die Entfernung zur Erde verändert.

Bild: Raumschiff Enterprise funkt Signale an die Erde.

Zeitsignal

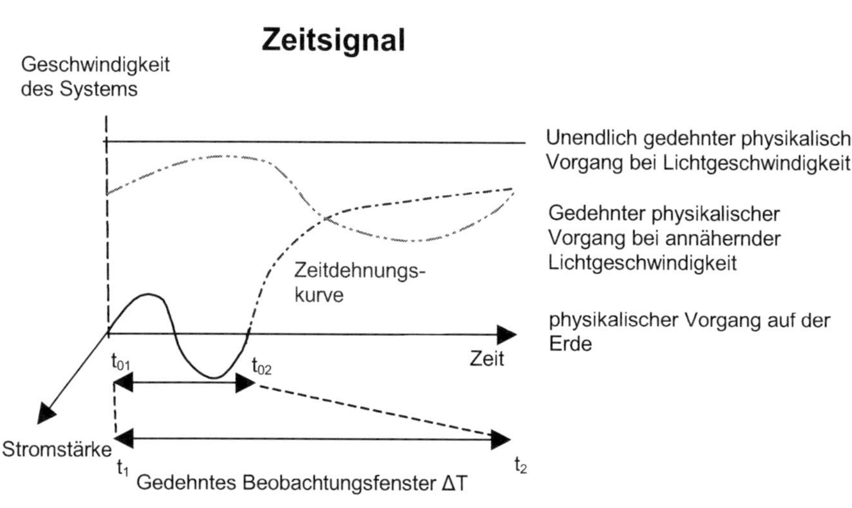

Bild: Betrachtung eines Photons in verschiedenen Inertialsystemen.

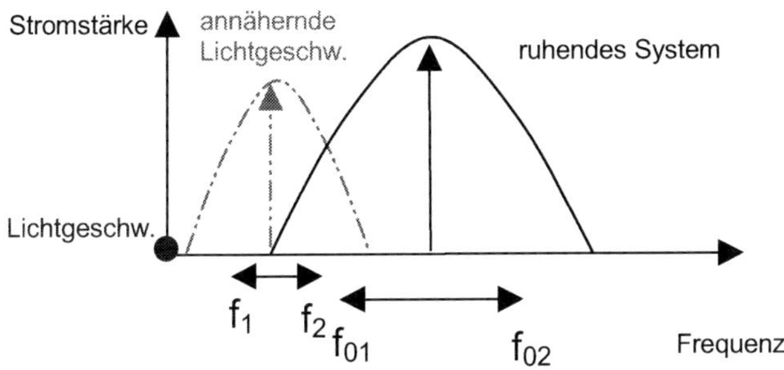

Bild: Die Frequenzunschärfe bei gedehntem Zeitfenster. Eine Dehnung des Beobachtungsfensters geht mit einer Verringerng der Unschärfe einher.

Bei Lichtgeschwindigkeit gibt es keine Wechselspannung. Außerdem geht die Amplitude des Signals gegen 0, so daß von dem Signal nichts übrigbleibt. Aus der Formel wir ein Zusammenhang ganz deutlich. Das Produkt von Unschärfe und Zeitfenster ist konstant, nämlich 1.

$$\Delta f\ \Delta T = 1$$

Δf — Frequenzunschärfe im bewegten System (f_2-f_1)

ΔT — Zeitfenster im bewegten System (t_2-t_1)

Multipliziert man die Gleichung auf beiden Seiten mit h, kommt man leicht auf die bekannte Unschärfetheorie von Heisenberg, die besagt, daß die Energieunschärfe umso größer, je kleiner das Zeitfenster ist.
Mit

$$\Delta E = \Delta f\ h$$

ΔE — Energieunschärfe

Δf — Frequenzunschärfe im bewegten System (f_2-f_1)

folgt, daß das Produkt aus Energieunschärfe und Zeitfenster *mindestens h* ist. Das Wirkungsquantum ist die kleinste Energieportion, die gemäß Quantentheorie existiert.

$$\Delta E\ \Delta T \geq h$$

ΔE — Energieunschärfe

ΔT — Zeitfenster

h — Plancksches Wirkungsquantum

Woher kommen diese Unschärfen, fragen Sie sich vielleicht? Für mich deuten die Frequenzunschärfen ganz klar auf eine *Einschwingzeit des Mediums* hin, das *Träger der elektromagnetischen Welle* ist. So wie jedes Masse-Schwingsystem eine *Einschwingzeit* benötigt, besitzt auch das lichttragende Medium, *der Äther*, eine Einschwingzeit. Je kürzer der Impuls, desto unbestimmter die Schwingungen. Von alledem soll man jedoch lokal nichts merken, denn die Inertialsysteme sollen physikalisch gleichwertig sein.

Das klingt wie Zauberei!

Für ein Photon, das sich mit Lichtgeschwindigkeit durch das Universum bewegt, soll angeblich die Zeit stillstehen. Was passiert aber, wenn es plötzlich auf $2/3$ Lichtgeschwindigkeit abgebremst wird, wenn es auf Glas trifft? Erfährt es dann einen Zeitsprung?

Ruckartig fängt für das Photon beim Eintritt ins Glas die Zeit wieder zu laufen an, um beim Austritt aus dem Glas wieder stehen zu bleiben?

So ähnlich erklärt man ja die längeren Zerfallszeiten von Mesonen, für die aufgrund ihrer hohen Geschwindigkeit die Zeit gedehnt und der Weg zur Erde verkürzt sein soll. Wie soll man einem Photon die Fähigkeit zuschreiben, daß dessen magnetische Komponente der elektrischen vor- oder nacheilt? Das Photon müßte sich hierzu ja irgendwie teilen.

Der Traum der Menschheit, mit annähernder Lichtgeschwindigkeit oder gar mit Überlichtgeschwindigkeit im Universum zu reisen, ist leider unmöglich, denn gerade mal reine Energie, vermag Lichtgeschwindigkeit zu erreichen.

An einen Zeitsprung bei Erreichen der Lichtgeschwindigkeit kann ich nicht glauben, wohl aber daran, daß das Erreichen

der Lichtgeschwindigkeit für Materie aus ***prinzipiellen Gründen*** nicht möglich ist.

Die *Unschärfetheorie der Nachrichtentechnik* macht klar, warum es nicht möglich ist, die Zukunft vorauszusagen. Nämlich,
weil in der Gegenwart Informationen prinzipiell **unscharf** sind.
Erst wenn man eine gewisse Zeit gewartet hat, werden Informationen klarer, und man kann Aussagen über die Vergangenheit treffen. Die Zukunft bleibt jedoch unscharf und unbe-
stimmt. Einstein glaubte, er könne die Zukunft berechnen,
wenn er zu einem bestimmten Zeitpunkt alle Informationen be-
säße. Dabei vernachlässigte er jedoch das Unschärfeprinzip,
das es unmöglich macht, zu einem bestimmten Zeitpunkt genaue Informationen überhaupt zu bekommen.

Die Unschärfetheorie der Nachrichtentechnik zeigt, daß es ***aus
prinzipiellen Gründen*** unmöglich ist, die Lottozahlen oder
Aktienkurse mit 100%iger Verläßlichkeit vorauszusagen. Die
Unvorhersagbarkeit der Zerfallszeiten von radioaktivem Material ist ein weiterer Beweis für die reale Existenz des Zufalls.

Auch die *Allgemeine Relativitätstheorie* funktioniert nach dem
Wahrscheinlichkeitsprinzip. Man merkt es nur nicht so sehr,
weil sich unser Sonnensystem nur sehr langsam verändert,
und man sehr asymmetrisch mehrere Milliarden Jahre in die
Vergangenheit zurückschauen kann, um mit diesen Informationen die nächsten paar Jahre vorauszusagen.

***Nach allem, was wir heute wissen, ist die Quantentheorie,
deren Grundpfeiler die Photonen- und die Unschärfetheorie sind, nicht auf den Mikrokosmos beschränkt.***

Die Unschärfetheorie der Nachrichtentechnik verhindert, daß
ein Beobachter auf der Erde einem Beobachter in einem hyperschnellen Raumschiff die Zukunft voraussagt. Wären die

Inertialsysteme physikalisch gleichwertig, könnte das tatsächlich gehen. Einstein glaubte anscheinend daran, ich nicht! Denn ich glaube an Zufall, nicht an Schicksal.

Die Kombination, daß Informationen prinzipiell unscharf sind, kleine Fehler sich jedoch katastrophal auswirken können, machen *Zukunftsvorhersagen* unmöglich. Dieses Prinzip gilt jedoch nicht nur für den Mikrokosmos, sondern ist weit *fundamentaler*, so daß es sogar für das Universum gilt.

Einsteins Wunsch, dem *„Alten auf die Schliche"* zu kommen, war deshalb *grundsätzlich* zum Scheitern verurteilt. Ein *Plan Gottes*, der das Drehbuch des Films ist, in dem wir die Hauptakteure spielen, existiert nicht.

„Wenn ich weiter als andere gesehen habe, dann nur deshalb, weil ich auf den Schultern von Riesen stand."[185]

Fazit
***Zeit* läßt sich nicht überlisten!**
Die Zukunft ist aus prinzipiellen Gründen *ungewiß*!

---

[185] Zitat von Isaac Newton, der auf Galileis und Keplers Schultern stand.

Epilog

"Diese Bedächtlichkeit, nur das Nächste ans Nächste zu reihen, oder vielmehr das Nächste aus dem Nächsten zu folgern, haben wir von den Mathematikern zu lernen, und selbst da, wo wir uns keiner Rechnung bedienen, müssen wir immer so zu Werke gehen, als wenn wir dem strengsten Geometer Rechenschaft zu geben schuldig wären. Denn eigentlich ist es die mathematische Methode, welche wegen ihrer Bedächtlichkeit und Reinheit gleich jeden Sprung in der Assertion [Behauptung] offenbart, und ihre Beweise sind eigentlich nur umständliche Ausführungen, daß dasjenige, was in Verbindung vorgebracht wird, schon in seinen einfachen Teilen und in seiner ganzen Folge dagewesen, in seinem ganzen Umfange übersehen und unter allen Bedingungen richtig und unumstößlich erfunden worden." [186]

Die existentielle Frage, woher die enorme Menge an Energie kommt, die unser Universum hat entstehen lassen, wird die Menschheit wahrscheinlich noch Jahrhunderte beschäftigen. Die Phantasien, die aus der Relativitätstheorie erwachsen, wie beispielsweise die Durchtunnelung des Universums über Wurmlöcher oder Reisen in die Vergangenheit, entbehren echter wissenschaftlicher Grundlage. Zeit ist keine echte Dimension, an der wir uns entlangbewegen können.

Vielmehr handelt es sich bei Zeit um *die Erkenntnis*, daß Teilchen nicht an 2 Orten zugleich sein können und Ereignisse mit einer maximalen Geschwindigkeit in einer bestimmten Reihenfolge ablaufen, wobei die Unordnung irreversibel wächst, so daß *„Vergangenheit"*, *„Gegenwart"* und *„Zukunft"* entstehen.

---

[186] Johann Wolfgang von Goethe über die Mathematik

Diesem entropen Prozeß läuft das Leben, das in der modernen
Physik keine Rolle spielt, offensichtlich entgegen. Die ständige
Vergrößerung der Ordnung wird gemeinhin als *Evolution* bezeichnet. Sie beruht jedoch nicht auf reinem Zufall, sondern auf
einem Prinzip der Natur.

Die universelle Zeitdauer ist eine *Eigenschaft des Äthers* und
wird durch die maximale Geschwindigkeit, die Licht erreichen
kann, definiert und ist prinzipiell unabhängig von Materie und
für das ganze Universum einheitlich.

Die Relativitätstheorie versteht unter *Zeit* die *Dauer von physikalischen Vorgängen*. Unterschiedliche Raum-Zeit-Systeme,
wenn sie denn existieren, sind ***physikalisch nicht vollständig
gleichwertig***.

Hier irrte Einstein. In einem hyperschnellen Raumschiff gehen
die Lichter aus.

Einstein haßte Unschärfen, ich liebe sie!

Aus Goethes Ur-Faust

Hab nun, ach, die Philosophei,
Medizin und Juristerei,
Und leider auch Theologie
Durchaus studiert, mit heißer Müh.
Da steh ich nun, ich armer Tor
Und bin so klug als wie zuvor.
Heiße Doktor und Professor gar
Und ziehe schon an die zehen Jahr'
Herauf, herab und quer und krumm
Meine Schüler an der Nas' herum
Und seh, daß wir nichts wissen können,
Das will mir schier das Herz verbrennen.
Zwar bin ich gescheiter als alle die Laffen,
Doktors, Professors, Schreiber und Pfaffen,
Mich plagen keine Skrupel noch Zweifel,
Fürchte mich weder vor Höll noch Teufel.
Dafür ist mir auch alle Freud entrissen,
Bild mir nicht ein, was Rechts zu wissen,
Bild mir nicht ein, ich könnt was lehren,
Die Menschen zu bessern und zu bekehren;
Auch hab ich weder Gut noch Geld,
Noch Ehr und Herrlichkeit der Welt.
Es möcht kein Hund so länger leben!

Drum hab ich mich der Magie ergeben,
Ob mir durch Geistes Kraft und Mund
Nicht manch Geheimnis werde kund.
Daß ich nicht mehr mit saurem Schweiß
Rede von dem, was ich nicht weiß.
Daß ich erkenne, was die Welt
Im Innersten zusammenhält,
Schau alle Wirkungskraft und Samen
Und tu nicht mehr in Worten kramen.

Fazit
Die Reise ist das Ziel allen Wissens!

Einsteins Originalrede zur Äthertheorie

ÄTHER
UND
RELATIVITÄTSTHEORIE
REDE
GEHALTEN AM 5. MAI 1920
AN DER REICHS-UNIVERSITÄT ZU LEIDEN

VON
ALBERT EINSTEIN

„Meine Herren Kuratoren, Professoren, Doktoren und Studenten dieser Universität!

Sie alle ferner, meine Damen und Herren, welche diese Feier durch Ihre Anwesenheit ehren!

Wie kommen die Physiker dazu, neben der der Abstraktion des Alltagslebens entstammenden Idee, der ponderabeln Materie, die Idee von der Existenz einer anderen Materie, des Äthers, zu setzen? Der Grund dafür liegt wohl in denjenigen Erscheinungen, welche zur Theorie der Fernkräfte Veranlassung gegeben haben, und in den Eigenschaften des Lichtes, welche zur Undulationstheorie geführt haben. Wir wollen diesen beiden Gegenständen eine kurze Betrachtung widmen.

Das nichtphysikalische Denken weiß nichts von Fernkräften. Bei dem Versuch einer kausalen Durchdringung der Erfahrungen, welche wir an den Körpern machen, scheint es zunächst keine anderen Wechselwirkungen zu geben als solche durch unmittelbare Berührung, z.B. Bewegungs-Übertragung durch Stoß, Druck und Zug, Erwärmung oder Einleitung einer Verbrennung durch eine Flamme usw. Allerdings spielt bereits in der Alltagserfahrung die Schwere, also eine Fernkraft, eine Hauptrolle.

Da uns aber in der alltäglichen Erfahrung die Schwere der Körper als etwas Konstantes, an keine räumlich oder zeitlich *veränderliche* Ursache Gebundenes entgegentritt, so denken wir uns im Alltagsleben zu der Schwere überhaupt keine Ursache und werden uns deshalb ihres Charakters als Fernkraft nicht bewußt. Erst durch Newtons Gravitations-Theorie wurde eine

Ursache für die Schwere gesetzt, indem letztere als Fernkraft gedeutet wurde, die von Massen herrührt. Newtons Theorie bedeutet wohl den größten Schritt, den das Streben nach kausaler Verkettung der Naturerscheinungen je gemacht hat. Und doch erzeugte diese Theorie bei Newtons Zeitgenossen lebhaftes Unbehagen, weil sie mit dem aus der sonstigen Erfahrung fließenden Prinzip in Widerspruch zu treten schien, daß es nur Wechselwirkung durch Berührung, nicht aber durch unvermittelte Fernwirkung gebe.

Der menschliche Erkenntnistrieb erträgt einen solchen Dualismus nur mit Widerstreben. Wie konnte man die Einheitlichkeit der Auffassung von den Naturkräften retten? Entweder man konnte versuchen, die Kräfte, welche uns als Berührungskräfte entgegentreten, ebenfalls als Fernkräfte aufzufassen, welche sich allerdings nur bei sehr geringer Entfernung bemerkbar machen; dies war der Weg, welcher von Newtons Nachfolgern, die ganz unter dem Banne seiner Lehre standen, zumeist bevorzugt wurde. Oder aber man konnte annehmen, daß die Newtonschen Fernkräfte nur *scheinbar* unvermittelte Fernkräfte seien, daß sie aber in Wahrheit durch ein den Raum durchdringendes Medium übertragen würden, sei es durch Bewegungen, sei es durch elastische Deformation dieses Mediums. So führt das Streben nach Vereinheitlichung unserer Auffassung von der Natur der Kräfte zur Ätherhypothese. Allerdings brachte letztere der Gravitationstheorie und der Physik überhaupt zunächst keinen Fortschritt, so daß man sich daran gewöhnte, Newtons Kraftgesetz als nicht mehr weiter zu reduzierendes Axiom zu behandeln. Die Ätherhypothese mußte aber stets im Denken der Physiker eine Rolle spielen, wenn auch zunächst meist nur eine latente Rolle.

Als in der ersten Hälfte des 19. Jahrhunderts die weitgehende Ähnlichkeit offenbar wurde, welche zwischen den Eigenschaften des Lichtes und denen der elastischen Wellen in ponderabeln Körpern besteht, gewann die Ätherhypothese eine neue Stütze. Es schien unzweifelhaft, daß das Licht als Schwingungsvorgang eines den Weltraum erfüllenden, elastischen, trägen Mediums gedeutet werden müsse. Auch schien aus der Polarisierbarkeit des Lichtes mit Notwendigkeit hervorzugehen, daß dieses Medium - der Äther - von der Art eines festen Körpers sein müsse, weil nur in einem solchen, nicht aber in einer Flüssigkeit Transversalwellen möglich sind. Man mußte so zu der Theorie des "quasi-starren" Lichtäthers kommen, dessen Teile relativ zueinander keine anderen Bewegungen auszuführen vermögen als die kleinen Deformationsbewegungen, welche den Lichtwellen entsprechen.

Diese Theorie - auch Theorie des ruhenden Lichtäthers genannt - fand ferner eine gewichtige Stütze in dem auch für die spezielle Relativitätstheorie fundamentalen Experimente von Fizeau, aus welchem man schließen

mußte, daß der Lichtäther an den Bewegungen der Körper nicht teilnehme.
Auch die Erscheinung der Aberration sprach für die Theorie des quasistar-
ren Äthers.

Die Entwicklung der Elektrizitätstheorie auf dem von Maxwell und Lorentz
gewiesenen Wege brachte eine ganz eigenartige und unerwartete Wendung in die Entwicklung unserer den Äther betreffenden Vorstellungen. Für
Maxwell selbst war zwar der Äther noch ein Gebilde mit rein mechanischen
Eigenschaften, wenn auch mit mechanischen Eigenschaften viel kompli-
zierterer Art als die der greifbaren festen Körper. Aber weder Maxwell noch
seinen Nachfolgern gelang es, ein mechanisches Modell für den Äther aus-
zudenken, das eine befriedigende mechanische Interpretation der Maxwellschen Gesetze des elektromagnetischen Feldes geliefert hätte. Die Gesetze waren klar und einfach, die mechanischen Deutungen schwerfällig und
widerspruchsvoll. Beinahe unvermerkt paßten sich die theoretischen Physiker dieser vom Standpunkte ihres mechanischen Programms recht betrü-
benden Sachlage an, insbesondere unter dem Einfluß der elektrodynamischen Untersuchungen von Heinrich Hertz. Während sie nämlich vordem
von einer endgültigen Theorie gefordert hatten, daß sie mit Grundbegriffen
auskomme, die ausschließlich der Mechanik angehören (z.B. Massendich-
ten, Geschwindigkeiten, Deformationen, Druckkräfte), gewöhnten sie sich
allmählich daran, elektrische und magnetische Feldstärken als Grundbegriffe neben den mechanischen Grundbegriffen zuzulassen, ohne für sie
eine mechanische Interpretation zu fordern. So wurde allmählich die rein
mechanische Naturauffassung verlassen. Diese Wandlung führte aber zu
einem auf die Dauer unerträglichen Dualismus in den Grundlagen. Um ihm
zu entgehen, suchte man umgekehrt die mechanischen Grundbegriffe auf
die elektrischen zu reduzieren, zumal die Versuche an ß-Strahlen und ra-
schen Kathodenstrahlen das Vertrauen in die strenge Gültigkeit der mechanischen Gleichungen Newtons erschütterten.

Bei H.Hertz ist der angedeutete Dualismus noch ungemildert. Bei ihm tritt
die Materie nicht nur als Trägerin von Geschwindigkeiten, kinetischer Energie und mechanischen Druckkräften, sondern auch als Trägerin von elektromagnetischen Feldern auf. Da solche Felder auch im Vakuum - d.h. im
freien Äther - auftreten, so erscheint auch der Äther als Träger von elektromagnetischen Feldern. Er erscheint der ponderabeln Materie als durchaus
gleichartig und nebengeordnet. Er nimmt in der Materie an den Bewegungen dieser teil und hat im leeren Raum überall eine Geschwindigkeit, derart,
daß die Äthergeschwindigkeit im ganzen Raume stetig verteilt ist, Der
Hertzsche Äther unterscheidet sich grundsätzlich in nichts von der (zum Teil
in Äther bestehenden) ponderabeln Materie.

Die Hertzsche Theorie litt nicht nur an dem Mangel, daß sie der Materie und dem Äther einerseite mechanische, anderseits elektrische Zustande zuschrieb, die in keinem gedanklichen Zusammenhange miteinander stehen; sie widersprach auch dem Ergebnis des wichtigen Fizeauschen Versuches über die Ausbreitungsgeschwindigkeit des Lichtes in bewegten Flüssigkeiten und anderen gesicherten Erfahrungsergebnissen.

So standen die Dinge, als H.A. Lorentz eingriff. Er brachte die Theorie in Einklang mit der Erfahrung und erreichte dies durch eine wunderbare Vereinfachung der theoretischen Grundlagen. Er erzielte diesen wichtigsten Fortschritt der Elektrizitätstheorie seit Maxwell, indem er dem Äther seine mechanischen, der Materie ihre elektromagnetischen Qualitäten wegnahm. Wie im leeren Raume, so auch im Innern der materiellen Körper war ausschließlich der Äther, nicht aber die atomistisch gedachte Materie, Sitz der elektromagnetischen Felder. Die Elementarteilchen der Materie sind nach Lorentz *allein* fähig, Bewegungen auszuführen; ihre elektromagnetische Wirksamkeit liegt einzig darin, daß sie elektrische Ladungen tragen. So gelang es Lorentz, alles elektromagnetische Geschehen auf die Maxwellschen Vakuum-Feldgleichungen zu reduzieren.

Was die mechanische Natur des Lorentzschen Äthers anlangt, so kann man etwas scherzhaft von ihm sagen, daß Unbeweglichkeit die einzige mechanische Eigenschaft sei, die ihm H.A. Lorentz noch gelassen hat. Man kann hinzufügen, daß die ganze Änderung der Ätherauffassung, welche die spezielle Relativitätstheorie brachte, darin bestand, daß sie dem Äther seine letzte mechanische Qualität, nämlich die Unbeweglichkeit, wegnahm. Wie dies zu verstehen ist, soll gleich dargelegt werden.

Der Raum-Zeittheorie und Kinematik der speziellen Relativitätstheorie hat die Maxwell-Lorentzsche Theorie des elektromagnetischen Feldes als Modell gedient. Diese Theorie genügt daher den Bedingungen der speziellen Relativitätstheorie; sie erhält aber, von letzterer aus betrachtet, ein neuartiges Aussehen. Sei nämlich K ein Koordinatensystem, relativ zu welchem der Lorentzsche Äther in Ruhe ist, so gelten die Maxwell-Lorentzschen Gleichungen zunächst in bezug auf K. Nach der speziellen Relativitätstheorie gelten aber dieselben Gleichungen in ganz umgeändertem Sinne auch in bezug auf jedes neue Koordinatensystem K1, welches in bezug auf K in gleichförmiger Translationsbewegung ist. Es entsteht nun die bange Frage: Warum soll ich das System K, welchem die Systeme K1 physikalisch vollkommen gleichwertig sind, in der Theorie vor letzterem durch die Annahme auszeichnen, daß der Äther relativ zu ihm ruhe? Eine solche Asymmetrie des theoretischen Gebäudes, dem keine Asymmetrie des Systems der Erfahrungen entspricht, ist für den Theoretiker unerträglich. Es scheint mir die physikalische Gleichwertigkeit von K und K1 mit der Annahme, daß der

414

Äther relativ zu K ruhe, relativ zu K1 aber bewegt sei, zwar nicht vom logischen Standpunkte geradezu unrichtig, aber doch unannehmbar.

Der nächstliegende Standpunkt, den man dieser Sachlage gegenüber einnehmen konnte schien der folgende zu sein. Der Äther existiert überhaupt nicht. Die elektromagnetischen Felder sind nicht Zustände eines Mediums, sondern selbständige, Realitäten, die auf nichts anderes zurückzuführen sind und die an keinen Träger gebunden sind, genau wie die Atome der ponderabeln Materie. Diese Auffassung liegt um so näher, weil gemäß der Lorentzschen Theorie die elektromagnetische Strahlung Impuls und Energie mit sich führt wie die ponderable Materie, und weil Materie und Strahlung nach der speziellen Relativitätstheorie beide nur besondere Formen verteilter Energie sind, indem ponderable Masse ihre Sonderstellung verliert und nur als besondere Form der Energie erscheint.

Indessen lehrt ein genaueres Nachdenken, daß diese Leugnung des Äthers nicht notwendig durch das spezielle Relativitätsprinzip gefordert wird. Man kann die Existenz eines Äthers annehmen; nur muß man darauf verzichten, ihm einen bestimmten Bewegungszustand zuzuschreiben, d.h. man muß ihm durch Abstraktion das letzte mechanische Merkmal nehmen, welches ihm Lorentz noch gelassen hatte. Später werden wir sehen, daß diese Auffassungsweise, deren gedankliche Möglichkeit ich sogleich durch einen etwas hinkenden Vergleich deutlicher zu machen suche, durch die Ergebnisse der allgemeinen Relativitätstheorie gerechtfertigt wird.

Man denke sich Wellen auf einer Wasseroberfläche. Man kann an diesem Vorgang zwei ganz verschiedene Dinge beschreiben. Man kann erstens verfolgen, wie sich die wellenförmige Grenzfläche zwischen Wasser und Luft im Laufe. der Zeit ändert. Man kann aber auch - etwa mit Hilfe von kleinen schwimmenden Körpern - verfolgen, wie sich die Lage der einzelnen Wasserteilchen im Laufe der Zeit ändert. Würde es derartige schwimmende Körperchen zum Verfolgen der Bewegung der Flüssigkeitsteilchen prinzipiell nicht geben, ja würde überhaupt an dem ganzen Vorgang nichts anderes als die zeitlich veränderliche Lage des von Wasser eingenommenen Raumes sich bemerkbar machen, so hätten wir keinen Anlaß zu der Annahme, daß das Wasser aus beweglichen Teilchen bestehe. Aber wir könnten es gleichwohl als Medium bezeichnen.

Etwas Ähnliches liegt bei dem elektromagnetischen Felde vor. Man kann sich nämlich das Feld als in Kraftlinien bestehend vorstellen. Will man diese Kraftlinien sich als etwas Materielles im gewohnten Sinne deuten, so ist man versucht, die dynamischen Vorgänge als Bewegungsvorgänge dieser Kraftlinien zu deuten, derart, daß jede einzelne Kraftlinie durch die Zeit hindurch verfolgt wird. Es ist indessen wohl bekannt, daß eine solche Betrachtungsweise zu Widersprüchen führt.

Verallgemeinernd müssen wir sagen. Es lassen sich ausgedehnte physikalische Gegenstände denken, auf welche der Bewegungsbegriff keine Anwendung finden kann. Sie dürfen nicht als aus Teilchen bestehend gedacht
werden, die sich einzeln durch die Zeit hindurch verfolgen lassen. In der
Sprache Minkowskis drückt sich dies so aus: nicht jedes in der vierdimen-
sionalen Welt ausgedehnte Gebilde läßt sich als aus Weltfäden zusammengesetzt auffassen. Das spezielle Relativitätsprinzip verbietet uns, den
Äther als aus zeitlich verfolgbaren Teilchen bestehend anzunehmen, aber
die Ätherhypothese an sich widerstreitet der speziellen Relativitätetheorie
nicht. Nur muß man sich davor hüten, dem Äther einen Bewegungszustand
zuzusprechen.

Allerdings erscheint die Ätherhypothese vom Standpunkte der speziellen
Relativitätstheorie zunächst als eine leere Hypothese. In den elektromagnetischen Feldgleichungen treten außer den elektrischen Ladungsdichten *nur*
die Feldstärken auf. Der Ablauf der elektromagnetischen Vorgänge im Vakuum scheint durch jenes innere Gesetz völlig bestimmt zu sein, unbeeinflußt durch andere physikalische Größen. Die elektromagnetischen Felder
erscheinen als letzte, nicht weiter zurückführbare Realitäten, und es erscheint zunächst überflüssig, ein homogenes, intropes Äthermedium zu
postulieren, als dessen Zustände jene Felder aufzufassen wären.

Anderseits läßt sich aber zugunsten der Ätherhypothese ein wichtiges Argument anführen. Den Äther leugnen bedeutet letzten Endes annehmen,
daß dem leeren Raume keinerlei physikalische Eigenschaften zukommen.
Mit dieser Auffassung stehen die fundamentalen Tatsachen der Mechanik
nicht im Einklang. Das mechanische Verhalten eines im leeren Raume frei
schwebenden körperlichen Systems hängt nämlich außer von den relativen
Lagen (Abständen) und relativen Geschwindigkeiten noch von seinem Dre-
hungszustande ab, der physikalisch nicht als ein dem System an sich zu-
kommendes Merkmal aufgefaßt werden kann. Um die Drehung des Systems wenigstens formal als etwas Reales ansehen zu können, objektiviert
Newton den Raum. Dadurch, daß er seinen absoluten Raum zu den realen
Dingen rechnet, ist für ihn auch die Drehung relativ zu einem absoluten
Raum etwas Reales. Newton hätte seinen absoluten Raum ebensogut
"Äther" nennen können; wesentlich ist ja nur, daß neben den beobachtba-
ren Objekten noch ein anderes, nicht wahrnehmbares Ding als real ange-
sehen werden muß, um die Beschleunigung bzw. die Rotation als etwas
Reales ansehen zu können.

Mach suchte zwar der Notwendigkeit, etwas nicht beobachtbares Reales
anzunehmen, dadurch zu entgehen, daß er in die Mechanik statt der Beschleunigung gegen den absoluten Raum eine mittlere Beschleunigung
gegen die Gesamtheit der Massen der Welt zu setzen strebte. Aber ein

Trägheitswiderstand gegenüber relativer Beschleunigung ferner Massen setzt unvermittelte Fernwirkung voraus. Da der moderne Physiker eine solche nicht annehmen zu dürfen glaubt, so landet er auch bei dieser Auffassung wieder beim Äther, der die Trägheitswirkungen zu vermitteln hat. Dieser Ätherbegriff, auf den die Machsche Betrachtungsweise führt, unterscheidet sich aber wesentlich vom Ätherbegriff Newtons, Fresnels und H.A. Lorentz. Dieser Machsche Äther *bedingt* nicht nur das Verhalten der trägen Massen, sondern *wird* in seinem Zustand *auch bedingt* durch die trägen Massen.

Der Machsche Gedanke findet seine volle Entfaltung in dem Äther der allgemeinen Relativitätstheorie. Nach dieser Theorie sind die metrischen Eigenschaften des Raum-Zeit-Kontinuums in der Umgebung der einzelnen Raum-Zeitpunkte verschieden und mitbedingt durch die außerhalb des betrachteten Gebietes vorhandene Materie. Diese raum-zeitliche Veränderlichkeit der Beziehungen von Maßstäben und Uhren zueinander, bzw. die Erkenntnis, daß der "leere Raum" in physikalischer Beziehung weder homogen noch isotrop sei, welche uns dazu zwingt, seinen Zustand durch zehn Funktionen, die Gravitationspotentiale $g_{\mu\nu}$ zu beschreiben, hat die Auffassung, daß der Raum physikalisch leer sei, wohl endgültig beseitigt. Damit ist aber auch der Ätherbegriff wieder zu einem deutlichen Inhalt gekommen, freilich zu einem Inhalt, der von dem des Äthers der mechanischen Undulationstheorie des Lichtes weit verschieden ist. Der Äther der allgemeinen Relativitätstheorie ist ein Medium, welches selbst aller mechanischen und kinematischen Eigenschaften bar ist, aber das mechanische (und elektromagnetische) Geschehen mitbestimmt.

Das prinzipiell Neuartige des Äthers der allgemeinen Relativitätstheorie gegenüber dem Lorentzschen Äther besteht darin, daß der Zustand des ersteren an jeder Stelle bestimmt ist durch gesetzliche Zusammenhänge mit der Materie und mit dem Ätherzustände in benachbarten Stellen in Gestalt von Differentialgleichungen, während der Zustand des Lorentzschen Äthers bei Abwesenheit von elektromagnetischen Feldern durch nichts außer ihm bedingt und überall der gleiche ist. Der Äther der allgemeinen Relativitätstheorie geht gedanklich dadurch in den Lorentzschen über, daß man die ihn beschreibenden Raumfunktionen durch Konstante ersetzt, indem man absieht von den seinen Zustand bedingenden Ursachen. Man kann also wohl auch sagen, daß der Äther der allgemeinen Relativitätstheorie durch Relativierung aus dem Lorentzschen Äther hervorgegangen ist.

Über die Rolle, welche der neue Äther im physikalischen Weltbilde der Zukunft zu spielen berufen ist, sind wir noch nicht im klaren. Wir wissen, daß er die metrischen Beziehungen im raum-zeitlichen Kontinuum, z.B. die Konfigurationsmöglichkeiten fester Körper sowie die Gravitationsfelder be-

stimmt; aber wir wissen nicht, ob er am Aufbau der die Materie konstituie-
renden elektrischen Elementarteilchen einen wesentlichen Anteil hat. Wir
wissen auch nicht, ob seine Struktur nur in der Nähe ponderabler Massen
von der Struktur des Lorentzschen wesentlich abweicht, ob die Geometrie
von Räumen kosmischer Ausdehnung eine nahezu euklidische ist. Wir können aber auf Grund der relativistischen Gravitationsgleichungen behaupten,
daß eine Abweichung vom euklidischen Verhalten bei Räumen von kosmischer Größenordnung dann vorhanden sein muß, wenn eine auch noch so
kleine positive mittlere Dichte der Materie in der Welt existiert. In diesem
Falle muß die Welt notwendig räumlich geschlossen und von endlicher
Größe sein, wobei ihre Größe durch den Wert jener mittleren Dichte bestimmt wird.

Betrachten wir das Gravitationsfeld und das elektromagnetische Feld vom
Standpunkt der Ätherhypothese, so besteht zwischen beiden ein bemer-
kenswerter prinzipieller Unterschied. Kein Raum und auch kein Teil des
Raumes ohne Gravitationspotentiale; denn diese verleihen ihm seine metrischen Eigenschaften, ohne welche er überhaupt nicht gedacht werden
kann. Die Existenz des Gravitationsfeldes ist an die Existenz des Raumes
unmittelbar gebunden. Dagegen kann ein Raumteil sehr wohl ohne elektromagnetisches Feld gedacht werden; das elektromagnetische Feld
scheint also im Gegensatz zum Gravitationsfeld gewissermaßen nur sekun-
där an den Äther gebunden zu sein, indem die formale Natur des elektromagnetischen Feldes durch die des Gravitationsäthers noch gar nicht bestimmt ist. Es sieht nach dem heutigen Zustande der Theorie so aus, als
beruhe das elektromagnetische Feld dem Gravitationsfeld gegenüber auf
einem völlig neuen formalen Motiv, als hatte die Natur den Gravitationsäther
statt mit Feldern vom Typus der elektromagnetischen, ebensogut mit Feldern eines ganz anderen Typus, z.B. mit Feldern eines skalaren Potentials,
ausstatten können.

Da nach unseren heutigen Auffassungen auch die Elementarteilchen der
Materie ihrem Wesen nach nichts anderes sind als Verdichtungen des elektromagnetischen Feldes, so kennt unser heutiges Weltbild zwei begrifflich
vollkommen voneinander getrennte, wenn auch kausal aneinander gebun-
dene Realitäten nämlich Gravitationsäther und elektromagnetisches Feld
oder - wie man sie auch nennen könnte - Raum und Materie.

Natürlich wäre es ein großer Fortschritt, wenn es gelingen würde, das Gravitationsfeld und elektromagnetische Feld zusammen als ein einheitliches
Gebilde aufzufassen. Dann erst würde die von Faraday und Maxwell begründete Epoche der theoretischen Physik zu einem befriedigenderen Abschluß kommen. Es würde dann der Gegensatz Äther - Materie verblassen
und die ganze Physik zu einem ähnlich geschlossenen Gedankensystem

werden wie Geometrie, Kinematik und Gravitationstheorie durch die allgemeine Relativitätstheorie. Ein überaus geistvoller Versuch in dieser Richtung ist von dem Mathematiker H.Weyl gemacht worden; doch glaube ich nicht, daß seine Theorie der Wirklichkeit gegenüber standhalten wird. Wir dürfen ferner beim Denken an die nächste, Zukunft der theoretischen Physik die Möglichkeit nicht unbedingt abweisen, daß die in der Quantentheorie zusammengefaßten Tatsachen der Feldtheorie unübersteigbare Grenzen setzen könnten.

Zusammenfassend können wir sagen: Nach der allgemeinen Relativitätstheorie ist der Raum mit physikalischen Qualitäten ausgestattet; es existiert also in diesem Sinne ein Äther. Gemäß der allgemeinen Relativitätstheorie ist ein Raum ohne Äther undenkbar; denn in einem solchen gäbe es nicht nur keine Lichtfortpflanzung, sondern auch keine Existenzmöglichkeit von Maßstäben und Uhren, also auch keine räumlich-zeitlichen Entfernungen im Sinne der Physik. Dieser Äther darf aber nicht mit der für ponderable Medien charakteristischen Eigenschaft ausgestattet gedacht werden, aus durch die Zeit verfolgbaren Teilen zu bestehen; der Bewegungsbegriff darf auf ihn nicht angewendet werden."

Glossar

Allgemeine Relativitäts-Theorie (ART)	Theorie, nach der Massen die Raum-Zeit (den Universums-Äther) krümmen.
Antimaterie	Teilchen, die alle Eigenschaften besitzen, wie die Teilchen der normalen Materie, jedoch mit entgegengesetzter Ladung.
ASK-Amplitude Shift Keying	Übertragung von Information durch Ein- und Ausschalten eines Trägers.
Äther	Lichttragendes Medium, das scheinbar das Universum ausfüllt.
Atom	Bausteine der Materie, die aus einem winzigen positiv geladenen Kern und einer negativ geladenen Ladungswolke bestehen.
Atomkern	Protonen und Neutronen.
Bit	Kleinste Informationseinheit. Ein Lichtimpuls könnte beispielsweise eine logische Eins symbolisieren.
Baud	Übertragungsschritt bei dem je nach Modulationsverfahren 1 bis n Bits übertragen werden.
DES	Bei dem Data Encryption Standard handelt es sich um ein symmetrisches Verschlüsselungsverfahren, was bedeutet, daß Ver- und Entschlüssler über den gleichen Schlüssel verfügen müssen.
Determinismus	Lehre von der Vorbestimmtheit allen Geschehens.
Elektrische Ladung	Binäre Eigenschaft eines Elementarteilchens, das ein Kraftfeld hervoruft.
Elektrischer Strom	Bewegte Ladung.
Elektronen	Negativ geladene Teilchen, die den Atomkern umgeben.
Elektromagnetische Feldtheorie	Theorie über die Entstehung und Ausbreitung elektromagnetischer Felder.
Entscheidung	Trennung von Informationen in Wahr-Falsch-Aussagen.
Elementarteilchen	Teilchen, aus denen der Atomkern besteht.
Energie	Gespeicherte Arbeit.
Extrapolation	Logische Fortführung einer mathematischen Funktion ins Unbekannte basierend auf bekannten Werten.
Evolutionstheorie	Theorie über die Entwicklung des Lebens. Der

	zufällig Stärkere setzt sich durch.
Farbe	Subjektive Wahrnehmung des Lichts über das menschliche Auge.
Gott	Überirdische Macht, die in 6 Tagen die Welt und den Menschen erschaffen hat und dann erst einmal einen Tag Pause brauchte.
Hexerei	Zauberei mit böswilliger Absicht
Information	Das Produkt aus Energie und Zeit, das mindestens h sein muß.
Inertialsystem	Geschlossenes System, das sich mit einer konstanten Geschwindigkeit im Raum bewegt.
Komplementarität	Zwei sich ergänzende Begriffe, wie Leben und Tod, die einander bedingen. Der eine wäre sinnlos, ohne den anderen.
Kontinuum	Idealisierte Vorstellung eines homogenen Raumes, in dem alle Masse gleichmäßig verteilt ist.
Längenkontraktion	Angebliche Verkürzung der Länge bei hohen Geschwindigkeiten.
Leben	Begriff, der die ständige Erhöhung der Ordnung beschreibt.
Licht	Winziger Frequenzbereich elektromagnetischer Strahlung, der wir die größte Bedeutung beimessen.
Lichtgeschwindigkeit	Geschwindigkeit, mit der sich Licht fortbewegt.
Lichtquant	Teilchen, aus denen nach Newton und Einstein Licht bestehen soll.
Masse	Eigenschaft der Materie bzw. Energie.
Massendefekt	Verringerung der Gesamtmasse, wenn Protonen und Neutronen fusionieren.
Massenpunkt	Mathematische Vereinfachung, indem man sich die Masse eines Körpers auf ein unendlich kleines Volumen konzentriert denkt.
Massenzuwachs	Erhöhung der Trägheit eines Körpers bei hohen Geschwindigkeiten.
Modulation	Aufschaltung von Information auf eine Trägerfrequenz.
Neutron	Unbedingt notwendiges neutral geladenes Teilchen im Atomkern. Die Anzahl der Neutronen entspricht ungefähr der Anzahl der Protonen.
Nichts	Unvorstellbare Leere.
Nyquits-Theorem	Theorem, nach dem die Abtastfrequenz mindestens doppelt so groß sein muß, wie die Frequenz des abzutastenden Signals.
Objektivität	Fähigkeit eines Menschen vorurteilslos Infor-

	mationen zur Kenntnis zu nehmen, und seine Entscheidung gemäß allgemein anerkannter Gesetze zu treffen.
Ordnung	Informationsgewinn durch die Bildung von Strukturen.
Photon	Siehe Lichtquant.
Proton	Positiv geladenes Teilchen im Atomkern.
Quantensprung	Diskreter Übergang eines Elektrons von einem Energiezustand in einen anderen unter Aufnahme bzw. Abgabe eines Photons.
Quantentheorie	Theorie, deren Grundpfeiler die Photonen- und Unschärfetheorie sind.
Quantum	Kleinste Energieportion.
Quark	Geladene Teilchen, aus denen Protonen und Neutronen zusammengesetzt sind.
Raum	3-dimensionales Universum.
Raum-Zeit	Vorstellung, daß Raum und Zeit eins seien.
Relativitätstheorie	Siehe Spezielle bzw. Allgemeine Relativitätstheorie.
Religion	Theorie über die Existenz eines oder mehrerer Götter, die das Leben auf der Erde erschaffen haben und an deren Gesetze wir uns halten sollen.
RSA	Dieses asymmetrische Verschlüsslungsverfahren verwendet einen öffentlichen und einen privaten Schlüssel und gilt als extrem sicher.
Schlüssel	Lange Bit-Kombination, mit der sich Nachrichten entschlüsseln lassen.
Schwarze Löcher	Sterne, die verglüht sind und über extrem große Masse verfügen.
Shannon-Theorem	Theoretische Berechnung des Bandbreitenmindestbedarfes basierend auf dem Nyquitstheorem und dem Signalrauschabstand.
Singularität	Unendliche Konzentration von Masse in einem Punkt.
Spezielle Relativitätstheorie (SRT)	Theorie, nach der die Trägheit eines Systems von seiner Geschwindigkeit abhängig ist.
Subjektivität	Fähigkeit eines Menschen, Informationen zu ignorieren und eigene Interessen in den Vordergrund zu stellen.
Tachyonen	Hypothetische Teilchen, die sich mit Überlichtgeschwindikeit bewegen.
Träger	Hochpräzise elektromagnetische Schwingung, die die Information trägt.

Trägerfrequenz	Hochpräsize Sendefrequenz im Hochfrequenzbereich.
Trägheit	Eigenschaft von Materie und Geist, einer Änderung des Ruhe-Zustandes entgegenzuwirken.
Unschärfetheorie	Theorie, nach der unendlich genaue Messungen unmöglich sind.
Universum	Raum, der alle Himmelsobjekte beherbergt
Unendlichkeit	Unvorstellbare Weite.
Unordnung	Informationsverlust durch die Auflösung von Strukturen.
Welle	Fortbewegung von Energie in einem Medium.
Wurmlöcher	Fiktive Himmelsobjekte, die verschiedene Regionen des Universums verbinden sollen.
Teleportation	Übertragung von Information, ohne dabei Zeit zu verlieren.
Tod	Begriff, der die ständige Vergrößerung von Unordnung beschreibt.
Zauberei	Tätigkeit, die gegen die Naturgesetze verstößt.
Zeit	Erkenntnis, daß Teilchen nicht zugleich an zwei Orten sein können und die Unordnung scheinbar ständig zunimmt.
Zeitdauer	Kehrwert der Geschwindigkeit mit der sich Teilchen im Raum bewegen.
Zeitdilatation	Verlangsamung aller physikalischen Vorgänge bei hohen Geschwindigkeiten aufgrund des relativistischen Massenzuwachses (SRT) bzw. durch große Massen (ART).
Zeitschleife	Starke Raum-Zeitverbiegung, über die Teilchen in ihre eigene Vergangenheit reisen können sollen.
Zufall	Ereignis, das weder vorhersehbar noch vorausberechenbar ist.

Quellen

Bücher

Faust	Johann Wolfgang von Goethe
Taschenbuch der Elektro- technik und Elektronik	Lindner / Brauer / Lehmann
Physik - Formeln und Gesetze	Horst Kuchling
Physik	Kiessling, Körner, Mende, Sp.
Physik für Ingenieure	Helmut Lindner
Atom	Rudolf Kippenhahn
Nachrichten-/Übertragungstechnik	Ulrich Freyer
Signalisierungs- und Messverfahren	Gabler/Krammling
Einstieg in die digitalen Modulationsverfahren	Sonnde/Hoekstein
FDDI	M. Hein, W. Kemmler
Die Schwarzen Löcher	Isaac Asimov
Kurze Geschichte der Zeit	Stephen Hawking
Logik eines Jahrhundertirrtums	Günther Baer
Newtons Koffer	Federico Di Trocchio
Irrtümer der Erdgeschichte	Hans-Joachim Zillmer
$E=mc^2$	Gerald Kahan
Raum Zeit Relativität	Roman Sexl, Herbert Schmidt
Physik im Wandel	Urban / Paul
Geheimnisse unseres Universums	Joachim Bublath
Chaos im Universum	Joachim Bublath
Quanten sind anders	Thomas Görnitz
Schrödingers Kätzchen	John Gribbin
Das elegante Universum	Brian Greene
The Arrow of Time	P. Coveney & R. Highfield
Abenteuer Kryptologie	Reinhard Wobst
Mit den Ohren sehen und den Beinen hören	Dezsö Varju
Natürliche Gesundheit für die Augen	Jacob Liberman
Sterne und Planeten	Robin Kerrod
Sind wir allein im Universum?	Paul Davies
Längengrad	Dava Sobel
Newton, Heisenberg, Einstein	Spektrum der Wissenschaft

Lexika

Encarta 95   Microsoft

Webseiten

www.cern.sh
www.sciam.com
www.guforc.com
www.eso.org
www.fsg-marbach.lb.bw.schule.de
www.gwdu19.gwdg.de
www.osram.de
www.immens.de
www.cyberpass.net
www.alien.de
www.seilnacht.tuttlingen.com
www.members.eunet.at
www.miriup.de/spur
www.helmut-hille.de
www.morgenwelt.de
www.eikon.e-technik.tu-muenchen.de
www.raetsel-der-menschheit.de
www.zitate-welt.de/zitate
home.t-online.de/home/ralf.steffler

Herstellung: Books on Demand GmbH